模糊数学及其应用

（第三版）

李永明　陈　阳　王　涛　编著

东北大学出版社

·沈　阳·

ⓒ 李永明 陈阳 王涛 2020

图书在版编目（CIP）数据

模糊数学及其应用／李永明，陈阳，王涛编著. —
3 版. — 沈阳：东北大学出版社，2020.11（2022.10 重印）
ISBN 978-7-5517-2529-3

Ⅰ. ①模… Ⅱ. ①李… ②陈… ③王… Ⅲ. ①模糊数
学 Ⅳ. ①O159

中国版本图书馆 CIP 数据核字（2020）第 213414 号

出 版 者：东北大学出版社
　　　　　　地址：沈阳市和平区文化路三号巷 11 号
　　　　　　邮编：110819
　　　　　　电话：024-83687331（市场部）　83680267（社务办）
　　　　　　传真：024-83680180（市场部）　83687332（社务办）
　　　　　　网址：http://www.neupress.com
　　　　　　E-mail：neuph@neupress.com
印 刷 者：沈阳市第二市政建设工程公司印刷厂
发 行 者：东北大学出版社
幅面尺寸：170 mm × 240 mm
印　　张：18.5
字　　数：373 千字
出版时间：2005 年 6 月第 1 版
　　　　　　2009 年 9 月第 2 版
　　　　　　2020 年 11 月第 3 版
印刷时间：2022 年 10 月第 2 次印刷
责任编辑：王兆元
责任校对：铁　力
封面设计：潘正一
责任出版：唐敏智

ISBN 978-7-5517-2529-3　　　　　　　　定　价：39.00 元

第三版前言

本教材于 2005 年首次出版，2009 年进行修订。十多年来，通过辽宁工业大学和其他院校学生和教师的使用，收到了良好的教学效果。读者对本书的知识结构、内容体系给予了高度评价。同时对本书提出了许多非常有意义的建议，并期待本教材能够再版。

为此，作者在第二版的基础上，结合十多年的教学实践和教学反馈，在保留本书前两版体系和风格的基础上，进一步丰富了部分章节的内容，特别是增加了一些新的案例，同时增添了作者新近的相关研究成果。另外，作者修订了第二版中的一些表述，使之更加清晰简洁。作者对第二版中存在的一些疏漏进行了修正。

本教材的再版得到了国家自然科学基金项目（61573175）和辽宁省高等学校一流学科建设项目的资助，在此表示衷心的感谢。

限于作者水平有限，书中纰漏和错误在所难免，殷切希望广大读者批评指正。

作　者

2020 年 9 月 2 日

修订二版前言

本书由辽宁工业大学出版基金资助出版。

本教材于 2005 年首次出版。四年来，通过我校及其他院校学生和教师的使用，对该教材的知识结构、体系及内容给予了高度评价。本书于 2008 年获辽宁工业大学优秀教材一等奖。为了进一步满足广大学生和同行们的迫切需要，作者修订了该教材。

本次修订是在第一版的基础上，经过四年的教学实践，结合教学中的反馈，保留了原书的体系和风格，同时也吸收了同行和读者的建议，对部分章节内容进行了适当精简，增加了新的案例，并对第一版中存在的印刷问题进行了修正。

本书的修订得到了国家自然科学基金项目（60674056）和辽宁省教育厅科研基金项目（20060395）的资助。

限于作者水平，书中纰漏和错误在所难免，殷切希望广大读者批评指正。

编　者

2009 年 7 月

前　言

　　模糊数学是一门崭新的数学学科。它始于 1965 年美国自动控制论教授 L. A. Zadeh 发表的开创性的论文"模糊集合"。它的产生不仅拓广了经典数学的数学基础，而且是计算机科学向人类的自然机理方面发展的重大突破。

　　数学的概念反映了人们对于客观现象特征的认识。在整个数学发展的漫长岁月中，人们作为概念思考的是所思考对象的本质属性，即概念的内涵。直到 19 世纪初期 G. Boole 等人采用概念的外延解释，即概念是被它的本质属性所确定对象的总和，才明确地揭示出了数学概念和推理过程中的普遍规律。特别是 Cantor 集合论，提供了数学研究的普遍工具。每一个判断都反映了集合之间的某种关系，每一步数学推理都反映了集合之间的某种运算。因此，集合论在经典数学中有着特别重要的地位。但是 Cantor 关于集合的概念，是基于形式逻辑的三大定律：同一律、矛盾律和互补律。即人们研究的对象，要么属于某个集合，要么不属于某个集合，二者必居其一。这种情况是对客观研究对象提取特征的结果，但是就客观现象而言，大多数情况并不具有这种清晰性，也即研究的集合并没有一个明确的边界。对有些现象，过于简单地提取特征，就会歪曲客观实际本身的规律。因此，必须扩充经典集合，以适应更加复杂的现象，模糊集合正是在这方面的尝试。

　　然而，模糊集合的产生与系统科学的发展有着更加密切的关系。在多变量、非线性、时变的大系统中，复杂性与精确性形成了尖锐的矛盾。正如 L. A. Zadeh 所指出的，随着系统日益复杂，人们对它的精确而有意义的描述能力将相应地降低，以至达到精确性与有意义成为两个几乎相互排斥的地步。因此，要想确切地描述复杂现象和系统的任何现实的物理状态，事实上是办不到的。为了对整个问题的描述有意义，必须在准确与简明之间取得平衡。模糊集合的提出，正是为了用比较简单的方法，对复杂系统作出合乎实际的描述和处理。

自模糊集合论诞生至今的四十年来，模糊数学理论日臻完善，模糊技术迅速发展，模糊集理论和方法已经广泛应用于自动控制、系统分析、知识描述、语言加工、图像识别、信息复制、医学诊断、经济管理等不确定决策方面，有着明显的实际效果，并取得了许多惊人的成果。实践表明，模糊集理论和模糊技术为处理不确定复杂系统提供了新的途径，为计算机科学的发展提供了强有力的工具。

为了反映模糊数学领域的新知识、新成就和新进展，作者在多年从事模糊集理论及应用研究的基础上，编写了《模糊数学及其应用》一书。全书共分三篇，第一篇主要介绍了模糊数学的基本理论和基本原理：如模糊集合、模糊集合的运算、模糊算子、分解定理、扩展原理、模糊数和二型模糊集等；第二篇主要介绍了模糊数学方法及其在各工程领域中的应用：如模糊模式识别、模糊聚类分析、模糊综合评判、模糊故障诊断等；第三篇主要介绍了模糊信息技术与模糊控制：如模糊推理、模糊控制的原理及其应用、模糊自适应控制、模糊 T-S 模型等。全书力求达到理论严谨、结构合理、体例统一，具有比较广泛的实用性和可读性。

本书在编写的过程中，佟绍成教授给予了无私的指点和帮助，将想法倾囊相授，并通审了全书，在此表示衷心的感谢！同时感谢智能控制理论与应用团队的老师和研究生提出的宝贵意见和参与书稿的整理工作。本书的出版得到了辽宁工学院出版基金的资助，得到了国家自然科学基金项目（60274019）和辽宁省教育厅科研基金项目（20040180）的资助。

限于作者水平，书中纰漏和错误在所难免，殷切希望广大读者批评指正。

作　者

2005 年 4 月 24 日

目　录

第一篇　模糊数学基本理论和基本原理

第1章　模糊集合 ……………………………………………… 1

1.1　模糊集的基本概念 ……………………………………… 1

1.2　模糊集的运算 …………………………………………… 4

1.3　模糊算子 ………………………………………………… 8

　　1.3.1　T 范数和 S 范数 ………………………………… 8

　　1.3.2　模糊算子 ……………………………………… 10

1.4　模糊集的截集 …………………………………………… 12

　　1.4.1　λ 截集 ………………………………………… 12

　　1.4.2　λ 截集的性质 ………………………………… 13

1.5　分解定理 ………………………………………………… 15

1.6　模糊集的模糊度 ………………………………………… 19

第2章　扩张原理与模糊数 ………………………………… 23

2.1　扩张原理 ………………………………………………… 23

　　2.1.1　扩张原理的定义 ……………………………… 23

　　2.1.2　扩张原理的性质 ……………………………… 25

2.2　多元扩张原理 …………………………………………… 28

2.3　区间数 …………………………………………………… 30

2.4　凸模糊集 ………………………………………………… 32

2.5　模糊数 …………………………………………………… 34

　　2.5.1　模糊数的定义 ………………………………… 34

　　2.5.2　模糊数的运算 ………………………………… 36

2.6　二型模糊集 ……………………………………………… 40

2.6.1　二型模糊集的基本概念 ·················· 40

2.6.2　二型模糊集的基本运算及其性质 ··········· 42

第二篇　模糊数学方法及其在各领域中的应用

第3章　模糊模式识别 ···························· 46

3.1　模糊集的贴近度 ·························· 46

3.1.1　贴近度的定义 ···················· 46

3.1.2　格贴近度 ······················ 48

3.2　模糊模式识别的直接方法 ·················· 50

3.3　模糊模式识别的间接方法 ·················· 54

3.4　模糊模式识别的应用 ····················· 55

第4章　模糊关系与聚类分析 ···················· 79

4.1　模糊关系的定义和性质 ···················· 79

4.2　模糊矩阵及截矩阵 ······················ 82

4.2.1　模糊矩阵 ······················ 82

4.2.2　截矩阵 ························ 84

4.3　几种特殊的模糊关系 ····················· 85

4.4　模糊关系的合成 ························· 86

4.4.1　模糊关系合成的定义 ················ 86

4.4.2　模糊关系合成的性质 ················ 89

4.5　模糊关系的传递性 ······················ 91

4.6　模糊等价关系与相似关系 ·················· 93

4.6.1　模糊等价关系 ···················· 93

4.6.2　模糊相似关系 ···················· 96

4.7　聚类分析及应用 ························· 97

4.7.1　模糊聚类分析的步骤 ················ 98

4.7.2　模糊聚类分析举例 ················· 100

第5章　模糊变换与综合评判 ···················· 114

5.1　模糊映射 ···························· 114

5.2 模糊变换 ……………………………………………………… 116

5.3 模糊综合评判 …………………………………………………… 120

   5.3.1 模糊综合评判的数学原理 ………………………………… 120

   5.3.2 一级模糊综合评判模型及评判步骤 ……………………… 121

   5.3.3 一级模糊综合评判应用 …………………………………… 123

5.4 多层次模糊综合评判 …………………………………………… 124

   5.4.1 多层次模糊综合评判模型及特点 ………………………… 124

   5.4.2 多层次模糊综合评判步骤 ………………………………… 126

   5.4.3 多层次模糊综合评判应用 ………………………………… 127

5.5 模糊综合评判应注意的若干问题 ……………………………… 130

   5.5.1 权数的确定 ………………………………………………… 130

   5.5.2 合成运算的选择 …………………………………………… 131

   5.5.3 评判指标的处理 …………………………………………… 132

第6章 模糊故障诊断 ……………………………………………… 134

6.1 模糊逻辑诊断 …………………………………………………… 134

   6.1.1 模糊逻辑诊断原理 ………………………………………… 134

   6.1.2 模糊逻辑诊断原则 ………………………………………… 136

6.2 模糊综合评判诊断 ……………………………………………… 143

6.3 模糊聚类诊断 …………………………………………………… 151

   6.3.1 模糊聚类诊断的基本原理 ………………………………… 151

   6.3.2 应用实例 …………………………………………………… 153

第三篇 模糊信息技术与模糊控制

第7章 模糊语言与模糊推理 ……………………………………… 157

7.1 模糊语言与模糊算子 …………………………………………… 157

   7.1.1 模糊语言变量 ……………………………………………… 157

   7.1.2 模糊算子 …………………………………………………… 159

   7.1.3 语言值 ……………………………………………………… 161

7.2 模糊推理及其推理模型 ………………………………………… 163

   7.2.1 模糊蕴涵关系 ……………………………………………… 163

7.2.2 模糊推理模型 ……………………………………………… 164

7.3 模糊推理的方法及算法 ……………………………………… 166

7.3.1 模糊推理的方法 ………………………………………… 166

7.3.2 Mamdani 模糊推理算法 ……………………………… 168

第8章 模糊控制 …………………………………………………… 172

8.1 模糊控制原理 ………………………………………………… 172

8.1.1 模糊逻辑系统的基本结构 ……………………………… 172

8.1.2 几种常用的模糊逻辑系统 ……………………………… 174

8.2 模糊控制应用 ………………………………………………… 177

8.3 非线性系统的自适应模糊控制 ……………………………… 192

8.3.1 间接自适应模糊控制 …………………………………… 192

8.3.2 直接自适应模糊控制 …………………………………… 200

8.4 基于模糊 T-S 模型非线性系统的控制 …………………… 205

8.4.1 连续模糊控制系统的分析与设计 ……………………… 205

8.4.2 离散模糊控制系统的分析与设计 ……………………… 213

8.5 非线性系统自适应模糊反步递推控制 ……………………… 216

8.5.1 间接自适应模糊反步递推控制 ………………………… 216

8.5.2 直接自适应模糊反步递推控制 ………………………… 225

8.5.3 自适应模糊输出反馈反步递推控制 …………………… 233

第9章 区间二型模糊逻辑系统优化及其在预测中的应用 ……… 244

9.1 Mamdani 型区间二型模糊逻辑系统优化及其 BP 算法 …… 244

9.1.1 Mamdani 型一型模糊逻辑系统优化及其 BP 算法 …… 244

9.1.2 Mamdani 型区间二型模糊逻辑系统优化及其 BP 算法 … 247

9.1.3 应用实例及仿真 ………………………………………… 257

9.2 TSK 型区间二型模糊逻辑系统及其 BP 算法 …………… 264

9.2.1 TSK 型一型模糊逻辑系统优化及其 BP 算法 ………… 264

9.2.2 TSK 型区间二型模糊逻辑系统优化及其 BP 算法 …… 266

9.2.3 应用实例及仿真 ………………………………………… 276

参考文献 …………………………………………………………… 283

第一篇　模糊数学基本理论和基本原理

第1章　模糊集合

1.1　模糊集的基本概念

在介绍模糊集合前，先回忆一下普通集合．

论域 U 中每个元素 u，对于子集 $A \subset U$ 来说，要么 $u \in A$，要么 $u \notin A$，二者必居其一．子集 A 由映射 $C_A : U \to \{0, 1\}$ 唯一确定．即集合 A 可由特征函数

$$C_A(u) = \begin{cases} 1 & u \in A \\ 0 & u \notin A \end{cases}$$

来刻画，只能表达"非此即彼"的现象，不能表达存在于现实中的"亦此亦彼"的现象．

例1　在年龄论域 $U = [0, 100]$ 上，标出"年轻""年老"的区间．

对于 20 岁的人肯定是年轻人，但对于 40 岁、50 岁、60 岁等年龄是属于"年轻"还是"年老"呢？就很难判定．由于"年轻"与"年老"之间不存在明确的界限，由"年轻"到"年老"是一个渐变的过程，所以，"年轻"与"年老"的集合就无法用普通集合准确表示．

例2　秃头悖论：任何人都是秃头．

公设：若具有 n 根头发的人是秃头，则有 $n+1$ 根头发的人亦是秃头．

证　由数学归纳法：

（1）仅有 1 根头发的人自然是秃头．

（2）假设有 n 根头发的人是秃头．

（3）由公设便知，有 $n+1$ 根头发的人也是秃头．

由数学归纳法知，任何人都是秃头．

这个悖论出现的原因在于，数学归纳法是以普通集合论为基础的数学方法，

而"秃头"是个模糊概念. 用一个精确的数学方法来处理这样的模糊概念是不合适的.

所以, 美国控制论专家 Zadeh 将普通集合论的特征函数的取值范围由 $\{0, 1\}$ 推广到闭区间 $[0, 1]$, 于是便得到了模糊集的定义.

定义 1 设在论域 U 上给定一个映射

$$A: U \to [0, 1]$$
$$u \mapsto A(u),$$

则称 A 为 U 上的模糊集, $A(u)$ 称为 A 的隶属函数(或称为 u 对 A 的隶属度).

对于定义 1, 对模糊集 A, 若 $A(u)$ 仅取 0 和 1, 则 A 就蜕化为普通集合. 所以普通集合是模糊集的特殊情形.

若 $A(u) \equiv 0$, 则 A 为空集 $\varnothing$.

若 $A(u) \equiv 1$, 则 A 为全集 U.

定义 2 设 U 是论域, 记 U 上的模糊集的全集为 $\mathscr{F}(U)$, 即

$$\mathscr{F}(U) = \{A \mid A: U \to [0, 1]\},$$

称 $\mathscr{F}(U)$ 为 U 上的模糊幂集. $\mathscr{F}(U)$ 是一个普通集合.

模糊集合 A 有以下表示法.

(1) 序偶法: $A = \{(u, A(u)) \mid u \in U\}$.

(2) Zadeh 法: 若 U 是有限集或可数集, 可表示为

$$A = \sum A(u_i)/u_i.$$

若 U 是无限不可数集, 可表示为

$$A = \int A(u)/u.$$

(3) 模糊向量法: $A = (A(u_1), A(u_2), \cdots, A(u_n))$.

注: "/" 不是通常的分数线, 而是一种记号. 表示论域 U 上的元素 u 与隶属度 $A(u)$ 之间的对应关系. "$\sum$" 与 "$\int$" 也不是求和和积分, 而表示 U 上的元素 u 与其隶属度 $A(u)$ 的对应关系的一个总括.

例 3 设 $U = \{1, 2, 3, 4, 5, 6\}$, A 表示"靠近 4"的数集, 则 $A \in \mathscr{F}(U)$, 各数属于 A 的程度 $A(u_i)$ 如表 1-1.

表 1-1 隶属度表

u	1	2	3	4	5	6
$A(u)$	0	0.2	0.8	1	0.8	0.2

则 A 可用不同方式表示如下.

(1) 序偶法: $A = \{(1,0), (2,0.2), (3,0.8), (4,1), (5,0.8), (6,0.2)\}$. 或舍弃隶属度为 0 的项, 记为 $A = \{(2,0.2), (3,0.8), (4,1), (5,0.8), (6,0.2)\}$.

（2）Zadeh 法：$A = \dfrac{0}{1} + \dfrac{0.2}{2} + \dfrac{0.8}{3} + \dfrac{1}{4} + \dfrac{0.8}{5} + \dfrac{0.2}{6}$

$\qquad\qquad = \dfrac{0.2}{2} + \dfrac{0.8}{3} + \dfrac{1}{4} + \dfrac{0.8}{5} + \dfrac{0.2}{6}.$

（3）模糊向量法：$A = (0, 0.2, 0.8, 1, 0.8, 0.2)$.

例 4　设论域为实数域 R，A 表示"靠近 4 的数集"，则 $A \in \mathscr{F}(R)$，它的隶属函数是

$$A(x) = \begin{cases} e^{-k(x-4)^2} & |x-4| < \delta \\ 0 & |x-4| \geqslant \delta. \end{cases}$$

参数 $\delta > 0$，$k > \delta$，参见图 1-1.

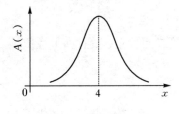

图 1-1　隶属函数　　　　图 1-2　"年轻""年老"隶属度曲线

例 5　以人的年龄为论域 $U = [0, 100]$，则"年老"和"年轻"可表示为 U 上的模糊集 A 和 B，隶属函数分别为

$$A(u) = \begin{cases} 0 & 0 \leqslant u \leqslant 50 \\ \left[1 + \left(\dfrac{u-50}{5} \right)^{-2} \right]^{-1} & 50 < u \leqslant 100, \end{cases}$$

$$B(u) = \begin{cases} 1 & 0 \leqslant u \leqslant 25 \\ \left[1 + \left(\dfrac{u-25}{5} \right)^{2} \right]^{-1} & 25 < u \leqslant 100. \end{cases}$$

参见图 1-2.

例 6　设 X 是所有人的集合，"height" = {tall men, medium men, short men}对不同的人有不同的含义. 图 1-3 给出了普通人和篮球队员身高的两个模糊集合.

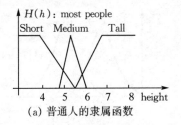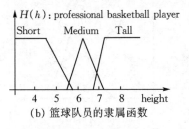

（a）普通人的隶属函数　　　　（b）篮球队员的隶属函数

图 1-3　"height" = { tall men, medium men, short men }

很显然, 对于普通人和篮球运动员给出的隶属度不同, 说明隶属函数的确定要根据具体情况来确定.

对一个模糊集来说, 最关键的问题是如何确定隶属函数. 隶属函数的确定, 主要方法有模糊统计方法、三分法和模糊分布法. 常用的隶属函数有三角形、梯形、抛物形及高斯形等. 这个问题既重要又复杂, 可参看其他书籍, 这里不再赘述.

1.2　模糊集的运算

两个模糊子集间的运算, 实际上就是逐点对隶属函数作相应运算.

定义 1　设 $A, B \in \mathscr{F}(U)$, 若 $\forall u \in U, A(u) \leqslant B(u)$, 则称 B 包含 A, 记为 $A \subseteq B$ (见图1-4).

如果 $A \subseteq B$ 且 $B \subseteq A$, 则称 A 与 B 相等. 记作 $A = B$.

显然, 包含关系 "$\subseteq$" 是模糊幂集 $\mathscr{F}(U)$ 上的二元关系, 具有如下性质:

(1) 自反性: $\forall A \in \mathscr{F}(U), A \subseteq A$.

(2) 反对称性: 若 $A \subseteq B, B \subseteq A$, 则 $A = B$.

(3) 传递性: 若 $A \subseteq B, B \subseteq C$, 则 $A \subseteq C$.

因此, $(\mathscr{F}(U), \subseteq)$ 是偏序集.

定义 2　设 $A, B \in \mathscr{F}(U)$, 分别称运算 $A \cup B, A \cap B$ 为 A 与 B 的并集, 交集. 称 A^c 为 A 的补集, 也称为余集. 它们的隶属函数分别为

$$(A \cup B)(u) = A(u) \bigvee B(u) = \max\{A(u), B(u)\};$$

$$(A \cap B)(u) = A(u) \bigwedge B(u) = \min\{A(u), B(u)\};$$

$$A^c(u) = 1 - A(u).$$

为了说明上述运算的有效性, 任给 $A(u) = a \in [0, 1], B(u) = b \in [0, 1]$, 由

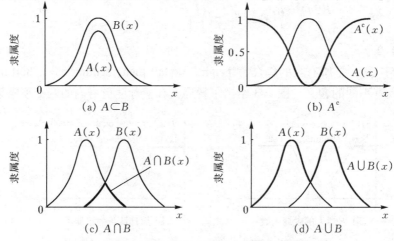

图 1-4　模糊集的包含、并、交、补运算

于 $0 \leqslant a \vee b \leqslant 1$，$0 \leqslant a \wedge b \leqslant 1$，$0 \leqslant 1-a \leqslant 1$，故对 $\forall A, B \in \mathscr{F}(U)$，有 $A \cup B$，$A \cap B$，$A^c \in \mathscr{F}(U)$.

模糊集的包含、并、交、补运算可用图 1-4 直观地表示.

例 1　设 $U = \{u_1, u_2, u_3, u_4, u_5\}$，

$$A = \frac{0.2}{u_1} + \frac{0.7}{u_2} + \frac{1}{u_3} + \frac{0.5}{u_5}, \qquad B = \frac{0.5}{u_1} + \frac{0.3}{u_2} + \frac{0.1}{u_4} + \frac{0.7}{u_5},$$

求 $A \cup B$，$A \cap B$，A^c.

解　$A \cup B = \dfrac{0.2 \vee 0.5}{u_1} + \dfrac{0.7 \vee 0.3}{u_2} + \dfrac{1 \vee 0}{u_3} + \dfrac{0 \vee 0.1}{u_4} + \dfrac{0.5 \vee 0.7}{u_5}$

$$= \frac{0.5}{u_1} + \frac{0.7}{u_2} + \frac{1}{u_3} + \frac{0.1}{u_4} + \frac{0.7}{u_5},$$

$A \cap B = \dfrac{0.2 \wedge 0.5}{u_1} + \dfrac{0.7 \wedge 0.3}{u_2} + \dfrac{1 \wedge 0}{u_3} + \dfrac{0 \wedge 0.1}{u_4} + \dfrac{0.5 \wedge 0.7}{u_5}$

$$= \frac{0.2}{u_1} + \frac{0.3}{u_2} + \frac{0}{u_3} + \frac{0}{u_4} + \frac{0.5}{u_5} = \frac{0.2}{u_1} + \frac{0.3}{u_2} + \frac{0.5}{u_5},$$

$A^c = \dfrac{1-0.2}{u_1} + \dfrac{1-0.7}{u_2} + \dfrac{1-1}{u_3} + \dfrac{1-0}{u_4} + \dfrac{1-0.5}{u_5} = \dfrac{0.8}{u_1} + \dfrac{0.3}{u_2} + \dfrac{0}{u_3} + \dfrac{1}{u_4} + \dfrac{0.5}{u_5}$

$$= \frac{0.8}{u_1} + \frac{0.3}{u_2} + \frac{1}{u_4} + \frac{0.5}{u_5}.$$

一般地，模糊集 A 与 B 的并、交和补运算，按论域 U 为有限和无限分为两种情况：

（1）设有限论域 $U = \{u_1, u_2, \cdots, u_n\}$，且模糊集

$$A = \sum_{i=1}^{n} \frac{A(u_i)}{u_i}, \quad B = \sum_{i=1}^{n} \frac{B(u_i)}{u_i},$$

则

$$A \cup B = \sum_{i=1}^{n} \frac{A(u_i) \vee B(u_i)}{u_i},$$

$$A \cap B = \sum_{i=1}^{n} \frac{A(u_i) \wedge B(u_i)}{u_i},$$

$$A^c = \sum_{i=1}^{n} \frac{1 - A(u_i)}{u_i}.$$

（2）设无限论域 U，且模糊集 $A = \displaystyle\int_{u \in U} \frac{A(u)}{u}$，$B = \displaystyle\int_{u \in U} \frac{B(u)}{u}$，则

$$A \cup B = \int_{u \in U} \frac{A(u) \vee B(u)}{u},$$

$$A \cap B = \int_{u \in U} \frac{A(u) \wedge B(u)}{u},$$

$$A^c = \int_{u \in U} \frac{1 - A(u)}{u}.$$

例2　设模糊集 A 和 B 分别表示"年老"和"年轻"，隶属函数分别为

$$A(u) = \begin{cases} 0 & 0 \leq u \leq 50 \\ \left[1 + \left(\dfrac{u-50}{5} \right)^{-2} \right]^{-1} & 50 < u \leq 100, \end{cases}$$

$$B(u) = \begin{cases} 1 & 0 \leq u \leq 25 \\ \left[1 + \left(\dfrac{u-25}{5} \right)^{2} \right]^{-1} & 25 < u \leq 100. \end{cases}$$

求 $A \cup B$，$A \cap B$，A^c. 可参见图 1-2.

解　令 u^* 为曲线 $A(u)$ 与 $B(u)$ 的交点坐标.

$$A \cup B = \int_{u \in U} \frac{A(u) \vee B(u)}{u}$$

$$= \int_{0 \leq u \leq 25} \frac{1}{u} + \int_{25 < u \leq u^*} \frac{\left[1 + \left(\dfrac{u-25}{5} \right)^{2} \right]^{-1}}{u} + \int_{u^* < u \leq 100} \frac{\left[1 + \left(\dfrac{u-50}{5} \right)^{-2} \right]^{-1}}{u},$$

$$A \cap B = \int_{u \in U} \frac{A(u) \wedge B(u)}{u}$$

$$= \int_{50 \leq u \leq u^*} \frac{\left[1 + \left(\dfrac{u-50}{5} \right)^{-2} \right]^{-1}}{u} + \int_{u^* < u \leq 100} \frac{\left[1 + \left(\dfrac{u-25}{5} \right)^{2} \right]^{-1}}{u},$$

$$A^c = \int_{u \in U} \frac{1 - A(u)}{u} = \int_{0 \leq u \leq 50} \frac{1}{u} + \int_{50 < u \leq 100} \frac{1 - \left[1 + \left(\dfrac{u-50}{5} \right)^{-2} \right]^{-1}}{u}.$$

例3　设论域 X 为实数域，$x \in X$ 为正实数，且 $0 \leq x \leq 1$. 考虑 X 上的两个模糊集 $A =$ "x 远远大于 0.5" 和 $B =$ "x 大约等于 0.707". A 和 B 的隶属函数定义为

$$A(x) = \begin{cases} 0 & 0 \leq x \leq 0.5 \\ \dfrac{1}{\left[1 + (x - 0.5)^{-2} \right]} & 0.5 < x \leq 1, \end{cases}$$

$$B(x) = \frac{1}{\left[1 + (x - 0.707)^{4} \right]}, \quad 0 \leq x \leq 1.$$

图 1-5 描述了 $A(x)$，$B(x)$，$(A \cup B)(x)$，$(A \cap B)(x)$，$B^c(x)$. 观察图 1-5 (d)，由于点 $x = 0.5$ 属于 B 和 B^c 的隶属度不同，因此模糊集的互补律运算不成立.

两个模糊集的并、交运算还可推广到任意多个模糊集上去.

定义3　设 $A_t \in \mathscr{F}(U)$，$t \in T$，T 为指标集. 对 $\forall u \in U$，规定：

$$\left(\bigcup_{t \in T} A_t \right)(u) = \bigvee_{t \in T} A_t(u) = \sup_{t \in T} A_t(u),$$

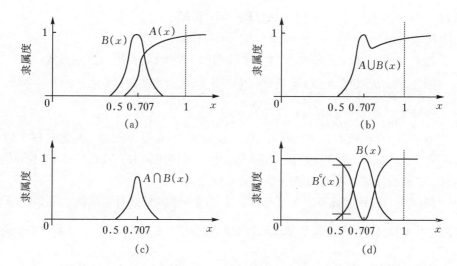

图1-5 模糊集 $A(x)$，$B(x)$ 及其并、交、补运算

$$\left(\underset{t \in T}{\cap} A_t\right)(u) = \underset{t \in T}{\wedge} A_t(u) = \underset{t \in T}{\inf} A_t(u),$$

称 $\underset{t \in T}{\cup} A_t$ 为 $\{A_t\}_{t \in T}$ 的并集，$\underset{t \in T}{\cap} A_t$ 为 $\{A_t\}_{t \in T}$ 的交集.

显然，$\underset{t \in T}{\cup} A_t$，$\underset{t \in T}{\cap} A_t \in \mathscr{F}(U)$.

定理1 模糊集下的并、交、补具有如下性质.

(1) 幂等律：$A \cup A = A$，$A \cap A = A$.

(2) 交换律：$A \cup B = B \cup A$，$A \cap B = B \cap A$.

(3) 结合律：$(A \cup B) \cup C = A \cup (B \cup C)$，$(A \cap B) \cap C = A \cap (B \cap C)$.

(4) 吸收律：$(A \cup B) \cap A = A$，$(A \cap B) \cup A = A$.

(5) 分配律：$(A \cup B) \cap C = (A \cap C) \cup (B \cap C)$，
$\qquad\qquad (A \cap B) \cup C = (A \cup C) \cap (B \cup C)$.

(6) 零一律：$A \cup \varnothing = A$，$A \cap \varnothing = \varnothing$，$A \cup U = U$，$A \cap U = A$.

(7) 复原律：$(A^c)^c = A$.

(8) 对偶律：$(A \cup B)^c = A^c \cap B^c$，$(A \cap B)^c = A^c \cup B^c$.

证 下面仅以性质(2)，(8)为例证明，其余由读者完成.

(2) 对 $\forall u \in U$，都有

$$(A \cup B)(u) = A(u) \vee B(u) = B(u) \vee A(u) = (B \cup A)(u),$$

所以 $\qquad\qquad\qquad\qquad A \cup B = B \cup A.$

同理可证 $\qquad\qquad\qquad A \cap B = B \cap A.$

(8) 对 $\forall u \in U$，有

$$(A \cup B)^c(u) = 1 - (A \cup B)(u) = 1 - (A(u) \vee B(u))$$
$$= (1 - A(u)) \wedge (1 - B(u)) = (A^c \cap B^c)(u),$$

所以 $$(A \cup B)^c = A^c \cap B^c.$$

同理可证 $$(A \cap B)^c = A^c \cup B^c.$$

若 $B_t \in \mathcal{F}(U)(t \in T)$，则定理 1 中性质 (5) 和 (8) 具有更一般的形式：

(5′) $(\underset{t \in T}{\cup} B_t) \cap C = \underset{t \in T}{\cup}(B_t \cap C)$，$(\underset{t \in T}{\cap} B_t) \cup C = \underset{t \in T}{\cap}(B_t \cup C).$

(8′) $(\underset{t \in T}{\cup} B_t)^c = \underset{t \in T}{\cap} B_t^c$，$(\underset{t \in T}{\cap} B_t)^c = \underset{t \in T}{\cup} B_t^c.$

由于 $\varnothing, U \in \mathcal{F}(U)$，故 $\mathcal{F}(U)$ 具有最大元 U 及最小元 $\varnothing$. 因此定理 1 说明 $(\mathcal{F}(U), \cup, \cap, c)$ 是软代数而不是布尔代数，因为 $(\mathcal{F}(U), \cup, \cap, c)$ 不满足互补律. 这是模糊集与普通集的一个显著不同之处.

模糊集上的补运算不满足互补律，其原因是模糊集没有明确的边界. $A \cap A^c \neq \varnothing$，说明 A 和 A^c 交叠，但是 $\forall A \in \mathcal{F}(U)$，$A(u) \wedge A^c(u) \leqslant \frac{1}{2}$. $A \cup A^c \neq U$，说明 $A \cup A^c$ 不一定完全覆盖 U. 但有下述结论：$\forall A \in \mathcal{F}(U)$，$A(u) \vee A^c(u) \geqslant \frac{1}{2}$.

由于模糊集的运算不满足互补律，所以它比普通集更能客观地反映实际中大量存在的模棱两可的情况.

例 4 设 $U = [0, 1]$，$A(u) = u$，则 $A^c(u) = 1 - u$，

$$(A \cup A^c)(u) = \begin{cases} 1 - u & u \leqslant \frac{1}{2} \\ u & u > \frac{1}{2}, \end{cases} \qquad (A \cap A^c)(u) = \begin{cases} u & u \leqslant \frac{1}{2} \\ 1 - u & u > \frac{1}{2}. \end{cases}$$

特别是 $$(A \cup A^c)\left(\frac{1}{2}\right) = (A \cap A^c)\left(\frac{1}{2}\right) = \frac{1}{2}.$$

1.3 模糊算子

由于模糊集是普通集合的推广，普通集是模糊集的特殊情形，因此，在模糊集上定义运算也可视为普通集上相应运算的推广，但是这种推广并不是唯一的. 本节介绍的 T 范数和 S 范数就是普通集运算更一般性的推广，在此基础上给出模糊算子的定义，并介绍一些常见算子.

1.3.1 T 范数和 S 范数

定义 1 映射 $T: [0, 1]^2 \rightarrow [0, 1]$，如果对 $\forall a, b, c \in [0, 1]$，满足条件：

(1) 交换律：$T(a, b) = T(b, a)$；

(2) 结合律：$T(T(a, b), c) = T(a, T(b, c))$；

(3) 单调性：若 $a_1 \leqslant a_2$，$b_1 \leqslant b_2$，则 $T(a_1, b_1) \leqslant T(a_2, b_2)$；

(4) 边界条件: $T(1, a) = a$,

则称为 t-三角模, 也称为 T 范数.

定义 2 映射 $S: [0, 1]^2 \rightarrow [0, 1]$, 如果对 $\forall a, b, c \in [0, 1]$ 满足条件:

(1) 交换律: $S(a, b) = S(b, a)$;

(2) 结合律: $S(S(a, b), c) = S(a, S(b, c))$;

(3) 单调性: 若 $a_1 \leqslant a_2$, $b_1 \leqslant b_2$, 则 $S(a_1, b_1) \leqslant S(a_2, b_2)$;

(4) 边界条件: $S(a, 0) = a$,

则称为 s-三角模, 也称为 S 范数(T 余范).

T 范和 S 范统称为三角算子.

例 1 设 T 是 T 范数算子, 证明: $\forall a, b \in [0, 1]$, $1 - T(1 - a, 1 - b)$ 是 S 范数.

证 令 $\qquad S(a, b) = 1 - T(1 - a, 1 - b)$.

(1) $S(b, a) = 1 - T(1 - b, 1 - a) = S(a, b)$.

(2) $S(S(a, b), c) = 1 - T(1 - S(a, b), 1 - c)$

$\qquad\qquad\qquad = 1 - T(1 - (1 - T(1 - a, 1 - b)), 1 - c)$

$\qquad\qquad\qquad = 1 - T(1 - a, T(1 - b, 1 - c))$

$\qquad\qquad\qquad = 1 - T(1 - a, 1 - S(b, c))$

$\qquad\qquad\qquad = S(a, S(b, c))$.

(3) 若 $a_1 \leqslant a_2$, $b_1 \leqslant b_2$, 则

$S(a_1, b_1) = 1 - T(1 - a_1, 1 - b_1) \leqslant 1 - T(1 - a_2, 1 - b_2) = S(a_2, b_2)$.

(4) $S(a, 0) = 1 - T(1 - a, 1) = 1 - (1 - a) = a$.

所以, $1 - T(1 - a, 1 - b)$ 是 S 范数.

记数"余"运算为 $a^c = 1 - a$ $(0 \leqslant a \leqslant 1)$, 则 $T^c(a^c, b^c) = 1 - T(1 - a, 1 - b)$, 故 $S(a, b) = T^c(a^c, b^c)$, $T(a, b) = S^c(a^c, b^c)$. 则有下面结论.

定理 1 三角范算子 T 和 S 是对偶算子.

性质 1 设 T 是 T 范数, 则 $\forall a, b \in [0, 1]$, 有

(1) $0 \leqslant T(a, b) \leqslant a \wedge b$;

(2) $T(a, 0) = 0$.

证 由 T 范数的单调性和交换性, $\forall a, b \in [0, 1]$, 有

$0 \leqslant T(a, b) \leqslant T(a, 1) = T(1, a) = a$, $0 \leqslant T(a, b) \leqslant T(1, b) = T(b, 1) = b$.

故 $0 \leqslant T(a, b) \leqslant a \wedge b$. 上式中若令 $b = 0$, 则得 $0 \leqslant T(a, b) \leqslant 0$, 即 $T(a, 0) = 0$.

性质 2 设 S 是 S 范数, 则 $\forall a, b \in [0, 1]$, 有

(1) $a \vee b \leqslant S(a, b) \leqslant 1$;

(2) $S(a, 1) = 1$.

由三角范数的定义和这两个性质, 易得出如下推论.

推论 1　(1) $T(0, 0) = 0$, $T(1, 1) = 1$.

　　　　(2) $S(0, 0) = 0$, $S(1, 1) = 1$.

1.3.2　模糊算子

为了使模糊集合适合于各种不同的模糊现象，相继提出了不少与 $\vee$, $\wedge$ 相应的新算子，统称为模糊算子.

定义 3　设 $A, B \in \mathscr{A}(U)$，对 $\forall u \in U$，规定：
$$(A \cup B)(u) = A(u) \vee^* B(u),$$
$$(A \cap B)(u) = A(u) \wedge^* B(u).$$
式中，$\vee^*$, $\wedge^*$ 是 $[0, 1]$ 中的二元运算，简称为模糊算子. 令 $a = A(u)$，$b = B(u)$，常用的有以下几种.

(1) Zadeh 算子 $\vee$, $\wedge$：
$$\begin{cases} a \vee b = \max\{a, b\} \\ a \wedge b = \min\{a, b\}. \end{cases}$$

(2) 最大乘积算子 $\vee$, $\cdot$：
$$\begin{cases} a \vee b = \max\{a, b\} \\ a \cdot b = ab. \end{cases}$$

(3) 代数算子 $\dot{+}$, $\cdot$：
$$\begin{cases} a \dot{+} b = a + b - ab \\ a \cdot b = ab. \end{cases}$$

(4) 有界算子 $\oplus$, $\odot$：
$$\begin{cases} a \oplus b = \min\{a + b, 1\} \\ a \odot b = \max\{0, a + b - 1\}. \end{cases}$$

(5) 强烈算子 $\mathbb{\vee}$, $\mathbb{\wedge}$：
$$a \mathbb{\vee} b = \begin{cases} a & b = 0 \\ b & a = 0 \\ 1 & a, b > 0, \end{cases} \qquad a \mathbb{\wedge} b = \begin{cases} a & b = 1 \\ b & a = 1 \\ 0 & a, b < 1. \end{cases}$$

(6) Einstein 算子 $\overset{+}{\varepsilon}$, $\dot{\varepsilon}$：
$$\begin{cases} a \overset{+}{\varepsilon} b = \dfrac{a + b}{1 + ab} \\ a \dot{\varepsilon} b = \dfrac{ab}{1 + (1 - a)(1 - b)}. \end{cases}$$

(7) Hamacher 算子 $\overset{+}{\gamma}$, $\dot{\gamma}$：
$$\begin{cases} a \overset{+}{\gamma} b = \dfrac{a \dot{+} b - (1 - \gamma)ab}{\gamma + (1 - \gamma)(1 - ab)} \\ a \dot{\gamma} b = \dfrac{ab}{\gamma + (1 - \gamma)(a \dot{+} b)}. \end{cases}$$

（8）Yager 算子 $\overset{+}{\dot Y}_v$，$\dot Y_v$：

$$\begin{cases} a\ \overset{+}{\dot Y}_v b = \min\left\{1,\ (a^v + b^v)^{\frac{1}{v}}\right\} \\ a\ \dot Y_v b = 1 - \min\left\{1,\ \left[(1-a)^v + (1-b)^v\right]^{\frac{1}{v}}\right\}. \end{cases}$$

图 1-6 直观地给出了 Zadeh 算子、代数算子、有界算子和强烈算子下的并与交运算．

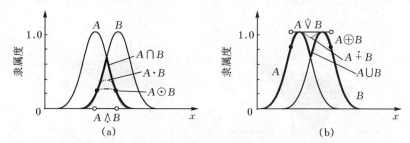

图1-6 模糊集的 Zadeh 算子、代数算子、有界算子和强烈算子的并与交运算

从图 1-6 可看出，上述四种算子的并、交运算之间的关系为：

$$\varnothing \subset A \wedge B \subset A \odot B \subset A \cdot B \subset A \cap B,$$

$$A \cup B \subset A \overset{\cdot}{+} B \subset A \oplus B \subset A \overset{\vee}{\vee} B \subset X.$$

若 T 范数和 S 范数取上述四种算子作并、交运算，运算的几何解释可由图 1-7 和图 1-8 表示．由图可以看出：强烈积"$\wedge$"是最小的 T 范，Zadeh 取小"$\wedge$"是最大的 T 范；Zadeh 取大"$\vee$"是最小的 S 范，强烈和"$\overset{\vee}{\vee}$"是最大的 S 范．

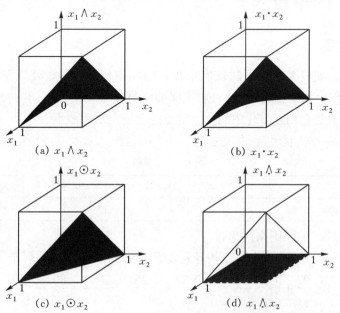

图1-7 T 范数：（a）Zadeh 取小，（b）代数积，（c）有界积，（d）强烈积

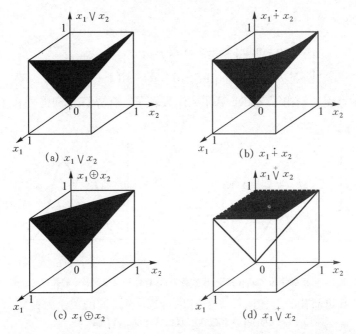

图 1-8　*S* 范数：（a）Zadeh 取大，（b）代数和，（c）有界和，（d）强烈和

上面列举的都是一些具体的算子，可根据不同问题采用不同的算子.

1.4　模糊集的截集

1.4.1　λ 截集

模糊集合能较客观地反映现实中存在的模糊概念，但在处理实际问题过程中，在最后作出判断或决策时，往往又需要将模糊集合变成不同的普通集合. 模糊集合与普通集合相互转化中的一个重要概念是 λ 水平截集.

例 1　在一次"优胜者"的选拔考试中，10 位应试者及其成绩由表 1-2 给出.

表 1-2　成绩表

应试者	x_1	x_2	x_3	x_4	x_5	x_6	x_7	x_8	x_9	x_{10}
成　绩	100	92	95	68	82	25	74	80	40	55

现按"择优录取"的原则来挑选.

设模糊集 *A* 表示"优胜者"，按各人成绩与最高分的比值作为属于 *A* 的隶属度：

$$A = \frac{1}{x_1} + \frac{0.92}{x_2} + \frac{0.95}{x_3} + \frac{0.68}{x_4} + \frac{0.82}{x_5} + \frac{0.25}{x_6} + \frac{0.74}{x_7} + \frac{0.80}{x_8} + \frac{0.40}{x_9} + \frac{0.55}{x_{10}}.$$

择优录取实际上就是要将模糊集 *A* 转化为普通集合. 即先确定一个阈值

λ（$0 \leqslant \lambda \leqslant 1$），然后将隶属度 $A(x_i) \geqslant \lambda$ 的元素挑选出来.

当 $\lambda = 0.8$ 时，$A_{0.8} = \{x_1, x_2, x_3, x_5, x_8\}$；

当 $\lambda = 0.9$ 时，$A_{0.9} = \{x_1, x_2, x_3\}$.

对于一般情况，给出 A_λ 定义如下.

定义1 设 $A \in \mathscr{A}(U)$，$\lambda \in [0, 1]$，分别定义

$$A_\lambda = \{u \mid u \in U, A(u) \geqslant \lambda\},$$

$$A_{\underset{\sim}{\lambda}} = \{u \mid u \in U, A(u) > \lambda\}.$$

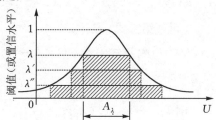

则称 A_λ 为 A 的一个 λ 截集（见图1-9）. 称 $A_{\underset{\sim}{\lambda}}$ 为 A 的一个 λ 强截集. λ 称为阈值（或置信水平）.

可知 A_λ 是一个普通集.

定义2 设 $A \in \mathscr{A}(U)$，记

图1-9 A 的 λ 截集

$$\mathrm{Supp}A = \{u \mid u \in U, A(u) > 0\},$$

$$\mathrm{ker}A = \{u \mid u \in U, A(u) = 1\}.$$

则称 $\mathrm{Supp}A$ 为 A 的支集. $\mathrm{ker}A$ 为 A 的核（见图1-10）.

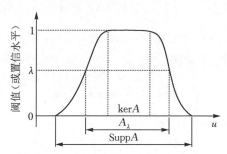

图1-10 模糊集 A 的 $\mathrm{Supp}A$，$\mathrm{ker}A$

1.4.2 λ 截集的性质

性质1 设 $A, B \in \mathscr{A}(U)$，对 $\lambda \in [0, 1]$，则

$$(A \cup B)_\lambda = A_\lambda \cup B_\lambda, \quad (A \cap B)_\lambda = A_\lambda \cap B_\lambda.$$

证 $(A \cup B)_\lambda = \{u \mid (A \cup B)(u) \geqslant \lambda\} = \{u \mid A(u) \vee B(u) \geqslant \lambda\}$

$\qquad = \{u \mid A(u) \geqslant \lambda\} \cup \{u \mid B(u) \geqslant \lambda\} = A_\lambda \cup B_\lambda,$

$\quad (A \cap B)_\lambda = \{u \mid (A \cap B)(u) \geqslant \lambda\} = \{u \mid A(u) \wedge B(u) \geqslant \lambda\}$

$\qquad = \{u \mid A(u) \geqslant \lambda\} \cap \{u \mid B(u) \geqslant \lambda\} = A_\lambda \cap B_\lambda.$

对于 $\mathscr{A}(U)$ 中的有限个模糊集，此结论仍然成立. 即

$$\left(\bigcup_{t=1}^{n} A_t\right)_\lambda = \bigcup_{t=1}^{n} (A_t)_\lambda, \quad \left(\bigcap_{t=1}^{n} A_t\right)_\lambda = \bigcap_{t=1}^{n} (A_t)_\lambda.$$

但是, 对于 $\mathcal{F}(U)$ 中的无限个模糊集, 等号不一定成立, 有下面性质.

性质 2 若 $\{A_t \mid t \in T\} \subseteq \mathcal{F}(U)$, T 为指标集, 则

$$\bigcup_{t \in T}(A_t)_\lambda \subseteq (\bigcup_{t \in T} A_t)_\lambda, \qquad \bigcap_{t \in T}(A_t)_\lambda = (\bigcap_{t \in T} A_t)_\lambda.$$

证(先证第一式) 若 $u \in \bigcup_{t \in T}(A_t)_\lambda$, 则存在 $t_0 \in T$, 使 $u \in (A_{t_0})_\lambda$, 于是 $A_{t_0}(u) \geqslant \lambda$, 即 $\sup_{t \in T} A_t(u) \geqslant \lambda$, 故 $u \in (\bigcup_{t \in T} A_t)_\lambda$.

(再证第二式)若

$$u \in (\bigcap_{t \in T} A_t)_\lambda \Leftrightarrow \bigwedge_{t \in T} A_t(u) \geqslant \lambda \Leftrightarrow A_t(u) \geqslant \lambda, \ t \in T \Leftrightarrow u \in (A_t)_\lambda \Leftrightarrow u \in \bigcap_{t \in T}(A_t)_\lambda,$$

所以

$$\bigcap_{t=1}^{n}(A_t)_\lambda = (\bigcap_{t=1}^{n} A_t)_\lambda.$$

例 2 证明 $\bigcup_{t \in T}(A_t)_\lambda \neq (\bigcup_{t \in T} A_t)_\lambda$.

证 若令 $A_n(u) \equiv \frac{1}{2}\left(1 - \frac{1}{n}\right)$, 则 $(\bigcup_{n=1}^{\infty} A_n)(u) \equiv \frac{1}{2}$, 于是 $(\bigcup_{n=1}^{\infty} A_n)_{0.5} = U$.

但是 $(A_n)_{0.5} = \varnothing$, $n \geqslant 1$, 从而 $\bigcup_{n=1}^{\infty}(A_n)_{0.5} = \varnothing$, 因此, $\bigcup_{n=1}^{\infty}(A_n)_{0.5} \neq (\bigcup_{n=1}^{\infty} A_n)_{0.5}$.

可见性质 2 中的包含关系不能换为等式.

性质 3 设 $\lambda_1, \lambda_2 \in [0, 1]$, $A \in \mathcal{F}(U)$, 若 $\lambda_1 \leqslant \lambda_2$, 则 $A_{\lambda_1} \supseteq A_{\lambda_2}$.

证 对 $\forall u \in A_{\lambda_2}$, 有 $A(u) \geqslant \lambda_2 \Rightarrow A(u) \geqslant \lambda_2 \geqslant \lambda_1$, 所以, $u \in A_{\lambda_1}$, 即 $A_{\lambda_1} \supseteq A_{\lambda_2}$.

性质 4 设 $\forall t \in T$, $\lambda_t \in [0, 1]$, 则 $A_{(\bigvee_{t \in T} \lambda_t)} = \bigcap_{t \in T} A_{\lambda_t}$.

证
$$u \in A_{(\bigvee_{t \in T} \lambda_t)} \Leftrightarrow A(u) \geqslant \bigvee_{t \in T} \lambda_t \Leftrightarrow \forall t \in T,$$

$$A(u) \geqslant \lambda_t \Leftrightarrow \forall t \in T,$$

$$u \in A_{\lambda_t} \Leftrightarrow u \in \bigcap_{t \in T} A_{\lambda_t}.$$

关于 λ 强截集也有相应的四个性质, 证明方法与前面类似.

性质 1′ 设 $A, B \in \mathcal{F}(U)$, 则

$$(A \cup B)_{\dot{\lambda}} = A_{\dot{\lambda}} \cup B_{\dot{\lambda}}, \quad (A \cap B)_{\dot{\lambda}} = A_{\dot{\lambda}} \cap B_{\dot{\lambda}}.$$

性质 2′ 设 $\{A_t \mid t \in T\} \subseteq \mathcal{F}(U)$, T 为指标集, 则

$$\bigcup_{t \in T}(A_t)_{\dot{\lambda}} = (\bigcup_{t \in T} A_t)_{\dot{\lambda}}, \quad \bigcap_{t \in T}(A_t)_{\dot{\lambda}} \supseteq (\bigcap_{t \in T} A_t)_{\dot{\lambda}}.$$

性质 3′ 设 $\lambda_1, \lambda_2 \in [0, 1]$, $A \in \mathcal{F}(U)$ 且 $\lambda_1 \leqslant \lambda_2$, 则 $A_{\dot{\lambda}_1} \supseteq A_{\dot{\lambda}_2}$.

性质 4′ 设 $\forall t \in T$, $\lambda_t \in [0, 1]$, 则 $A_{(\bigvee_{t \in T} \lambda_t)} = \bigcap_{t \in T} A_{\dot{\lambda}_t}$.

性质 5 $(A^c)_\lambda = (A_{1-\lambda})^c$, $(A^c)_{\dot{\lambda}} = (A_{1-\lambda})^c$.

证 仅证第二式.

$$u \in (A^c)_{\dot{\lambda}} \Leftrightarrow A^c(u) > \lambda \Leftrightarrow A(u) < 1 - \lambda \Leftrightarrow u \notin A_{1-\lambda} \Leftrightarrow u \in (A_{1-\lambda})^c.$$

一般地，
$$(A^c)_\lambda \neq (A_\lambda)^c.$$

例 3　设 $U = \{a, b\}$，$A = \dfrac{0.5}{a} + \dfrac{0.7}{b}$，试按 $\lambda = 0.6$ 求出 $(A_\lambda)^c$ 和 $(A^c)_\lambda$.

解　当 $\lambda = 0.6$ 时，$A_{0.6} = \{b\}$. 于是得 $(A_{0.6})^c = \{a\}$.

又因为 $A^c = \dfrac{0.5}{a} + \dfrac{0.3}{b}$，故 $(A^c)_{0.6} = \varnothing$，因此，$(A^c)_{0.6} \neq (A_{0.6})^c$.

1.5　分解定理

分解定理是模糊数学的基本定理之一，它将模糊集与普通集密切联系起来. 由 1.5 节的性质 3 可知，当 λ 从 1 下降趋向 0 而未到达 0 时，A_λ 是从 A 的核 $\mathrm{Ker}A$ 逐渐扩展为 A 的支集 $\mathrm{Supp}A$，因此可将模糊集 A 看作其边界在 $\mathrm{Ker}A$ 和 $\mathrm{Supp}A$ 之间游移，即将模糊集 A 看作普通集合族 $\{A_\lambda \mid \lambda \in [0, 1]\}$ 的总体. 下面的分解定理就是反映这一事实的.

定义 1　设 $\lambda \in [0, 1]$，$A \in \mathscr{F}(U)$，定义
$$(\lambda A)(u) = \lambda \wedge A(u),$$

称 λA 为 λ 与 A 的数积. 当 A 为普通集时，$(\lambda A)(u) = \lambda \wedge C_A(u)$. 显然，$\lambda A \in \mathscr{F}(U)$. 数积 λA 具有如下性质.

性质 1　若 $\lambda_1 \leqslant \lambda_2$，则 $\lambda_1 A \subseteq \lambda_2 A$.

性质 2　若 $A \subseteq B$，则 $\lambda A \subseteq \lambda B$.

定理 1（分解定理 I）　设 $A \in \mathscr{F}(U)$，则
$$A = \bigcup_{\lambda \in [0, 1]} (\lambda A_\lambda).$$

证　因为 A_λ 是普通集合，且其特征函数
$$C_{A_\lambda}(u) = \begin{cases} 1 & A(u) \geqslant \lambda \\ 0 & A(u) < \lambda, \end{cases}$$

于是，对 $\forall u \in U$，有
$$\begin{aligned}
\left(\bigcup_{\lambda \in [0, 1]} \lambda A_\lambda \right)(u) &= \bigvee_{\lambda \in [0, 1]} (\lambda \wedge C_{A_\lambda}(u)) \\
&= \max\{ \bigvee_{\lambda \leqslant A(u)} (\lambda \wedge C_{A_\lambda}(u)), \bigvee_{A(u) < \lambda} (\lambda \wedge C_{A_\lambda}(u)) \} \\
&= \max\{ \bigvee_{\lambda \leqslant A(u)} (\lambda \wedge 1), \bigvee_{A(u) < \lambda} (\lambda \wedge 0) \} \\
&= \max\{ \bigvee_{\lambda \leqslant A(u)} \lambda, \bigvee_{A(u) < \lambda} 0 \} \\
&= \max\{A(u), 0\} = A(u).
\end{aligned}$$

即
$$A = \bigcup_{\lambda \in [0, 1]} (\lambda A_\lambda).$$

模糊集 λA_λ 的隶属函数

$$(\lambda A_\lambda)(u) = \begin{cases} \lambda & u \in A_\lambda \\ 0 & u \not\in A_\lambda. \end{cases}$$

分解定理反映了模糊集与普通集的相互转化关系,为了对分解定理有一个直观的理解,下面通过几何图形来说明(见图 1-11).

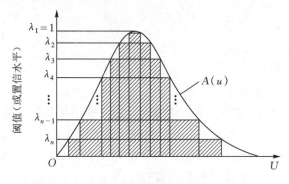

图 1-11 分解定理示意图

例 1 设模糊集

$$A = \frac{0.5}{u_1} + \frac{0.6}{u_2} + \frac{1}{u_3} + \frac{0.7}{u_4} + \frac{0.3}{u_5}.$$

取 λ 截集得

$$A_1 = \{u_3\},$$
$$A_{0.7} = \{u_3, u_4\},$$
$$A_{0.6} = \{u_2, u_3, u_4\},$$
$$A_{0.5} = \{u_1, u_2, u_3, u_4\},$$
$$A_{0.3} = \{u_1, u_2, u_3, u_4, u_5\}.$$

将 λ 截集写成模糊集的形式,再由数乘模糊集定义,有

$$1A_1 = \frac{1}{u_3},$$

$$0.7A_{0.7} = \frac{0.7}{u_3} + \frac{0.7}{u_4},$$

$$0.6A_{0.6} = \frac{0.6}{u_2} + \frac{0.6}{u_3} + \frac{0.6}{u_4},$$

$$0.5A_{0.5} = \frac{0.5}{u_1} + \frac{0.5}{u_2} + \frac{0.5}{u_3} + \frac{0.5}{u_4},$$

$$0.3A_{0.3} = \frac{0.3}{u_1} + \frac{0.3}{u_2} + \frac{0.3}{u_3} + \frac{0.3}{u_4} + \frac{0.3}{u_5}.$$

应用分解定理 I 构成原来的模糊集.

$$A = \bigcup_{\lambda \in [0, 1]} \lambda A_\lambda = 1A_1 \cup 0.7A_{0.7} \cup 0.6A_{0.6} \cup 0.5A_{0.5} \cup 0.3A_{0.3}$$

$$= \frac{1}{u_3} \cup \left(\frac{0.7}{u_3} + \frac{0.7}{u_4} \right) \cup \left(\frac{0.6}{u_2} + \frac{0.6}{u_3} + \frac{0.6}{u_4} \right) \cup \left(\frac{0.5}{u_1} + \frac{0.5}{u_2} + \frac{0.5}{u_3} + \frac{0.5}{u_4} \right) \cup$$

$$\left(\frac{0.3}{u_1} + \frac{0.3}{u_2} + \frac{0.3}{u_3} + \frac{0.3}{u_4} + \frac{0.3}{u_5} \right)$$

$$= \frac{0.3 \vee 0.5}{u_1} + \frac{0.3 \vee 0.5 \vee 0.6}{u_2} + \frac{0.3 \vee 0.5 \vee 0.6 \vee 0.7 \vee 1}{u_3} +$$

$$\frac{0.3 \vee 0.5 \vee 0.6 \vee 0.7}{u_4} + \frac{0.3}{u_5}$$

$$= \frac{0.5}{u_1} + \frac{0.6}{u_2} + \frac{1}{u_3} + \frac{0.7}{u_4} + \frac{0.3}{u_5}.$$

分解定理给出了利用普通集 A_λ 表示模糊集 A 的理论依据和一种实际做法，为模糊集的研究提供了有力工具.

推论1 已知模糊集 A 的各 λ 截集为 A_λ，$\lambda \in [0, 1]$，则 $\forall u \in U$，有

$$A(u) = \sup\{\lambda \mid u \in A_\lambda\}.$$

例2 设 $U = \{u_1, u_2, u_3, u_4, u_5\}$，

$$A_\lambda = \begin{cases} \{u_1, u_2, u_3, u_4, u_5\} & 0 \leqslant \lambda \leqslant 0.2 \\ \{u_1, u_2, u_3, u_5\} & 0.2 < \lambda \leqslant 0.5 \\ \{u_1, u_3, u_5\} & 0.5 < \lambda \leqslant 0.6 \\ \{u_1, u_3\} & 0.6 < \lambda \leqslant 0.7 \\ \{u_3\} & 0.7 < \lambda \leqslant 1, \end{cases}$$

试求出模糊集 A.

解 由于含有元素 u_1 的一切 A_λ 中，最大的 λ 值为 0.7，所以，$A(u_1) = 0.7$. 含有元素 u_2 的一切 A_λ 中，最大的 λ 值为 0.5，所以，$A(u_2) = 0.5$. 类似可得 $A(u_3) = 1$，$A(u_4) = 0.2$，$A(u_5) = 0.6$. 所以，模糊集 A 可表示为

$$A = \frac{0.7}{u_1} + \frac{0.5}{u_2} + \frac{1}{u_3} + \frac{0.2}{u_4} + \frac{0.6}{u_5}.$$

例3 设论域 $U = [0, 5]$，$A \in \mathcal{A}(U)$，且 $\lambda \in [0, 1]$，

$$A_\lambda = \begin{cases} [0, 5] & \lambda = 0 \\ [3\lambda, 5] & 0 < \lambda \leqslant \dfrac{2}{3} \\ (3, 5] & \dfrac{2}{3} < \lambda \leqslant 1, \end{cases}$$

求 $A(x)$.

解 按推论 $A(x) = \max\{\lambda \mid x \in A_\lambda\}$.

当 $0 \leqslant x \leqslant 5$ 时，$A(x) = \bigvee_{\lambda = 0} \lambda = 0$.

当 $x = 3\lambda$ 时，即 $0 < x \le 2$ 时，$A(x) = \bigvee\limits_{\lambda = \frac{x}{3}} \lambda = \frac{x}{3}.$

当 $2 < x \le 5$ 时，$A(x) = \bigvee\limits_{0 < \lambda \le \frac{2}{3}} \lambda = \frac{2}{3}.$

当 $3 < x \le 5$ 时，$A(x) = \bigvee\limits_{\frac{2}{3} < \lambda \le 1} \lambda = 1.$

于是

$$A(x) = \begin{cases} 0 & x = 0 \\ \dfrac{x}{3} & 0 < x \le 2 \\ \dfrac{2}{3} & 2 < x \le 3 \\ 1 & 3 < x \le 5. \end{cases}$$

定理 2（分解定理 II） 设 $A \in \mathscr{F}(U)$，则 $A = \bigcup\limits_{\lambda \in [0,1]} \lambda A_{\dot\lambda}.$

证明方法与定理 1 类似.

推论 2 $\forall u \in U, A(u) = \sup\{\lambda \mid u \in A_{\dot\lambda}\}.$

可见，给出强截集也可求出模糊集.

例 4 设 $U = \{u_1, u_2, u_3, u_4, u_5\}$，模糊集的强截集为

$$A_{\dot\lambda} = \begin{cases} (1, 1, 1, 1, 1) & 0 \le \lambda < 0.2 \\ (1, 0, 1, 1, 1) & 0.2 \le \lambda < 0.5 \\ (1, 0, 1, 1, 0) & 0.5 \le \lambda < 0.7 \\ (0, 0, 1, 0, 0) & 0.7 \le \lambda < 1, \end{cases}$$

求出模糊集 A.

解 根据 $A(u) = \sup\{\lambda \mid u \in A_{\dot\lambda}\}$，并注意到 $A_{\dot\lambda}$ 是按模糊集的形式给出，不难知道，在含 u_1 的一切 $A_{\dot\lambda}$ 中，λ 没有最大值［因为 $A(u_1) > \lambda$］，上确界是 0.7，所以，$A(u_1) = 0.7.$

类似可得：$A(u_2) = 0.2, A(u_3) = 1, A(u_4) = 0.7, A(u_5) = 0.5.$

所以

$$A = \frac{0.7}{u_1} + \frac{0.2}{u_2} + \frac{1}{u_3} + \frac{0.7}{u_4} + \frac{0.5}{u_5}.$$

定理 3（分解定理 III） 设 $A \in \mathscr{F}(U)$，若存在集合值映射

$$H: [0, 1] \to \mathscr{F}(U)$$
$$\lambda \mapsto H(\lambda),$$

使得 $\forall \lambda \in [0, 1], A_{\dot\lambda} \subseteq H(\lambda) \subseteq A_\lambda$，则

（1） $A = \bigcup\limits_{\lambda \in [0,1]} \lambda H(\lambda).$

（2） $\lambda_1 < \lambda_2 \Rightarrow H(\lambda_1) \supseteq H(\lambda_2).$

（3） $A_\lambda = \bigcap\limits_{\alpha < \lambda} H(\alpha), \lambda \ne 0; A_{\dot\lambda} = \bigcup\limits_{\alpha > \lambda} H(\alpha), \lambda \ne 1.$

证　(1) 对 $\forall \lambda \in [0,1]$，

$$A_{\lambda} \subseteq H(\lambda) \subseteq A_{\lambda} \Rightarrow \lambda A_{\lambda} \subseteq \lambda H(\lambda) \subseteq \lambda A_{\lambda}$$

$$\Rightarrow A = \bigcup_{\lambda \in [0,1]} \lambda A_{\lambda} \subseteq \bigcup_{\lambda \in [0,1]} \lambda H(\lambda) \subseteq \bigcup_{\lambda \in [0,1]} \lambda A_{\lambda} = A$$

$$\Rightarrow A = \bigcup_{\lambda \in [0,1]} \lambda H(\lambda).$$

(2) 对 $\forall u \in U$，有

$$u \in A_{\lambda_2} \Rightarrow A(u) \geq \lambda_2 > \lambda_1 \Rightarrow u \in A_{\lambda_1} \Rightarrow A_{\lambda_1} \supseteq A_{\lambda_2}.$$

所以有　　　　　　　$\lambda_1 < \lambda_2 \Rightarrow H(\lambda_1) \supseteq A_{\lambda_1} \supseteq A_{\lambda_2} \supseteq H(\lambda_2).$

(3) $\forall \alpha < \lambda,\ H(\alpha) \supseteq A_{\alpha} \supseteq A_{\lambda} \Rightarrow \bigcap_{\alpha < \lambda} H(\alpha) \supseteq A_{\lambda}$　　$(\lambda \neq 0).$

又有　　　　$\bigcap_{\alpha < \lambda} H(\alpha) \subseteq \bigcap_{\alpha < \lambda} A_{\alpha} = A_{(\underset{\alpha < \lambda}{\vee} \alpha)} = A_{\lambda}$　　$(\lambda \neq 0),$

因此　　　　　　　　　　$A_{\lambda} = \bigcap_{\alpha < \lambda} H(\alpha).$

同理 $\forall \alpha < \lambda,$　　$H(\alpha) \subseteq A_{\alpha} \subseteq A_{\lambda} \Rightarrow \bigcup_{\alpha > \lambda} H(\alpha) \subseteq A_{\lambda}$　　$\lambda \neq 1.$

又有　　　$\bigcup_{\alpha > \lambda} H(\alpha) \supseteq \bigcup_{\alpha > \lambda} A_{\alpha} = A_{(\underset{\alpha > \lambda}{\wedge} \alpha)} = A_{\lambda}$　　$(\lambda \neq 1).$

因此　　　　　　　　$A_{\lambda} = \bigcup_{\alpha > \lambda} H(\alpha)$　　$(\lambda \neq 1).$

定理 3 说明模糊集 A 不仅可以由 A_{λ}（或 A_{λ}）确定，而且还可以由更一般的集合族 $H(\lambda)(\lambda \in [0,1])$ 来确定.

1.6　模糊集的模糊度

在实际问题中，当用模糊集来刻画模糊性概念时，常常还需要用一个数量来刻画这个概念的整体模糊程度，这个数量就是所谓的模糊度.

定义 1　若映射

$$d: \mathscr{F}(U) \to [0,1]$$

满足条件：

(1) 当且仅当 $A \in \mathscr{F}(U)$ 时，$d(A) = 0$；

(2) $\forall u \in U$，当且仅当 $A(u) \equiv \frac{1}{2}$ 时，$d(A) = 1$；

(3) $\forall u \in U$，当 $B(u) \leq A(u) \leq \frac{1}{2}$ 时，$d(B) \leq d(A)$；

(4) $A \in \mathscr{F}(U)$，$d(A) = d(A^c)$.

称映射 d 为 $\mathscr{F}(U)$ 上的一个模糊度，$d(A)$ 称为模糊集 A 的模糊度.

定义 1 给出了关于模糊度的四条公理，它们所反映的现实是：

条件(1)表明普通集是清晰的.

条件(2)，(3)表明，越靠近 0.5 就越模糊，尤其是当 $A(u) \equiv 0.5$ 时，最模

糊. 此时 $A^c(u) = 1 - A(u) = 0.5$, 模棱两可的情况最难决策.

条件(4)表明模糊集 A 与其补集 A^c 具有同等的模糊度, 因为 $|A(u) - 0.5| = |A^c(u) - 0.5|$, 即 $A(u)$ 与 $A^c(u)$ 与 0.5 的距离相等.

当论域为有限时, 模糊度有下面的一般形式.

定理1 设 $U = \{u_1, u_2, \cdots, u_n\}$, 且映射

$$d: \mathscr{F}(U) \to [0, 1]$$

为 $\forall A \in \mathscr{F}(U)$, $d(A) = g\left(\sum_{i=1}^{n} f(A(u_i))\right)$.

其中, $g: [0, a] \to [0, 1]$ 严格增加且 $g(0) = 0$, $a = \sum_{i=1}^{n} f\left(\dfrac{1}{2}\right)$, 而 $f: [0, 1] \to [0, \infty)$ 满足条件:

(1) $\forall x \in [0, 1]$, $f(x) = f(1 - x)$;

(2) $f(0) = 0$;

(3) $f(x)$ 在 $\left[0, \dfrac{1}{2}\right]$ 上严格增加, 则 $d(A)$ 是 A 在 $\mathscr{F}(U)$ 上的模糊度.

读者可根据定义 1 中的四个条件, 验证 $d(A)$ 是 A 在 $\mathscr{F}(U)$ 上的模糊度.

若 g 是线性的, 即若 $g(x) = kx (k > 0)$, 则有 $\forall A, B \in \mathscr{F}(U)$,

$$d(A \cup B) + d(A \cap B) = d(A) + d(B).$$

例1 设 $U = \{u_1, u_2, \cdots, u_n\}$, $\forall A \in \mathscr{F}(U)$, 有

$$f(A(u_i)) = |A(u_i) - A_{\frac{1}{2}}(u_i)|^p \quad (p > 0),$$

$$d_p(A) = \frac{2}{n^{\frac{1}{p}}}\left(\sum_{i=1}^{n} |A(u_i) - A_{\frac{1}{2}}(u_i)|^p\right)^{\frac{1}{p}} \quad (p > 0),$$

则 $d_p(A)$ 是 A 的模糊度.

证 根据定理和本题条件, 应有 $g(x) = 2\left(\dfrac{x}{n}\right)^{\frac{1}{p}}$, 显然它满足定理条件, 下面考虑函数 $f(x)$.

对于模糊集 A 的截集 $A_{\frac{1}{2}}$, 有

$$A_{\frac{1}{2}}(u_i) = \begin{cases} 1 & A(u_i) \geqslant \dfrac{1}{2} \\ 0 & A(u_i) < \dfrac{1}{2}. \end{cases}$$

为简单起见, 记 $x = A(u_i)$, 于是, $\forall x \in [0, 1]$, 有

$$f(x) = \begin{cases} |x - 1|^p & x \geqslant \dfrac{1}{2} \\ |x - 0|^p & x < \dfrac{1}{2}. \end{cases}$$

即
$$f(x) = \left(\frac{1}{2} - \left| \frac{1}{2} - x \right| \right)^p.$$

显然(1) $f(1-x) = \left(\frac{1}{2} - \left| \frac{1}{2} - (1-x) \right| \right)^p = \left(\frac{1}{2} - \left| \frac{1}{2} - x \right| \right)^p = f(x).$

(2) $f(0) = \left(\frac{1}{2} - \left| \frac{1}{2} - 0 \right| \right)^p = 0.$

(3) $\forall x_1, x_2 \in \left[0, \frac{1}{2} \right].$ 当 $x_1 < x_2$ 时,

$$f(x_1) = \left(\frac{1}{2} - \left| \frac{1}{2} - x_1 \right| \right)^p = x_1^p < x_2^p = f(x_2).$$

可见, $f(x)$ 满足定理的三个条件, 故 $d_p(A)$ 是模糊集 A 的模糊度.

常见的有以下三种模糊度.

(1) 海明(Haming)模糊度: 当 $p = 1$ 时, 记为

$$d_1(A) = \frac{2}{n} \sum_{i=1}^n \left| A(u_i) - A_{\frac{1}{2}}(u_i) \right|.$$

(2) 欧几里得(Euclid)模糊度: 当 $p = 2$ 时, 记为

$$d_2(A) = \frac{2}{n^{\frac{1}{2}}} \left(\sum_{i=1}^n \left| A(u_i) - A_{\frac{1}{2}}(u_i) \right|^2 \right)^{\frac{1}{2}}.$$

(3) 明可夫斯基(Minkowski)模糊度: 记为

$$d_p(A) = \frac{2}{n^{\frac{1}{p}}} \left(\sum_{i=1}^n \left| A(u_i) - A_{\frac{1}{2}}(u_i) \right|^p \right)^{\frac{1}{p}}.$$

例2 给定模糊集

$$A = \frac{0.8}{a} + \frac{0.9}{b} + \frac{0.1}{c} + \frac{0.8}{d},$$

$$B = \frac{0.3}{a} + \frac{0}{b} + \frac{0.3}{c} + \frac{0}{d}.$$

计算它们的海明模糊度和欧几里得模糊度.

解 因为 $A_{\frac{1}{2}} = \frac{1}{a} + \frac{1}{b} + \frac{0}{c} + \frac{1}{d},$ $B_{\frac{1}{2}} = \frac{0}{a} + \frac{0}{b} + \frac{0}{c} + \frac{0}{d},$

$$d_1(A) = \frac{2}{4} (\left| 0.8 - 1 \right| + \left| 0.9 - 1 \right| + \left| 0.1 - 0 \right| + \left| 0.8 - 1 \right|) = 0.3,$$

$$d_1(B) = \frac{2}{4} (\left| 0.3 - 0 \right| + \left| 0 - 0 \right| + \left| 0.3 - 0 \right| + \left| 0 - 0 \right|) = 0.3,$$

$$d_2(A) = \frac{2}{\sqrt{4}} [(0.8 - 1)^2 + (0.9 - 1)^2 + (0.1 - 0)^2 + (0.8 - 1)^2]^{\frac{1}{2}} = 0.316,$$

$$d_2(B) = \frac{2}{\sqrt{4}} [(0.3 - 0)^2 + (0 - 0)^2 + (0.3 - 0)^2 + (0 - 0)^2]^{\frac{1}{2}} = 0.424.$$

按海明模糊度计算, 模糊集 A 与 B 的模糊度一样, 而按欧几里得模糊度计算

$d_2(A) < d_2(B)$. d_1 采用线性运算虽然方便，但不能区分 A 与 B 的模糊度的大小，说明误差较大. d_2 采用非线性运算，虽然较前者麻烦，但比较准确.

例3 设 $U = \{u_1, u_2, \cdots, u_n\}$, $S(x)$ 为熵农函数

$$S(x) = \begin{cases} -x\ln x - (1-x)\ln(1-x) & x \in (0, 1) \\ 0 & x = 1 \text{ 或 } x = 0, \end{cases}$$

则

$$H(A) = \frac{1}{n\ln 2} \sum_{i=1}^{n} S(A(u_i))$$

是模糊集 A 的模糊度.

证 只需验证定理中的三个条件对 $S(x)$ 成立即可.

条件(1)，$S(x) = S(1-x)$ 显然成立.

条件(2)，$S(0) = 0$ 也显然成立.

只需验证条件(3). 由 $S(x)$ 是 $(0, 1)$ 上的连续函数，并且当 $x \in \left(0, \dfrac{1}{2}\right)$ 时，

$$S'(x) = -\ln x + \ln(1-x) = \ln \frac{1-x}{x} > 0.$$

因此，$S(x)$ 在 $\left[0, \dfrac{1}{2}\right]$ 上严格增加，条件(3)成立.

从而，$H(A)$ 是 A 的模糊度. 常称之为模糊熵.

第2章 扩张原理与模糊数

扩张原理是模糊数学的另一个基本定理，它在模糊集理论及实际中有着广泛的应用. 本章首先介绍扩张原理，在此基础上分别给出模糊数和二型模糊集的定义及性质.

2.1 扩张原理

2.1.1 扩张原理的定义

模糊集合的扩张原理是普通集合扩张原理的推广，普通集合的扩张原理如下.

定义 1 设映射

$$f: U \to V$$
$$u \mapsto v = f(u),$$

由它可以诱导出一个新映射，仍记作 f,

$$f: \mathscr{F}(U) \to \mathscr{F}(V)$$
$$A \mapsto B = f(A) = \{v \mid \exists u \in A,\ \text{使}\ f(u) = v,\ v \in V\}.$$

$B = f(A)$ 叫作集合 A 在 f 之下的像. 像集 $f(A)$ 用特征函数表示为

$$f(A)(v) = \begin{cases} \bigvee_{f(u) = v} A(u) & f^{-1}(v) \neq \varnothing \\ 0 & f^{-1}(v) = \varnothing. \end{cases}$$

由映射 f 还可诱导出另一映射，记作 f^{-1}.

$$f^{-1}: \mathscr{F}(V) \to \mathscr{F}(U)$$
$$B \mapsto f^{-1}(B) = \{u \mid u \in U,\ \exists v \in B,\ \text{使}\ v = f(u)\}.$$

$f^{-1}(B)$ 是 B 的逆像集，但 f^{-1} 不是逆映射. 新映射 f^{-1} 用特征函数表示如下：

$$f^{-1}(B)(u) = B(v) \quad v = f(u), \quad \forall u \in U.$$

例 1 设 $U = \{-3, -2, -1, 1, 2, 3\}$, $V = \{1, 2, \cdots, 9\}$,

$$f: U \to V$$
$$u \mapsto u^2 = v.$$

由 f 诱导出的一个新的映射

$$f: \mathscr{F}(U) \to \mathscr{F}(V)$$

是 $\{1\}$ 和 $\{-1\} \mapsto \{1\}$, $\{2\}$ 和 $\{-2\} \mapsto \{4\}$, $\{3\}$ 和 $\{-3\} \mapsto \{9\}$, $\{1, 2\}$, $\{1, -2\}$, $\{-1, -2\}$ 和 $\{-1, 2\} \mapsto \{1, 4\}$, $\{2, 3\}$, $\{2, -3\}$, $\{-2, 3\}$ 和 $\{-2, -3\} \mapsto$

$\{4, 9\}, \cdots, \varnothing \mapsto \varnothing.$

记 $A = \{1, 3\}$，则 $f(A) = \{1, 9\}$。

特征函数为

$$f(A)(1) = \bigvee_{u^2 = 1} A(u) = A(-1) \vee A(1) = 0 \vee 1 = 1,$$

$$f(A)(9) = \bigvee_{u^2 = 9} A(u) = A(-3) \vee A(3) = 0 \vee 1 = 1.$$

若记 $B = \{1, 9\}$，则

$$A = f^{-1}(B) = \{-3, -1, 1, 3\}.$$

因为

当 $v = 1$ 时，$f(-1) = (-1)^2 = 1$ 及 $f(1) = 1^2 = 1$；

当 $v = 9$ 时，$f(-3) = (-3)^2 = 9$ 及 $f(3) = 3^2 = 9$。

类似于普通集合扩张，对于模糊集合有如下扩张原理。

定理1（扩张原理 I ） 设 $f: U \to V$，由 f 可以诱导出两个映射：

$$f: \mathscr{F}(U) \to \mathscr{F}(V) \qquad f^{-1}: \mathscr{F}(V) \to \mathscr{F}(U)$$

$$A \mapsto f(A), \qquad\qquad B \mapsto f^{-1}(B).$$

它们的隶属函数分别为

$$f(A)(v) = \begin{cases} \bigvee_{f(u) = v} A(u) & f^{-1}(v) \neq \varnothing \\ 0 & f^{-1}(v) = \varnothing, \end{cases}$$

$$f^{-1}(B)(u) = B(v), \quad v = f(u).$$

$f(A)$ 称为 A 在 f 之下的像，$f^{-1}(B)$ 为 B 的逆像。

可以通过图来加深对扩张原理的理解。在图 2-1 中，横坐标 U 表示模糊集合 A 的论域，纵坐标 V 表示模糊集合 B 的论域，f 为 U 到 V 的映射，并且将 A 映射成 B。

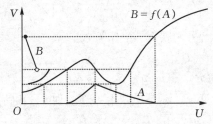

图 2-1 扩张原理示意图

例2 设 $X = \{x_1, x_2, \cdots, x_6\}$，$Y = \{y_1, y_2, y_3, y_4, y_5\}$，

$$f(x) = \begin{cases} y_1 & x = x_1, x_2, x_3 \\ y_2 & x = x_4, x_5 \\ y_3 & x = x_6, \end{cases} \qquad A = \frac{0.1}{x_1} + \frac{0}{x_2} + \frac{0.7}{x_3} + \frac{0.9}{x_4} + \frac{0.5}{x_5} + \frac{0.3}{x_6},$$

求 $B = f(A)$ 及 $f^{-1}(B)$。

解 根据扩张原理 I，得

$$f(A)(y_1) = \bigvee_{f(x)=y_1} A(x) = A(x_1) \vee A(x_2) \vee A(x_3) = 0.1 \vee 0 \vee 0.7 = 0.7.$$

类似地，得

$$f(A)(y_2) = \bigvee_{f(x)=y_2} A(x) = 0.9 \vee 0.5 = 0.9,$$

$$f(A)(y_3) = \bigvee_{f(x)=y_3} A(x) = 0.3,$$

$$f(A)(y_4) = f(A)(y_5) = 0.$$

于是得模糊集 A 在 f 之下的像（见图 2-2）：

$$B = \frac{0.7}{y_1} + \frac{0.9}{y_2} + \frac{0.3}{y_3}.$$

类似地求 $f^{-1}(B)$.

根据扩张原理 I，

$$f^{-1}(B)(x) = B(f(x)),$$

由此得

$$f^{-1}(B)(x_1) = B(f(x_1)) = B(y_1) = 0.7,$$

$$f^{-1}(B)(x_2) = B(f(x_2)) = B(y_1) = 0.7,$$

$$f^{-1}(B)(x_3) = B(f(x_3)) = B(y_1) = 0.7.$$

同理

$$f^{-1}(B)(x_4) = B(y_2) = 0.9,$$

$$f^{-1}(B)(x_5) = B(y_2) = 0.9,$$

$$f^{-1}(B)(x_6) = B(y_3) = 0.3.$$

因此得 B 的逆像（见图 2-3）：

$$f^{-1}(B) = \frac{0.7}{x_1} + \frac{0.7}{x_2} + \frac{0.7}{x_3} + \frac{0.9}{x_4} + \frac{0.9}{x_5} + \frac{0.3}{x_6}.$$

由此可见，求扩张模糊集 $f(A)$，可用如下办法：

当 V 为有限论域时，可根据扩张原理算出 V 上各点对 $f(A)$ 的隶属度，然后再按照模糊集表示法写出 $f(A)$.

对无限论域，情况比较复杂，读者可参阅其他书籍.

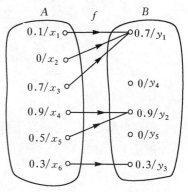

图 2-2 A 在 f 之下的像

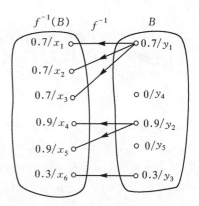

图 2-3 B 的逆像

2.1.2 扩张原理的性质

扩张原理还可以用截集的形式表示，并且具有下列性质.

定理 2 设 $f: U \rightarrow V$，$A \in \mathscr{F}(U)$，$B \in \mathscr{F}(V)$，则 $\forall \lambda \in [0,1]$，有

$$f(A)_\lambda = f(A_\lambda),$$

$$f^{-1}(B)_\lambda = f^{-1}(B_\lambda),$$

$$f^{-1}(B)_\lambda = f^{-1}(B_\lambda).$$

这里 $f(A)_\lambda$ 是 $(f(A))_\lambda$ 的简写.

证 仅证第一式. 因为

$$v \in f(A)_{\dot{\lambda}} \Leftrightarrow f(A)(v) > \lambda \Leftrightarrow \bigvee_{f(u)=v} A(u) > \lambda$$

$$\Leftrightarrow \exists u \in U, \text{满足} f(u) = v, \text{使} A(u) > \lambda$$

$$\Leftrightarrow \exists u \in U, \text{满足} f(u) = v, \text{使} u \in A_{\dot{\lambda}}$$

$$\Leftrightarrow v \in f(A_{\dot{\lambda}}),$$

所以
$$f(A)_{\dot{\lambda}} = f(A_{\dot{\lambda}}).$$

根据分解定理, 可得以下推论.

推论 1 设 $f: U \to V$, $A \in \mathscr{A}(U)$, $B \in \mathscr{A}(V)$, 则

$$f(A) = \bigcup_{\lambda \in [0,1)} \lambda f(A_{\dot{\lambda}}),$$

$$f^{-1}(B) = \bigcup_{\lambda \in [0,1)} f^{-1}(B_{\dot{\lambda}}),$$

$$f^{-1}(B) = \bigcup_{\lambda \in [0,1]} f^{-1}(B_\lambda).$$

这是扩张原理的另一描述方法.

注意, 等式
$$f(A)_\lambda = f(A_\lambda)$$

不一定成立, 关于这个等式有下面定理.

定理 3 设 $f: U \to V$, $A \in \mathscr{A}(U)$, 则 $\forall \lambda \in [0, 1]$,
$$f(A)_\lambda = f(A_\lambda)$$

成立的充分必要条件是
$$\forall v \in f(U), \exists u_0 \in f^{-1}(v), \text{使} f(A)(v) = A(u_0).$$

证 (充分性) $\forall v \in f(U)$, 由于

$$v \in f(A)_\lambda \Leftrightarrow f(A)(v) \geqslant \lambda \Leftrightarrow \exists u_0 \in f^{-1}(v), \text{使} A(u_0) = f(A)(v) \geqslant \lambda$$

$$\Leftrightarrow \exists u_0 \in U, \text{使} u_0 \in A_\lambda, \text{且} f(u_0) = v \Leftrightarrow v \in f(A_\lambda),$$

所以
$$f(A)_\lambda = f(A_\lambda).$$

(必要性) $\forall v \in f(U)$, 令 $f(A)(v) = \lambda$, 那么

$$v \in f(A)_\lambda = f(A_\lambda) \Leftrightarrow \exists u_0 \in U, \text{使} u_0 \in A_\lambda, \text{且} f(u_0) = v,$$

从而
$$A(u_0) \geqslant \lambda = f(A)(v) = \bigvee_{f(u)=v} A(u) \geqslant A(u_0).$$

所以
$$f(A)(v) = A(u_0).$$

定理 4 设 $f: U \to V$, $A, A' \in \mathscr{A}(U)$, 则

(1) $f(A) = \varnothing \Leftrightarrow A = \varnothing$;

(2) $A \subseteq A' \Rightarrow f(A) \subseteq f(A')$;

(3) $f(\bigcup_{t \in T} A^{(t)}) = \bigcup_{t \in T} f(A^{(t)})$, $A^{(t)} \in \mathscr{A}(U)$, $t \in T$;

(4) $f(\bigcap_{t\in T} A^{(t)}) \subseteq \bigcap_{t\in T} f(A^{(t)})$，$A^{(t)} \in \mathscr{F}(U)$，$t\in T$.

证　(1) 设 $f(A)=\varnothing$，$\forall u\in U$ 且 $f(u_0)=v_0$，则

$$A(u_0) \leqslant \bigvee_{f(u)=v_0} A(u) = f(A)(v_0) = 0,$$

所以　　　　　　　　　　$A(u_0)=0$，故 $A=\varnothing$.

反之，若 $A=\varnothing$，则 $\forall u\in U$，$A(u)=0$，从而 $\forall v\in V$，有

$$f(A)(v) = \bigvee_{f(u)=v} A(u) = 0,$$

所以 $f(A)=\varnothing$.

(2) $A\subseteq A' \Rightarrow \forall u\in U$，$A(u)\leqslant A'(u)$

$\Rightarrow \forall v\in f(U)$，$\bigvee_{f(u)=v} A(u) \leqslant \bigvee_{f(u)=v} A'(u)$

$\Rightarrow \forall v\in f(U)$，$f(A)(v)\leqslant f(A')(v) \Rightarrow f(A)\subseteq f(A')$.

(3) 若 $v\notin f(U)$，则

$$f(A^{(t)})(v)=0,\ f(\bigcup_{t\in T} A^{(t)})(v)=0.$$

等式显然成立.

若 $v\in f(U)$，因为

$$f(\bigcup_{t\in T} A^{(t)})(v) = \bigvee_{f(u)=v}(\bigvee_{t\in T} A^{(t)})(u) = \bigvee_{t\in T}(\bigvee_{f(u)=v} A^{(t)}(u))$$

$$= \bigvee_{t\in T} f(A^{(t)})(v) = (\bigcup_{t\in T} f(A^{(t)}))(v),$$

所以　　　　　　　　$f(\bigcup_{t\in T} A^{(t)}) = \bigcup_{t\in T} f(A^{(t)})$.

(4) 只考虑 $v\in f(U)$ 的情况，则

$$f(\bigcap_{t\in T} A^{(t)})(v) = \bigvee_{f(u)=v}(\bigwedge_{t\in T} A^{(t)})(u) \leqslant \bigwedge_{t\in T}(\bigvee_{f(u)=v} A^{(t)}(u))$$

$$= \bigwedge_{t\in T} f(A^{(t)})(v) = (\bigcap_{t\in T} f(A^{(t)}))(v),$$

所以　　　　　　　　$f(\bigcap_{t\in T} A^{(t)}) \subseteq \bigcap_{t\in T} f(A^{(t)})$.

定理 5　设 $f: U\to V$，$B, B'\in \mathscr{F}(V)$，则

(1) $f^{-1}(\varnothing)=\varnothing$；

(2) 若 f 为满射，且 $f^{-1}(B)=\varnothing$，则 $B=\varnothing$；

(3) $B\subseteq B'$，则 $f^{-1}(B)\subseteq f^{-1}(B')$；

(4) $f^{-1}(\bigcup_{t\in T} B^{(t)}) = \bigcup_{t\in T} f^{-1}(B^{(t)})$；

(5) $f^{-1}(\bigcap_{t\in T} B^{(t)}) = \bigcap_{t\in T} f^{-1}(B^{(t)})$；

(6) $(f^{-1}(B))^c = f^{-1}(B^c)$.

证明方法与定理 4 类似.

下面应用集合套的观点，可以给出扩张原理的等价定义.

设 $f: U\to V$，$A\in \mathscr{F}(U)$，$\forall \lambda\in[0,1]$，按普通映射，当 $\lambda_1 < \lambda_2$ 时，

$$A_{\lambda_1} \supseteq A_{\lambda_2} \Rightarrow f(A_{\lambda_1}) \supseteq f(A_{\lambda_2}),$$

因此，$\{f(A_\lambda) \mid \lambda \in [0,1]\}$ 是 V 中的一个集合套. 按照表现定理，它唯一确定一个模糊集

$$f(A) = \bigcup_{\lambda \in [0,1]} \lambda f(A_\lambda),$$

而且

$$f(A)_{\dot{\lambda}} \subseteq f(A_\lambda) \subseteq f(A)_\lambda.$$

由此可见，可以给出扩张原理的另一定义.

定义2 设 $f: U \to V$，则 f 可诱导出新映射

$$f: \mathscr{F}(U) \to \mathscr{F}(V)$$

$$A \mapsto f(A) = \bigcup_{\lambda \in [0,1]} \lambda f(A_\lambda),$$

$$f^{-1}: \mathscr{F}(V) \to \mathscr{F}(U)$$

$$B \mapsto f^{-1}(B) = \bigcup_{\lambda \in [0,1]} \lambda f^{-1}(B_\lambda).$$

2.2　多元扩张原理

作为扩张原理 II 的准备，在此先引入模糊直积的概念. 普通直积是指

$$A_1 \times A_2 \times \cdots \times A_n = \left\{ (u_1, u_2, \cdots, u_n) \mid u_i \in A_i, i = 1, 2, \cdots, n \right\},$$

其特征函数为

$$(A_1 \times A_2 \times \cdots \times A_n)(u_1, u_2, \cdots, u_n) = \bigwedge_{i=1}^{n} A_i(u_i).$$

将上述概念推广到模糊集有如下定义.

定义1 设 $A_i \in \mathscr{F}(U_i)$ $(i = 1, 2, \cdots, n)$，则 $A_1, A_2, \cdots, A_n$ 的直积映射

$$A_1 \times A_2 \times \cdots \times A_n = \int_{U_1 \times U_2 \times \cdots \times U_n} \left(\bigwedge_{i=1}^{n} A_i(u_i) \right) / (u_1, u_2, \cdots, u_n).$$

其隶属函数为

$$(A_1 \times A_2 \times \cdots \times A_n)(u_1, u_2, \cdots, u_n) = \bigwedge_{i=1}^{n} A_i(u_i).$$

普通集合的多元扩张原理如下.

设有映射

$$f: U_1 \times U_2 \times \cdots \times U_n \to V$$

$$(u_1, u_2, \cdots, u_n) \mapsto v,$$

由它诱导出一个新的映射

$$f: \mathscr{F}(U_1) \times \mathscr{F}(U_2) \times \cdots \times \mathscr{F}(U_n) \to \mathscr{F}(V)$$

$$(A_1, A_2, \cdots, A_n) \mapsto f(A_1, A_2, \cdots, A_n).$$

其中 $f(A_1, A_2, \cdots, A_n) = \left\{ v \mid v = f(u_1, u_2, \cdots, u_n), u_i \in A_i, i = 1, 2, \cdots, n \right\}$.

从而得到如下多元扩张原理.

定理 1（扩张原理 Ⅱ）　设映射

$$f: U_1 \times U_2 \times \cdots \times U_n \to V,$$

由 f 诱导出映射

$$f: \mathscr{F}(U_1) \times \mathscr{F}(U_2) \times \cdots \times \mathscr{F}(U_n) \to \mathscr{F}(V),$$

其隶属函数为

$$f(A_1, A_2, \cdots, A_n)(v) = \begin{cases} \bigvee\limits_{f(u_1, u_2, \cdots, u_n) = v} (\bigwedge\limits_{i=1}^{n} A_i(u_i)) & f^{-1}(v) \neq \emptyset \\ 0 & f^{-1}(v) = \emptyset. \end{cases}$$

例 1　设 $U = \{0, 1, 2, \cdots, n\}$，$f: U \times U \to U$，取 f 为实数运算"$+$"，若

$$\underset{\sim}{1} = \text{"近似于 1"} = 0.1/0 + 0.9/1 + 0.1/2,$$
$$\underset{\sim}{2} = \text{"近似于 2"} = 0.2/1 + 0.8/2 + 0.2/3,$$

则　　　　　$f(u_1, u_2) = u_1 + u_2 = u, \quad f(\underset{\sim}{1}, \underset{\sim}{2}) = \underset{\sim}{1} + \underset{\sim}{2} = \underset{\sim}{3}.$

根据扩张原理，有　$(\underset{\sim}{1} + \underset{\sim}{2})(u) = \bigvee\limits_{u_1 + u_2 = u} (\underset{\sim}{1}(u_1) \wedge \underset{\sim}{2}(u_2)).$

u_1, u_2 分别取 U 中的元素，那么元素 u 是 1，2，3，4，5．

$$(\underset{\sim}{1} + \underset{\sim}{2})(1) = \bigvee\limits_{0 + 1 = 1} (\underset{\sim}{1}(0) \wedge \underset{\sim}{2}(1)) = \bigvee(0.1 \wedge 0.2) = 0.1,$$

$$(\underset{\sim}{1} + \underset{\sim}{2})(2) = \bigvee\limits_{u_1 + u_2 = 2} (\underset{\sim}{1}(u_1) \wedge \underset{\sim}{2}(u_2)) = (\underset{\sim}{1}(0) \wedge \underset{\sim}{2}(2)) \vee (\underset{\sim}{1}(1) \wedge \underset{\sim}{2}(1))$$

$$= (0.1 \wedge 0.8) \vee (0.9 \wedge 0.2) = 0.2.$$

类似地　$(\underset{\sim}{1} + \underset{\sim}{2})(3) = 0.8, \quad (\underset{\sim}{1} + \underset{\sim}{2})(4) = 0.2, \quad (\underset{\sim}{1} + \underset{\sim}{2})(5) = 0.1.$

所以　　　$\underset{\sim}{1} + \underset{\sim}{2} = 0.1/1 + 0.2/2 + 0.8/3 + 0.2/4 + 0.1/5 = \underset{\sim}{3}.$

多元扩张模糊集的截集有下述性质．

定理 2　设 $A_i \in \mathscr{F}(U_i) (i = 1, 2, \cdots, n)$，$\lambda \in [0, 1]$，

$$f(A_1, A_2, \cdots, A_n)_\lambda = f((A_1)_\lambda, (A_2)_\lambda, \cdots, (A_n)_\lambda) \qquad (2.2.1)$$

充要条件是 $\forall v \in V, \exists (u_1, u_2, \cdots, u_n) \in f^{-1}(v)$，且

$$f(A_1, A_2, \cdots, A_n)(v) = \bigwedge\limits_{i=1}^{n} A_i(u_i).$$

证（必要性）设 $\forall v \in V, f(A_1, A_2, \cdots, A_n)(v) = \lambda$，则 $v \in f(A_1, A_2, \cdots, A_n)_\lambda$，由式（2.2.1）及普通扩张原理，知

$$v \in f((A_1)_\lambda, (A_2)_\lambda, \cdots, (A_n)_\lambda) \Leftrightarrow \exists u_i \in (A_i)_\lambda \quad (i = 1, 2, \cdots, n),$$

且　　　　　　　　　$f(u_1, u_2, \cdots, u_n) = v.$

由此可见

$$\lambda \leqslant \bigwedge\limits_{i=1}^{n} A_i(u_i) \leqslant \bigvee\limits_{f(u_1, u_2, \cdots, u_n) = v} (\bigwedge\limits_{i=1}^{n} A_i(u_i)) = f(A_1, A_2, \cdots, A_n)(v) = \lambda.$$

因此　　　$f(A_1, A_2, \cdots, A_n)(v) = \bigwedge\limits_{i=1}^{n} A_i(u_i), f(u_1, u_2, \cdots, u_n) = v.$

（充分性）$\forall v \in V$,

$$v \in f(A_1, A_2, \cdots, A_n)_\lambda \Leftrightarrow f(A_1, A_2, \cdots, A_n)(v) \geqslant \lambda$$

$$\Leftrightarrow \exists (u_1, \cdots, u_n) \in f^{-1}(v), \; 且 \bigwedge_{i=1}^{n} A_i(u_i) \geqslant \lambda$$

$$\Leftrightarrow f(u_1, A_2, \cdots, u_n) = v, \; 且 A_i(u_i) \geqslant \lambda \quad (i=1,2,\cdots,n)$$

$$\Leftrightarrow f(u_1, A_2, \cdots, u_n) = v, \; 且 u_i \in (A_i) \geqslant \lambda \quad (i=1,2,\cdots,n)$$

$$\Leftrightarrow v \in f((A_1)_\lambda, (A_2)_\lambda, \cdots, (A_n)_\lambda).$$

所以，式(2.2.1)成立.

由例 1 可见，扩张原理将整数运算扩展到模糊整数运算. 事实上，还可以将实数的代数运算扩展到实数域上的模糊数的代数运算.

2.3　区间数

在介绍模糊数之前，先介绍区间数. 所谓区间数，是指实数轴上的一个闭区间. 具体定义如下.

定义 1　设 X 为实数域，区间 $I \subseteq X$ 称为区间数. 闭区间 $I = [a, b]$ 称为闭区间数. 特别地，当 $0 < a \leqslant b$ 时，$I = [a, b]$ 称为正区间数；当 $a \leqslant b < 0$ 时，$I = [a, b]$ 称为负区间数.

一般区间数的运算较复杂些，下面仅介绍闭区间数的运算.

定义 2　设 X 为实数域，$I_1 = [a, b]$ 和 $I_2 = [c, d]$ 为实数域上的任意两个区间数，设映射 $* : X \times X \to X$ 是实数域上的二元运算，由扩张原理有

$$I_1 * I_2 = [a, b] * [c, d] = \{z \mid \exists (x, y) \in [a, b] \times [c, d], \; 且\, z = x * y\}.$$

其中，$*$ 为" $+, -, \times, \div$ "运算.

按区间数运算定义，得区间数的四则运算公式如下.

设 $I_1 = [a, b]$，$I_2 = [c, d]$ 是实数域中的区间数，那么

$$I_1(x) = [a, b](x) = \begin{cases} 1 & x \in [a, b] \\ 0 & 其他, \end{cases}$$

$$I_2(y) = [c, d](y) = \begin{cases} 1 & y \in [c, b] \\ 0 & 其他. \end{cases}$$

（1）区间数加法.

$$\begin{aligned}([a, b] + [c, d])(z) &= \bigvee_{x+y=z} ([a, b](x) \wedge [c, d](y)) \\ &= \bigvee_{x \in \mathbf{R}} ([a, b](x) \wedge [c, d](z-x)) \\ &= \begin{cases} 1 & x \in [a, b] 且 (z-x) \in [c, d] \\ 0 & 其他 \end{cases} \\ &= \begin{cases} 1 & z \in [a+c, b+d] \\ 0 & 其他, \end{cases}\end{aligned}$$

所以　　　　　　　　$([a, b] + [c, d])(z) = [a + c, b + d](z).$

即　　　　　　　　$I_1 + I_2 = [a, b] + [c, d] = [a + c, b + d].$

（2）区间数减法．

$$\begin{aligned}
([a, b] - [c, d])(z) &= \bigvee_{x - y = z} ([a, b](x) \wedge [c, d](y)) \\
&= \bigvee_{x \in \mathbf{R}} ([a, b](x) \wedge [c, d](x - z)) \\
&= \begin{cases} 1 & x \in [a, b] \text{ 且} (x - z) \in [c, d] \\ 0 & \text{其他} \end{cases} \\
&= \begin{cases} 1 & z \in [a - d, b - c] \\ 0 & \text{其他}, \end{cases}
\end{aligned}$$

所以　　　　　　　　$([a, b] - [c, d])(z) = [a - d, b - c](z).$

于是得　　　　　　　$I_1 - I_2 = [a, b] - [c, d] = [a - d, b - c].$

（3）区间数乘法．

先考虑 $a > 0, c > 0$ 的情形．

$$\begin{aligned}
([a, b] \times [c, d])(z) &= \bigvee_{xy = z} ([a, b](x) \wedge [c, d](y)) \\
&= \bigvee_{x \in \mathbf{R}} \left([a, b](x) \wedge [c, d]\left(\frac{z}{x} \right) \right) \\
&= \begin{cases} 1 & x \in [a, b] \text{ 且} \dfrac{z}{x} \in [c, d] \\ 0 & \text{其他} \end{cases} \\
&= \begin{cases} 1 & z \in [ac, bd] \\ 0 & \text{其他}, \end{cases}
\end{aligned}$$

所以　　　　　　　　$([a, b] \times [c, d])(z) = [ac, bd](z).$

于是得　　　　$I_1 \times I_2 = [a, b] \times [c, d] = [ac, bd] \quad (a > 0, c > 0).$

一般情形：

$I_1 \times I_2 = [a, b] \times [c, d] = [p, q] = [\min\{ac, bc, ad, bd\}, \max\{ac, bc, ad, bd\}].$

（4）区间数除法．

对于模糊集 A，定义它的倒数模糊集 $\dfrac{1}{A}$ 为

$$\frac{1}{A}(y) = \bigvee_{y = \frac{1}{x}} A(x) = A\left(\frac{1}{y} \right) \quad (y \neq 0).$$

当除数 $[c, d]$ 不包含零的闭区间时，区间数的除法可以转化为区间数的乘法．因为由上式可得

$$\frac{1}{[c, d]} = \left[\frac{1}{d}, \frac{1}{c} \right] \quad (0 \notin [c, d]),$$

所以　　$I_1 \div I_2 = [a, b] \div [c, d] = [a, b] \times \left[\dfrac{1}{d}, \dfrac{1}{c} \right] \quad (0 \notin [c, d]).$

例 1　设 $[2,3]$，$[1,5]$ 为两个区间数，求 $[2,3]+[1,5]$；$[2,3]-[1,5]$；$[2,3]\times[1,5]$；$[2,3]\div[1,5]$.

解　$[2,3]+[1,5]=[3,8]$；

$[2,3]-[1,5]=[-3,2]$；

$[2,3]\times[1,5]=[2,15]$；

$[2,3]\div[1,5]=[2,3]\times\left[\dfrac{1}{5},\dfrac{1}{1}\right]=\left[\dfrac{2}{5},3\right]$.

2.4　凸模糊集

对于普通集合，所谓集合 A 是凸的，是指对于任意两点 $x,y\in A$ 及 $\forall\lambda\in[0,1]$，连结 x,y 的线段上的点 $z=\lambda x+(1-\lambda)y$ 都包含于 A 中，如图 2-4 所示.

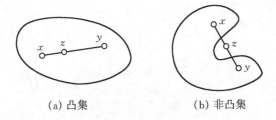

(a) 凸集　　　　　　　　　　(b) 非凸集

图 2-4　凸集与非凸集

所谓凸模糊集，定义如下.

定义 1　设 R 是实数域，$A\in\mathscr{F}(U)$，若对 $\forall x_1,x_2,x_3\in\mathbf{R}$，且 $x_1>x_2>x_3$，均有

$$A(x_2)\geqslant A(x_1)\wedge A(x_3),$$

则称 A 是凸模糊集，如图 2-5 所示.

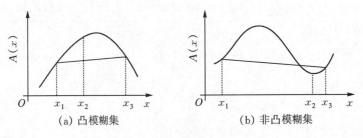

(a) 凸模糊集　　　　　　　　　(b) 非凸模糊集

图 2-5　凸模糊集与非凸模糊集

例 1　设模糊集 A 的隶属度为

$$A(x)=\begin{cases}0 & x<0\\ \mathrm{e}^{-x} & x\geqslant0,\end{cases}$$

不妨假定 $x_1 < x < x_2$，分三种情况讨论它的凸性，如图 2-6 所示.

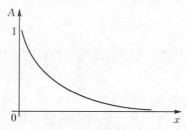

图 2-6　模糊集的凸性

解　(1) 当 $x_1 < 0$，$x_2 < 0$ 时，

$$A(x) = A(x_1) \wedge A(x_2) \equiv 0.$$

(2) 当 $x_1 < 0$，$x_2 \geqslant 0$ 时，

$$A(x) \geqslant A(x_1) \wedge A(x_2) \equiv 0.$$

(3) 当 $x_1 \geqslant 0$，$x_2 > 0$ 时，因 $A(x) = \mathrm{e}^{-x}$ 是减函数，故有

$$x_1 < x < x_2,\ \mathrm{e}^{-x_1} > \mathrm{e}^{-x} > \mathrm{e}^{-x_2}.$$

即

$$A(x) > A(x_1) \wedge A(x_2).$$

因此，A 为凸模糊集.

定理 1　A 为凸模糊集，当且仅当 $\forall \lambda \in [0, 1]$，截集 A_λ 为凸集.

证(必要性)设 A 为凸模糊集，$\forall \lambda \in [0, 1]$，若 $x_1, x_2 \in A_\lambda$，即

$$A(x_1) \geqslant \lambda,\ A(x_2) \geqslant \lambda.$$

不妨设 $x_1 < x_2$，则 $\forall x_3 \in [x_1, x_2]$，由定义 1 有

$$A(x_3) \geqslant A(x_1) \wedge A(x_2) \geqslant \lambda.$$

所以 $x_3 \in A_\lambda$，故 A_λ 为凸集.

(充分性)设 $A \in \mathscr{A}(U)$，$\forall \lambda$，A_λ 为凸集. 任给 $x_1, x_2 \in \mathbf{R}$，取

$$\lambda = A(x_1) \wedge A(x_2),$$

则

$$x_1 \in A_\lambda,\ x_2 \in A_\lambda.$$

$\forall x_3 \in [x_1, x_2]$，因为 A_λ 为凸集，故 $x_3 \in A_\lambda$，即

$$A(x_3) \geqslant \lambda = A(x_1) \wedge A(x_2).$$

所以，A 为凸模糊集.

推论 1　凸模糊集的截集必为区间；截集为区间的模糊集必为凸模糊集.

定理 2　若 A，B 是凸模糊集，则 $A \cap B$ 也是凸模糊集.

证　由第 1 章截集的性质知，$A \cap B$ 的截集是 A_λ 与 B_λ 之交集. 而 A_λ 与 B_λ 均为凸集，故它们的交是凸集，即 $A \cap B$ 的截集是凸集，由定理 1 知 $A \cap B$ 也是凸模糊集.

2.5　模糊数

作为扩张原理的重要应用,本节将介绍实数域上的模糊数及其运算.

2.5.1　模糊数的定义

由前两节知,若 A 是实数域 R 上的凸模糊集,那么截集 A_λ 是实数轴上的凸集. 显然 A_λ 是一个区间,这个区间可以是有限的,如 $[a, b]$;也可以是无限的,如 $(-\infty, a]$,$[b, +\infty)$ 或 $(-\infty, +\infty)$.

由凸模糊集可给出模糊数的概念.

定义 1　设 $A \in \mathscr{F}(U)$,若存在 $u \in U$,使得 $A(u) = 1$,称 A 为正规模糊集.

定义 2　设 A 是实数域 R 上的正规凸模糊集,即对 $\forall \lambda \in [0, 1]$,$A_\lambda = [a_\lambda, b_\lambda]$ 均为一闭区间,则称 A 为一个模糊实数,简称模糊数. 模糊数全体记为 $\widetilde{R}$.

若 $A \in \widetilde{R}$ 且 $A_1 = \{a\}$ 为单点集,则称 A 为严格模糊数;

若 $A \in \widetilde{R}$ 且 $\mathrm{Supp}A$ 有界,则称 A 为有限模糊数;

若 $A \in \widetilde{R}$ 且 $\forall \lambda \in (0, 1]$,$A_\lambda$ 有界,则称 A 为有界模糊数;

若 $A \in \widetilde{R}$ 且 $\mathrm{Supp}A$ 所含都是正实数,则称 A 为正模糊数;

若 $A \in \widetilde{R}$ 且 $\mathrm{Supp}A$ 所含都是负实数,则称 A 为负模糊数.

定理 1　模糊数是凸模糊集.

证　由 2.4 节定理 1 推论易得.

下面介绍一个很重要的模糊数——三角模糊数.

例 1　设有三角模糊集

$$A(x) = \begin{cases} \dfrac{1}{\sigma}(x + \sigma - a) & a - \sigma \leqslant x \leqslant a \\ \dfrac{1}{\sigma}(\sigma + a - x) & a < x \leqslant a + \sigma, \end{cases}$$

其中,a, σ 为参数,并省略了 $A(x) = 0$ 的区间,证明 A 为模糊数. 称此模糊数为三角模糊数,记为

$$A = (a - \sigma/a/a + \sigma).$$

其中,a 为中心,$a - \sigma$ 为左端点,$a + \sigma$ 为右端点,如图 2-7 所示.

证　因为 $A(a) = 1$,所以 A 为正规模糊集.

对 $\forall \lambda \in (0, 1]$,

$$A_\lambda = [a - \sigma(1 - \lambda), a + \sigma(1 - \lambda)]$$

为闭区间,因此,A 为凸模糊集,故 A 为模糊数.

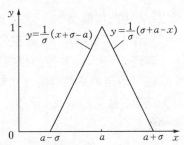

图 2-7　三角模糊数 $A = (a - \sigma/a/a + \sigma)$

当 $\lambda = 1$ 时, $A_1 = \{a\}$, A 为严格模糊数;

当 $a + \sigma < 0$ 时, A 为负模糊数;

当 $a - \sigma > 0$ 时, A 为正模糊数.

定理 2 设 A 为有界模糊数的充分必要条件是存在区间 $[a, b]$, 使得

$$A(x) = \begin{cases} 1 & \text{当 } a \leqslant x \leqslant b \text{ 时} \\ L(x) & \text{当 } x < a \text{ 时} \\ R(x) & \text{当 } x > b \text{ 时,} \end{cases}$$

其中, $L(x)$ 为增函数, 右连续, $0 \leqslant L(x) < 1$, 且

$$\lim_{x \to -\infty} L(x) = 0.$$

$R(x)$ 为减函数, 左连续, $0 \leqslant R(x) < 1$, 且

$$\lim_{x \to +\infty} R(x) = 0.$$

证 (必要性) 因为 A 为有界模糊数, 所以 A 是正规模糊集, 即存在 $[a, b]$, 使

$$x \in [a, b], \ A(x) = 1; \quad x \notin [a, b], \ A(x) < 1.$$

$\forall x_1 \leqslant x_2 < a$, 由于模糊数是凸的, 根据 2.4 节定义 1, 有

$$A(x_2) \geqslant A(x_1) \wedge A(a) = A(x_1).$$

所以, 当 $x < a$ 时, 令 $L(x) = A(x)$ 为增函数.

因 $x < a$ 时, $0 \leqslant A(x) < 1$, 故 $0 \leqslant L(x) < 1$.

现证明 $L(x)$ 右连续. 用反证法, 假设存在 $x_0 < a$ 及单调下降序列 x_n, $x_0 < x_n < a$, 使

$$\lim_{x_n \to x_0^+} L(x_n) = \alpha > L(x_0).$$

既然 $L(x)$ 为增函数, 那么 $A(x_n) = L(x_n) \geqslant \alpha$. 于是 $x_n \in A_\alpha$, 而 A_α 是闭区间, 从而 $x_0 \in A_\alpha$, 所以

$$L(x_0) = A(x_0) \geqslant \alpha.$$

与前面矛盾. 因此 $L(x)$ 为右连续.

不难推证 $\lim\limits_{x \to -\infty} L(x) = 0$. 假如 $\lim\limits_{x \to -\infty} L(x) = \beta > 0$, 那么, 由 $L(x)$ 为增函数, 对任何 $x < a$ 均有

$$A(x) = L(x) \geqslant \beta > 0,$$

从而 A_β 为无界集, 这与 A 是有界模糊数矛盾.

类似地, 当 $x > b$ 时, 令 $R(x) = A(x)$, 则 $R(x)$ 为减函数, 且左连续,

$$0 \leqslant R(x) < 1, \ \lim_{x \to +\infty} R(x) = 0.$$

(充分性) 因 $A_1 = [a, b] \neq \varnothing$, 故 A 是正规模糊集.

现在证明 $\forall \lambda \in (0, 1]$, A_λ 是一闭区间. $\forall \lambda \in (0, 1]$, 令

$$a_\lambda = \wedge \{x \mid L(x) \geq \lambda\}, \quad b_\lambda = \vee \{x \mid R(x) \geq \lambda\},$$

明显地，$a_\lambda < a \leq b < b_\lambda$，因为 $\lim\limits_{x \to -\infty} L(x) = 0$，$\lim\limits_{x \to +\infty} R(x) = 0$，所以 a_λ 和 b_λ 均为有限数．现在证明 $A_\lambda = [a_\lambda, b_\lambda]$．分几种情况：

当 $x \in [a, b]$，则 $A(x) = 1 \geq \lambda$，故 $x \in A_\lambda$，从而 $[a, b] \subseteq A_\lambda$；

当 $x \in (a_\lambda, a)$，那么 $a > x > \wedge \{x \mid L(x) \geq \lambda\}$，于是存在 $x_1 < x$，使 $L(x_1) \geq \lambda$．根据 $L(x)$ 为增函数知

$$A(x) = L(x) \geq L(x_1) \geq \lambda,$$

从而 $x \in A_\lambda$，故 $(a_\lambda, a) \subseteq A_\lambda$．

当 $x = a_\lambda$，因为 $L(x)$ 右连续，所以

$$L(a_\lambda) = \lim\limits_{x' \to a_\lambda} L(x') \geq \lambda.$$

即 $A(a_\lambda) = L(a_\lambda) \geq \lambda$，从而 $a_\lambda \in A_\lambda$．

上述三种情况说明，$[a_\lambda, b] \subseteq A_\lambda$．

类似地，$[b, b_\lambda] \subseteq A_\lambda$．

由此可见，$[a_\lambda, b_\lambda] \subseteq A_\lambda$．但是，只有等号才成立．

因为 $\forall x \notin [a_\lambda, b_\lambda]$，假如

$$\left.\begin{array}{l} x < a_\lambda = \wedge \{x \mid L(x) \geq \lambda\} \Rightarrow A(x) = L(x) < \lambda \\ x > b_\lambda = \vee \{x \mid R(x) \geq \lambda\} \Rightarrow A(x) = R(x) < \lambda \end{array}\right\} \Rightarrow x \notin A_\lambda,$$

或

因此，$\forall \lambda \in (0, 1]$，$A_\lambda = [a_\lambda, b_\lambda]$ 均为闭区间．

综上所述，A 是一个有界模糊数．

本定理说明，一个有界模糊数可由 $A_1 = [a, b]$ 及 $L(x)$，$R(x)$ 唯一确定，记

$$A = ([a_A, b_A], L_A, R_A).$$

2.5.2 模糊数的运算

下面应用扩张原理来讨论模糊数的运算．

设 R 为实数域，映射 $* : R \times R \to R$ 是一个实数域上的二元运算，由这个映射诱导出的新映射

$$* : \mathscr{F}(R) \times \mathscr{F}(R) \to \mathscr{F}(R)$$

便是实数域 R 上的二元模糊集的代数运算．于是，由扩张原理容易得下面定理．

定理 3　设 $*$ 是实数域 R 上的二元运算，$A, B \in \widetilde{R}$，则

$$A * B = \int_R \bigvee_{x * y = z} (A(x) \wedge B(y))/z$$

或

$$(A * B)(z) = \bigvee_{x * y = z} (A(x) \wedge B(y))$$

或

$$A * B = \sum_z \frac{\bigvee\limits_{x * y = z} (A(x) \wedge B(y))}{z}.$$

其中，$*$ 表示实数 "$+$，$-$，$\times$，$\div$" 运算．这个定理给出了两个模糊集的运算方法．

当论域有限时，有

$$(A + B)(z) = \bigvee_{x+y=z} (A(x) \wedge B(y)),$$

$$(A - B)(z) = \bigvee_{x-y=z} (A(x) \wedge B(y)),$$

$$(A \times B)(z) = \bigvee_{x \times y=z} (A(x) \wedge B(y)),$$

$$(A \div B)(z) = \bigvee_{x \div y=z} (A(x) \wedge B(y)) \quad (y \neq 0).$$

当论域为无限时,由 $x + y = z$ 得 $y = z - x$. 于是有

$$(A + B)(z) = \bigvee_{x} (A(x) \wedge B(z-x)),$$

$$(A - B)(z) = \bigvee_{x} (A(x) \wedge B(x-z)),$$

$$(A \times B)(z) = \bigvee_{x} \left(A(x) \wedge B\left(\frac{z}{x}\right)\right),$$

$$(A \div B)(z) = \bigvee_{x} \left(A(x) \wedge B\left(\frac{x}{z}\right)\right).$$

定理 3 说明,两个模糊数作某种运算,是它们的元素作某种运算,而相应的隶属度则取小运算.

例 2 设论域为整数集,模糊数为

$$\underset{\sim}{2} = \frac{0.4}{1} + \frac{1}{2} + \frac{0.7}{3}, \quad \underset{\sim}{4} = \frac{0.5}{3} + \frac{1}{4} + \frac{0.6}{5},$$

求 $\underset{\sim}{2} + \underset{\sim}{4}$, $\underset{\sim}{2} - \underset{\sim}{4}$, $\underset{\sim}{2} \times \underset{\sim}{4}$.

解 以 $\underset{\sim}{2} - \underset{\sim}{4}$ 为例,其余请读者完成. 这时下面运算式中的 x 取 1, 2, 3;y 取 3, 4, 5.

$$\underset{\sim}{2} - \underset{\sim}{4} = \sum_{z} \frac{\bigvee_{x-y=z} (\underset{\sim}{2}(x) \wedge \underset{\sim}{4}(y))}{z}$$

$$= \frac{0.4 \wedge 0.6}{-4} + \frac{(0.4 \wedge 1) \vee (1 \wedge 0.6)}{-3} + \frac{(0.4 \wedge 0.5) \vee (1 \wedge 1) \vee (0.7 \wedge 0.6)}{-2} +$$

$$\frac{(1 \wedge 0.5) \vee (0.7 \wedge 1)}{-1} + \frac{(0.7 \wedge 0.5)}{0}$$

$$= \frac{0.4}{-4} + \frac{0.6}{-3} + \frac{1}{-2} + \frac{0.7}{-1} + \frac{0.5}{0}.$$

其他结果是

$$\underset{\sim}{2} + \underset{\sim}{4} = \frac{0.4}{4} + \frac{0.5}{5} + \frac{1}{6} + \frac{0.7}{7} + \frac{0.6}{8},$$

$$\underset{\sim}{2} \times \underset{\sim}{4} = \frac{0.4}{3} + \frac{0.4}{4} + \frac{0.4}{5} + \frac{0.5}{6} + \frac{1}{8} + \frac{0.5}{9} + \frac{0.6}{10} + \frac{0.7}{12} + \frac{0.6}{15}.$$

例 3 设 $\underset{\sim}{2} = \int_1^2 \frac{x-1}{x} + \int_2^3 \frac{3-x}{x}$, $\underset{\sim}{3} = \int_2^3 \frac{x-2}{x} + \int_3^4 \frac{4-x}{x}$,求 $\underset{\sim}{2} + \underset{\sim}{3}$.

解 $\underset{\sim}{2}(x) = \begin{cases} x-1 & 1 \leqslant x \leqslant 2 \\ 3-x & 2 \leqslant x \leqslant 3, \end{cases}$

$$\underset{\sim}{3}(x)=\begin{cases}x-2 & 2\leqslant x\leqslant 3\\ 4-x & 3\leqslant x\leqslant 4,\end{cases}$$

$$\underset{\sim}{3}(z-x)=\begin{cases}z-x-2 & z-3\leqslant x\leqslant z-2\\ 4-z+x & z-4\leqslant x\leqslant z-3,\end{cases}$$

$$(\underset{\sim}{2}+\underset{\sim}{3})(z)=\bigvee_{x}(\underset{\sim}{2}(x)\wedge\underset{\sim}{3}(z-x))=\underset{\sim}{2}(x_0),$$

即求交点 x_0, 故令 $\qquad \underset{\sim}{2}(x)=\underset{\sim}{3}(z-x).$

当 $1\leqslant x\leqslant 2$ 时, 得 $x-1=z-x-2$, 从而解得 $x_0=\dfrac{z-1}{2}$. 将 x_0 代入函数 $\underset{\sim}{2}(x)$ 中, 得

$$(\underset{\sim}{2}+\underset{\sim}{3})(z)=\frac{z-1}{2}-1,\ 1\leqslant\frac{z-1}{2}\leqslant 2,$$

即 $\qquad (\underset{\sim}{2}+\underset{\sim}{3})(z)=\dfrac{z-3}{2},\ 3\leqslant z\leqslant 5.$

当 $2\leqslant x\leqslant 3$ 时, 得 $3-x=4-z+x$, 从而解得 $x_0=\dfrac{z-1}{2}$. 将 x_0 代入函数 $\underset{\sim}{2}(x)$ 中, 得

$$(\underset{\sim}{2}+\underset{\sim}{3})(z)=3-\frac{z-1}{2}\quad (2\leqslant\frac{z-1}{2}\leqslant 3),$$

即 $\qquad (\underset{\sim}{2}+\underset{\sim}{3})(z)=\dfrac{7-z}{2}\quad (5\leqslant z\leqslant 7).$

综述可得 $\qquad (\underset{\sim}{2}+\underset{\sim}{3})(z)=\begin{cases}\dfrac{z-3}{2} & 3\leqslant z\leqslant 5\\[2mm] \dfrac{7-z}{2} & 5\leqslant z\leqslant 7.\end{cases}$

根据模糊数的定义, 截集 A_λ 也是一区间数, 它有下面的运算性质.

定理 4 设 R 为实数域, $f: R\times R\to R$, A_i $(i=1,2)$ 为有界模糊数, 则 $\forall\lambda\in (0,1]$,

$$f(A_1,A_2)_\lambda=f((A_1)_\lambda,(A_2)_\lambda).$$

由此定理得到下面的具体的二元运算.

定理 5 设 I,J 是两个有界模糊数, $\alpha>0$, 则 $\forall\lambda\in (0,1]$, 有

(1) $(I+J)_\lambda=I_\lambda+J_\lambda$;

(2) $(I-J)_\lambda=I_\lambda-J_\lambda$;

(3) $(I\times J)_\lambda=I_\lambda\times J_\lambda$;

(4) $(I\div J)_\lambda=I_\lambda\div J_\lambda$;

(5) $(\alpha\cdot J)_\lambda=\alpha\cdot I_\lambda$.

可以利用扩张原理或模糊数截集的性质进行模糊数的运算, 请看下面例题.

例 4　设有三角模糊数 M 和 N, $M = (0/1/2)$, $N = (1/2/3)$, 隶属函数如图 2-8 所示. 求 $P = M + N$, $Q = M - N$, $R = M \times N$, $S = M \div N$.

解　$\forall \alpha \in [0, 1]$, M 和 N 的截集为 $M_\alpha =$ $[\alpha, 2 - \alpha]$, $N_\alpha = [1 + \alpha, 3 - \alpha]$.

由区间数的运算得

$$P_\alpha = [1 + 2\alpha, 5 - 2\alpha],$$
$$Q_\alpha = [-3 + 2\alpha, 1 - 2\alpha],$$
$$R_\alpha = [\alpha + \alpha^2, 6 - 5\alpha + \alpha^2],$$
$$S_\alpha = [\alpha/(3 - \alpha), (2 - \alpha)/(1 + \alpha)].$$

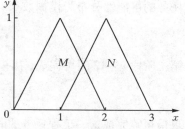

图 2-8　模糊数 M 和 N

根据 $P_\alpha = [1 + 2\alpha, 5 - 2\alpha]$, 设 $1 + 2\alpha = x$, $5 - 2\alpha = x$, 解出 α 并令 $y = \alpha = (x - 1)/2$ 和 $y = \alpha = (5 - x)/2$, 从而得 $P = (1/3/5)$（见图 2-9）.

同理求 Q, 设 $-3 + 2\alpha = x$, $1 - 2\alpha = x$, 解出 α 并令 $y = \alpha = \frac{1}{2}(x + 3)$ 和 $y = \alpha = \frac{1}{2}(1 - x)$, 从而得 $Q = (-3/-1/1)$（见图 2-10）.

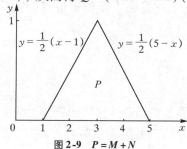

图 2-9　$P = M + N$

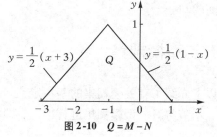

图 2-10　$Q = M - N$

为了求 R, 设 $\alpha^2 + \alpha = x$, 得 $y = \alpha = \frac{1}{2}(-1 + \sqrt{1 + 4x}) = f_1(x)$, 由 $6 - 5\alpha + \alpha^2 = x$, 得 $y = \alpha = \frac{1}{2}(5 - \sqrt{1 + 4x}) = f_2(x)$, 从而得 $R \approx (0/2/6)$（见图 2-11）.

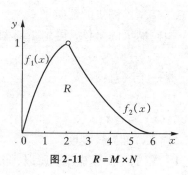

图 2-11　$R = M \times N$

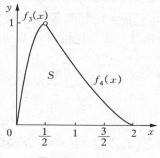

图 2-12　$S = M \div N$

同理求 S. 设 $\frac{\alpha}{3 - \alpha} = x$, 得 $y = \alpha = \frac{3x}{1 + x} = f_3(x)$, 由 $\frac{2 - \alpha}{1 + \alpha} = x$, 得 $y = \alpha = \frac{2 - x}{1 + x} = f_4(x)$, 从而得 $R \approx (0/0.5/2)$（见图 2-12）.

为了说明截集运算的实际意义, 举例如下.

例5　假如某一工程任务可分为两个阶段: 第一阶段 6～8 天可完成, 其完成任务的可能性分布为模糊数

$$I = \frac{0.8}{6} + \frac{1}{7} + \frac{0.2}{8};$$

第二阶段 9～12 天可完成, 用模糊数表示为

$$J = \frac{0.3}{9} + \frac{1}{10} + \frac{0.9}{11} + \frac{0.4}{12}.$$

求最可能完成这一工程任务的时间.

解　　　　$I + J = \frac{0.3}{15} + \frac{0.8}{16} + \frac{1}{17} + \frac{0.9}{18} + \frac{0.4}{19} + \frac{0.2}{20}.$

取 $\lambda = 0.8$, 这时由定理 5, 有

$$(I + J)_{0.8} = I_{0.8} + J_{0.8}.$$

即　　　　　　　　　$[16, 18] = [6, 7] + [10, 11].$

完成这一任务最可能的时间是 16～18 天. 这是两个阶段中最可能完成任务的时间的和.

2.6　二型模糊集

以上介绍了有关模糊集的基本定义、运算及性质, 这样的模糊集称为一型模糊集. 本节将对一型模糊集进行推广, 即将介绍二型模糊集的有关定义、运算及性质.

2.6.1　二型模糊集的基本概念

Zadeh 首先给出了二型模糊集的定义及 Zadeh 算子下的并、交、补. 1976 年, 日本学者 M. Mizumoto 和 K. Tanaka 首先研究了二型模糊集的性质.

用 $J([0, 1])$ 表示论域 $X = [0, 1]$ 上一型模糊集的全体, 得到了二型模糊集的定义如下.

定义1　论域 X 上一个二型模糊集 $A^{(2)}$ 是一个映射:

$$A^{(2)}: X \rightarrow J([0, 1])$$
$$x \mapsto A^{(2)}(x), \ x \in X,$$

则 $A^{(2)}(x)$ 是 $[0, 1]$ 上的一个一型模糊集, $A^{(2)}(x)$ 称为模糊度.

因为二型模糊集的模糊度是 $J(J \subseteq [0, 1])$ 中的一个模糊集, 所以, 将前面的模糊集称为一型模糊集.

设 $A^{(2)}(x)$, $B^{(2)}(x)$ 分别是二型模糊集 $A^{(2)}$ 和 $B^{(2)}$ 的模糊度, 则它们可有如下的表示法:

$$A^{(2)}(x) = \frac{f(u_1)}{u_1} + \frac{f(u_2)}{u_2} + \cdots + \frac{f(u_n)}{u_n} + \cdots = \int_u \frac{f(u)}{u} \quad (u \in J),$$

$$B^{(2)}(x) = \frac{g(w_1)}{w_1} + \frac{g(w_2)}{w_2} + \cdots + \frac{g(w_n)}{w_n} + \cdots = \int_w \frac{g(w)}{w} \quad (w \in J).$$

其中,模糊度 $A^{(2)}(x)$,$B^{(2)}(x)$ 的隶属函数分别为 $f(u)$ 和 $g(w)$,在 $[0,1]$ 中的值 $f(u)$,$g(w)$ 分别表示 u_i 和 w_j 在 J 中的模糊度.

例1 设 $X = \{1,2,3,4,5\}$ 和 $U = \{0,0.2,0.4,0.6,0.8,1\}$,对不同的一型模糊集 J,可表达不同的二型模糊集 $A^{(2)}$.图 2-13 分别给出了在 $J_1 = \{0,0.2,0.4\}$,$J_2 = \{0,0.2,0.4,0.6,0.8\}$,$J_3 = \{0.6,0.8\}$,$J_4 = J_2$,$J_5 = J_1$ 下的二型模糊集 $A^{(2)}$ 的隶属函数.

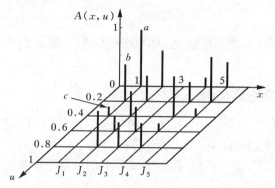

图 2-13 二型模糊集隶属函数

例2 设 $X = \{x_1,x_2,x_3,x_4,x_5\}$ 是一个建筑物的集合,$A^{(2)}$ 是 X 中高大建筑物的二型模糊集,则有

$$A^{(2)} = 高大 = \frac{中}{x_1} + \frac{不低}{x_2} + \frac{低}{x_3} + \frac{很高}{x_4} + \frac{高}{x_5}.$$

其中,标有中、高、低、不低、不高的模糊度在模糊集 $J = \{0,0.1,\cdots,0.9,1\} \subseteq [0,1]$ 中可表示如下:

$$中 = \frac{0.3}{0.3} + \frac{0.7}{0.4} + \frac{1}{0.5} + \frac{0.7}{0.6} + \frac{0.3}{0.7};$$

$$低 = \frac{1}{0} + \frac{0.9}{0.1} + \frac{0.7}{0.2} + \frac{0.4}{0.3};$$

$$高 = \frac{0.4}{0.7} + \frac{0.7}{0.8} + \frac{0.9}{0.9} + \frac{1}{1};$$

$$不低 = \frac{0.1}{0.1} + \frac{0.3}{0.2} + \frac{0.6}{0.3} + \frac{1}{0.4} + \frac{1}{0.5} + \frac{1}{0.6} + \frac{1}{0.7} + \frac{1}{0.8} + \frac{1}{0.9} + \frac{1}{1};$$

$$很高 = \frac{0.16}{0.7} + \frac{0.49}{0.8} + \frac{0.81}{0.9} + \frac{1}{1}.$$

上面给出了二型模糊集合的定义,同时也知道了二型模糊集合如何表征.下

面给出二型模糊幂集的定义.

定义 2　论域 U 上的二型模糊子集的全体, 称为 U 的二型模糊幂集, 记作 $J^{(2)}(U)$.

定义 3　对 $\forall u_1, u_2, u_3 \in [0, 1]$, 若 $u_1 \leqslant u_2 \leqslant u_3$ 时, 存在

$$f(u_2) \geqslant f(u_1) \wedge f(u_3)$$

成立, 则称模糊度 $A^{(2)}(x) = \int_u \dfrac{f(u)}{u}$ 是凸模糊度, 称 $A^{(2)}$ 为凸二型模糊集.

定义 4　模糊度 $A^{(2)}(x) = \int_u \dfrac{f(u)}{u}$ 的 λ 截集不是模糊集, 记作 $A_\lambda^{(2)}$, 可用下式表示:

$$\mu_\lambda^{(2)} = \{u \mid f(u) \geqslant \lambda\}, \ 0 < \lambda \leqslant 1.$$

很容易得出

$$\lambda_1 \leqslant \lambda_2 \Rightarrow A_{\lambda_2}^{(2)} \supseteq A_{\lambda_1}^{(2)}.$$

若二型模糊集 $A^{(2)}$ 是凸模糊集, 则所有截集 $A_\lambda^{(2)}$ 是属于 $[0, 1]$ 的一个凸集或一个区间.

2.6.2　二型模糊集的基本运算及其性质

对于二型模糊集的交、并、补运算的定义, 自然要引用扩张原理来定义. Zadeh 给出了二型模糊集的交、并、补运算的定义.

定义 5　设 $A^{(2)}, B^{(2)} \in J^{(2)} U$ 是论域 X 上的二型模糊集, 它们的交、并、补运算的隶属度分别定义为:

(1) $(A^{(2)} \cap B^{(2)})(x) = A^{(2)}(x) \cap B^{(2)}(x) = \displaystyle\int_u \frac{f(u)}{u} \cap \int_w \frac{g(w)}{w}$

$$= \iint_u \int_w \frac{f(u) \wedge g(w)}{(u \wedge w)};$$

(2) $(A^{(2)} \cup B^{(2)})(x) = A^{(2)}(x) \cup B^{(2)}(x) = \displaystyle\int_u \frac{f(u)}{u} \cup \int_w \frac{g(w)}{w}$

$$= \iint_u \int_w \frac{f(u) \wedge g(w)}{(u \vee w)};$$

(3) $(A^{(2)})^c(x) = A^{(2)}(x) = \displaystyle\int_u \frac{f(u)}{1 - u}.$

对于二型模糊集的交、并、补运算, 可以利用其模糊度曲线直观表示, 如图 2-14 至图 2-17 所示.

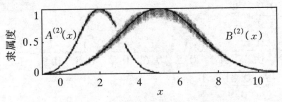

图 2-14　二型模糊集 $A^{(2)}, B^{(2)}$ 的模糊度

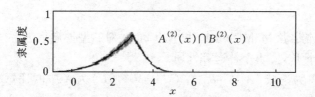

图 2-15　二型模糊集的交运算

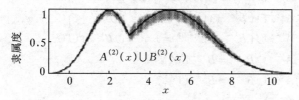

图 2-16　二型模糊集的并运算

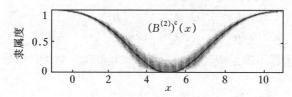

图 2-17　二型模糊集的补运算

例 3　设 $J = \{0, 0.1, \cdots, 0.9, 1\} \subseteq [0, 1]$，二型模糊集 $A^{(2)}$，$B^{(2)}$ 由下式给出：

$$A^{(2)}(x) = \frac{0.5}{0} + \frac{0.7}{0.1} + \frac{0.3}{0.2};$$

$$B^{(2)}(x) = \frac{0.9}{0} + \frac{0.6}{0.1} + \frac{0.2}{0.2}.$$

则　$(A^{(2)} \cup B^{(2)})(x) = \left(\dfrac{0.5}{0} + \dfrac{0.7}{0.1} + \dfrac{0.3}{0.2} \right) \cup \left(\dfrac{0.9}{0} + \dfrac{0.6}{0.1} + \dfrac{0.2}{0.2} \right)$

$$= \frac{0.5 \wedge 0.9}{0 \vee 0} + \frac{0.5 \wedge 0.6}{0 \vee 0.1} + \frac{0.5 \wedge 0.2}{0 \vee 0.2} + \frac{0.7 \wedge 0.9}{0.1 \vee 0} + \frac{0.7 \wedge 0.6}{0.1 \vee 0.1} +$$

$$\frac{0.7 \wedge 0.2}{0.1 \vee 0.2} + \frac{0.3 \wedge 0.9}{0.2 \vee 0} + \frac{0.3 \wedge 0.6}{0.2 \vee 0.1} + \frac{0.3 \wedge 0.2}{0.2 \vee 0.2}$$

$$= \frac{0.5}{0} + \frac{0.7}{0.1} + \frac{0.3}{0.2}.$$

同理可得　$(A^{(2)} \cap B^{(2)})(x) = \dfrac{0.7}{0} + \dfrac{0.6}{0.1} + \dfrac{0.2}{0.2};$

$$(A^{(2)})^c(x) = \frac{0.5}{1} + \frac{0.7}{0.9} + \frac{0.3}{0.8}.$$

以上运算是在 Zadeh 算子下给出的，对于运用其他模糊算子的运算可同样给出.

1976 年, 日本学者 M. Mizumoto 和 K. Tanaka 对二型模糊集进行讨论了研究, 给出了 Zadeh 算子下交、并、补运算性质.

定理 1　设 X 为论域, $A^{(2)}$, $B^{(2)}$, $C^{(2)} \in J^{(2)}(U)$ 为 X 中的任意二型模糊子集, 则有如下性质.

（1）幂等律：$A^{(2)} \cap A^{(2)} = A^{(2)}$, $A^{(2)} \cup A^{(2)} = A^{(2)}$；

（2）结合律：$A^{(2)} \cap (B^{(2)} \cap C^{(2)}) = (A^{(2)} \cap B^{(2)}) \cap C^{(2)}$,

$\qquad\qquad A^{(2)} \cup (B^{(2)} \cup C^{(2)}) = (A^{(2)} \cup B^{(2)}) \cup C^{(2)}$；

（3）交换律：$A^{(2)} \cap B^{(2)} = B^{(2)} \cap A^{(2)}$,

$\qquad\qquad A^{(2)} \cup B^{(2)} = B^{(2)} \cup A^{(2)}$；

（4）对合律：$((A^{(2)})^c)^c = A^{(2)}$；

（5）德·摩根（对偶）律：

$$(A^{(2)} \cap B^{(2)})^c = (A^{(2)})^c \cup (B^{(2)})^c,$$
$$(A^{(2)} \cup B^{(2)})^c = (A^{(2)})^c \cap (B^{(2)})^c.$$

二型模糊集的运算不满足吸收律、分配律和互补律. 然而, 部分满足零一律, 即

$$A^{(2)} \cap 1 = A^{(2)}, \quad A^{(2)} \cup 0 = A^{(2)}.$$

证　仅证性质（5）, 其他留作练习.

令 $A^{(2)} = \int_u \dfrac{f(u)}{u}$, $B^{(2)} = \int_w \dfrac{g(w)}{w}$, 则

$$(A^{(2)} \cap B^{(2)})^c = \left(\int_u \int_w \frac{f(u) \wedge g(w)}{(u \wedge w)} \right)^c = \int_u \int_w \frac{f(u) \wedge g(w)}{1 - (u \wedge w)}$$

$$= \int_u \int_w \frac{f(u) \wedge g(w)}{(1 - u) \vee (1 - w)}$$

$$= \left(\int_u \frac{f(u)}{(1 - u)} \right) \vee \left(\int_w \frac{g(w)}{1 - w} \right)$$

$$= (A^{(2)})^c \cup (B^{(2)})^c.$$

所以
$$(A^{(2)} \cap B^{(2)})^c = (A^{(2)})^c \cup (B^{(2)})^c.$$

同理可证
$$(A^{(2)} \cup B^{(2)})^c = (A^{(2)})^c \cap (B^{(2)})^c.$$

定理 2　如果二型模糊集 $A^{(2)}$ 和 $B^{(2)}$ 是凸二型模糊集, 其模糊度为凸模糊度, 则二型模糊集 $A^{(2)}$ 和 $B^{(2)}$ 的并、交、补同样是凸二型模糊集, 即 $A^{(2)} \cap B^{(2)}$, $A^{(2)} \cup B^{(2)}$, $(A^{(2)})^c$ 的模糊度也是凸模糊度.

证　令 $A^{(2)} = \int_u \dfrac{f(u)}{u}$, $B^{(2)} = \int_w \dfrac{g(w)}{w}$, 因为 $A^{(2)}$ 和 $B^{(2)}$ 是凸二型模糊集, 当 $0 \leqslant u_1 \leqslant u_2 \leqslant u_3 \leqslant 1$, $0 \leqslant w_1 \leqslant w_2 \leqslant w_3 \leqslant 1$ 时, 存在

$$f(u_2) \geqslant f(u_1) \wedge f(u_3), \quad g(w_2) \geqslant g(w_1) \wedge g(w_3),$$

所以, 对 $0 \leqslant u_1 \wedge w_1 \leqslant u_2 \wedge w_2 \leqslant u_3 \wedge w_3 \leqslant 1$, 有

$$f(u_2) \wedge g(w_2) \geqslant (f(u_1) \wedge g(w_1)) \wedge (f(u_3) \wedge g(w_3)).$$

因此, $A^{(2)} \cap B^{(2)} = \iint_u \int_w \dfrac{f(u) \wedge g(w)}{(u \wedge w)}$ 为凸二型模糊集.

同理可证 $A^{(2)} \cup B^{(2)}$ 为凸二型模糊集.

因为 $A^{(2)}$ 是凸二型模糊集, 有

$$(A^{(2)})^c = \int_u \frac{f(u)}{1-u} = \int_u \frac{f(1-u)}{u}.$$

对 $0 \leqslant u_1 \leqslant u_2 \leqslant u_3 \leqslant 1$, 可得 $0 \leqslant 1-u_1 \leqslant 1-u_2 \leqslant 1-u_3 \leqslant 1$, 从而有

$$f(1-u_2) \geqslant f(1-u_1) \wedge f(1-u_3).$$

所以, $(A^{(2)})^c$ 是凸二型模糊集.

定理 3　如果二型模糊集合 $A^{(2)}$, $B^{(2)}$, $C^{(2)}$ 是凸二型模糊集, 其模糊度为凸模糊度, 则分配律成立, 即

$$A^{(2)} \cap (B^{(2)} \cup C^{(2)}) = (A^{(2)} \cap B^{(2)}) \cup (A^{(2)} \cap C^{(2)}),$$
$$A^{(2)} \cup (B^{(2)} \cap C^{(2)}) = (A^{(2)} \cup B^{(2)}) \cap (A^{(2)} \cup C^{(2)}).$$

其证明留作练习.

第二篇　模糊数学方法及其在各领域中的应用

第3章　模糊模式识别

根据给定的某个模型特征来识别它所属的类型问题称为模式识别. 例如, 先给定一个手写字符, 然后根据标准字模来辨认它; 通过气象和卫星资料的分析处理, 对未来天气属于何种类型作出预报等, 都属于模式识别.

在模式识别过程中, 客观事物本身的模糊性和人们对客观事物反映过程中所产生的模糊性, 会使经典的模式识别方法无能为力, 为此本章将介绍基于模糊集理论的模糊识别方法, 并通过实用的实例来说明它们的应用, 从而掌握模糊模式识别的原理.

3.1　模糊集的贴近度

3.1.1　贴近度的定义

贴近度是对两个模糊集接近程度的一种度量.

定义1　设 $A, B, C \in \mathscr{F}(U)$, 若映射

$$N: \mathscr{F}(U) \times \mathscr{F}(U) \to [0, 1]$$

满足条件:

① $N(A, B) = N(B, A)$;

② $N(A, A) = 1, N(U, \varnothing) = 0$;

③ 若 $A \subseteq B \subseteq C$, 则 $N(A, C) \leqslant N(A, B) \wedge N(B, C)$,

则 $N(A, B)$ 称为模糊集 A 与 B 的贴近度. N 为 $\mathscr{F}(U)$ 上的贴近度函数.

下面介绍几种常见的贴近度类型. 设 $A, B \in \mathscr{F}(U)$.

1. 海明(Haming)贴近度

若 $U = \{u_1, u_2, \cdots, u_n\}$, 则

$$N(A, B) = 1 - \frac{1}{n} \sum_{i=1}^{n} |A(u_i) - B(u_i)|.$$

当 U 为实数域上的闭区间 $[a, b]$ 时, 有

$$N(A, B) = 1 - \frac{1}{b-a} \int_a^b |A(u) - B(u)| \, \mathrm{d}u.$$

2. 欧几里得贴近度(欧氏距离贴近度)

若 $U = \{u_1, u_2, \cdots, u_n\}$, 则

$$N(A, B) = 1 - \frac{1}{\sqrt{n}} \left(\sum_{i=1}^{n} (A(u_i) - B(u_i))^2 \right)^{\frac{1}{2}}.$$

当 $U = [a, b]$ 时, 有

$$N(A, B) = 1 - \frac{1}{\sqrt{b-a}} \left(\int_a^b (A(u) - B(u))^2 \, \mathrm{d}u \right)^{\frac{1}{2}}.$$

3. 最大最小贴近度

若 $U = \{u_1, u_2, \cdots, u_n\}$, 则

$$N(A, B) = \frac{\sum_{i=1}^{n} (A(u_i) \wedge B(u_i))}{\sum_{i=1}^{n} (A(u_i) \vee B(u_i))}.$$

当 $U = [a, b]$ 时, 有

$$N(A, B) = \frac{\int_a^b (A(u) \wedge B(u)) \, \mathrm{d}u}{\int_a^b (A(u) \vee B(u)) \, \mathrm{d}u}.$$

4. 算术平均最小贴近度

若 $U = \{u_1, u_2, \cdots, u_n\}$, 则

$$N(A, B) = \frac{2 \sum_{i=1}^{n} (A(u_i) \wedge B(u_i))}{\sum_{i=1}^{n} A(u_i) + \sum_{i=1}^{n} B(u_i)}.$$

当 $U = [a, b]$ 时, 有

$$N(A, B) = \frac{2 \int_a^b (A(u) \wedge B(u)) \, \mathrm{d}u}{\int_a^b A(u) \, \mathrm{d}u + \int_a^b B(u) \, \mathrm{d}u}.$$

例1　设 $U = [0, 100]$, 且

$$A(x) = \begin{cases} 0 & 0 \leqslant x < 20 \\ \dfrac{x-20}{40} & 20 \leqslant x < 60 \\ 1 & 60 \leqslant x \leqslant 100, \end{cases} \qquad B(x) = \begin{cases} 1 & 0 \leqslant x < 40 \\ \dfrac{80-x}{40} & 40 \leqslant x < 80 \\ 0 & 80 \leqslant x \leqslant 100. \end{cases}$$

$A(x)$, $B(x)$ 的曲线见图 3-1, 求最大最小贴近度 $N(A, B)$.

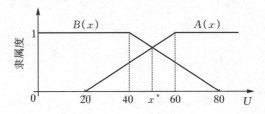

图 3-1 模糊集曲线

解 不难求得 $A(x)$ 和 $B(x)$ 的交点坐标 $x^* = 50$, 于是

$$
A(x) \wedge B(x) = \begin{cases} \dfrac{x-20}{40} & 20 \leqslant x < 50 \\ \dfrac{80-x}{40} & 50 \leqslant x < 80 \\ 0 & \text{其他,} \end{cases} \qquad A(x) \vee B(x) = \begin{cases} 1 & 0 \leqslant x < 40 \\ \dfrac{80-x}{40} & 40 \leqslant x < 50 \\ \dfrac{x-20}{40} & 50 \leqslant x < 60 \\ 1 & 60 \leqslant x \leqslant 100, \end{cases}
$$

$$
N(A, B) = \frac{\displaystyle\int_0^{100} (A(x) \wedge B(x)) \, \mathrm{d}x}{\displaystyle\int_0^{100} (A(x) \vee B(x)) \, \mathrm{d}x}
$$

$$
= \frac{\displaystyle\int_{20}^{50} \frac{x-20}{40} \mathrm{d}x + \int_{50}^{80} \frac{80-x}{40} \mathrm{d}x}{\displaystyle\int_0^{40} \mathrm{d}x + \int_{40}^{50} \frac{80-x}{40} \mathrm{d}x + \int_{50}^{60} \frac{x-20}{40} \mathrm{d}x + \int_{60}^{100} \mathrm{d}x}
$$

$$
\approx 0.23.
$$

3.1.2 格贴近度

以上介绍了贴近度的定义及几种计算方法, 这些方法在应用中各有优缺点, 不能笼统地比较其优劣. 但若隶属函数为连续函数, 用以上几种贴近度计算就有缺陷, 所以, 介绍一种格贴近度.

定义 2 设 $A, B \in \mathscr{F}(U)$, 称

$$
A \circ B = \bigvee_{u \in U} (A(u) \wedge B(u))
$$

为模糊集 A, B 的内积. 内积的对偶运算为外积. 称

$$
A \overset{\wedge}{\circ} B = \bigwedge_{u \in U} (A(u) \vee B(u))
$$

为模糊集 A, B 的外积.

如果在闭区间 $[0, 1]$ 上定义 "余" 运算: $\forall a \in [0, 1]$, $a^c = 1 - a$, 那么有如下命题.

命题 1　$(A \overset{\wedge}{\circ} B)^c = A^c \circ B^c$,　$(A \circ B)^c = A^c \overset{\wedge}{\circ} B^c$.

证　先证第一式.

$$(A \overset{\wedge}{\circ} B)^c = 1 - \bigwedge_{u \in U} (A(u) \vee B(u)) = \bigvee_{u \in U} (1 - (A(u) \vee B(u)))$$
$$= \bigvee_{u \in U} ((1 - A(u)) \wedge (1 - B(u))) = \bigvee_{u \in U} (A^c(u) \wedge B^c(u))$$
$$= A^c \circ B^c.$$

再证第二式.

$$(A \circ B)^c = 1 - \bigvee_{u \in U} (A(u) \wedge B(u)) = \bigwedge_{u \in U} (1 - (A(u) \wedge B(u)))$$
$$= \bigwedge_{u \in U} ((1 - A(u)) \vee (1 - B(u)))$$
$$= \bigwedge_{u \in U} (A^c(u) \vee B^c(u)) = A^c \overset{\wedge}{\circ} B^c.$$

定义 3　对 $A \in \mathscr{A}(U)$, 令

$$\overline{A} = \bigvee_{u \in U} (Au),\ \underline{A} = \bigwedge_{u \in U} (Au),$$

称 $\overline{A}$ 为模糊集 A 的峰值; 称 $\underline{A}$ 为模糊集 A 的谷值.

对模糊集 A, B, C 的内外积不难得到如下性质.

性质 1　$A \circ B \leqslant \overline{A} \wedge \overline{B}$, $A \overset{\wedge}{\circ} B \geqslant \underline{A} \vee \underline{B}$.

性质 2　$A \circ A = \overline{A}$, $A \overset{\wedge}{\circ} A = \underline{A}$.

性质 3　$\bigvee\limits_{B \in \mathscr{A}(U)} (A \circ B) = \overline{A}$, $\bigwedge\limits_{B \in \mathscr{A}(U)} (A \overset{\wedge}{\circ} B) = \underline{A}$.

性质 4　$A \subseteq B \Rightarrow A \circ B = \overline{A}$, $A \overset{\wedge}{\circ} B = \underline{B}$.

性质 5　$A \circ A^c \leqslant \dfrac{1}{2}$, $A \overset{\wedge}{\circ} A^c \geqslant \dfrac{1}{2}$.

性质 6　$A \subseteq B \Rightarrow A \circ C \leqslant B \circ C$, 并且 $A \overset{\wedge}{\circ} C \leqslant B \overset{\wedge}{\circ} C$.

由以上性质不难发现, 给定模糊集 A, 让模糊集 B 靠近 A, 会使内积 $A \circ B$ 增大而外积 $A \overset{\wedge}{\circ} B$ 减少. 换句话说, 当 $A \circ B$ 较大且 $A \overset{\wedge}{\circ} B$ 较小时, A 与 B 比较贴近. 所以, 通常采取内积与外积相结合的"格贴近度"来刻画两个模糊集的贴近程度, 即有以下定义.

定义 4　设 $A, B \in \mathscr{A}(U)$, 则称

$$N(A, B) = (A \circ B) \wedge (A^c \circ B^c)$$

是模糊集 A, B 的贴近度, 叫作 A, B 的格贴近度.

当 U 为有限论域时,

$$A \circ B = \bigvee_{i=1}^{n} (A(u_i) \wedge B(u_i)).$$

当 U 为无限论域时,

$$A \circ B = \bigvee_{u \in U} (A(u) \wedge B(u)).$$

其中, "$\vee$" 表示取上确界.

3.2　模糊模式识别的直接方法

模糊模式识别直接方法是按"最大隶属原则"归类, 主要应用于个体的识别.

最大隶属原则 I　设 $A_i \in \mathscr{F}(U)$ $(i=1,2,\cdots,n)$ 为 n 个标准模式, 对 $u_0 \in U$ 是待识别对象, 若存在 i, 使

$$A_i(u_0) = \max\{A_1(u_0), A_2(u_0), \cdots, A_n(u_0)\},$$

则认为 u_0 相对地隶属于 A_i.

例1　考虑人的年龄问题, 分为青年、中年、老年三类, 分别对应三个模糊集 A_1, A_2, A_3(见图 3-2).

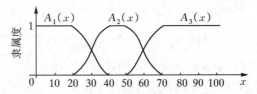

图 3-2　模糊集曲线

设论域 $U = (0, 100]$, 且对 $x \in (0, 100]$, 有

$$A_1(x) = \begin{cases} 1 & 0 \leqslant x \leqslant 20 \\ 1 - 2\left(\dfrac{x-20}{20}\right)^2 & 20 < x \leqslant 30 \\ 2\left(\dfrac{x-40}{20}\right)^2 & 30 < x \leqslant 40 \\ 0 & 40 < x \leqslant 100, \end{cases}$$

$$A_3(x) = \begin{cases} 0 & 0 < x \leqslant 50 \\ 2\left(\dfrac{x-50}{20}\right)^2 & 50 < x \leqslant 60 \\ 1 - 2\left(\dfrac{x-70}{20}\right)^2 & 60 < x \leqslant 70 \\ 1 & 70 < x \leqslant 100, \end{cases}$$

$$A_2(x) = 1 - A_1(x) - A_3(x) = \begin{cases} 0 & 0 < x \leqslant 20 \\ 2\left(\dfrac{x-20}{20}\right)^2 & 20 < x \leqslant 30 \\ 1 - 2\left(\dfrac{x-40}{20}\right)^2 & 30 < x \leqslant 40 \\ 1 & 40 < x \leqslant 50 \\ 1 - 2\left(\dfrac{x-50}{20}\right)^2 & 50 < x \leqslant 60 \\ 2\left(\dfrac{x-70}{20}\right)^2 & 60 < x \leqslant 70 \\ 0 & 70 < x \leqslant 100. \end{cases}$$

某人 40 岁, 即 $x = 40$, 根据上式, $A_1(40) = 0$, $A_2(40) = 1$, $A_3(40) = 0$, 则

$$A_2(40) = \max\{A_1(40), A_2(40), A_3(40)\} = \max\{0, 1, 0\} = 1.$$

按最大隶属原则,他应该是中年人.

当 $x = 35$ 时,$A_1(35) = 0.125$,$A_2(35) = 0.875$,$A_3(35) = 0$,所以 35 岁的人应该是中年人.

例2 用电子计算机自动识别染色体或进行白细胞分类,往往把问题归结为对一些简单的几何图形的识别,最常用的是三角形的识别. 三角形论域

$$U = \left\{ (A, B, C) \mid A + B + C = 180°, A, B, C > 0 \right\}.$$

三角形分为:I—等腰三角形,R—直角三角形,IR—等腰直角三角形,E—等边三角形,T—非典型三角形. 它们的隶属函数分别定义为

等腰三角形 $\qquad I(u) = 1 - \dfrac{1}{60} \min(A - B, B - C)$;

直角三角形 $\qquad R(u) = 1 - \dfrac{1}{90} |A - 90|$;

等腰直角三角形

$$IR(u) = I(u) \wedge R(u) = \min\left\{ 1 - \frac{1}{60}\min(A - B, B - C), 1 - \frac{1}{90}|A - 90| \right\}$$

$$= 1 - \max\left\{ \frac{1}{60}\min(A - B, B - C), \frac{1}{90}|A - 90| \right\};$$

等边三角形 $\qquad E(u) = 1 - \dfrac{1}{180}|A - C|$;

非典型三角形

$$T(u) = (I \cup R \cup E)^c(u) = (I^c \cap R^c \cap E^c)(u)$$

$$= \min\{1 - I(u), 1 - R(u), 1 - E(u)\}$$

$$= \frac{1}{180}\min\{3(A - B), 3(B - C), 2|A - 90|, |A - C|\}.$$

现在给定一个三角形,其内角为 $(85°, 50°, 45°)$,试确定它属于哪种类型.

解 任意三角形 $u = (A, B, C)$,待识别的三角形记为 $u_0 = (85°, 50°, 45°)$,上述五类三角形是 U 上的模糊集,对于 $u_0 = (85°, 50°, 45°)$,按上述各式计算得

$I(u_0) = 0.917$,$R(u_0) = 0.94$,$IR(u_0) = 0.917$,$E(u_0) = 0.78$,$T(u_0) = 0.056$.

根据最大隶属原则 I,应判断 u_0 为近似直角三角形.

例3 通货膨胀识别.

解 设论域 $X = \{x \mid x \in X, x \geqslant 0\}$,它表示价格指数集,对 $x \in X$,x 表示物价上涨 $x\%$,通货膨胀状态可分为五个类型:通货稳定,轻度通货膨胀,中度通货膨胀,重度通货膨胀和恶性通货膨胀,这五个类型依次用 X 上的模糊集 A_1,A_2,A_3,A_4,A_5 表示,根据统计资料分别取它的隶属函数为

$$A_1(x) = \begin{cases} 1 & 0 \leqslant x \leqslant 5 \\ e^{-(x-5)^2/3^2} & x > 5; \end{cases}$$

$$A_2(x) = e^{-(x-10)^2/5^2};$$

$$A_3(x) = e^{-(x-20)^2/7^2};$$

$$A_4(x) = e^{-(x-30)^2/9^2};$$

$$A_5(x) = \begin{cases} e^{-(x-50)^2/15^2} & 0 \leqslant x \leqslant 50 \\ 1 & x > 50. \end{cases}$$

问 $x_1 = 8$，$x_2 = 40$ 相对隶属于哪种类型？

解　$A_1(8) = 0.3679$，$A_2(8) = 0.8521$，$A_3(8) = 0.0529$，

$A_4(8) = 0.003$，$A_5(8) = 0$；

$A_1(40) = 0$，$A_2(40) = 0$，$A_3(40) = 0.0003$，$A_4(40) = 0.291$，

$A_5(40) = 0.6412$.

由最大隶属原则 I，$x_1 = 8$ 应相对隶属于 A_2，即当物价上涨率为 8% 时，应视为轻度通货膨胀；$x_2 = 40$ 相对隶属于 A_5，即应视为恶性通货膨胀.

例 4　癌细胞的模式识别.

取论域　　　$U = \{u \mid u = (NA, NL, A, L, NI, MI, ME)\}$.

其中：NA—核面积(拍照)，NL—核周长，A—细胞面积，L—细胞周长，NI—核内总光密度，MI—核内平均光密度，ME—核内平均透光率.

根据病理医生的实际经验，选出下列六种主要因素，它们都是 U 上的模糊集.

$\underline{A}$：核增大　　$\underline{A}(u) = \left[1 + \alpha_1 \left(\dfrac{NA_0}{NA} \right)^2 \right]^{-2}$，其中 NA_0 是正常核面积；

$\underline{B}$：核增深　　$\underline{B}(u) = \left[1 + \dfrac{\alpha_2}{(NI)^2} \right]^{-2}$；

$\underline{C}$：核浆比倒置　$\underline{C}(u) = \left[1 + \dfrac{\alpha_3}{(NA)^2} \right]^{-2}$；

$\underline{D}$：染色体不均　$\underline{D}(u) = \left[1 + \dfrac{\alpha_4 (ME)^2}{(ME + \lg MI)^2} \right]^{-2}$；

$\underline{E}$：核畸变　　$\underline{E}(u) = \left[1 + \dfrac{\alpha_5}{\left(\dfrac{(NL)^2}{NA} - 4\pi \right)^2} \right]^{-2}$；

$\underline{F}$：细胞畸变　$\underline{F}(u) = \left[1 + \dfrac{\alpha_6}{\left(\dfrac{L^2}{A} - \dfrac{L_0^2}{A_0} \right)^2} \right]^{-1}$，其中 A_0，L_0 是正常值.

以上 α_1，α_2，$\cdots$，α_6 是可以调整的参数.

A，B，…，F 这六个因素的模糊集可以组成如下细胞识别中的几个标准模型：

M：癌　　　　　　　$M = (A \cap B \cap C \cap (D \cup E)) \cup F$；

N：重度核异质　　　$N = A \cap B \cap C \cap M^c$；

R：轻度核异质　　　$R = A^{\frac{1}{2}} \cap B^{\frac{1}{2}} \cap \cdots \cap C^{\frac{1}{2}} \cap M^c \cap N^c$，

其中，$A^{\frac{1}{2}}$ 表示一个模糊集，$A^{\frac{1}{2}}(u) = \sqrt{A(u)}$；

K：正常　　　　　　$K = M^c \cap N^c \cap R^c$．

给定一个具体细胞，按最大隶属原则 I，鉴别它应归属 M，N，R，K 中哪一种．

例 5　取论域 $U = [0, 100]$，优、良、差分别表示为 U 上的三个模糊集：A，B，C，它们的隶属函数可以规定如下：

$$A(u) = \begin{cases} 0 & 0 \leqslant u < 80 \\ \dfrac{u-80}{10} & 80 < u \leqslant 90 \\ 1 & 90 < u \leqslant 100; \end{cases} \qquad B(u) = \begin{cases} 0 & 0 \leqslant u < 60 \\ \dfrac{u-60}{10} & 60 < u \leqslant 70 \\ 1 & 70 < u \leqslant 80 \\ \dfrac{90-u}{10} & 80 < u \leqslant 90 \\ 0 & 90 < u \leqslant 100; \end{cases}$$

$$C(u) = \begin{cases} 1 & 0 \leqslant u < 60 \\ \dfrac{70-u}{10} & 60 < u \leqslant 70 \\ 0 & 70 < u \leqslant 100. \end{cases}$$

图 3-3 给出了 $A(u)$，$B(u)$ 和 $C(u)$ 的图形．A，B，C 被看作三个标准模式，当李四的化学成绩为 86 分时，$u = 86$，我们要问：李四的化学成绩是优，是良，还是差呢？这样的问题就是模式识别问题．把 $u = 86$ 代入三个隶属函数 $A(86) = 0.6$，$B(86) = 0.4$，$C(86) = 0$，可以看出 $u = 86$ 属于 A 的程度最大，因此

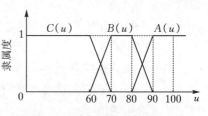

图 3-3　优、良、差的隶属函数

我们都能同意：李四的化学成绩相对于这三个模式归属 A，即得评语"优"．

模式识别还有另一类问题．若给出多个人的成绩，判定哪个最靠近"优"？把每个人的成绩代入"优"的隶属函数 $A(u)$ 中，可以看出谁属于"优"的程度高，就同意谁的成绩最靠近"优"．由此又可以总结出另一个原则．

最大隶属原则 II　设 $A \in \mathscr{F}(U)$ 为标准模式，u_1，u_2，…，$u_n \in U$ 是 n 个待录取对象，若存在 i，使

$$A(u_i) = \max \{ A(u_1), A(u_2), \cdots, A(u_n) \},$$

则应优先择取 u_i．

例6 学生成绩的综合评价.

设某班学生在某阶段共学了四门课：数学、物理、化学、外语，例5已给出了优、良、差的隶属度，现有三个学生张三、李四、王五的四门课成绩分别为：$u_1 = (95, 82, 75, 91)$，$u_2 = (86, 73, 78, 90)$，$u_3 = (76, 68, 65, 74)$. 相对于这三个学生，看谁最接近优.

解 将 u_1，u_2，u_3，u_4 分别代入优的隶属度 $A(u)$ 中，计算：

$$A(u_1) = \frac{1}{4}[A(95) + A(82) + A(75) + A(91)] = \frac{1}{4}(1 + 0.2 + 0 + 1) = 0.55;$$

$$A(u_2) = \frac{1}{4}[A(86) + A(73) + A(78) + A(90)] = 0.4;$$

$$A(u_3) = \frac{1}{4}[A(76) + A(68) + A(65) + A(74)] = 0.$$

由最大隶属原则 Ⅱ 知，张三最接近优.

3.3　模糊模式识别的间接方法

模式识别的间接方法是按"择近原则"归类，一般应用于群体模型的识别.

择近原则：设 $A_i \in \mathscr{F}(U)$ $(i = 1, 2, \cdots, n)$ 为 n 个标准模式，$B \in \mathscr{F}(U)$ 为待识别的对象，若存在 i，使

$$N(A_i, B) = \max\{N(A_1, B), N(A_2, B), \cdots, N(A_n, B)\},$$

则认为 B 与 A_i 最贴近，即判 B 为 A_i 一类，该原则称为择近原则.

例1 现有茶叶等级标准样品五种：Ⅰ，Ⅱ，Ⅲ，Ⅳ，Ⅴ 及待识别的茶叶模型 A，确定 A 的型号.

解 取反映茶叶质量的因素集为论域 U，

$$U = \{\text{条索，色泽，净度，汤色，香气，滋味}\}.$$

假定 U 上的模糊集为

$$Ⅰ = (0.5, 0.4, 0.3, 0.6, 0.5, 0.4);$$
$$Ⅱ = (0.3, 0.2, 0.2, 0.1, 0.2, 0.2);$$
$$Ⅲ = (0.2, 0.2, 0.2, 0.1, 0.1, 0.2);$$
$$Ⅳ = (0, 0.1, 0.2, 0.1, 0.1, 0.1);$$
$$Ⅴ = (0, 0.1, 0.1, 0.1, 0.1, 0.1);$$
$$A = (0.4, 0.2, 0.1, 0.4, 0.5, 0.6).$$

利用格贴近度公式计算：

$$N(A, Ⅰ) = (A \circ Ⅰ) \wedge (A^c \circ Ⅰ^c)$$
$$= \left[\bigvee_{i=1}^{6}(A(u_i) \wedge Ⅰ(u_i))\right] \wedge \left[\bigvee_{i=1}^{6}(A^c(u_i) \wedge Ⅰ^c(u_i))\right]$$
$$= 0.5 \wedge 0.7 = 0.5.$$

同理, $N(A, \text{II}) = 0.3$, $N(A, \text{III}) = 0.2$, $N(A, \text{IV}) = 0.1$, $N(A, \text{V}) = 0.1$. 由择近原则, A 为 I 型茶叶.

例 2 岩体工程识别.

设岩石按抗压强度可分为很好、好的、较好的、差的、很差的五类,每类对应的模糊集分别记为 A_1, A_2, A_3, A_4, A_5, 其隶属函数见图 3-4.

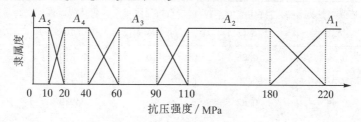

图 3-4 岩石抗压强度等级

今有某项岩体工程经实地测量应用统计方法获得岩石抗压强度对应的模糊集 B, 它的隶属函数曲线见图 3-5.

上述各模糊集的隶属函数可由图像直接写出,问此类岩石体应属于哪一类?

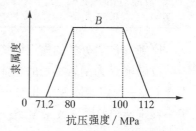

图 3-5 某岩体岩石抗压强度

解 取论域为 X, 定义算法
$$N(A, B) = 1 - \left(\bigvee_{x \in X} A(x) - \bigwedge_{x \in X} A(x) \right) +$$
$$(A \circ B - A \overset{\wedge}{\circ} B).$$

其中可以验证 N 满足贴近度的三个要求, 故 N 可作为贴近度.

通过计算,得
$$N(B, A_1) = 0, \ N(B, A_2) = 0.688, \ N(B, A_3) = 1, \ N(B, A_4) = 0, \ N(B, A_5) = 0.$$
而
$$\max \{ N(B, A_1), \ N(B, A_2), \ N(B, A_3), \ N(B, A_4), \ N(B, A_5) \}$$
$$= \max \{ 0, 0.688, 1, 0, 0 \} = N(B, A_3).$$

由择近原则,认为此岩石体应归为第三类(较好的)岩石.

3.4 模糊模式识别的应用

最大隶属原则和择近原则是模糊模式识别的基本方法,在许多模糊性问题中都有广泛应用.近几年模糊模式识别在条码识别、计算机识别数字及图像识别等方面应用广泛,有关书籍作了详细的介绍,这里不再赘述.对如何应用模糊模式识别方法解决实际问题,首先要建立模糊集的隶属函数,然后再应用模糊模式识别原则进行识别.模糊模式识别中选用哪一种贴近度方法也要因实际情况而定,请看下面实例.

例1　模糊模式识别方法对洞库围岩的分类.

以我国南部沿海某洞库工程为例. 选取洞库中某一区段围岩为待识别的模糊子集 B, 该区段围岩的地质情况和各项测试指标见表 3-1.

表 3-1　该区段围岩地质情况和各项测试指标表

测点 编号	岩体完整性数 K_v	岩石抗压摩擦系数 $\tan\varphi$	岩石抗压强度 R_c/MPa	岩体纵波速 $v_{pm}/(\text{km}\cdot\text{s}^{-1})$	岩石质量指标 RQD/%
1	0.54	0.85	110	3.810	84
2	0.57	0.90	82	3.485	81
3	0.59	0.82	91	3.910	85
4	0.60	0.79	94	4.150	89
5	0.58	0.78	78	3.100	79
6	0.53	0.90	82	3.215	81

1. 确定围岩分类的模糊模式及特性指标

设论域 U 为围岩类别的全体, 根据有关规范的分类标准, 将围岩分为如下五类: Ⅰ类—稳定岩体 A_1; Ⅱ类—稳定性较好岩体 A_2; Ⅲ类—中等稳定岩体 A_3; Ⅳ类—稳定性较差岩体 A_4; Ⅴ类—不稳定岩体 A_5; $A_i(i=1,2,3,4,5)$ 表示洞库围岩的模糊模式.

利用规范中洞库围岩分类参数并结合实际地质情况, 可选择以下几项作为模糊模式判别围岩分类的特性指标: 岩体完整性系数 u_1; 结构面摩擦系数 u_2; 饱和岩块坚固性系数 u_3; 岩体纵波速度系数 u_4. 这些特性指标具体算式和含义如下:

$$u_1 = \left(\frac{v_{pm}}{v_{pr}}\right)^2. \tag{3.4.1}$$

式中, v_{pm} 为在岩体中测得的纵波速, km/s; v_{pr} 为在同一岩体岩样中测得的纵波速, km/s.

$$u_2 = \tan\varphi.$$

式中, φ 为岩石的内摩擦角.

$$u_3 = R_c/10.$$

式中, R_c 为饱和岩石单轴抗压强度, MPa.

$$u_4 = v_p.$$

式中, v_p 为在岩体中测得的纵波速度, km/s.

因此, 每一具体洞库围岩 u 的特性向量为: $u=(u_1,u_2,u_3,u_4)$. 根据所选的特性指标对洞库围岩进行分类, 详见表 3-2.

表 3-2　围岩分类及特性指标集

类别	特　性　指　标			
	岩体完整性系数 u_1	结构面摩擦系数 u_2	饱和岩块坚固性系数 u_3	岩体纵波速度系数 u_4
I	>0.75	>0.60	>6.0	>5.0
II	0.55～0.75	0.40～0.60	>6.0	3.7～5.2
III	0.30～0.60	0.30～0.50	>5.0	3.0～4.5
IV	<0.40	0.20～0.40	>3.0	1.5～3.5
V	<0.35	0.16～0.40	2.0～3.0	<2.0

2. 建立洞库围岩模式 A_i 及具体围岩 B 的隶属函数

建立洞库围岩第 j 个特性指标 $u_j(j=1,2,3,4)$，对于洞库围岩模式 A_i（$i=1,2,3,4,5$）的隶属函数. 在这里选用正态型隶属函数，即

$$A_i(u_j) = \exp\left(-\frac{(u_j - a_{ij})^2}{\sigma_{ij}^2}\right). \tag{3.4.2}$$

式中，a_{ij} 是表 3-2 中洞库围岩类别 A_i（$i=1,2,3,4,5$）的第 j 个特性指标 u_j（$j=1,2,3,4$）值的均值，即

$$a_{ij} = \frac{\max\{u_j\} + \min\{u_j\}}{2}; \tag{3.4.3}$$

σ_{ij} 是表 3-2 中洞库围岩类别 A_i（$i=1,2,3,4,5$）的第 j 个特性指标 u_j（$j=1,2,3,4$）值的标准差，即

$$\sigma_{ij} = \frac{\max\{u_j\} + \min\{u_j\}}{6}. \tag{3.4.4}$$

根据表 3-2 中特性指标的数据，用式（3.4.3）和式（3.4.4）即可计算出 a_{ij}，σ_{ij}（$i=1,2,3,4,5$; $j=1,2,3,4$）的值，具体计算值列于表 3-3 中.

表 3-3　各种洞库围岩类别 A_i 的特性指标均值与标准差值表

类别	指　标							
	a_{i1}	a_{i2}	a_{i3}	a_{i4}	σ_{i1}	σ_{i2}	σ_{i3}	σ_{i4}
I	0.875	0.800	9.000	6.000	0.041	0.067	1.000	0.333
II	0.550	0.500	9.000	4.450	0.067	0.033	1.000	0.250
III	0.045	0.400	8.500	3.750	0.050	0.033	0.167	0.250
IV	0.200	0.300	7.500	2.500	0.067	0.033	1.500	0.333
V	0.175	0.280	2.500	1.000	0.058	0.040	0.167	0.333

对于某一具体洞库围岩 B，选取 n 个测试点，在第 i 个测试点对这一洞库围岩 B 进行上述四个特性指标的测试，测试值如下：

$$(u_{i1}, u_{i2}, u_{i3}, u_{i4}) \quad (i = 1, 2, \cdots, n).$$

u_{i1}, u_{i2}, u_{i3} 和 u_{i4} 分别表示在第 i 个测试点测得的洞库围岩 B 的岩体完整性系数 u_1 的值, 结构面摩擦系数 u_2 的值, 饱和岩块坚固性系数 u_3 的值和岩体纵波速度 系数 u_4 的值.

下面构造第 j 个特性指标 $u_j (j = 1, 2, 3, 4)$, 对于洞库围岩 B 的隶属函数 $B(\mu_j)$. 对于论域 U 上的模糊集 B, 同样选用正态型的隶属函数, 即

$$B(u_j) = \exp\left(-\frac{(u_j - a_j)^2}{\sigma_j^2}\right). \tag{3.4.5}$$

式中, a_j 为在 n 个测试点对洞库围岩 B 进行测试面测得的第 j 个特性指标值 u_j 的 均值; σ_j 为在 n 个测试点对洞库围岩 B 进行测试而测得的第 j 个特性指标值 u_j 的 标准差.

3. 确定具体洞库围岩 B 与洞库围岩模式 A_i 的加权贴近度

由格贴近度计算得到

$$N(B(u_j), A_i(u_j)) = \frac{1}{2}\left(\exp\left(-\left(\frac{\sigma_j + \sigma_{ij}}{\sigma_j + \sigma_{ij}}\right)^2\right) + 1\right). \tag{3.4.6}$$

为了综合考虑各特性指标对围岩类分类不同程度的影响, 再选取一组权值, 即 (w_1, w_2, w_3, w_4). w_j 表示第 j 个特性指标 $u_j (j = 1, 2, 3, 4)$ 对洞库围岩分类 影响的重要程度. 对于权值 $w_j (j = 1, 2, 3, 4)$ 的确定可用德尔斐方法. 于是得到 了具体洞库围岩 B 与洞库围岩类别 $A_i (i = 1, 2, 3, 4, 5)$ 的加权贴近度

$$N(B, A_i) = \left(\sum_{j=1}^{4} w_j N(B(u_j), A_i(u_j))\right) \sum_{j=1}^{4} w_j. \tag{3.4.7}$$

4. 该工程洞库围岩 B 的类别判定

根据择近原则, 如果

$$N(B, A_i) = \max\{N(B, A_1), N(B, A_2), N(B, A_3), N(B, A_4), N(B, A_5)\},$$

则可断定欲识别的具体洞库围岩 B 归属于洞库围岩类别 A_i.

例如, 在该洞库工程中, 选择表 3-1 所列的四项测试参数值为模糊识别的四 个特性指标值, 依据式 (3.4.6) 和式 (3.4.7) 计算得到

$$a_1 = 0.57, \quad a_2 = 0.84, \quad a_3 = 8.95, \quad a_4 = 3.52;$$
$$\sigma_1 = 0.03, \quad \sigma_2 = 0.05, \quad \sigma_3 = 1.17, \quad \sigma_4 = 0.41.$$

在所考虑的四个特征指标 (u_1, u_2, u_3, u_4) 中, 对洞库围岩进行分类时, 围岩的完 整性和结构面强度是较重要因素, 因此, 选取一组权值: $w_1 = 0.30$, $w_2 = 0.30$, $w_3 = 0.20$, $w_4 = 0.20$, 分别将上面的 a_j, $\sigma_j (j = 1, 2, 3, 4)$ 和表 3-3 中的 a_{ij}, σ_{ij} $(i = 1, 2, 3, 4, 5; j = 1, 2, 3, 4)$ 代入式 (3.4.7) 中, 求出加权贴近度 $N(B, A_i)$ 的值, 列于表 3-4 中.

表 3-4　围岩格贴近度及加权贴近度计算值表

围岩类别 A_i	格贴近度 $N(B(u_j), A_i(u_j))$				加权贴近度 $N(B, A_i)$
	u_1	u_2	u_3	u_4	
Ⅰ类 A_1	0.500	0.945	1.000	0.500	0.733
Ⅱ类 A_2	0.979	0.500	1.000	0.600	0.763
Ⅲ类 A_3	0.553	0.500	0.982	0.970	0.706
Ⅳ类 A_4	0.500	0.500	0.872	0.554	0.585
Ⅴ类 A_5	0.500	0.500	0.500	0.500	0.500
权值 w_j	0.30	0.30	0.20	0.20	

根据择近原则，有

$$\max\left\{N(B, A_1), N(B, A_2), N(B, A_3), N(B, A_4), N(B, A_5)\right\}$$

$$= \max\left\{0.733, 0.763, 0.706, 0.585, 0.500\right\}$$

$$= 0.763 = N(B, A_2).$$

结果表明，该洞库岩 B 与 A_2 类围岩的模糊贴近度最大．由计算结果可知，该洞库区段的围岩类别为Ⅱ类，岩体稳定，工程性质良好．

例 2　基于模糊模式识别的人体姿态识别．

本节利用智能手机加速度传感器，通过跨平台数据传输并提取大量实验数据分析多种时域特征，选取最优特征量，提出一种基于模糊数学的方法对日常的行为模式进行识别．

1. 数据预处理

传感器的原始数据在进行特征提取和模型训练之前，需要对其进行预处理．对 X, Y, Z 轴加速度信号预处理的目的之一就是滤除人体的抖动及智能手机本身的测量噪声，最大程度地还原初始信息．原加速度信号表示为

$$Acc_i = Bcc_i + \xi \times f(i) \quad (i = 0, 1, \cdots, n). \tag{3.4.8}$$

式中，Acc_i 为原始三轴加速度信号，$f(i)$ 为信号中的噪声、毛刺，ξ 为系数．

本例利用 Kaiser 窗设计一个具有非递归特性的 FIR 滤波器，能很好地保留原始步态信号的特征，有效去除信号中的干扰而达到去噪的效果，使信号曲线更加平滑．从源数据中提取一个时间窗的数据进行对比分析，加速度传感器 Y 轴源数据点滤波前如图 3-6 所示，图 3-7 为源数据点滤波后的效果．

2. 加速度时域特征的研究

特征是行为识别中极其重要的部分，因此特征的选取会严重影响识别的结果．因时域特征计算量小，相对频域来说特征较容易提取，且能较好地表征不同的运动模式．因此，本例从加速度信号时域形态特征的角度出发，综合考虑加速

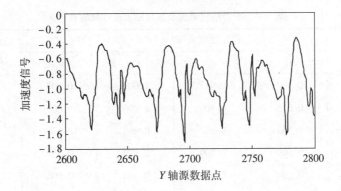

图 3-6 源加速度传感器数据

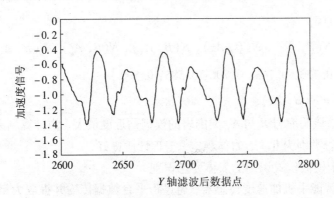

图 3-7 滤波后加速度传感器数据

度传感器各轴向上的加速度在同一时间内的大小范围,对 *IQR*、标准差等在内的时域特征进行分析,具体计算公式如下.

(1) *IQR*(interquartile range),也称为四分位距,是描述统计学中的一种方法,其值为第三个四分位数 I_3 与第一个四分位数 I_1 之差,所谓四分位数就是将数 a_i 的集合从小到大排序为 $b_i (i=1,2,\cdots,N)$ 且等分为 4 份,处于等分点的 3 个数即为 3 个四分位数 $I_j (j=1,2,3)$,四分位数所处位置为 $P_j = \dfrac{4+(N-1)\times j}{4}$,$k_j$ 为 P_j 的整数部分,d_j 为 P_j 的小数部分,四分位距为

$$IQR = I_3 - I_1 = (b_{k_3} + d_{k_3}) - (b_{k_1} + d_{k_1}). \tag{3.4.9}$$

特征分布如图 3-8 所示.

(2) 标准差,定义如下:

$$\sigma = \sqrt{\frac{1}{N}\sum_{i=1}^{N}(X_i - \overline{X})^2}. \tag{3.4.10}$$

其中 N 为样本个数,$\overline{X}$ 为样本均值,这里标准差反映数据的离散程度,而在动作识别中,静止与其他姿态相比,其标准差近似为 0,可以很好地区分.

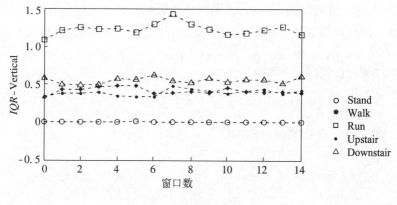

图 3-8　姿态分布特征图

（3）由于加速度的矢量和可以表征运动状态和运动的激烈水平，其向量幅值 SVM（signal vector magnitude）公式如下所示，不同姿态的 SVM 值的特征分布如图 3-8 所示．

$$SVM = \max\left\{ \sqrt{X_i^2 + Y_i^2 + Z_i^2} \right\} \quad (i = 1, 2, \cdots, n). \qquad (3.4.11)$$

其中 X_i，Y_i，Z_i 分别为各轴向的加速度值．

（4）由图 3-8 可见，除姿态静止和跑之外，其他三种姿态的特征分布交叉较多，较难分开．本例从重力学角度分析得出，人在水平路面上行走时，人的重心总是反复地上下移动．重心上升即上楼过程中重力对人做负功，重心下降即下楼过程中重力对人做正功．上下楼的高度即近似为重心上下移动的距离．设受试者腿的长度为 l，步长为 s，则行走时重心上升的高度由几何原理得出：

$$\Delta h = l - \sqrt{l^2 - \left(\frac{s}{2}\right)^2}. \qquad (3.4.12)$$

本例通过五名受试者对重心高度 Δh 进行了分析对比，见表 3-5.

表 3-5　人体姿态重心移动相对高度　　　　　　　　单位：m

	No. 1	No. 2	No. 3	No. 4	No. 5
Walk	0.082	0.097	0.084	0.0967	0.073
Upstairs	0.157	0.162	0.160	0.158	0.154
Downstairs	−0.154	−0.158	−0.157	−0.163	−0.161

从表 3-5 可知，通过重心移动距离 Δh 可以较明显区分这三种姿态，而 Δh 越大或越小时，则表示运动的激烈程度在触地时越显著，则对应数据轴 Y 的数据值越大或越小，如姿态走 Y 数据曲线的顶点即为在脚触地时得到的．基于此，本例将垂直方向的加速度信号经滤波后，按照绝对值从小到大的顺序重排后，同时又根据采样频率及步频的特点，得到被识别窗口的后 20 个数据点的均值，这样不仅

可以避免和排除曲线的异常点对识别结果的影响，而且可以很好地反映运动的激烈程度．即将 Z 轴数据点依据绝对值大小排序，将原始 Z_i 组合为

$$\hat{Y}_j = \{\hat{y}_{i+1}, \hat{y}_{i+2}, \cdots, \hat{y}_{i+198}, \hat{y}_{i+199}, \hat{y}_{i+200}\} \quad (0 < \hat{y}_{i+1} < \cdots < \hat{y}_{i+200}, j \geqslant 1).$$

其中 $i = 200 \times (j-1)$，即可得到

$$Me\text{-}z = \frac{(\hat{y}_{i+181} + \cdots + \hat{y}_{i+200})}{20} \quad (y \geqslant 1).$$

走、上楼、下楼 $Me\text{-}z$ 特征分布如图 3-9 所示．

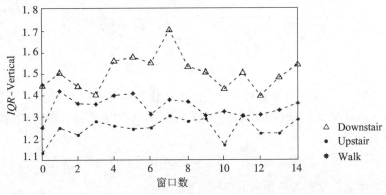

图 3-9　走、上楼、下楼 $Me\text{-}z$ 特征分布

3. 人体姿态的模糊模式识别

将窗口的姿态源数据提取时域特征并形成标准人体姿态识别模型库，采用模糊模式识别的方法对未分类的姿态在标准模型库中找出匹配的特征向量．本例采用基于择近原则的模糊模式识别的方法对待测的人体运动姿态进行识别．模糊模式识别的择近原则的原理如下：

设论域 U 上的 n 个模糊子集 $\overline{A}_1$，$\overline{A}_2$，$\cdots$，$\overline{A}_{n-1}$，$\overline{A}_n$ 构成一个模糊模式 $\{\overline{A}_1, \overline{A}_2, \cdots, \overline{A}_{n-1}, \overline{A}_n\}$，$\overline{B}$ 是 U 上待识别模糊子集，若存在 $i_0 \in \{1, 2, \cdots, m-1, m\}$，使得 $\delta(\overline{B}, \overline{A}_{i_0}) = \bigwedge\limits_{k=1}^{m} \delta(\overline{B}, \overline{A}_k)$，则称 $\overline{B}$ 与 $\overline{A}_{i_0}$ 最贴近，即认为 $\overline{B}$ 属于 $\overline{A}_{i_0}$ 类．

本例首先对各窗口的特征向量，剔除最大最小值后取均值，得到标准特征向量，从而建立起五种人体姿态的标准模板库，即 $\{\overline{A}_1, \overline{A}_2, \overline{A}_3, \overline{A}_4, \overline{A}_5\}$，同时对提取的待识别姿态的特征向量 $\{\overline{B}_1, \overline{B}_2, \cdots, \overline{B}_{n-1}, \overline{B}_n\}$ 建立模糊识别矩阵并采用平移—极差变换对数据预处理，即

$$\hat{X}_{ij} = \frac{X_{ij} - \min\limits_{1 \leqslant i \leqslant n}\{X_{ij}\}}{\max\limits_{1 \leqslant i \leqslant n}\{X_{ij}\} - \min\limits_{1 \leqslant i \leqslant n}\{X_{ij}\}} \quad (i \in \{1, 2, \cdots, n-1, n\}, j \in \{1, 2, \cdots, m-1, m\}).$$

$$(3.4.13)$$

得到标准化矩阵为

$$\overline{X} = [\hat{X}_{ij}]_{n \times m} \quad (i = 1, 2, \cdots, n; \ j = 1, 2, \cdots, m). \tag{3.4.14}$$

对人体姿态识别模糊矩阵预处理如下：

$$\begin{bmatrix} & IQR & \sigma & SVM & Me \\ \text{Stand} & 0.0013 & 0.0018 & 1.0311 & 0.9223 \\ \text{Walk} & 0.4127 & 0.2643 & 1.5805 & 1.3328 \\ \text{Run} & 1.2214 & 0.6835 & 2.4210 & 1.8773 \\ \text{Upstair} & 0.3926 & 0.2357 & 1.4804 & 1.2514 \\ \text{Downstair} & 0.5513 & 0.3614 & 2.0067 & 1.4967 \\ \text{Unknow-1} & 0.3998 & 0.2548 & 1.5648 & 1.3293 \\ \text{Unknow-2} & 0.6580 & 0.4050 & 2.1793 & 1.5872 \end{bmatrix}$$

$$\Downarrow$$

$$\begin{bmatrix} & IQR & \sigma & SVM & Me \\ \text{Stand} & 0.0000 & 0.0000 & 0.0000 & 0.0000 \\ \text{Walk} & 0.3372 & 0.3851 & 0.3953 & 0.4298 \\ \text{Run} & 1.0000 & 1.0000 & 1.0000 & 1.0000 \\ \text{Upstair} & 0.3207 & 0.3431 & 0.3233 & 0.3446 \\ \text{Downstair} & 0.4508 & 0.5275 & 0.7019 & 0.6015 \\ \text{Unknow-1} & 0.3266 & 0.3711 & 0.3840 & 0.4262 \\ \text{Unknow-2} & 0.5382 & 0.5915 & 0.8261 & 0.6962 \end{bmatrix}$$

采用基于择近原则的模糊模式识别的方法对上述两种未知姿态进行识别，贴近度算法采用欧几里得贴近度，即

$$E(\overline{A}, \overline{B}) = 1 - \frac{1}{\sqrt{n}} \sqrt{\sum_{i=1}^{n} \left(\mu_{\overline{A}}(u_i) - \mu_{\overline{B}}(u_i) \right)^2}. \tag{3.4.15}$$

首先采用平移—极差变换编程，对源数据预处理，然后采用欧式贴近度对未定姿态模糊识别，仿真实验结果见表 3-6.

表 3-6　模糊模式识别仿真实验结果

	$E(\overline{A}_i, \overline{B}_i)$				
	$\overline{B}_1$	$\overline{B}_2$	$\overline{B}_3$	$\overline{B}_4$	$\overline{B}_5$
	Stand	Walk	Run	Upstair	Downstair
$\overline{A}_1$	0.6214	0.9894	0.3760	0.9472	0.7928
$\overline{A}_2$	0.3279	0.7086	0.6455	0.6516	0.9049

4. 实验设计及结果分析

（1）实验环境设置.

本例在 MATLAB 环境下对数据进行仿真处理. 选择 10 名受试者（6 名男性，4 名女性）完成五种日常行为（站立、行走、跑步、上楼、下楼），每种行为的持续时间不少于 3 min，选择其中的 160 s 数据进行实验. 传感器的采样频率为 50 Hz，每一轴可采集 8000 个数据，共有 40 个窗，计算每一个窗的多种特征构成实验样本，则每种行为有 400 个样本. 采用独立检测法评价时，随机选择其中 150 个作为训练样本，剩下的 50 个作为测试样本.

（2）实验结果及分析.

基于择近原则的模糊模式识别，成功地对未定姿态进行了识别. 本例首先从理论和具体实现两方面对走和非走的二分类问题进行分析. 随机选择五组 200 × 100 个数据点，提取 100 个窗口进行测试和分析，采用 ROC（receiver operating characteristic）曲线及 AUC（area under curve）方法对分类器进行度量，二分类矩阵见表 3-7.

表 3-7　二类别概率矩阵

	Walk(P)	Non-walk(N)
P	0.79	0.21
N	0.17	0.83

表 3-7 反映了测试集的实例中某一阈值的情况. 图 3-10 所示的 ROC 曲线直观地说明了该分类的准确性. 由于 ROC 曲线由多个代表各自灵敏度与特异度的临界值构成，因此在确定识别标准中必须从若干临界值中遴选最优，图中圆圈代表的 Cut-off point 即最佳工作点，坐标为（0.7333，0.1714），AUC 为 0.81714，利用 ROC 曲线可较好地反映模糊识别的效果.

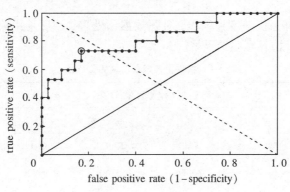

图 3-10　ROC 曲线

为了更清晰地说明算法的有效性，对上述数据集进行了混淆矩阵实验，归一化后见表 3-8.

表 3-8 混淆矩阵 CM

类别	Stand	Walk	Run	Upstair	Downstair
Stand	1	0	0	0	0
Walk	0	0.84	0	0.13	0.03
Run	0	0.01	0.93	0.02	0.04
Upstair	0	0.14	0	0.82	0.04
Downstair	0	0.03	0.08	0.02	0.87

混淆矩阵是模式识别领域中一种常用的表达形式. 它描绘样本数据的真实属性与识别结果类型之间的关系. 利用混淆矩阵，可以获得算法识别的正确/错误识别率，因此此表 3.8 不仅可以很直观地反映各个姿态的识别的精度，而且可以计算出平均识别率为 89.2%. 除上述指标以外，通过混淆矩阵的各模式间的相似度测量，还可以推测各模式间的相似性的强弱，以便对特征量的选取和算法的改进提供指导. 由 L_2 测度定义，可以得到混淆矩阵 CM 的 L_2 测度矩阵 LM_2，LM_2 为 $N \times N$ 方阵，其元素 lm_{ij} 与 cm_{ij}、i、j 具有如下关系：

$$lm_{ij} = \begin{cases} 0 & i = j \\ (C_i - C_j)^2 = \sum_{k=1}^{N} (cm_{ik} - cm_{jk})^2 & i \neq j. \end{cases} \tag{3.4.16}$$

本节以 L_2 范数来对混淆矩阵进行度量，得到测度矩阵 LM_2，将其下三角元素置 0，得到相似性度量矩阵 SMM（similarity measurement matrix），见表 3-9.

表 3-9 相似性度量矩阵 SMM

类别	Stand	Walk	Run	Upstairs	Downstairs
Stand	1	1.7234	1.8670	1.6936	1.7646
Walk	0	0	1.5660	0.9662	1.3802
Run	0	0	0	1.5218	1.4118
Upstairs	0	0	0	0	1.3474
Downstairs	0	0	0	0	0

由 SMM 的性质可知，lm_{ij} 取值的大小反映了模式 i 和模式 j 之间的倾向性，即 lm_{ij} 取值越小，说明模式 i 和 j 之间的相似性越强，因此在识别过程中越容易发生误判，反之，取值越小，相似性越弱，越不容易发生误判；从表 3-9 测度矩阵知，Stand 和 Run 之间识别程度较好，Walk 和 Upstair 之间的 lm_{ij} 为 0.9662，识别程度不佳，在整个测度矩阵中数值最小，因此二者之间容易发生误判，这就需要不

断调整或选取最优特征量,使二者减少发生误判的概率.

上述实验结果表明模糊模式识别算法对人体姿态识别的有效性.为进一步验证该算法,本例采用 SVM 分类算法,以 OVO(one-versus-one)方法构造多类分类器,对五种姿态识别分类,将训练样本分成 10 个样本子集,将测试样本输入分类器,利用 Max-Wins 策略以投票方式选择分类结果,采用独立检测方法来分别评估两种分类算法各自的性能,算法精度如图 3-11 所示.分析得出,SVM 和模糊识别在分类上效果较为一致,在 Run 的识别中 SVM 达到 92.1%,相比模糊识别提高一个百分点,但是 SVM 的算法在模式识别问题上的优势主要表现在对二类问题的划分,对于姿态的多分类识别问题,SVM 算法实时性有所下降,针对分类器个数增多而带来分类时间长的问题.因此,后续可以对贝叶斯理论的分类方法进行研究,该方法能够一次实现多个类别的划分,避免了因分类个数增多而带来的建模时间久的问题,具有较快的分类速度,只是在准确率方面略差一些.

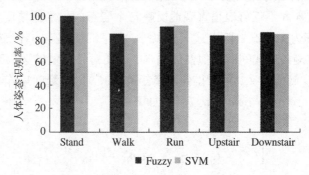

图 3-11 独立检测的辨识结果

本例在时域特征提取的基础上提出一种加速度数据特征,将基于模糊数学的方法引入人体姿态识别中,达到了较好的效果.通过采用混淆矩阵直观地对算法识别的精度进行了说明,同时引入 AUC 技术、相似度测量矩阵及支持向量机多类分类器对人体各姿态识别的优劣性进行了评价,因而在后续的研究中可以对特征量或算法进行改进,以提高行为识别的正确率.因此,利用模糊数学的方法对人体姿态进行识别是一种有效的方法.

例 3 装甲车辆驾驶动作模糊模式识别.

驾驶过程的模糊模式识别的基本思路是:首先,将待识别模式类、描述对象作为模糊集合及其元素;其次,将普通意义上的特征变为模糊特征,建立模糊集合的隶属度函数,或建立各元素之间的模糊相似关系,并确定这种关系的相关程度;最后,运用模糊数学的原理和方法进行分类识别.

1. 驾驶过程的模糊模式识别

驾驶动作模糊识别流程如图 3-12 所示.

特征提取是指从一组特征中选出对模式分类最有利的特征,并达到降低特征

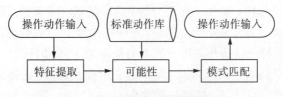

图 3-12 驾驶动作模糊识别流程

空间维数的目的．驾驶操作中，每一个基本动作都是按照技能要求来实现的，因此每一操作动作模式都具有其独特的特征．对每一个操作动作组合，可构造一个时间自动机 A．它是由基本动作 σ_i 组成的一个有限字符集的和，并引入 2 个时钟值，分别为每个动作组合进行的时间 τ_i 和相邻 2 个基本动作元素之间的时间间隔 η_i，这样，驾驶操作过程就可以用一个带有时钟约束 $\Phi(C)$ 和接受位置集合 F 的时间字 $(\sigma, \tau, \eta_i) = (\sigma_1, \sigma_2, \cdots, \tau_1, \tau_2, \cdots, \eta_1, \eta_2, \cdots)$ 来描述，$\Phi(C)$ 和 F 根据组合动作的结构特征、时间特征及专家经验确定．时间自动识别机 A 在 0 时刻时，所有转移将位于起始位置 0，而且所有时钟值均被初始化为 0．若某一个位置 s_i 输入字符 σ_i，且时钟值 τ_i 和 η_i 满足从该位置出发到某一个位置 s_j 的转移时钟约束 δ，则自动机状态从位置 s_i 转移到 s_j，记录该位置 s_j，同时 λ 中的时钟变量均重置为零，并从转移发生后重新开始记录时间．若 $s_j \in F$，称该时间字被时间自动识别机 A 接受，这类时间字集合成为时间自动识别机 A 所识别的时间语言，即 A 所接收的时间字为该集合 F 所表示的组合动作．

（1）驾驶过程动作分解．

对驾驶过程中的操作质量准确评判的一个重要前提是对操作过程进行正确的识别．在各种驾驶过程中，每个操作动作都是为了达到某个确定的目的而进行的，而操作过程也有简单和复杂之分．对于复杂的操作过程，可将操作过程分解为一系列简单动作元素在一定次序下的组合．因此在整个操作过程中，驾驶员的一系列动作可表示为一个由各基本动作在时间轴上顺序排列构成的动作序列．

若操作过程中有 n 种复杂操作模式，且该 n 种复杂操作模式可以分解为 m 个基本的操作动作，则由这 m 个基本动作可构成基本动作集合 U．因而操作过程中任何一个复杂操作可用 U 中部分或全部元素按一定次序排列构成的长度有限的动作序列 $X_i (i = 1, 2, \cdots, n)$ 表示．设操作过程中基本动作集合为 $U = \{a_{ik} | i = 1, 2, \cdots, m; k = 1, 2, \cdots, n_i\}$．由基本动作组成 n 个操作组合，如第 i 个操作由 U 中的 n_i 个基本动作组成，表示动作序列 $\omega_i = a_{i1}, a_{i2}, \cdots, a_{in_i}$．

若操作者在进行 ω_i 操作时的实际操作过程为 $X_i = x_{i1}, x_{i2}, \cdots, x_{il}$，当出现操作错误时，$X_i$ 中各动作的名称、次序、数量和动作元素之间的时间间隔均可发生不同程度的改变．在一定范围内，这些不同错误形式的操作与 ω_j 一起构成第 j 个操作模式类，记为 Ω_j．ω_j 为 Ω_j 中标准操作模式类，而其他操作为 Ω_j 中的非标准模式类．

在实际驾驶操作中,操作动作可分为起车、换挡、停车等多种操作模式类,这些不同的动作种类决定了驾驶员对操作部件的改变,即离合器踏板、油门踏板、制动器踏板、操纵杆、启动开关等,基本动作即对上述部件的单项操作. 将上述动作进行分解,得到基本动作元素、基本驾驶过程及代号(见表3-10)和操作动作组合分解表(见表3-11,以二挡换三挡为例).

表 3-10　基本驾驶过程及代号

基本驾驶过程	代号
电启动发动机	$DQD(X_1)$
空气启动发动机	$KQD(X_2)$
联合启动发动机	$LQD(X_3)$
⋮	⋮
第一位置右转向	$RZ1(X_{29})$
制动左转向	$LZ2(X_{30})$
制动右转向	$RZ2(X_{31})$

表 3-11　二挡换三挡(一脚离合)动作分解

标准动作顺序	动作分解
踩油门	CY
踩离合	CL
松油门	SY
挂空挡	D0
挂三挡	D3
松离合	SL
踩油门	CY

(2) 驾驶动作序列的分割.

对动作序列 X 中的各动作在不同 Ω_j ($j = 1, 2, \cdots, n$)下进行相应动作组合,并且在适当的位置上进行截断,以形成与各种模式类 Ω_j 相对应的动作子序列的过程,称为动作序列的分割.

结合驾驶动作分解流程,寻找出每一序列中独有的特征,通过对比研究,可以清晰地发现以下规律.

① 具有固定的次序性. 有些操作模式类都是由基本动作元素按照一定的次序组合完成的. 在标准操作模式类 Ω_j 中. 动作元素 a_{ik} 应在 a_{i1}, $\cdots$, $a_{i(k-1)}$ 顺序完成之后且在 $a_{i(k+1)}$, $\cdots$, a_{in_j} 顺序之前完成,满足一定的次序属性,其次序隶属度计算方法为

$$\mu_{v_j}(a) = \frac{n_{前} + n_{后}}{n_i - 1}. \qquad (3.4.17)$$

② 有一定的时间性. 在各类基本动作组合中,基本动作元素之间有规定的时间间隔最大值,在各动作操作模式类中的每个基本动作元素之间的时间间隔有标准值和最大值,超过最大值就视为不满足时间约束,在这里只需要考虑标准操作模式类中操作动作元素与其后动作元素之间的最大时间间隔 $\eta_{ik_{\max}}$,并计算其隶属度 μ_{w_j},如果大于间隔最大值 $\eta_{ik_{\max}}$,则判定为动作组合结束.

$$\mu_{w_j} = \begin{cases} 1 & \eta_a \leqslant \eta_{ik} \text{ 或 } a \text{ 为 } \omega_i \text{ 的第一个元素} \\ 1 - \dfrac{\eta_a - \eta_{ik}}{\eta_{ik_{\max}} - \eta_{ik}} & \eta_{ik} \leqslant \eta_a \leqslant \eta_{ik_{\max}} \\ 0 & \eta_a \geqslant \eta_{ik_{\max}}. \end{cases} \qquad (3.4.18)$$

由式(3.4.17)和式(3.4.18)可知:只要知道任意一个操作动作元素 a_{ik} 对某操作模式类 Ω_j 的隶属度 $\mu_{P_j}(a)$,就可以计算出动作元素 a 属于某一操作模式类的隶属度,其中:

$$\mu_{P_j}(a) = \mu_{W_j}(a) \char`^ \mu_{V_j}(a). \qquad (3.4.19)$$

待识别动作组合结束识别的条件有两个:一是全部完成标准操作模式类动作元素;二是最后加入的动作元素与前一动作元素之间时间间隔大于要求的最大时间间隔,且最后加入的动作元素作为下一待识序列的起始动作元素.

计算完每个动作元素隶属于某一模式类的隶属度后,利用式(3.4.20)计算待识别序列隶属于标准动作组合序列的隶属度:

$$\sigma(X_i) = \sum_{k=1}^{n_i} w_{ik} \mu_{P_i}(x_{ik}). \qquad (3.4.20)$$

即待识子序列隶属于某个操作模式类的隶属度 $\sigma(X_i)$ 表示为各动作元素 a_{ik} 的隶属度 $\mu_{P_i}(a)$ 的加权和.

(3) 对任意无限长待识子序列 X 的分割算法如下.

① 对 X 中当前取值 $x = a$, $a = 1 \sim 31$,如果当前未建立待识序列 X_i,则建立 X_i 并将动作 a 加入到 X_i 中;如果当前序列已建立待识别序列 X_i,则向 X_i 中加入动作 a.

② 加入动作 b,比较时间间隔 η_{ik} 与最大时间间隔 $\eta_{ik_{\max}}$,若 $\eta_{ik} \geqslant \eta_{ik_{\max}}$,则完成动作序列分割;若 $\eta_{ik} < \eta_{ik_{\max}}$,则加入到序列 X_i 中.

③ 加入动作 c,仍然比较时间间隔(同步骤②)若之前动作 b 时间间隔已大于等于其最大时间间隔,此时动作 c 的时间间隔若大于等于 $\eta_{ik_{\max}}$,则认为动作 b 为孤立动作,予以排除;若小于时间间隔,则加入到序列中,等待加入下一动作.

④ 重复上述步骤,待识别动作组合结束识别的条件实现,完成动作序列的分割. 若完毕,则完成分割,计算待识别序列隶属于某个操作模式类的隶属度

$\sigma(X_i)$；反之，等待加入新的动作，重复步骤③.

⑤重复步骤④，直到所有的动作都分割完毕，根据操作模式类 Ω_j 的隶属度 $\sigma(X_i)$ 计算公式计算出其隶属度. 根据最大隶属度原则，隶属度最大的就是识别的操作模式类.

（4）驾驶动作组合识别器设计.

组合动作识别器采用并行结构，若要扩展可识别组合动作的数量，只要相应增加时间自动机即可，因此具有良好的扩展性. 基于 MATLAB 平台设计组合动作识别器，按照上述的分割算法进行无限长待识别序列的分割与计算，直接得出驾驶动作组合识别结果. 程序运行过程如图 3-13 所示.

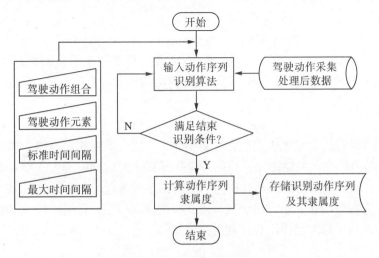

图 3-13　驾驶动作组合识别器识别流程

基于 MATLAB 平台编写驾驶动作模糊识别程序，只要输入驾驶过程时间字 $(\sigma, \tau, \eta_i) = (\sigma_1, \sigma_2, \cdots, \tau_1, \tau_2, \cdots, \eta_1, \eta_2, \cdots)$，就可得到含隶属度 $\sigma(X_i)$ 的驾驶动作识别结果，而后再与标准操作模式类 Ω_j 对比，求出缺少的动作元素、顺序颠倒的动作元素、大于标准时间间隔等，得到识别结果.

2. 试验验证

图 3-14 是某乘员按照上述流程进行操作（不完整）采集得到的数据. 按照驾驶动作序列分割的方法对数据进行处理，得到表 3-12 所示的动作组合流程. 用所设计的识别器进行识别，并根据最大隶属度原则，得到表 3-13 所示结果.

最后的识别动作序列依次就是：主离合器一挡起车——挡换二挡（短促加油）—二挡换三挡（一脚离合）—三挡换四挡（一脚离合）—四挡换五挡（一脚离合）—五挡换四挡（一脚离合）—四挡换三挡（一脚离合）—三挡换二挡（一脚离合）—二挡换一挡（一脚离合）—制动右转向.

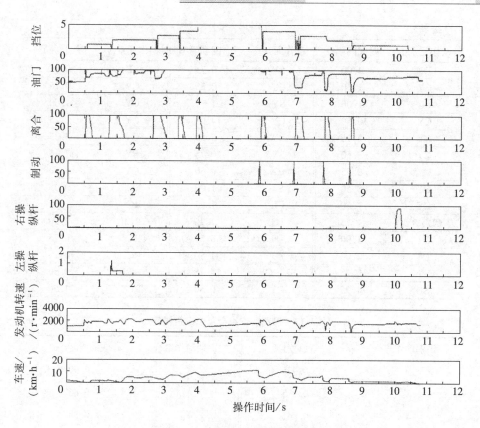

图 3-14　某乘员某次训练的驾驶数据

表 3-12　识别动作元素及间隔时间结果

动作元素↓	时间间隔/s	动作元素↓	时间间隔/s	动作元素↓	时间间隔/s
CY	0.50	CL	0.50	CY	1.00
SY	0.75	D5	1.25	SY	0.25
CL	0.25	SL	11.75	CZ	0.50
D1	1.50	CL	2.25	SZ	0.75
CY	0.50	SL	45.00	CL	1.25
SL	0.50	SY	0.50	D2	0.50
CY	1.00	CZ	0.25	SL	1.25
CY	0.75	SY	0.25	CY	0.75
CY	9.00	SZ	0.50	CY	1.25
SY	0.75	SY	0.50	CY	13.25
SY	2.50	SY	0.25	SY	0.25
CY	0.75	CL	0.50	CZ	0.75
SY	0.25	D4	1.25	SZ	1.00
CL	1.00	SL	0.25	CL	0.25
SY	0.50	CY	1.75	D1	0.75

表 3-12（续）

动作元素↓	时间间隔/s	动作元素↓	时间间隔/s	动作元素↓	时间间隔/s
D2	4.00	SY	0.75	SL	0.25
CY	1.50	CY	0.25	CY	0.75
SL	1.00	SY	1.75	CY	1.50
CY	10.50	CY	14.00	CY	1.25
SY	2.75	SY	3.50	CY	3.25
CY	3.50	SY	0.75	SY	17.75
CY	0.75	CZ	0.50	CY	8.50
CY	0.50	SZ	1.00	RCF	0.25
CY	7.50	CL	1.25	RC1	1.25
CL + SY	1.75	D3	1.25	RCF	2.00
D3	1.00	D0	0.50	RC2	0.25
D4	2.00	D3	1.50	RCF	0.25
SY	0.25	SL + CY	14.75	RC1	0.50
SL	14.25	CY	0.50	RCF	11.50

表 3-13　识别动作组合及相应隶属度

识别动作组合	隶属度/%	识别动作组合	隶属度/%
X_4	0.925	X_{19}	0.907
X_{22}	0.975	X_{18}	0.862
X_{10}	0.941	X_{17}	0.887
X_{11}	0.708	X_{16}	0.922
X_{12}	0.625	X_{31}	0.857

　　从上述试验验证结果可以看出：运用模糊模式识别的方法，实现了对驾驶无限动作序列的识别，解决了限制驾驶数据分析的瓶颈问题，为乘员驾驶技能综合评判打下理论基础．但该结果还需与车辆的运动状态实时结合分析，才具有驾驶技能评判的实际意义，因此还需要进一步解决与车辆运动状态同步分析的问题．

　　例 4　掌形识别的算法设计及系统实现．

　　在本例所述的基于掌形的身份识别系统中，利用了特征级目标识别融合技术．为了准确地辨认出目标，在系统中选择了手掌的 8 个物理形状参数作为识别依据．这 8 个特征参数是中指长、食指长、无名指长、拇指长、小指长、手掌宽、中指宽、无名指宽，它们组成一个特征向量．这些形状参数可以来自传感器的输出，也可来自对数字图像处理的结果．因此要解决的问题就是把多个传感器的属性数据联合起来，共同说明目标的类型以及它的置信度水平．亦即将手掌的 8 个形状参数作为识别不同手掌的特征向量，在新输入手掌与库中存储的标准手掌之间进行识别，进而实现不同人身份的识别．从实现方法来讲，这个过程是一种典型的模式识别过程. 这是因为在系统的训练和识别过程中, 特征参量的提取和所用算法都具有一定的模糊性, 甚至识别的结果也是如此. 系统的各组成部分与设计的各个环节都是以模糊理论为指导的, 尤其在识别方法上, 设计了基于两模糊集贴近度的模糊模式识别算法.

1. 算法设计

模糊模式识别是利用模糊数学中的概念、原理与方法解决被分类识别问题. 本研究中的识别过程可以转化为求解两个模糊集之间相似程度的问题. 贴近度可用来衡量模糊集与模糊集之间的靠近程度, 其定义如下: 设 $X \neq \varnothing$, $B \subseteq F(X)$, $N: \beta \times \beta \to [0, 1]$, 且对于任意 A, B, $C \in \beta$, 满足条件:

(1) 若 $A \neq \varnothing$, 则 $N(A, A) = 1$;

(2) 若 $A \cap B = \varnothing$, 则 $N(A, B) = N(B, A) = 0$;

(3) 若 $C \subseteq B \subseteq A$, 则 $N(C, A) \leqslant N(B, A)$;

(4) $N(A, B) = N(B, A)$ (在有些场合下要求).

N 称为 β 上的贴近函数, $N(B, A)$ 称为在 β 上 B 对 A 的贴近度. 满足上述定义的贴近度可以有多种, 在这里使用格贴近度, 设 $X \neq \varnothing$, A, $B \in F(X)$, 定义格贴近度:

$$N(A, B) = (A \otimes B) \wedge (A \times B)^c. \tag{3.4.21}$$

其中

$$A \otimes B = \bigvee_{x \in X} [\mu_A(x) \wedge \mu_B(x)]. \tag{3.4.22}$$

$$A \times B = \bigwedge_{x \in X} [\mu_A(x) \vee \mu_B(x)]. \tag{3.4.23}$$

$A \otimes B$ 称为 A 与 B 的内积, 而 $A \times B$ 称为 A 与 B 的外积. 实际上 $A \otimes B$ 和 $A \times B$ 分别是 $A \cap B$ 的隶属度的上确界和 $A \cup B$ 的隶属度的下确界.

用 x_j 表示待识别手掌特征向量在第 j 个分量上的模糊观测值, r_{ij} 是第 i 个标准模式 (手掌) 的第 j 个分量的模糊观测值, 则 x_j 和 r_{ij} 分别构成模糊集 X_j 和 R_{ij}. 识别过程就是把由模糊集 $X_j (j = 0 \sim 7)$ 构成的模糊向量所表征的掌形归入到一个与它最相似的由模糊集 R_{ij} 构成的模糊向量所表征的掌形类别中. 设 $\mu_{R_{ij}}(u)$ 是 R_{ij} 的隶属度函数, $\mu_{X_j}(u)$ 是 X_j 的隶属度函数, 选用正态型隶属函数时有

$$\mu_{X_j}(u) = \exp\left(-\left(\frac{u - x_j}{\sigma_j}\right)^2\right). \tag{3.4.24}$$

$$\mu_{R_{ij}}(u) = \exp\left(-\left(\frac{u - r_{ij}}{\sigma_{ij}}\right)^2\right). \tag{3.4.25}$$

选用格贴近度作为 X_j 和 R_{ij} 两个模糊集的相似性测度 d_{ij}, 由公式 (3.4.21) 推导出

$$d_{ij} = (X_j \otimes R_{ij}) \wedge (1 - X_j \times R_{ij}). \tag{3.4.26}$$

因为 $\mu_{R_{ij}}(u)$ 和 $\mu_{X_j}(u)$ 均为正态型隶属函数, 由于 $X_j \otimes R_{ij}$ 是 $\mu_{R_{ij}}(u)$ 和 $\mu_{X_j}(u)$

交集的上确界, 亦即两模糊公布曲线在 R_{ij} 和 X_j 之间相交的高度, 故有

$$\frac{u - r_{ij}}{\sigma_{ij}} = -\frac{u - x_j}{\sigma_j}. \tag{3.4.27}$$

所以

$$u = \frac{\sigma_{ij} x_j - \sigma_j r_{ij}}{\sigma_j + \sigma_{ij}}. \tag{3.4.28}$$

从而有

$$X_j \otimes R_{ij} = \exp\left(-\left(\frac{u - r_{ij}}{\sigma_{ij}} \right)^2 \right) \bigg|_{u = \frac{\sigma_{ij} x_j - \sigma_j r_{ij}}{\sigma_j + \sigma_{ij}}} = \exp\left(-\frac{(x_j - r_{ij})^2}{(\sigma_j + \sigma_{ij})^2} \right). \tag{3.4.29}$$

显然有 $X_j \times R_{ij} = 0$, 于是可得

$$d_{ij} = \exp\left(-\frac{(x_j - r_{ij})^2}{(\sigma_j + \sigma_{ij})^2} \right). \tag{3.4.30}$$

由上述推导可知, d_{ij} 为待识别手掌特征向量的第 j 个分量与数据库第 i 个标准向量的第 j 个分量的相似性测度. 当各个分量在识别中起的作用不同时, 可以采用线性加权的方法对各分量的相似性测度进行加权综合. 权重系数的确定可根据实验统计的结果或根据特定的算法得到. 设 a_j 是第 j 个分量的权重, 则待识别模式与第 i 类标准模式的总贴近度为

$$d_i = \sum_{0 \leqslant j \leqslant 7} a_j d_{ij}. \tag{3.4.31}$$

重复以上的过程, 在计算出待识别模式与所有标准模式的贴近度之后, 可根据择近原则和阈值原则, 给出最终的识别结果.

举例说明: 设新输入特征向量

$X = \{8.318, 7.229, 7.683, 5.808, 5.687, 8.469, 1.694, 1.694\}$;

标准向量

$R_1 = \{8.305, 7.320, 7.685, 5.633, 5.750, 8.555, 1.700, 1.645\}$;

标准向量

R_2 为 $\{7.607, 6.969, 7.059, 5.011, 5.071, 8.684, 1.754, 1.557\}$.

另外设定 $j < 6$ 时, $\sigma = 0.2$; $j > 6$ 时, $\sigma = 0.05$.

权重系数向量 $a = \{0.241, 0.110, 0.282, 0.043, 0.080, 0.099, 0.071, 0.072\}$.

先计算 X 和 R_1 贴近度的各个分量:

$$d_{10} = \exp\left(-\frac{(x_0 - r_{10})^2}{(\sigma_0 + \sigma_{10})^2} \right) = \exp\left(-\frac{(8.318 - 8.305)^2}{0.4^2} \right) = 0.999;$$

$$\cdots\cdots$$

$$d_{17} = \exp\left(-\frac{(x_7 - r_{17})^2}{(\sigma_7 + \sigma_{17})^2} \right) = \exp\left(-\frac{(1.694 - 1.645)^2}{0.1^2} \right) = 0.787.$$

再计算总贴近度：$d_1 = \sum_{j=0}^{7} a_j d_{1j} = 0.965$. 同理，可计算 X 与模式 R_2 的总贴近度为 0.250. 这个结果的意义为，X 属于模式 R_1 的可能性为 96.5%，而其属于 R_2 的可能性为 25%.

使用模糊技术进行识别的结果不再是一个模式明确地属于或不属于某一标准模式，而是以一定的贴近度属于各个标准模式. 这样的结果往往更真实，具有更多的信息. 如果识别系统是多级的，这样的结果有益于下一级的决策. 如果这是最后一级而且要求一个明确的判决结果，那么可根据模式相对各类的贴近度和其他的一些指标进行硬性判别. 在系统中基于上述算法的程序实现流程如图 3-15 所示.

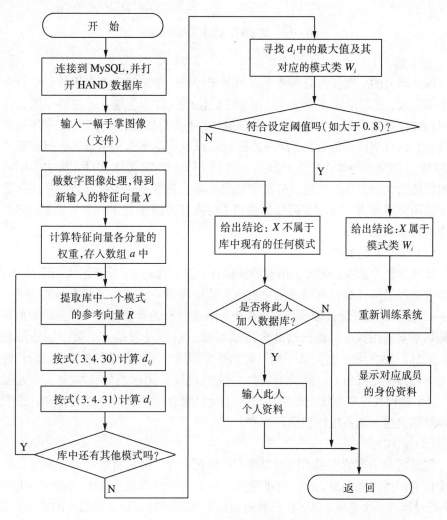

图 3-15 基于贴近度识别的程序流程

2. 系统构成

掌形身份识别系统的一种结构组成如图 3-16 所示，它可分为如下几个部分.

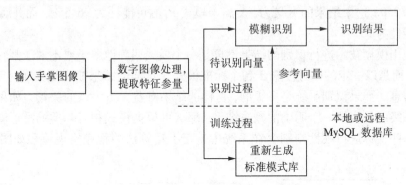

图 3-16 掌形身份识别系统的结构组成

（1）输入.

输入部分的主要任务是负责手掌数字图像的采集. 这需要专用的采集设备和技术来完成，在理论研究阶段可选用手掌的位图文件作为输入. 这些位图文件是使用扫描仪扫描手掌得到的，要求在扫描时，手指自然伸直、分开，手掌平贴在扫描仪上. 也可使用其他方法，例如数码相机或专用的掌形输入设备，但都需要使用 BMP 位图文件与本系统交互数据. 使用 24 位 BMP 位图文件，从文件中可以得到物体的绝对大小. 位图的分辨率给出了单位长度上的像素点数. 在实际处理时多选用分辨率为 84 像素/英寸的位图，经换算每厘米有 33.07 个像素，亦即每个像素代表 0.03 cm.

（2）特征参量提取.

特征参数个数少，将减小识别的准确性；但个数太多，也会增加无谓计算量. 所以应选择最能代表目标特性的参数作为特征参量. 手掌的形状参数有多个，如图 3-17 所示. 经统计比较选择前述 8 个形状参数作为特征参量. 特征提取的任务就是从手掌的图像中提取出这 8 个形状参数. 这个过程是一个数字图像处理过程，如图 3-18 所示. 首先从一幅彩色的手掌图像中提出手掌的轮廓，然后在轮廓线上寻找出 9 个极值点，最后根据 9 个极值点按一定的规则计算出 8 个特征参数. 这个过程在整个系统中非常关键，直接影响着接下来的训练与识别，提取的准确性将直接影响系统的识别正确率.

（3）训练.

先从同一手掌的多幅不同图像提取其特征参量，然后将这些特征参量的数学期望作为标准参考向量，存入标准模式库中，这个过程就是训练（或学习）的过程. 训练过程可一次完成，也可在日后的识别中逐步完成. 对于新加入的成员，在第一次训练时需要输入此成员的个人资料. 在训练过程中，要特别注意坏值的剔除.

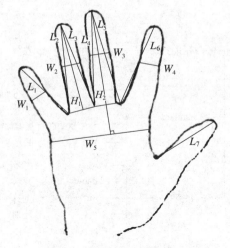

图 3-17　手掌的各种形状参数

图 3-18　手掌数字图像的处理过程

（4）模式识别.

就新输入手掌的特征向量和库中已存储的标准模式的特征参量而言，它们都具有模糊性. 故可以把它们看成两个模糊集，则识别过程转化为模糊模式识别问题. 从模糊理论出发，可设计基于两个模糊集贴近度或距离的识别算法. 最终的识别结果是以一种概率的形式给出的，这样处理更有实际意义.

（5）开发工具选择与数据库结构.

系统采用 VC＋＋开发，可提高程序运行速度，方便后台数据库接口. 将一个待识别人群的每个成员手掌的特征向量与个人身份信息资料存储在数据库中，以便于实现集中数据管理与数据共享. 选择 MySQL 数据库，它具有速度快、免费、方便的优点.

系统使用的数据库结构如图 3-19 所示. hand 数据库包括 3 个表：hands，standard，person. hands 表用来存储每次识别时新采集的手掌特征向量，该表中的一条记录对应一次识别，对于同一个成员，表中可以有多条记录. standard 表用于存储每种模式（对应每个成员）的标准特征向量，该表中的记录是在训练时将 hands 表中同成员记录求取数学期望得到的，每个成员只对应一条记录. 在进行模式识别时，就是将表中每条记录所对应的标准向量与新输入的向量逐个比对. 此外，standard 表中还有 8 个方差字段，用于在训练时记入每个特征分量的方差，方差可用来计算识别时每个特征分量的权重. person 表存储每个成员的个人信息资料，待识别完成后，从该表中提取个人信息用于显示. 这 3 个表是通过 name 字段相互联系的.

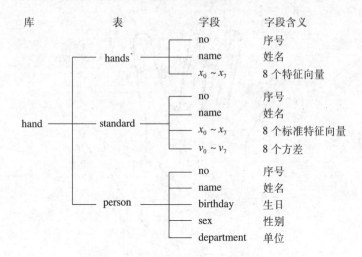

库	表	字段	字段含义
	hands	no	序号
		name	姓名
		$x_0 \sim x_7$	8 个特征向量
hand	standard	no	序号
		name	姓名
		$x_0 \sim x_7$	8 个标准特征向量
		$v_0 \sim v_7$	8 个方差
	person	no	序号
		name	姓名
		birthday	生日
		sex	性别
		department	单位

图 3-19   MySQL 数据库中数据库存储结构

通过深入探讨模糊模式识别在掌形身份识别系统中的应用，给出了一种基于两模糊集贴近度的识别算法及一个功能相对完善的系统，它在一定程度上完成了掌形身份识别的全部工作．使用手掌的形状参数做特征参数，具有数目精简、意义明确、寻找方便的优点，在小范围人群中是可行且高效的．

第4章 模糊关系与聚类分析

在生产或日常生活中，人们常常要把所处理的事物按其特征分为若干类．俗话说"物以类聚，人以群分"就是这个意思．值得注意的是，聚类与分类是对立统一的，分类的同时就进行了聚类，聚类的同时也作了分类．例如：工业上对产品质量的分类；种子公司对优良种子的分类；水果店先对水果分类，然后按不同的价格出售；等等．

把按一定要求和规律对事物进行分类的方法，称为聚类分析．现实的分类问题往往伴随着模糊性的存在，分类过程中不是仅仅考虑事物之间有无关系，而是考虑事物之间关系的深浅程度，这就是具有模糊关系事物的分类问题．本章首先介绍模糊关系的定义及其性质，在此基础上，重点介绍基于模糊关系的几种典型的模糊聚类分析方法及其在实际问题中的应用．

4.1 模糊关系的定义和性质

设笛卡儿积

$$U \times V = \left\{ (u, v) \mid u \in U, v \in V \right\},$$

如果对论域 U 和 V 中元素搭配施加某种限制，这种限制便体现了 U 和 V 之间的某种特殊关系，称这种关系是 $U \times V$ 的一个子集．

定义1 设 R 是 $U \times V$ 的一个模糊子集，它的隶属函数

$$R: U \times V \to [0, 1]$$
$$(u, v) \mapsto R(u, v)$$

确定了 U 中元素 u 和 V 中元素 v 的关系程度，则称 R 是从 U 到 V 的一个模糊关系，记为 $U \xrightarrow{R} V$.

可见，模糊关系 R 由隶属函数 $R: U \times V \to [0, 1]$ 所刻画，即 $U \times V$ 上的模糊集确定了 U 到 V 的一个模糊关系；反之，模糊关系也是 $U \times V$ 上的一个模糊集．所有从 U 到 V 的模糊关系集记为 $\mathscr{F}(U \times V)$.

例1 设 $X \times Y$ 为实数集的笛卡儿积，对任意 $x \in X$，$y \in Y$，"x 远大于 y" 是 X 到 Y 的一个模糊关系 R，它的隶属函数可以描述为

$$R(x, y) = \begin{cases} 0 & x \leq y \\ [1 + 100/(x-y)^2]^{-1} & x > y. \end{cases}$$

例 2 设 $U = \{u_1, u_2, u_3\}$ 表示三个人的集合，R 表示信任关系，且有

$$R = \frac{1}{(u_1, u_1)} + \frac{0.9}{(u_2, u_1)} + \frac{0.9}{(u_3, u_1)} + \frac{1}{(u_2, u_2)} + \frac{0.8}{(u_3, u_2)} + \frac{0.5}{(u_3, u_3)}.$$

式中，$r_{ij} = R(u_i, u_j)$ 表示 u_i 对 u_j 的信任程度.

$R(u_1, u_1) = 1$，表示 u_1 对自己充满自信；$R(u_2, u_1) = 0.9$，$R(u_3, u_1) = 0.9$，分别表示 u_2 和 u_3 对 u_1 有较大的信心；$R(u_1, u_3) = 0$，$R(u_2, u_3) = 0$，分别表示 u_1 和 u_2 对 u_3 不信任；$R(u_3, u_3) = 0.5$，表示 u_3 对 u_3 自己都没有信心.

例 3 设 U 和 V 是由实数构成的论域，考虑模糊关系"变量 x 接近于变量 y". 取模糊关系的隶属函数为

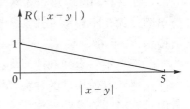

$$R(|x-y|) = \max\{(5 - |x-y|)/5, \, 0\}.$$

此隶属函数见图 4-1. 注意到在两个变量 x 与 y 之间的距离被看作独立的自变量.

图 4-1 "变量 x 接近于变量 y"
关系函数 $R(|x-y|)$

例 4 在医学上通常用公式

$$体重(kg) = 身高(cm) - 100$$

来描述正常人的体重与身高间的关系. 这个关系实际上是一个普通的二元关系，它仅仅给出了正常人的标准身高与体重的关系. 事实上，对于一般的健康人，如果采用此关系式衡量身高与体重时常会出现误差，但这并不能说明他们不正常. 设 $U = \{140, 150, \cdots, 180\}$ 表示身高集合，$V = \{40, 50, \cdots, 80\}$ 表示体重集合，R 表示身高与体重的关系. 所以，表 4-1 表示了身高与体重间的模糊关系.

表 4-1 身高与标准体重间的模糊关系

$R(u, v)$	40 kg	50 kg	60 kg	70 kg	80 kg
140 cm	1	0.8	0.2	0.1	0
150 cm	0.8	1	0.8	0.2	0.1
160 cm	0.2	0.8	1	0.8	0.2
170 cm	0.1	0.2	0.8	1	0.8
180 cm	0	0.1	0.2	0.8	1

例 5 设 $U = \{u_1, u_2, \cdots, u_m\}$ 表示 m 种原料集合，$V = \{v_1, v_2, \cdots, v_n\}$ 表示 n 个工厂集合，R 表示供求关系，它的隶属函数

$$R(u_i, v_j) = r_{ij} \quad (i = 1, 2, \cdots, m; j = 1, 2, \cdots, n)$$

表示原料 u_i 分配给工厂 v_j 的百分比.

上述 5 个例子中，前 3 个表示的都是同一论域上的二元关系，而后 2 个则表

示不同论域上的关系，它们刻画的不是元素的有无关系，而是两个元素关系的深浅程度，即模糊关系.

"远大于"关系：$R \in \mathscr{F}(U \times V)$ 是实数集上的二元关系（U, V 均为实数集）.

"信任"关系：$R \in \mathscr{F}(U \times U)$ 是三人集上的二元关系.

"变量 x 接近于变量 y"关系：$R \in \mathscr{F}(U \times V)$ 是实数集上的二元关系（U, V 均为实数集）.

"身高与体重"关系：$R \in \mathscr{F}(U \times V)$ 是从 U（身高）到 V（体重）的二元关系.

"供求"关系：$R \in \mathscr{F}(U \times V)$ 是从 U（原料集）到 V（工厂集）的二元关系.

由于模糊关系也是模糊集，所以，模糊集的一些运算及性质对它一样成立.

（1）相等：
$$R_1 = R_2 \Leftrightarrow R_1(u, v) = R_2(u, v) \quad (\forall (u, v) \in U \times V).$$

（2）包含：
$$R_1 \subseteq R_2 \Leftrightarrow R_1(u, v) \leqslant R_2(u, v) \quad (\forall (u, v) \in U \times V).$$

（3）并：
$$(R_1 \cup R_2)(u, v) \Leftrightarrow R_1(u, v) \vee R_2(u, v) \quad (\forall (u, v) \in U \times V).$$

设 T 为指标集，则
$$\left(\bigcup_{t \in T} R_1 \right)(u, v) \Leftrightarrow \bigvee_{t \in T} R_t(u, v) \quad (\forall (u, v) \in U \times V).$$

其中 $\vee$ 表示取上确界.

（4）交：
$$(R_1 \cap R_2)(u, v) \Leftrightarrow R_1(u, v) \wedge R_2(u, v) \quad (\forall (u, v) \in U \times V).$$

设 T 为指标集，则
$$\left(\bigcap_{t \in T} R_1 \right)(u, v) \Leftrightarrow \bigwedge_{t \in T} R_t(u, v) \quad (\forall (u, v) \in U \times V).$$

其中 $\wedge$ 表示取下确界.

（5）余：
$$R^c(u, v) = 1 - R(u, v) \quad (\forall (u, v) \in U \times V).$$

（6）分解定理：
$$R = \bigcup_{\lambda \in [0, 1]} \lambda R_\lambda.$$

式中，$R_\lambda = \{(u, v) \mid R(u, v) \geqslant \lambda, u \in U, v \in V\}$ 称为截关系. 与模糊集的截集一样，R_λ 为普通关系. 对 $\forall (u, v) \in U \times V$，有
$$R_\lambda(u, v) = 1 \Leftrightarrow R(u, v) \geqslant \lambda,$$
$$R_\lambda(u, v) = 0 \Leftrightarrow R(u, v) < \lambda.$$

即 u, v 在 λ 水平上才有关，否则无关.

4.2 模糊矩阵及截矩阵

4.2.1 模糊矩阵

当论域为有限时,模糊关系可用模糊矩阵来表示.

定义 1 设矩阵 $R = (r_{ij})_{m \times n}$, $r_{ij} \in [0, 1]$, 则称 R 为模糊矩阵, r_{ij} 为模糊矩阵的元素.

特别地,若满足 $r_{ij} \in \{0, 1\}$, 则称 R 为布尔矩阵.

由此可见,模糊矩阵与普通矩阵形状一样,不同的是模糊矩阵的元素都是 $[0, 1]$ 中的数. 对有限论域 $U = \{u_1, u_2, \cdots, u_m\}$, $V = \{v_1, v_2, \cdots, v_n\}$, 若元素 $r_{ij} = R(u_i, v_j)$, 则模糊矩阵 $R = (r_{ij})_{m \times n}$ 表示从 U 到 V 的一个模糊关系,或者说一个模糊矩阵确定一个模糊关系.

例如 4.1 节中例 2 的信任关系 R, 可用如下模糊矩阵表示:

$$
\begin{array}{c}
\quad\ u_1 \quad\ u_2 \quad\ u_3 \\
\begin{array}{c} u_1 \\ u_2 \\ u_3 \end{array}
\begin{bmatrix}
1 & 0 & 0 \\
0.9 & 1 & 0 \\
0.9 & 0.8 & 0.5
\end{bmatrix} = R.
\end{array}
$$

式中,矩阵元素 $r_{ij} = R(u_i, u_j)$ 表示 u_i 对 u_j 的信任程度. 当矩阵元素 r_{ij} 只取 0, 1 两个值时, $R = (r_{ij})_{m \times n}$ 表示从 U 到 V 的一个普通关系,因此,普通关系是模糊关系的特殊情况. 可见,一个模糊关系与一个模糊矩阵一一对应,一个普通关系与一个布尔矩阵一一对应. 所以,在有限论域上,模糊关系即为模糊矩阵.

例 1 设 $X = \{1, 2, 3\}$, $Y = \{2, 3, 4\}$, 定义模糊关系 R:"$x \approx y$", 则 $X \times Y$ 上的模糊关系表示为表 4-2:

表 4-2 $X \times Y$ 上的模糊关系

x	y		
	4	2	3
1	0.66	0.33	0
2	1	0.66	0.33
3	0.66	1	0.66

对应的模糊矩阵为

$$
R = \begin{bmatrix}
0.66 & 0.33 & 0 \\
1 & 0.66 & 0.33 \\
0.66 & 1 & 0.66
\end{bmatrix}.
$$

模糊矩阵运算与普通矩阵有所不同, 由于模糊关系是 $U \times V$ 上的模糊集, 所以, 模糊矩阵的运算与模糊集的运算类似.

定义2　设 $\mu_{m \times n}$ 表示 m 行 n 列的模糊矩阵, $R = (r_{ij}) \in \mu_{m \times n}$, $S = (s_{ij}) \in \mu_{m \times n}$, 规定:

相等　　　　　　　$R = S \Leftrightarrow r_{ij} = s_{ij}$,

包含　　　　　　　$R \subseteq S \Leftrightarrow r_{ij} \leqslant s_{ij}$,

并　　　　　　　　$R \cup S = (r_{ij} \vee s_{ij}) \in \mu_{m \times n}$,

交　　　　　　　　$R \cap S = (r_{ij} \wedge s_{ij}) \in \mu_{m \times n}$,

补(余)　　　　　$R^c = (1 - r_{ij}) \in \mu_{m \times n}$.

例2　设 $R = \begin{pmatrix} 1 & 0.2 & 0.7 \\ 0.8 & 0.1 & 0.3 \end{pmatrix}$, $S = \begin{pmatrix} 0.6 & 0.9 & 0.8 \\ 0.4 & 0.5 & 0.1 \end{pmatrix}$,

则　　$R \cup S = \begin{pmatrix} 1 \vee 0.6 & 0.2 \vee 0.9 & 0.7 \vee 0.8 \\ 0.8 \vee 0.4 & 0.1 \vee 0.5 & 0.3 \vee 0.1 \end{pmatrix} = \begin{pmatrix} 1 & 0.9 & 0.8 \\ 0.8 & 0.5 & 0.3 \end{pmatrix}$,

$R \cap S = \begin{pmatrix} 1 \wedge 0.6 & 0.2 \wedge 0.9 & 0.7 \wedge 0.8 \\ 0.8 \wedge 0.4 & 0.1 \wedge 0.5 & 0.3 \wedge 0.1 \end{pmatrix} = \begin{pmatrix} 0.6 & 0.2 & 0.7 \\ 0.4 & 0.1 & 0.1 \end{pmatrix}$,

$R^c = \begin{pmatrix} 1-1 & 1-0.2 & 1-0.7 \\ 1-0.8 & 1-0.1 & 1-0.3 \end{pmatrix} = \begin{pmatrix} 0 & 0.8 & 0.3 \\ 0.2 & 0.9 & 0.7 \end{pmatrix}$.

对 $\forall R, S, T \in \mu_{m \times n}$, 模糊矩阵的并、交、余(补)运算满足如下的运算律.

(1) 交换律: $R \cup S = S \cup R$, $R \cap S = S \cap R$.

(2) 结合律: $(R \cup S) \cup T = R \cup (S \cup T)$, $(R \cap S) \cap T = R \cap (S \cap T)$.

(3) 分配律: $(R \cup S) \cap T = (R \cap T) \cup (S \cap T)$,
　　　　　　　　$(R \cap S) \cup T = (R \cup T) \cap (S \cup T)$.

(4) 幂等律: $R \cup R = R$, $R \cap R = R$.

(5) 吸收律: $(R \cup S) \cap S = S$, $(R \cap S) \cup S = S$.

(6) 复原律: $(R^c)^c = R$.

(7) 对偶律: $(R \cup S)^c = R^c \cap S^c$, $(R \cap S)^c = R^c \cup S^c$.

在模糊矩阵中, 有三类特殊矩阵与三类特殊关系对应. 与零模糊关系 O 对应的是"零矩阵 O"; 与全模糊关系 E 对应的是"全矩阵 E"; 与恒等模糊关系 I 对应的是"单位矩阵 I". 关于"零矩阵 O", "全矩阵 E"和"单位矩阵 I"分别为

$$O = \begin{bmatrix} 0 & 0 & \cdots & 0 \\ 0 & 0 & \cdots & 0 \\ \vdots & \vdots & & \vdots \\ 0 & 0 & \cdots & 0 \end{bmatrix}, \quad E = \begin{bmatrix} 1 & 1 & \cdots & 1 \\ 1 & 1 & \cdots & 1 \\ \vdots & \vdots & & \vdots \\ 1 & 1 & \cdots & 1 \end{bmatrix}, \quad I = \begin{bmatrix} 1 & 0 & \cdots & 0 \\ 0 & 1 & \cdots & 0 \\ \vdots & \vdots & & \vdots \\ 0 & 0 & \cdots & 1 \end{bmatrix}.$$

对于模糊矩阵的运算还有如下的性质.

性质1　$\forall R \in \mu_{m \times n}$, 有 $O \subseteq R \subseteq E$,
　　　　　　$O \cup R = R$, 　$O \cap R = O$,

$$E \cup R = E, \quad E \cap R = R.$$

性质 2 $R \subseteq S \Leftrightarrow R \cup S = S,$

$\quad\quad\quad R \subseteq S \Leftrightarrow R \cap S = R,$

$\quad\quad\quad R \subseteq S \Leftrightarrow R^c \supseteq S^c.$

性质 3 若 $R_1 \subseteq S_1$, $R_2 \subseteq S_2$,

则 $\quad\quad\quad R_1 \cup R_2 \subseteq S_1 \cup S_2$, $R_1 \cap R_2 \subseteq S_1 \cap S_2.$

注意, $R \cup R^c \neq E$, $R \cap R^c \neq O$, 即互补律不成立.

模糊矩阵的并、交运算可推广到任意多个矩阵的情形.

设 T 是一个指标集, $R^{(t)} = (r_{ij}^{(t)})_{m \times n}$, $t \in T$, 则并、交运算定义为

$$\bigcup_{t \in T} R^{(t)} = (\bigvee_{t \in T} r_{ij}^{(t)})_{m \times n}, \quad \bigcap_{t \in T} R^{(t)} = (\bigwedge_{t \in T} r_{ij}^{(t)})_{m \times n}.$$

性质 4 $S \cup (\bigcap_{t \in T} R^{(t)}) = \bigcap_{t \in T} (S \cup R^{(t)})$, $S \cap (\bigcup_{t \in T} R^{(t)}) = \bigcup_{t \in T} (S \cap R^{(t)})$.

性质 5 $(\bigcup_{t \in T} R^{(t)})^c = \bigcap_{t \in T} (R^{(t)})^c$, $(\bigcap_{t \in T} R^{(t)})^c = \bigcup_{t \in T} (R^{(t)})^c$.

证 仅证性质 4 第一式, 其他类似证明.

设 $S = (s_{ij})_{m \times n}$, 由定义得

$$S \cup (\bigcap_{t \in T} R^{(t)}) = (s_{ij})_{m \times n} \cup (\bigwedge_{t \in T} r_{ij}^{(t)})_{m \times n} = (s_{ij} \vee (\bigwedge_{t \in T} r_{ij}^{(t)}))_{m \times n}$$

$$= \bigwedge_{t \in T} (s_{ij} \vee r_{ij}^{(t)})_{m \times n} = \bigcap_{t \in T} (S \cup R^{(t)}).$$

4.2.2 截矩阵

将模糊集截集的概念推广到模糊矩阵中, 可得截矩阵的定义.

定义 3 设 $R = (r_{ij})_{m \times n}$, $\forall \lambda \in [0, 1]$, 记 $R_\lambda = (r_{ij}(\lambda))_{m \times n}$, 其中

$$r_{ij}(\lambda) = \begin{cases} 1 & r_{ij} \geq \lambda \\ 0 & r_{ij} < \lambda, \end{cases}$$

则称 R_λ 为 R 的 λ 截矩阵.

记 $R_{\dot\lambda} = (r_{ij}(\lambda))_{m \times n}$, 其中

$$r_{ij}(\lambda) = \begin{cases} 1 & r_{ij} > \lambda \\ 0 & r_{ij} \leq \lambda, \end{cases}$$

则称 $R_{\dot\lambda}$ 为 R 的 λ 强截矩阵.

λ 截矩阵 R_λ 表示 λ 截关系, 即 $\forall (u, v) \in U \times V$,

$$R_\lambda(u, v) = 1 \Leftrightarrow R(u, v) \geq \lambda, \quad \forall \lambda \in [0, 1].$$

显然截矩阵必是布尔矩阵, 布尔矩阵代表普通关系.

例 3 $R = \begin{bmatrix} 0.8 & 0.4 & 0.6 \\ 0.3 & 0.5 & 0.3 \\ 0.7 & 1 & 0.9 \end{bmatrix}.$

$$取 \lambda = 0.6, R_{0.6} = \begin{bmatrix} 1 & 0 & 1 \\ 0 & 0 & 0 \\ 1 & 1 & 1 \end{bmatrix},$$

$$取 \lambda = 0.8, R_{0.8} = \begin{bmatrix} 1 & 0 & 0 \\ 0 & 0 & 0 \\ 0 & 1 & 1 \end{bmatrix}.$$

截矩阵具有以下性质:

(1) $R \subseteq S \Leftrightarrow R_\lambda \subseteq S_\lambda$, $\forall \lambda \in [0, 1]$.

(2) $(R \cup S)_\lambda = R_\lambda \cup S_\lambda$, $(R \cap S)_\lambda = R_\lambda \cap S_\lambda$, $\forall \lambda \in [0, 1]$.

注意: 不能推广到无限多个并运算上去, 即

$$\left(\bigcup_{t \in T} R^{(t)} \right) \lambda \neq \bigcup_{t \in T} (R^{(t)})_\lambda.$$

4.3　几种特殊的模糊关系

本节将介绍几种特殊的模糊关系.

定义 1　设 $R = (r_{ij}) \in \mu_{m \times n}$, 称 $R^{\mathrm{T}} = (r_{ji}) \in \mu_{n \times m}$ 为 R 的转置矩阵.

由模糊转置矩阵可确定模糊转置关系, 设 $R \in \mathscr{A}(U \times V)$, 而 $R^{\mathrm{T}} \in \mathscr{A}(V \times U)$, 有

$$R^{\mathrm{T}}(v, u) = R(u, v),$$

则称 R^{T} 为 R 的模糊转置关系.

例 1　设 $U = \{u_1, u_2, u_3\}$ 表示三个人的集合, R 表示彼此熟悉的关系, 且有

$$R = \frac{1}{(u_1, u_2)} + \frac{0.7}{(u_1, u_3)} + \frac{0.9}{(u_2, u_1)} + \frac{0.5}{(u_2, u_3)} + \frac{0.8}{(u_3, u_1)},$$

那么　$R^{\mathrm{T}} = \dfrac{1}{(u_2, u_1)} + \dfrac{0.8}{(u_1, u_3)} + \dfrac{0.9}{(u_1, u_2)} + \dfrac{0.5}{(u_3, u_2)} + \dfrac{0.7}{(u_3, u_1)}.$

这里 $R^{\mathrm{T}}(u_2, u_3) = R(u_3, u_2) = 0$.

称 R^{T} 为 R 的模糊转置关系.

定义 2　设 $R = (r_{ij}) \in \mu_{n \times n}$, 若 $R^{\mathrm{T}} = R$, 则称 R 为对称矩阵.

由模糊对称矩阵可确定模糊对称关系, 设 $R \in \mathscr{A}(U \times U)$, $\forall (u, v) \in U \times U$, 有

$$R^{\mathrm{T}}(u, v) = R(u, v),$$

则称 R 为模糊对称关系.

例 2　设

$$R = \begin{bmatrix} 0.4 & 0.7 & 1 \\ 0.7 & 0.5 & 0.8 \\ 1 & 0.8 & 0.2 \end{bmatrix},$$

显然, $R^{\mathrm{T}} = R$, 故 R 为模糊对称矩阵.

我们知道, "朋友" "差异" 是模糊对称关系, 而 "父子" "因果" 不是对称关系, "彼此熟悉" 也不是.

模糊转置关系具有如下性质.

(1) $(R^{\mathrm{T}})^{\mathrm{T}} = R$.

(2) $R \subseteq S \Leftrightarrow R^{\mathrm{T}} \subseteq S^{\mathrm{T}}$.

(3) $(R \cup S)^{\mathrm{T}} = R^{\mathrm{T}} \cup S^{\mathrm{T}}$, $(R \cap S)^{\mathrm{T}} = R^{\mathrm{T}} \cap S^{\mathrm{T}}$.

(4) $(R^{\mathrm{T}})_{\lambda} = (R_{\lambda})^{\mathrm{T}}$.

(5) $\forall R \in \mu_{n \times n}$, 则 $R \cup R^{\mathrm{T}}$ 是对称的.

(6) $\forall R, S \in \mu_{n \times n}$, S 对称, $R \subseteq S$, 则 $R \cup R^{\mathrm{T}} \subseteq S$.

这些性质按定义均可证明, 这里只证性质(6).

证 因为 $R \subseteq S$, 故 $R^{\mathrm{T}} \subseteq S^{\mathrm{T}}$, 又由于 S 对称, 有 $S = S^{\mathrm{T}}$.

所以, $R^{\mathrm{T}} \subseteq S$, 因此, $R \cup R^{\mathrm{T}} \subseteq S$.

由性质(6)知, 凡包含 R 的矩阵都包含 $R \cup R^{\mathrm{T}}$, 所以 $R \cup R^{\mathrm{T}}$ 是包含 R 的最小的对称矩阵.

把包含 R 而且被所有包含 R 的对称矩阵所包含的对称矩阵称为 R 的对称闭包.

由性质(5)和(6)知 $R \cup R^{\mathrm{T}}$ 是 R 的对称闭包.

定义 3 设 $R = (r_{ij}) \in \mu_{n \times n}$, 且 $r_{ii} = 1$, 则称 R 为自反矩阵.

由自反矩阵可确定自反关系. 设 $R \in \mathscr{F}(U \times U)$, $\forall (u, u) \in U \times U$, 且 $R(u, u) = 1$, 则称 R 为自反关系.

定义 4 设 $\forall (u, v) \in U \times U$, 且

$$I(u, v) = \begin{cases} 1 & u = v \\ 0 & u \neq v, \end{cases}$$

则称 I 为恒等关系.

显然, R 为自反关系 $\Leftrightarrow R \supseteq I$.

4.4 模糊关系的合成

4.4.1 模糊关系合成的定义

先介绍普通关系的合成运算.

例 1 两对父子平分 9 个苹果, 要求每个人都得到整数个, 问如何分法?

按平常分法显然是不可能的, 要分得合乎题目要求, 必须弄清父子关系 B_1 与父子关系 B_2 之间还可能存在什么特殊关系. 显然, 必须存在一名成员既属于 B_1

又属于 B_2，这两对父子关系合成后便是祖孙关系 A，祖、父、孙三人平分 9 个苹果，显然是整数.

值得注意的是，不是任何两对父子关系都能合成为祖孙关系，必须存在一个成员既属于 B_1 又属于 B_2，只有这样才能合成，否则，不能合成. 用数学语言表示为：

设 A 表示祖孙关系，B_1，B_2 均表示父子关系，则
$$(u, w) \in A \Leftrightarrow \exists v, \text{使} (u, v) \in B_1 \text{且} (v, w) \in B_2,$$
称 A 是由 B_1 与 B_2 合成的，记作 $A = B_1 \circ B_2$.

一般地，设 $Q \in \mathscr{A}(U \times V)$，$R \in \mathscr{A}(V \times W)$，$S \in \mathscr{A}(U \times W)$，若
$$(u, w) \in S \Leftrightarrow \exists v, \text{使} (u, v) \in Q \text{且} (v, w) \in R,$$
则称关系 S 是由关系 Q 与 R 合成的，记作 $S = Q \circ R$，而
$$Q \circ R = \left\{ (u, w) \mid \exists v, (u, v) \in Q, (v, w) \in R \right\}.$$
用特征函数表示为
$$(Q \circ R)(u, w) = \bigvee_{v \in V} (Q(u, v) \wedge R(v, w)).$$

将上述关系推广到模糊关系，从而得到模糊关系合成的定义.

定义 1　设 $Q \in \mathscr{A}(U \times V)$，$R \in \mathscr{A}(V \times W)$，所谓 Q 对 R 的合成，就是从 U 到 W 的一个模糊关系 $Q \circ R$，其隶属函数为
$$(Q \circ R)(u, w) = \bigvee_{v \in V} (Q(u, v) \wedge R(v, w)).$$
当 $R \in \mathscr{A}(U \times U)$，记 $R^2 = R \circ R$，$R^n = R^{n-1} \circ R$.

例 2　设 R 为 "x 远大于 y" 的关系，其隶属函数为
$$R(x, y) = \begin{cases} 0 & x \leqslant y \\ \left[1 + \dfrac{100}{(x-y)^2} \right]^{-1} & x > y, \end{cases}$$
则合成关系 $R \circ R$ 应为 "x 远大于 y"，求 $(R \circ R)(x, y)$.

解　$(R \circ R)(x, y) = \bigvee\limits_{z} (R(x, z) \wedge R(z, y))$.
其中
$$R(x, z) = \begin{cases} 0 & x \leqslant z \\ \left[1 + \dfrac{100}{(x-z)^2} \right]^{-1} & x > z, \end{cases}$$
$$R(z, y) = \begin{cases} 0 & z \leqslant y \\ \left[1 + \dfrac{100}{(z-y)^2} \right]^{-1} & z > y. \end{cases}$$

当 $R(x, z) \leqslant R(z, y)$ 时，
$$\bigvee_{z} (R(x, z) \wedge R(z, y)) = \bigvee_{z} R(x, z) = R(z_0, y),$$

当 $R(x, z) \geq R(z, y)$ 时,
$$\bigvee_z (R(x, z) \wedge R(z, y)) = \bigvee_z R(z, y) = R(x, z_0).$$

可见, 关系合成运算就是求 $R(x, z)$ 与 $R(z, y)$ 相等的 z_0, 如图 4-2 所示.

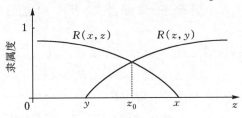

图 4-2　关系合成运算

令 $R(x, z) = R(z, y)$, 即
$$\left[1 + \frac{100}{(x-z)^2} \right]^{-1} = \left[1 + \frac{100}{(z-y)^2} \right]^{-1}.$$

解得 $z_0 = \dfrac{x+y}{2}$. 将 $z = z_0$ 代入 $R(x, z)$ 中, 得

$$(R \circ R)(x, y) = \begin{cases} 0 & x \leq y \\ \left[1 + \dfrac{100}{((x-y)/2)^2} \right]^{-1} & x > y. \end{cases}$$

对于有限论域, 模糊关系的合成可用矩阵的乘积表示.

定义 2　设 $Q = (q_{ik})_{m \times l} \in F(U \times V)$, $R = (r_{kj})_{l \times n} \in \mathscr{F}(V \times W)$, 则 Q 对 R 的合成

$$Q \circ R = S = (s_{ij})_{m \times n} \in \mathscr{F}(U \times W).$$

式中, $s_{ij} = \bigvee\limits_{k=1}^{l} (q_{ik} \wedge r_{kj})$ $(i = 1, 2, \cdots, m; j = 1, 2, \cdots, n)$.

矩阵的合成也称为矩阵的乘积, 它与普通矩阵乘法的运算过程一样, 只不过将实数 " $+$ " 改为 " $\vee$ ", 实数 " $\cdot$ " 改为 " $\wedge$ ".

例 3　设 $X = \{1, 2, 3, 4\}$, $Y = \{a, b, c\}$, $Z = \{\alpha, \beta\}$, $X \times Y$ 及 $Y \times Z$ 上的模糊关系 R 与 S 分别用模糊矩阵表示为

$$R = \begin{bmatrix} 0.7 & 0.5 & 0 \\ 1.0 & 0 & 0 \\ 0 & 1.0 & 0 \\ 0 & 0.4 & 0.3 \end{bmatrix}, \quad S = \begin{bmatrix} 0.6 & 0.8 \\ 0 & 1.0 \\ 0 & 0.9 \end{bmatrix}.$$

按照合成规则, 得模糊合成关系

$$T = R \circ S = \begin{bmatrix} 0.7 & 0.5 & 0 \\ 1.0 & 0 & 0 \\ 0 & 1.0 & 0 \\ 0 & 0.4 & 0.3 \end{bmatrix} \circ \begin{bmatrix} 0.6 & 0.8 \\ 0 & 1.0 \\ 0 & 0.9 \end{bmatrix}$$

$$
= \begin{bmatrix} (0.7 \wedge 0.6) \vee (0.5 \wedge 0) \vee (0 \wedge 0) & (0.7 \wedge 0.8) \vee (0.5 \wedge 1.0) \vee (0 \wedge 0.9) \\ (1.0 \wedge 0.6) \vee (0 \wedge 0) \vee (0 \wedge 0) & (1.0 \wedge 0.8) \vee (0 \wedge 1.0) \vee (0 \wedge 0.9) \\ (0 \wedge 0.6) \vee (1.0 \wedge 0) \vee (0 \wedge 0) & (0 \wedge 0.8) \vee (1.0 \wedge 1.0) \vee (0 \wedge 0.9) \\ (0 \wedge 0.6) \vee (0.4 \wedge 0) \vee (0.3 \wedge 0) & (0 \wedge 0.8) \vee (0.4 \wedge 1.0) \vee (0.3 \wedge 0.9) \end{bmatrix}
$$

$$
= \begin{bmatrix} 0.6 & 0.7 \\ 0.6 & 0.8 \\ 0 & 1.0 \\ 0 & 0.4 \end{bmatrix}.
$$

例 4　设 R_1 表示西红柿的颜色和成熟程度之间的关系, 见表 4-3; R_2 表示西红柿的成熟程度和味道之间的关系, 见表 4-4. 设 $X = \{green, yellow, red\}$, $Y = \{unripe, semi\text{-}ripe, ripe\}$, $Z = \{sour, sweet\text{-}sour, sweet\}$, 则按照模糊关系合成运算, R_1 和 R_2 的合成表示西红柿的颜色和味道之间的模糊关系, 见表 4-5.

表 4-3　西红柿颜色与成熟程度之间的关系

$R_1(x, y)$	unripe	semi-ripe	ripe
green	1	0.5	0
yellow	0.3	1	0.3
red	0	0.7	1

表 4-4　西红柿成熟程度与味道之间的关系

$R_2(y, z)$	sour	sweet-sour	sweet
unripe	1	0.2	0
semi-ripe	0.7	1	0.3
ripe	0	0.7	1

表 4-5　西红柿颜色与味道之间的关系

$R(x, z)$	sour	sweet-sour	sweet
green	1	0.5	0.3
yellow	0.7	1	0.3
red	0.7	0.7	1

4.4.2　模糊关系合成的性质

模糊关系合成具有如下性质.

(1) 结合律: $(Q \circ R) \circ S = Q \circ (R \circ S)$.

证明　因为

$$
\begin{aligned}
[(Q \circ R) \circ S](x, w) &= \bigvee_z [(Q \circ R)(x, z) \wedge S(z, w)] \\
&= \bigvee_z \left\{ \bigvee_y [Q(x, y) \wedge R(y, z)] \wedge S(z, w) \right\} \\
&= \bigvee_z \bigvee_y [Q(x, y) \wedge R(y, z) \wedge S(z, w)]
\end{aligned}
$$

$$= \bigvee_y \{Q(x, y) \wedge \bigvee_z [R(y, z) \wedge S(z, w)]\}$$

$$= [Q \circ (R \circ S)](x, w).$$

因此，$(Q \circ R) \circ S = Q \circ (R \circ S)$.

推论 1 $R^m \circ R^n = R^{m+n}$.

(2) $(O \circ R) = (R \circ O) = O$，$(I \circ R) = (R \circ I) = R$.

式中，O 为零关系；I 为恒等关系.

(3) $Q \subseteq R \Rightarrow Q \circ S \subseteq R \circ S$　（或 $S \circ Q \subseteq S \circ R$），$Q \subseteq R \Rightarrow Q^n \subseteq R^n$.

(4) 对 $\cup$ 的分配律：$(Q \cup R) \circ S = (Q \circ S) \cup (R \circ S)$，

$$S \circ (Q \cup R) = (S \circ Q) \cup (S \circ R).$$

证明

$$[(Q \cup R) \circ S](u, w) = \bigvee_v [(Q \cup R)(u, v) \wedge S(v, w)]$$

$$= \bigvee_v [(Q(u, v) \vee R(u, v)) \wedge S(v, w)]$$

$$= \bigvee_v [(Q(u, v) \wedge S(v, w)) \vee (R(u, v) \wedge S(v, w))]$$

$$= [\bigvee_v (Q(u, v) \wedge S(v, w))] \vee [\bigvee_v (R(u, v) \wedge S(v, w))]$$

$$= (Q \circ S)(u, w) \vee (R \circ S)(u, w)$$

$$= [(Q \circ S) \cup (R \circ S)](u, w)$$

所以　　　　　　　　$(Q \cup R) \circ S = (Q \circ S) \cup (R \circ S)$.

类似可证　　　　　　$S \circ (Q \cup R) = (S \circ Q) \cup (S \circ R)$.

可推广到无限"$\cup$"的情形，设 I 为指标集，

$$(\bigcup_{i \in I} R_i) \circ R = \bigcup_{i \in I} (R_i \circ R)，R \circ (\bigcup_{i \in I} R_i) = \bigcup_{i \in I} (R \circ R_i).$$

注意对 $\cap$ 的分配律不成立，不能推广到无限"$\cap$"的情形，但下式成立：

$$(\bigcap_{i \in I} R_i) \circ R \subseteq \bigcap_{i \in I} (R_i \circ R)，R \circ (\bigcap_{i \in I} R_i) \subseteq \bigcup_{i \in I} (R \circ R_i).$$

(5) 设 $Q \in \mu_{m \times l}$，$R \in \mu_{l \times n}$，则

$$(Q \circ R)_\lambda = Q_\lambda \circ R_\lambda.$$

证 只要证两边矩阵元素相等即可.

$$(\bigvee_{k=1}^{l} (q_{ik} \wedge r_{kj}))(\lambda) = 1$$

$$\Leftrightarrow \bigvee_{k=1}^{l} (q_{ik} \wedge r_{kj}) \geq \lambda$$

$$\Leftrightarrow \exists k, q_{ik} \wedge r_{kj} \geq \lambda$$

$$\Leftrightarrow \exists k, q_{ik} \geq \lambda \text{ 且 } r_{kj} \geq \lambda$$

$$\Leftrightarrow \exists k, q_{ik}(\lambda) = 1 \text{ 且 } r_{kj}(\lambda) = 1$$

$$\Leftrightarrow \exists k, q_{ik}(\lambda) \wedge r_{kj}(\lambda) = 1$$

$$\Leftrightarrow \bigvee_{k=1}^{l} (q_{ik}(\lambda) \wedge r_{kj}(\lambda)) = 1.$$

这说明两边矩阵第 i 行第 j 列的元素均为 1，等于 1 的元素互相对应，等于 0 的元素也互相对应，均为布尔矩阵，故两边相等．

推论 2　$(R^n)_\lambda = (R_\lambda)^n$，$\lambda \in [0, 1]$，其中 R 为方阵．

(6) $(Q \circ R)^T = R^T \circ Q^T$．

证　由转置关系定义有

$$(Q \circ R)^T (u, w) = (Q \circ R)(w, u) = \bigvee_v (Q(w, v) \wedge R(v, u))$$

$$= \bigvee_v (Q^T(v, w) \wedge R^T(u, v)) = (R^T \circ Q^T)(u, w).$$

因此，$(Q \circ R)^T = R^T \circ Q^T$．

推论 3　$(R^n)^T = (R^T)^n$．

定理 1　设 $Q \in \mathcal{F}(U \times V)$，$R \in \mathcal{F}(V \times W)$，则

$$Q \circ R = \bigcup_{\lambda \in [0, 1]} \lambda (Q_\lambda \circ R_\lambda).$$

证　根据分解定理 III，只需证明：

$$(Q \circ R)_\lambda \subseteq Q_\lambda \circ R_\lambda \subseteq (Q \circ R)_\lambda, \quad \lambda \in [0, 1].$$

对 $\forall (u, w) \in U \times W$

$$(u, w) \in (Q \circ R)_\lambda \Leftrightarrow (Q \circ R)(u, w) > \lambda \Leftrightarrow \bigvee_{v \in V} (Q(u, v) \wedge R(v, w)) > \lambda$$

$$\Rightarrow \exists v \in V, \text{ 使 } Q(u, v) > \lambda \text{ 且 } R(v, w) > \lambda$$

$$\Rightarrow \exists v \in V, \text{ 使 } (u, v) \in Q_\lambda \text{ 且 } (v, w) \in \mathbf{R}_\lambda$$

$$\Rightarrow (u, w) \in Q_\lambda \circ R_\lambda.$$

所以，$(Q \circ R)_\lambda \subseteq Q_\lambda \circ R_\lambda$．

类似可证　$Q_\lambda \circ R_\lambda \subseteq (Q \circ R)_\lambda$．

因此等式成立．

4.5　模糊关系的传递性

前面已经介绍了模糊关系的自反性与对称性，下面讨论模糊关系的传递性．

定义 1　设 $R = \mathcal{F}(U \times U)$，如果 $\forall \lambda \in [0, 1]$，均有

$$R(u, v) \geqslant \lambda, R(v, w) \geqslant \lambda \Rightarrow R(u, w) \geqslant \lambda,$$

则 R 是传递的模糊关系．

显然，R 是传递的模糊关系 $\Leftrightarrow R_\lambda$ 是传递的普通关系．

定理 1　R 是传递的模糊关系的充要条件是 $R \supseteq R^2$．

证　（必要性）$\forall u, w \in U$，任意给定 $v_0 \in U$，取

$$\lambda = R(u, v_0) \wedge R(v_0, w),$$

显然有

$$R(u, v_0) \geqslant \lambda, R(v_0, w) \geqslant \lambda.$$

由定义 1 得 $\qquad\qquad\qquad R(u, w) \geqslant \lambda,$

从而 $\qquad\qquad\qquad R(u, w) \geqslant R(u, v_0) \wedge R(v_0, w).$

由 v_0 的任意性, 有

$$R(u, w) \geqslant \bigvee_{v \in U} (R(u, v) \wedge R(v, w)).$$

故 $R \supseteq R \circ R = R^2.$

(充分性)由 $R \supseteq R \circ R = R^2$, 有

$$R(u, w) \geqslant \bigvee_{v \in U} (R(u, v) \wedge R(v, w)),$$

从而 $\qquad\qquad\qquad R(u, w) \geqslant R(u, v) \wedge R(v, w).$

所以, 当 $R(u, v) \geqslant \lambda$, $R(v, w) \geqslant \lambda$ 时, 有 $R(u, w) \geqslant \lambda$.

由定义知 R 是传递的模糊关系.

定理 1'　R 是传递的模糊矩阵的充要条件是 $R \supseteq R^2$.

定义 2　设 $R \in \mathscr{A}(U \times U)$, 如果

(1) $\hat{R}$ 是传递模糊关系且 $\hat{R} \supseteq R$;

(2) Q 是传递的模糊关系且 $Q \supseteq R$ 和 $Q \supseteq \hat{R}$,

则称 $\hat{R}$ 是 R 的传递闭包. $t(R) = \hat{R}$. 可见, 传递闭包是所有包含 R 的最小的传递关系.

定理 2　设 $R \in \mathscr{A}(U \times U)$, 总有 $t(R) = \bigcup\limits_{k=1}^{\infty} R^k$.

证　只需证满足定义 2 中两个条件.

(1) 显然 $t(R) = \bigcup\limits_{k=1}^{\infty} R^k \supseteq R$. 证明 $t(R)$ 是传递的.

$$\left(\bigcup_{k=1}^{\infty} R^k \right) \circ \left(\bigcup_{j=1}^{\infty} R^j \right) = \bigcup_{k=1}^{\infty} \left(R^k \circ \bigcup_{j=1}^{\infty} R^j \right) = \bigcup_{k=1}^{\infty} \bigcup_{j=1}^{\infty} \left(R^k \circ R^j \right)$$

$$= \bigcup_{m=2}^{\infty} \left(\bigcup_{k+j=m} R^{k+j} \right) \subseteq \bigcup_{m=1}^{\infty} R^m.$$

(2) 设 Q 是任意包含 R 的传递模糊关系, 由 $Q \supseteq R$ 及 4.4 节性质 3 得 $Q^k \supseteq R^k$, 又由 Q 的传递性及定理 1 可推得

$$Q \supseteq Q^2 \supseteq Q^3 \supseteq \cdots \supseteq Q^k.$$

故有 $Q \supseteq R^k$.

由 k 的任意性知 $\qquad\qquad Q \supseteq \bigcup\limits_{k=1}^{\infty} R^k = t(R).$

定理 3　$\hat{R} = \bigcup\limits_{k=1}^{n} R^k$ 的充要条件为 $\bigcup\limits_{k=1}^{n} R^k \supseteq R^{n+1}$.

证　(必要性)由题设及定理 2, 有

$$\hat{R} = \bigcup_{k=1}^{n} R^k = \bigcup_{k=1}^{\infty} R^k \supseteq R^{n+1}.$$

(充分性)由 $\bigcup\limits_{k=1}^{n} R^k \supseteq R^{n+1}$, 得

$$(\bigcup_{k=1}^{n} R^k) \circ R \supseteq R^{n+1} \circ R = R^{n+2}.$$

故
$$\bigcup_{k=2}^{n+1} R^k \supseteq R^{n+2}.$$

因为
$$\bigcup_{k=1}^{n} R^k = (\bigcup_{k=1}^{n} R^k) \cup R^{n+1} = \bigcup_{k=1}^{n+1} R^k,$$

所以
$$\bigcup_{k=1}^{n} R^k \supseteq R^{n+2}.$$

同理可证对一切 i（$i = 1, 2, \cdots, n$），有 $\bigcup\limits_{k=1}^{n} R^k \supseteq R^{n+i}$.

故
$$\bigcup_{k=1}^{n} R^k \supseteq \bigcup_{k=1}^{\infty} R^k = \hat{R}.$$

而
$$\hat{R} = \bigcup_{k=1}^{\infty} R^k \supseteq \bigcup_{k=1}^{n} R^k,$$

因此
$$\hat{R} = \bigcup_{k=1}^{\infty} R^k.$$

定理 4　设 U 只有 n 个元素，R 是 U 上的二元关系，则 $\hat{R} = \bigcup\limits_{k=1}^{n} R^k$.
此定理给出了有限论域下传递闭包的求法.

定理 5　设 $R \in \mu_{n \times n}$ 是自反矩阵，则 $\hat{R} = R^n$.

4.6　模糊等价关系与相似关系

本节将介绍模糊等价关系与相似关系，它们在作聚类分析中经常用到.

4.6.1　模糊等价关系

定义 1　设 $R \in \mathscr{F}(U \times U)$，如果满足：

(1) 自反性　$R \supseteq I$ 或 $R(u, u) = 1$；

(2) 对称性　$R^{\mathrm{T}} = R$ 或 $R(u, v) = R(v, u)$；

(3) 传递性　$R \supseteq R^2$ 或 $R(u, v) \geq \lambda$，$R(v, w) \geq \lambda \Rightarrow R(u, w) \geq \lambda$，

则称 R 为 U 上的模糊等价关系.

若 U 为有限论域，则 U 上的模糊等价关系 R 可用模糊矩阵来表示，并称 R 为 U 的等价矩阵，它除满足上述等价的特性外，还可表示如下.

(1) 自反性　$r_{ii} = 1$.

(2) 对称性　$r_{ij} = r_{ji}$.

(3) 传递性　$r_{ij} \geq \bigvee\limits_{k=1}^{n} (r_{ik} \wedge r_{kj})$.

如果布尔矩阵 R 具有自反、对称和传递性，则称 R 为等价的布尔矩阵. 它表示普通等价关系.

定理 1　$R \in \mu_{n \times n}$ 是等价矩阵的充要条件是对 $\forall \lambda \in [0, 1]$，$R_\lambda$ 都是等价的布

尔矩阵.

证 （1）显然, R 是自反的 $\Leftrightarrow \forall \lambda$, R_λ 是自反的.

（2）R 是对称的 $\Leftrightarrow \forall \lambda$, R_λ 是对称的.

$\Rightarrow$）显然成立.

$\Leftarrow$）若 $r_{ij} \neq r_{ji}$, 不妨设 $r_{ij} < r_{ji}$, 取 $r_{ij} < \lambda < r_{ji}$, 在 R_λ 中 $r_{ij}(\lambda) = 0$; $r_{ji}(\lambda) = 1$, 这与 R_λ 的对称性相矛盾.

（3）R 是传递的 $\Leftrightarrow \forall \lambda$, R_λ 是传递的.

所以, 满足等价矩阵的定义, 得证.

现在讨论怎样由模糊等价关系确定模糊分类. 由定理 1 知, 一个模糊等价矩阵可能化为 R_λ 矩阵, 随着 λ 取不同的值, 便可将 U 分成不同的类, 且有下面关系.

定理 2 设 $R \in \mu_{n \times n}$, $0 \le \lambda \le \mu \le 1$, 则按 R_μ 将 U 分成的每一类必定是按 R_λ 将 U 分成的类的子类.

证 设按 R_μ 分类时, u, v 归为一类, 则 $R_\mu(u, v) = 1$, 即 $R(u, v) \ge \mu$.

因为 $\mu > \lambda$, 故 $R(u, v) > \lambda$, 从而 $R_\lambda(u, v) = 1$, 亦即 $(u, v) \in R_\lambda$.

所以, 元素 u, v 按 R_λ 分类时也归为一类.

定理说明: 当 λ 由 1 逐步降至 0 时, 由模糊等价关系 R 确定的分类所含元素由少变多, 逐步归并, 最后成一类. 这个过程形成一个动态聚类图.

例 1 设 $U = \{u_1, u_2, u_3, u_4, u_5\}$,

$$R = \begin{bmatrix} 1 & 0.4 & 0.8 & 0.5 & 0.5 \\ 0.4 & 1 & 0.4 & 0.4 & 0.4 \\ 0.8 & 0.4 & 1 & 0.5 & 0.5 \\ 0.5 & 0.4 & 0.5 & 1 & 0.6 \\ 0.5 & 0.4 & 0.5 & 0.6 & 1 \end{bmatrix}.$$

先验证 R 是等价矩阵.

显然 R 具有自反和对称性. 而

$$R^2 = R \circ R = \begin{bmatrix} 1 & 0.4 & 0.8 & 0.5 & 0.5 \\ 0.4 & 1 & 0.4 & 0.4 & 0.4 \\ 0.8 & 0.4 & 1 & 0.5 & 0.5 \\ 0.5 & 0.4 & 0.5 & 1 & 0.6 \\ 0.5 & 0.4 & 0.5 & 0.6 & 1 \end{bmatrix} = R,$$

所以, R 具有传递性. 故 R 是模糊等价矩阵.

再令 λ 由 1 降至 0, 写出 R_λ, 按 R_λ 分类. 元素 u_i 与 u_j 归为同一类的充要条件是 $R_\lambda(u_i, u_j) = 1$ $(i, j = 1, 2, 3, 4, 5)$.

$$R_1 = \begin{bmatrix} 1 & 0 & 0 & 0 & 0 \\ 0 & 1 & 0 & 0 & 0 \\ 0 & 0 & 1 & 0 & 0 \\ 0 & 0 & 0 & 1 & 0 \\ 0 & 0 & 0 & 0 & 1 \end{bmatrix} \quad 将 U 分成五类：\{u_1\},\{u_2\},\{u_3\},\{u_4\},\{u_5\};$$

$$R_{0.8} = \begin{bmatrix} 1 & 0 & 1 & 0 & 0 \\ 0 & 1 & 0 & 0 & 0 \\ 1 & 0 & 1 & 0 & 0 \\ 0 & 0 & 0 & 1 & 0 \\ 0 & 0 & 0 & 0 & 1 \end{bmatrix} \quad 将 U 分成四类：\{u_1,u_3\},\{u_2\},\{u_4\},\{u_5\};$$

$$R_{0.6} = \begin{bmatrix} 1 & 0 & 1 & 0 & 0 \\ 0 & 1 & 0 & 0 & 0 \\ 1 & 0 & 1 & 0 & 0 \\ 0 & 0 & 0 & 1 & 1 \\ 0 & 0 & 0 & 1 & 1 \end{bmatrix} \quad 将 U 分成三类：\{u_1,u_3\},\{u_2\},\{u_4,u_5\};$$

$$R_{0.5} = \begin{bmatrix} 1 & 0 & 1 & 1 & 1 \\ 0 & 1 & 0 & 0 & 0 \\ 1 & 0 & 1 & 1 & 1 \\ 1 & 0 & 1 & 1 & 1 \\ 1 & 0 & 1 & 1 & 1 \end{bmatrix} \quad 将 U 分成两类：\{u_1,u_3,u_4,u_5\},\{u_2\};$$

$$R_{0.4} = \begin{bmatrix} 1 & 1 & 1 & 1 & 1 \\ 1 & 1 & 1 & 1 & 1 \\ 1 & 1 & 1 & 1 & 1 \\ 1 & 1 & 1 & 1 & 1 \\ 1 & 1 & 1 & 1 & 1 \end{bmatrix} \quad 将 U 分成一类：\{u_1,u_2,u_3,u_4,u_5\}.$$

从以上分类可以看到：

当 $0 \leqslant \lambda \leqslant 0.4$ 时，将 U 分为一类：$\{u_1,u_2,u_3,u_4,u_5\}$；

当 $0.4 < \lambda \leqslant 0.5$ 时，将 U 分成两类：$\{u_1,u_3,u_4,u_5\}$，$\{u_2\}$；

当 $0.5 < \lambda \leqslant 0.6$ 时，将 U 分成三类：$\{u_1,u_3\}$，$\{u_2\}$，$\{u_4,u_5\}$；

当 $0.6 < \lambda \leqslant 0.8$ 时，将 U 分成四类：$\{u_1,u_3\}$，$\{u_2\}$，$\{u_4\}$，$\{u_5\}$；

当 $0.8 < \lambda \leqslant 1$ 时，将 U 分成五类：$\{u_1\}$，$\{u_2\}$，$\{u_3\}$，$\{u_4\}$，$\{u_5\}$.

聚类图如图 4-3 所示.

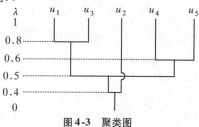

图 4-3　聚类图

4.6.2 模糊相似关系

定义 2 设 $R \in \mathscr{F}(U \times U)$，如果具有自反和对称性，则称 R 为 U 上的一个模糊相似关系．

当论域 U 为有限时，模糊相似关系可以用模糊矩阵表示．具有模糊相似关系的矩阵称为模糊相似矩阵．

现在的问题是对具有相似关系的元素怎样进行分类，也就是如何将相似矩阵改造为等价矩阵．

定理 3 相似矩阵 $R \in \mu_{n \times n}$ 的传递闭包是等价矩阵，且 $\hat{R} = R^n$．

证 只需证明 $\hat{R}$ 是自反的、对称的．

因为 R 是自反的，故 $R \supseteq I$，$R^2 \supseteq R$，不难推得 R^n 不减，因此 $\hat{R} = \bigcup\limits_{k=1}^{n} R^k = R^n \supseteq I$，即 $\hat{R}$ 是自反的．

又因为 $R = R^{\mathrm{T}}$，$(R^n)^{\mathrm{T}} = (R^{\mathrm{T}})^n = R^n$，故 $\hat{R}$ 是对称的．

由定理 3 可见，要想将相似矩阵改造为等价矩阵，只需求相似矩阵的传递闭包．

定理 4 设 $R \in \mu_{n \times n}$ 是自反矩阵，则对任意自然数 $m \geqslant n$，都有 $\hat{R} = R^m$．

证 由 R 的自反性推得

$$R \subseteq R^2 \subseteq \cdots \subseteq R^n \subseteq \cdots.$$

由此及 4.5 节定理 2 和定理 5，当 $m \geqslant n$ 时，有

$$\hat{R} = R^n \subseteq R^m \subseteq \bigcup\limits_{k=1}^{\infty} R^k = \hat{R}.$$

因此

$$\hat{R} = R^m.$$

由定理 4 得求传递闭包的一种简捷方法——平方法．

$$R \to R^2 \to (R^2)^2 \to \cdots \to R^{2^k} = \hat{R}.$$

令 $2^k \geqslant n$，故 $k \geqslant \log_2 n$．

用平方法至多需 $[\log_2 n] + 1$ 步，便可得到传递闭包．这里 $[x]$ 表示 x 的取整数部分．例如 $n = 30$，至多只需平方 5 次便可达到目的．

例 2 设

$$R = \begin{bmatrix} 1 & 0 & 0.1 & 0 & 0.8 & 1 & 0.6 \\ 0 & 1 & 0 & 1 & 0 & 0.8 & 1 \\ 0.1 & 0 & 1 & 0.7 & 0.6 & 0 & 0.1 \\ 0 & 1 & 0.7 & 1 & 0 & 0.9 & 0 \\ 0.8 & 0 & 0.6 & 0 & 1 & 0.7 & 0.5 \\ 1 & 0.8 & 0 & 0.9 & 0.7 & 1 & 0.4 \\ 0.6 & 1 & 0.1 & 0 & 0.5 & 0.4 & 1 \end{bmatrix},$$

求 R 的传递闭包.

解 R 为相似矩阵,由平方法

$$R^2 = R \circ R = \begin{bmatrix} 1 & 0.8 & 0.6 & 0.9 & 0.8 & 1 & 0.6 \\ 0.8 & 1 & 0.7 & 1 & 0.7 & 0.9 & 1 \\ 0.6 & 0.7 & 1 & 0.7 & 0.6 & 0.7 & 0.5 \\ 0.9 & 1 & 0.7 & 1 & 0.7 & 0.9 & 1 \\ 0.8 & 0.7 & 0.6 & 0.7 & 1 & 0.8 & 0.6 \\ 1 & 0.9 & 0.7 & 0.9 & 0.8 & 1 & 0.8 \\ 0.6 & 1 & 0.5 & 1 & 0.6 & 0.8 & 1 \end{bmatrix};$$

$$R^4 = R^2 \circ R^2 = \begin{bmatrix} 1 & 0.9 & 0.7 & 0.9 & 0.8 & 1 & 0.9 \\ 0.9 & 1 & 0.7 & 1 & 0.8 & 0.9 & 1 \\ 0.7 & 0.7 & 1 & 0.7 & 0.7 & 0.7 & 0.7 \\ 0.9 & 1 & 0.7 & 1 & 0.8 & 0.9 & 1 \\ 0.8 & 0.8 & 0.7 & 0.8 & 1 & 0.8 & 0.8 \\ 1 & 0.9 & 0.7 & 0.9 & 0.8 & 1 & 0.9 \\ 0.9 & 1 & 0.7 & 1 & 0.8 & 0.9 & 1 \end{bmatrix};$$

$$R^8 = R^4 \circ R^4 = \begin{bmatrix} 1 & 0.9 & 0.7 & 0.9 & 0.8 & 1 & 0.9 \\ 0.9 & 1 & 0.7 & 1 & 0.8 & 0.9 & 1 \\ 0.7 & 0.7 & 1 & 0.7 & 0.7 & 0.7 & 0.7 \\ 0.9 & 1 & 0.7 & 1 & 0.8 & 0.9 & 1 \\ 0.8 & 0.8 & 0.7 & 0.8 & 1 & 0.8 & 0.8 \\ 1 & 0.9 & 0.7 & 0.9 & 0.8 & 1 & 0.9 \\ 0.9 & 1 & 0.7 & 1 & 0.8 & 0.9 & 1 \end{bmatrix}.$$

由定理 3 知 $\hat{R} = R^7$,而由定理 4 有 $R^8 = R^7 = \hat{R}$.

所以,$\hat{R} = R^4$,即 R^4 是模糊等价矩阵.

4.7 聚类分析及应用

所谓聚类分析,就是对事物按不同水平进行分类的方法. 换言之,聚类分析是将事物根据一定的特征,并按某种特定要求或规律分类的方法. 由于聚类分析的对象必定是尚未分类的群体,而且现实的分类问题往往带有模糊性,例如环境污染分类、春天连阴雨预报、临床症状资料分类、岩石分类等,对带有模糊特征的事物进行聚类分析,显然用模糊数学的方法处理更为自然,因此称为模糊聚类分析. 本节将介绍一些最常见的模糊聚类分析方法及其在实际中的应用.

4.7.1 模糊聚类分析的步骤

第一步 选择统计指标.

根据实际问题,选择那些具有明确意义、有较强分辨力和代表性特征的,作为分类事物的统计指标.统计指标选择的如何,对分类效果有直接的影响.

第二步 数据标准化.

把代表事物各特征的统计指标的数据进行处理,使之便于分析和比较,数据标准化方法很多,通常采用

$$x'_{ij} = \frac{x_{ij} - x_{\min}}{x_{\max} - x_{\min}}.$$

式中,x_{ij}是指标的原始数据;$x_{\max}$ 和 $x_{\min}$ 分别为指标的最大值与最小值;x'_{ij} 为指标的标准化数值.

第三步 建立模糊相似关系.

设 $U = \{u_1, u_2, \cdots, u_n\}$ 为待分类的全体,其中每一待分类对象由一组数据表征如下:$u_i = (x_{i1}, x_{i2}, \cdots, x_{im})$. 现在的问题是如何建立 u_i 与 u_j 之间的相似关系.可任选下面方法求 u_i 与 u_j 的相似关系.

(1) 数量积法:

$$r_{ij} = \begin{cases} 1 & \text{当 } i = j \\ \dfrac{1}{M} \sum_{k=1}^{m} x_{ik} \cdot x_{jk} & \text{当 } i \neq j. \end{cases}$$

式中,M 为一适当选择之正数,满足 $M \geqslant \max\left\{ \sum_{k=1}^{m} x_{ik} \cdot x_{jk} \right\}$.

(2) 相关系数法:

$$r_{ij} = \frac{\sum_{k=1}^{m} |x_{ik} - \bar{x}_i| \cdot |x_{jk} - \bar{x}_j|}{\sqrt{\sum_{k=1}^{m} (x_{ik} - \bar{x}_i)^2} \cdot \sqrt{\sum_{k=1}^{m} (x_{ik} - \bar{x}_j)^2}}.$$

式中,$\bar{x}_i = \dfrac{1}{m} \sum_{k=1}^{m} x_{ik}$, $\bar{x}_j = \dfrac{1}{m} \sum_{k=1}^{m} x_{jk}$.

(3) 最大最小法:

$$r_{ij} = \frac{\sum_{k=1}^{m} \min\{x_{ik}, x_{jk}\}}{\sum_{k=1}^{m} \max\{x_{ik}, x_{jk}\}}.$$

(4) 算术平均最小法:

$$r_{ij} = \frac{\sum_{k=1}^{m} \min\{x_{ik}, x_{jk}\}}{\dfrac{1}{2} \sum_{k=1}^{m} (x_{ik} + x_{jk})}.$$

（5）几何平均最小法：

$$r_{ij} = \frac{\sum\limits_{k=1}^{m} \min\{x_{ik}, x_{jk}\}}{\sum\limits_{k=1}^{m} \sqrt{x_{ik} \cdot x_{jk}}}.$$

（6）绝对值指数法：

$$r_{ij} = \mathrm{e}^{-\sum\limits_{k=1}^{m} |x_{ik} - x_{jk}|}.$$

（7）绝对值减数法：

$$r_{ij} = \begin{cases} 1 & \text{当 } i = j \\ 1 - c \sum\limits_{k=1}^{m} |x_{ik} - x_{jk}| & \text{当 } i \neq j. \end{cases}$$

式中，c 适当选取，使 $0 \leqslant r_{ij} \leqslant 1$.

（8）夹角余弦法：

$$r_{ij} = \frac{\sum\limits_{k=1}^{m} x_{ik} \cdot x_{jk}}{\sum\limits_{k=1}^{m} \sqrt{x_{ik}^2} \cdot \sqrt{x_{jk}^2}}.$$

如果 r_{ij} 中出现负值，也可采用上面的方法进行调整.

（9）指数相似系数法：

$$r_{ij} = \frac{1}{m} \sum\limits_{k=1}^{m} \mathrm{e}^{-\frac{4}{3} \frac{(x_{ik} - x_{jk})^2}{s_k^2}}.$$

式中，$s_k = \sqrt{\dfrac{1}{n} \left(\sum\limits_{k=1}^{m} x_{ik} - \bar{x}_k \right)^2}$，$\bar{x}_k = \dfrac{1}{n} \sum\limits_{i=1}^{n} x_{ik}$.

（10）绝对值倒数法.

$$r_{ij} = \begin{cases} 1 & \text{当 } i = j \\ \dfrac{M}{\sum\limits_{k=1}^{m} |x_{ik} - x_{jk}|} & \text{当 } i \neq j. \end{cases}$$

式中，M 为适当选取的正数，使得 $r_{ij} \in [0, 1]$ 且在 $[0, 1]$ 中分散开.

（11）非参数法.

令 $x'_{ik} = x_{ik} - \bar{x}_i$，$x'_{ik} = x_{jk} - \bar{x}_j$，这里的 $\bar{x}_i$ 与 $\bar{x}_j$ 见（2）；n_{ij}^+ 与 n_{ij}^- 分别为集合 $\{x'_{i1}x'_{j1}, x'_{i2}x'_{j2}, \cdots, x'_{im}x'_{jm}\}$ 中大于 0 的个数和小于 0 的个数. 取

$$r_{ij} = \frac{1}{2} \left(1 - \frac{n_{ij}^+ - n_{ij}^-}{n_{ij}^+ + n_{ij}^-} \right).$$

（12）贴近度法.

把对象 x_i，x_j 视为模糊向量（假定 $x_{ij} \geqslant 0$；$j = 1, 2, \cdots, m$）：

$$x_i = (x_{i1}, x_{i2}, \cdots, x_{im}), \quad x_j = (x_{j1}, x_{j2}, \cdots, x_{jm}).$$

设 N 是某种贴近度，取

$$r_{ij} = N(x_i, x_j).$$

这里要求 $0 \leqslant x_{ik}, x_{jk} \leqslant 1$（$k = 1, 2, \cdots, m_0$）；否则，可以进行归一化处理，即令

$$x'_{ik} = \frac{x_{ik}}{\sum\limits_{k=1}^{m} x_{ik}} \quad (i = 1, 2, \cdots, n),$$

则 $0 \leqslant x'_{ik} \leqslant 1$（$i = 1, 2, \cdots, n$）.

（13）线段打分法.

请有经验者在线段上做标记. 设有 s 个人参加评分. 第 k 个人（$1 \leqslant k \leqslant s$）就任何两个对象 x_i，x_j，在下列第一个线段上做标记 $y_{ij}^{(k)}$，在第二个线段上做标记 $a_{ij}^{(k)}$（表示他做标记 $y_{ij}^{(k)}$ 的把握程度）. 如图 4-4 所示.

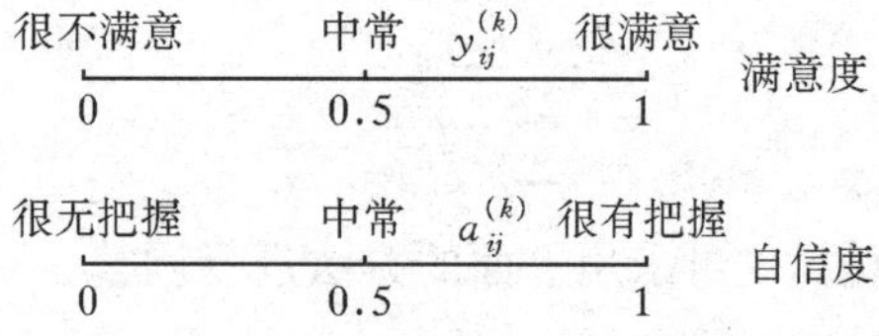

图 4-4　程度分析图

计算相似系数：

$$r_{ij} = \frac{1}{s} \sum_{k=1}^{s} a_{ij}^{(k)} y_{ij}^{(k)}.$$

（14）除上述方法外，还可请专家或由多人打分再平均取值. 根据实际情况定哪一种方法. 在实际应用时，最好采用多种方法.

第四步　改造相似关系为等价关系进行聚类.

由第三步得到的矩阵 R 一般只满足自反性和对称性，即 R 是相似矩阵，需将它改造成模糊等价矩阵. 为此，采用平方法求出 R 的传递闭包 $\hat{R}$，$\hat{R}$ 便是所求模糊等价矩阵. 由 $\hat{R}$ 作出动态聚类图，取适当 $\lambda \in [0, 1]$，由截矩阵 $\hat{R}_\lambda$ 得出所需的分类，便可对 U 进行分类.

4.7.2　模糊聚类分析举例

例 1　环境单元分类.

每个环境单元包括空气、水分、土壤、作物四个要素. 环境单元的污染状况由污染物在四要素中含量的超限度来描述. 现有五个环境单元，它们的污染数据

如下. 设

$$U\{ \text{I}, \text{II}, \text{III}, \text{IV}, \text{V} \},$$

$$\text{I} = (5, 5, 3, 2), \quad \text{II} = (2, 3, 4, 5), \quad \text{III} = (5, 5, 2, 3),$$

$$\text{IV} = (1, 5, 3, 1), \quad \text{V} = (2, 4, 5, 1).$$

试对 U 进行分类.

解　由于题中已给出第一步和第二步的结果，所以直接进入第三步. 按方法 (7)，即绝对值减数法，建立模糊相似关系，取 $c = 0.1$，得模糊相似矩阵

$$R = \begin{bmatrix} 1 & 0.1 & 0.8 & 0.5 & 0.3 \\ 0.1 & 1 & 0.1 & 0.2 & 0.4 \\ 0.8 & 0.1 & 1 & 0.5 & 0.3 \\ 0.5 & 0.2 & 0.5 & 1 & 0.6 \\ 0.3 & 0.4 & 0.3 & 0.6 & 1 \end{bmatrix}.$$

第四步，将模糊相似矩阵改造成模糊等价矩阵，用平方法求传递闭包：

$$R^2 = \begin{bmatrix} 1 & 0.3 & 0.8 & 0.5 & 0.5 \\ 0.3 & 1 & 0.2 & 0.4 & 0.4 \\ 0.8 & 0.2 & 1 & 0.5 & 0.3 \\ 0.5 & 0.4 & 0.5 & 1 & 0.6 \\ 0.5 & 0.4 & 0.3 & 0.6 & 1 \end{bmatrix};$$

$$R^4 = \begin{bmatrix} 1 & 0.4 & 0.8 & 0.5 & 0.5 \\ 0.4 & 1 & 0.4 & 0.4 & 0.4 \\ 0.8 & 0.4 & 1 & 0.5 & 0.5 \\ 0.5 & 0.4 & 0.5 & 1 & 0.6 \\ 0.5 & 0.4 & 0.5 & 0.6 & 1 \end{bmatrix};$$

$$R^8 = \begin{bmatrix} 1 & 0.4 & 0.8 & 0.5 & 0.5 \\ 0.4 & 1 & 0.4 & 0.4 & 0.4 \\ 0.8 & 0.4 & 1 & 0.5 & 0.5 \\ 0.5 & 0.4 & 0.5 & 1 & 0.6 \\ 0.5 & 0.4 & 0.5 & 0.6 & 1 \end{bmatrix} = R^4.$$

所以，$\hat{R} = R^4$ 是传递闭包，也就是所求的模糊等价矩阵.

最后聚类：

当 $0 \leqslant \lambda \leqslant 0.4$ 时，U 分为一类：$\{ \text{I}, \text{II}, \text{III}, \text{IV}, \text{V} \}$；

当 $0.4 < \lambda \leqslant 0.5$ 时，U 分为二类：$\{ \text{I}, \text{III}, \text{IV}, \text{V} \}, \{ \text{II} \}$；

当 $0.5 < \lambda \leqslant 0.6$ 时，U 分为三类：$\{ \text{I}, \text{III} \}, \{ \text{IV}, \text{V} \}, \{ \text{II} \}$；

当 $0.6 < \lambda \leqslant 0.8$ 时，U 分为四类：$\{ \text{I}, \text{III} \}, \{ \text{II} \}, \{ \text{IV} \}, \{ \text{V} \}$；

当 $0.8 < \lambda \leqslant 1$ 时，U 分为五类：$\{ \text{I} \}, \{ \text{II} \}, \{ \text{III} \}, \{ \text{IV} \}, \{ \text{V} \}$.

聚类图如图 4-5 所示.

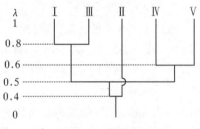

图 4-5　聚类图

例 2　模糊聚类分析在企业分类上的应用.

由于企业的经济效益要用多个指标构成的指标体系来加以反映,这使得对同行业内的企业进行分类变得困难. 企业经济效益的好与差,并没有明确的数量界限,即不存在明确的外延. 企业经济效益的表现具有一定的模糊不确定性. 解决上述问题可运用模糊聚类分析方法.

现以某市 6 个工业企业××年的经济效益指标为依据,对 6 个企业按经济效益的相关程度分类.

1. 选择统计指标

设 6 个企业组成一个分类集合: $X = (X_1, X_2, \cdots, X_6)$,每一个企业经济效益均采用 8 项统计指标表明,即有 $X_i = (X_{i1}, X_{i2}, \cdots, X_{i8})$. 这里 X_{ij} 为第 i 个企业的第 j 项指标($i = 1, 2, \cdots, 6$; $j = 1, 2, \cdots, 8$). 这 8 项经济效益指标分别是: 全员劳动生产率(X_{i1}),资金利税率(X_{i2}),产值利税率(X_{i3}),销售收入利润率(X_{i4}),万元产值占用定额流动资金(X_{i5}),万元固定资产提供利税额(X_{i6}),流动资金周转天数(X_{i7}),增加值率(X_{i8}). 各企业经济效益指标值见表 4-6.

表 4-6　6 个企业经济效益指标 X_{ij}

指标	企业					
	一企	二企	三企	四企	五企	六企
X_{i1}/(万元·人$^{-1}$)	7.46	5.29	6.45	6.87	5.51	5.49
X_{i2}/%	26	29	28	27	21	34
X_{i3}/%	20	24	23	27	27	29
X_{i4}/%	11.20	10.84	11.35	12.04	10.19	10.79
X_{i5}/百元	19.86	26.57	30	29	48	21.68
X_{i6}/百元	45	50	53	44	46	57
X_{i7}/天	118	109	144	124	204	84
X_{i8}/%	38.28	34.12	37.38	36.72	39.83	31.53

2. 对各项统计指标进行标准化处理

采用

$$X'_{ij} = \frac{X_{ij} - X_{\min}}{X_{\max} - X_{\min}}.$$

式中，X_{ij} 是第 i 厂第 j 项经济效益指标的原始数据，$X_{\max}$ 和 $X_{\min}$ 分别为不同厂的同一项经济效益指标的最大值与最小值，X'_{ij} 为第 i 个企业第 j 项经济效益指标的标准化数值.

当 $X_{ij} = X_{\min}$ 时，$X'_{ij} = 0$；当 $X_{ij} = X_{\max}$ 时，$X'_{ij} = 1$.

按上述公式计算得到 6 个企业 8 项经济效益指标的标准化数值，列于表 4-7.

表 4-7　经济效益指标值的标准化数值 X'_{ij}

指标	企业					
	一企	二企	三企	四企	五企	六企
X_{i1}	1	0	0.5760	0.7084	0.1014	0.0922
X_{i2}	0.3846	0.6154	0.5383	0.4615	0	1
X_{i3}	0	0.4444	0.3333	0.7778	0.7778	1
X_{i4}	0.5459	0.3514	0.9270	1	0	0.3243
X_{i5}	0	0.2385	0.3603	0.6802	1	0.0647
X_{i6}	0.0769	0.4615	0.6923	0.1540	0.1538	1
X_{i7}	0.2833	0.2083	0.5000	0.3333	1	0
X_{i8}	1	0.5077	0.8935	0.8154	0	0.2012

3. 建立模糊相似关系

计算模糊相似矩阵 R，根据标准化数值建立各企业之间 8 项经济效益指标的相似关系矩阵. 采用方法(8)，即夹角余弦法来计算 r_{ij}，其计算公式为

$$r_{ij} = \frac{\sum_{k=1}^{n} X'_{ki} X'_{kj}}{\sqrt{\sum_{k=1}^{n} X'^{2}_{ki} \sum_{k=1}^{n} X'^{2}_{kj}}}.$$

式中，$r_{ij} \in [0, 1]$（$i = 1, 2, \cdots, 6; j = 1, 2, \cdots, 6$），是表示第 i 个企业与第 j 个企业之间在 8 项经济效益指标上相似程度的量.

将表 4-3 中的标准化数值代入上述公式，可计算得到 6 个企业 8 项经济效益指标的相似关系矩阵

$$R = \begin{bmatrix} 1 & 0.58 & 0.84 & 0.78 & 0.15 & 0.33 \\ 0.58 & 1 & 0.88 & 0.76 & 0.47 & 0.87 \\ 0.84 & 0.88 & 1 & 0.52 & 0.47 & 0.68 \\ 0.78 & 0.76 & 0.52 & 1 & 0.55 & 0.54 \\ 0.15 & 0.47 & 0.47 & 0.55 & 1 & 0.35 \\ 0.33 & 0.87 & 0.68 & 0.54 & 0.35 & 1 \end{bmatrix}.$$

4. 改造相似关系为等价关系进行聚类

矩阵 R 满足自反性和对称性，但是不具有传递性，因为 $R^2 \neq R$，这说明要对 R 进行改造，只需求其传递闭包. 由平方法，经计算最后可得到

$$R^{16} = R^8 \circ R^8 = \begin{bmatrix} 1 & 0.84 & 0.84 & 0.78 & 0.55 & 0.84 \\ 0.84 & 1 & 0.88 & 0.78 & 0.55 & 0.87 \\ 0.84 & 0.88 & 1 & 0.78 & 0.55 & 0.87 \\ 0.78 & 0.78 & 0.78 & 1 & 0.55 & 0.78 \\ 0.55 & 0.55 & 0.55 & 0.55 & 1 & 0.55 \\ 0.84 & 0.87 & 0.87 & 0.78 & 0.55 & 1 \end{bmatrix} = R^8.$$

故传递闭包为 $\hat{R} = R^8$，它就是模糊等价关系矩阵.

由 $\hat{R} = R^8$ 可对 6 个企业进行聚类分析：

当 $0.88 < \lambda \leq 1$ 时，将 X 分为 6 类：{一企}，{二企}，{三企}，{四企}，{五企}，{六企}；

当 $0.87 < \lambda \leq 0.88$ 时，将 X 分为 5 类：{一企}，{二企，三企}，{四企}，{五企}，{六企}；

当 $0.84 < \lambda \leq 0.87$ 时，将 X 分为 4 类：{一企}，{二企，三企，六企}，{四企}，{五企}；

当 $0.78 < \lambda \leq 0.84$ 时，将 X 分为 3 类：{一企，二企，三企，六企}，{四企}，{五企}；

当 $0.55 < \lambda \leq 0.78$ 时，将 X 分为 2 类：{一企，二企，三企，四企，六企}，{五企}；

当 $0 < \lambda \leq 0.55$ 时，将 X 分为 1 类：{一企，二企，三企，四企，五企，六企}.

按不同的置信水平 λ 对 6 个企业进行模糊分类，将会得到不同的分类结果. 聚类图如图 4-6 所示.

上述分类结果中，按 $0.88 < \lambda \leq 1$ 进行分类，由于过分强调 6 个企业在 8 项经济效益指标上的差异，而没有注意各指标的相互影响关系，没有真正起到分类的作用，因而不可取. 按 $0.55 < \lambda \leq 0.78$ 和 $0 < \lambda \leq 0.55$ 分类又完全忽视了 6 个企业在经济效益上所表现出的各种差异，分类太粗. 本例的模糊聚类按 $0.87 \sim 0.88$，$0.84 \sim 0.87$，$0.78 \sim 0.84$ 分类，不仅将具有相同特征的企业归并到了一块，而且

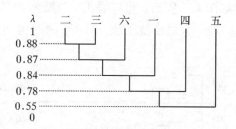

图 4-6 聚类图

还将有不同特征的企业区分开来．企业的分类利于企业经济效益的比较、排队，为企业经济管理、生产经营活动提供咨询服务，为企业投资决策、产业结构调整提供信息服务．运用模糊聚类分析法可使分类更科学合理，符合实际．

例 3 台湾海峡南部中上层鱼类年间种类的模糊识别．

鱼类种类组成动态的研究是鱼类生态学研究领域的重要组成部分，对渔业生产和资源管理均有重要的意义．本例应用模糊贴近度模式和模糊聚类分析方法，研究了台湾海峡南部中上层鱼类年间种类组成相似程度的模糊识别，旨在为研究该渔场中上层鱼类资源群聚结构的变动趋势提供定量的科学依据．

1. 数据来源与统计

根据闽南地区 10 艘灯光围网信息船 1989—1998 年在台湾海峡南部生产的 9180 有效网次渔捞资料，灯光围网作业渔场的分布范围为北纬 $22°00' \sim 24°30'$，东经 $115°30' \sim 119°30'$．

分别统计 1989—1998 年历年灯光围网信息船在台湾海峡南部生产的渔获物产量组成资料．将蓝圆鲹、金色小沙丁鱼、鲐鱼、颌圆鱼、竹荚鱼、脂眼鲱、羽鳃鲐、眼镜鱼、扁舵鲣和大甲鲹 10 种主要渔获物统计到单品种（合占总渔获量的 99.38%），而对于年平均渔获比重小于 0.3% 的鱼种，则把它们合并归为其他种类，并将统计整理结果作为下一步待分析的样本资料．

由 1989—1998 年灯光围网信息船渔获物的种类组成资料，蓝圆鲹、金色小沙丁鱼、鲐鱼、颌圆鱼、竹荚鱼、脂眼鲱、羽鳃鲐、眼镜鱼、扁舵鲣、大甲鲹和其他 11 个种类的产量组成，依序可用模糊向量表达，例如：

$\mu_{89} = (0.574, 0.106, 0.098, 0.002, 0.136, 0.027, 0.001, 0.014, 0.015, 0.008, 0.020)$；

$\mu_{90} = (0.640, 0.137, 0.049, 0.061, 0.058, 0.031, 0.002, 0.016, 0.001, 0.001, 0.005)$；

$\mu_{91} = (0.632, 0.099, 0.095, 0.020, 0.106, 0.009, 0.001, 0.014, 0.001, 0.002, 0.022)$．

·········

各年间种类组成如图 4-7 所示. 可以看出, 蓝圆鲹产量占绝对优势, 年渔获比重高达 45.0% ~64.0%. 金色小沙丁鱼、鲐鱼、颌圆鱼和竹荚鱼等优势种类存在明显的鱼种交替.

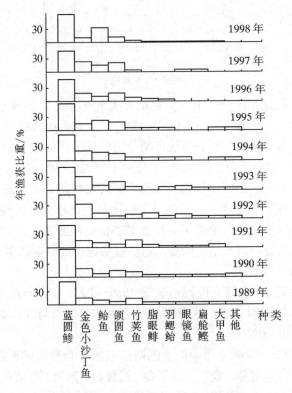

图 4-7 台湾海峡南部中上层鱼类种类组成

2. 利用不同年份种类的产量组成资料, 建立鱼类年间种类组成的模糊相似矩阵

把某一样本不同种类的渔获量比重视为种类组成中各鱼种的隶属程度. 并设给定论域 U 上的任意两个样本种类组成的隶属函数分布为 $A(x)$ 和 $B(x)$. 其模糊分布如图 4-8 所示. 图中两曲线相交的阴影面积 S 即为模糊贴近度. 其表达式为

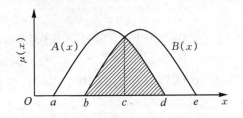

图 4-8 $A(x)$ 与 $B(x)$ 的模糊贴近度

$$N(A, B) = \int_d^c A(x)\,dx + \int_c^b B(x)\,dx.$$

由于种类组成中各鱼种渔获量比重呈离散分布,则模糊贴近度计算模式为

$$N(A, B) = \sum_{i=1}^n \big(A(x_i) \wedge B(x_i)\big). \tag{4.4.1}$$

式中, $A(x_i)$ 为模糊分布 A 第 i 鱼种的渔获量比重; $B(x_i)$ 为模糊分布 B 第 i 鱼种的渔获量比重; n 为样本种类数.

可以证明 $N(A, B)$ 满足模糊贴近度定义,显然,它可用来衡量不同年间种类组成的相似程度.

把相似程度划分成 6 个等级,即

相似程度极好: $N \geqslant 0.90$;

相似程度良好: $0.85 \leqslant N < 0.90$;

相似程度较好: $0.80 \leqslant N < 0.85$;

相似程度较差: $0.75 \leqslant N < 0.80$;

相似程度很差: $0.70 \leqslant N < 0.75$;

相似程度极差: $N < 0.70$.

由各年份种类组成的模糊向量资料,依式(4.4.1)可得不同年间种类组成的模糊贴近度. 例如

$$N(89, 90) = \sum_{i=1}^{11} \big(\mu_{89}(x_i) \wedge \mu_{90}(x_i)\big) = 0.838;$$

$$N(89, 91) = \sum_{i=1}^{11} \big(\mu_{89}(x_i) \wedge \mu_{91}(x_i)\big) = 0.923;$$

…………

把不同年间种类组成模糊贴近度的计算结果构成模糊相似矩阵:

$$R = \begin{bmatrix}
1 & 0.838 & 0.923 & 0.736 & 0.730 & 0.797 & 0.775 & 0.703 & 0.716 & 0.771 \\
 & 1 & 0.889 & 0.765 & 0.811 & 0.818 & 0.779 & 0.763 & 0.758 & 0.782 \\
 & & 1 & 0.712 & 0.740 & 0.785 & 0.784 & 0.783 & 0.724 & 0.786 \\
 & & & 1 & 0.861 & 0.752 & 0.670 & 0.659 & 0.780 & 0.695 \\
 & & & & 1 & 0.873 & 0.795 & 0.800 & 0.886 & 0.742 \\
 & & & & & 1 & 0.893 & 0.875 & 0.887 & 0.818 \\
 & & & & & & 1 & 0.846 & 0.852 & 0.878 \\
 & & & & & & & 1 & 0.902 & 0.751 \\
 & & & & & & & & 1 & 0.753 \\
 & & & & & & & & & 1
\end{bmatrix}
\begin{matrix}
89 \\ 90 \\ 91 \\ 92 \\ 93 \\ 94 \\ 95 \\ 96 \\ 97 \\ 98
\end{matrix}$$

（列标题:89　90　91　92　93　94　95　96　97　98）

由 R 中可以得出，1989—1998 年间，中上层鱼类种类组成的模糊贴近度变动于 $0.695 \sim 0.923$ 之间，平均为 0.791. 各年间模糊贴近度的变动状况反映了鱼种的交替程度和群聚结果的变动趋势.

3. 改造模糊相似矩阵为模糊等价矩阵进行聚类分析

应用平方法，改造 R，求其传递闭包 $\hat{R}$. 对 R 自乘，直至求得

$$R^8 = R^4 \circ R^4 = R^4.$$

所以得

$$\hat{R} = R^4 = \begin{array}{cccccccccc} 89 & 90 & 91 & 92 & 93 & 94 & 95 & 96 & 97 & 98 \\ \left[\begin{array}{cccccccccc} 1 & 0.889 & 0.923 & 0.818 & 0.818 & 0.818 & 0.818 & 0.818 & 0.818 & 0.818 \\ & 1 & 0.889 & 0.818 & 0.818 & 0.818 & 0.818 & 0.818 & 0.818 & 0.818 \\ & & 1 & 0.818 & 0.818 & 0.818 & 0.818 & 0.818 & 0.818 & 0.818 \\ & & & 1 & 0.861 & 0.861 & 0.861 & 0.861 & 0.861 & 0.861 \\ & & & & 1 & 0.886 & 0.886 & 0.886 & 0.886 & 0.878 \\ & & & & & 1 & 0.893 & 0.887 & 0.887 & 0.878 \\ & & & & & & 1 & 0.887 & 0.887 & 0.878 \\ & & & & & & & 1 & 0.902 & 0.878 \\ & & & & & & & & 1 & 0.878 \\ & & & & & & & & & 1 \end{array}\right] & \begin{array}{c} 89 \\ 90 \\ 91 \\ 92 \\ 93 \\ 94 \\ 95 \\ 96 \\ 97 \\ 98 \end{array} \end{array}$$

为年间种类组成的模糊等价矩阵. 因此，可以据此进行模糊聚类分析.

根据传递闭包 $\hat{R} = R^4$，分别依 0.923，0.902，0.893，0.889，0.887，0.886，0.878，0.861，0.818 等不同水平截集进行模糊聚类，并按上述相似程度划分等级，即可得出不同年间种类组成相似程度的模糊聚类图，如图 4-9 所示.

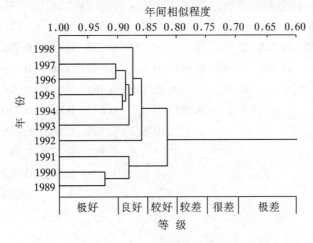

图 4-9　不同年间种类组成的相似程度的模糊聚类图

由$\hat{R}$和图 4-9 可以清楚地看出，不同年间种类组成相似程度存在明显差异. $N(89,91)$ 和 $N(96,97)$ 的年间相似程度分别为 0.923 和 0.902，均达到极好 $N(A,B)\geqslant0.90$ 的水平. 1989—1991 年、1992—1998 年各年间均为良好水平，而前者与后者的相似程度仍达到较好水平，表明自 1992 年以来，该海区中上层鱼类种类组成虽已发生变化，但其年间种类组成的相似程度总体上仍处于较好的水平. 对 R 模糊对称矩阵的方差分析亦表明，1989—1991 年与 1992—1998 年年间种类组成并未发生显著性的变化 ($0.253 < F_{0.05} = 0.482 < 4.04$). 由此可见，该海区中上层鱼类资源群聚结构较为稳定.

以上三个实例是应用模糊等价关系将元素聚类. 如果被分类的元素比较多时，这个方法显得繁琐. 另外，还有三种比较简单的方法——直接聚类法、编网法和最大树法，本书不一一介绍.

例 4 煤层底板突水区域预测.

借助于模糊理论与技术，可以较客观地实现煤层底板突水预测中模糊信息与模糊关系的正确表达与处理. 综合考虑突水影响因素，提出了采用模糊聚类分析与模糊模式识别相结合的预测方法. 首先采用模糊聚类分析对底板突水的样本集合进行分类，建立不同程度的模糊模式，然后对待测样本进行模糊模式识别，以此来预测待测样本的底板突水危险程度. 此方法克服了模糊聚类单一分析方法的不确定性，提高了预测结果的准确程度.

深井煤层底板突水的主要影响因素分别是岩溶水压、开采深度、工作面斜长、隔水层厚度、构造富水性能、采矿扰动、地应力、含水层富水性和工作面推进步距. 据此选取这 9 个指标作为样本元素，将比较典型的几个矿的工作面作为训练样本集，先通过模糊聚类分析将其分成若干类模糊模式. 然后将待测样本与这几类模糊模式进行模糊程度识别，待测样本与哪一类模式最接近，则待测样本即属于哪一类型. 此方法与实际情况相符.

1. 样本的选择及数据标准化

煤层底板突水的主要影响因素分别是岩溶水压、开采深度、工作面斜长、隔水层厚度、构造富水性能、采矿扰动、地应力、含水层富水性和工作面推进步距. 因此，选取这 9 项指标作为样本元素，其中定性因素的隶属度函数列于表 4-8.

表 4-8　定性因素的隶属度函数

模糊约束集	分类描述	隶属度
C_1 构造富水性能	很差，差，一般，好，较好，很好	[0, 0.2, 0.4, 0.6, 0.8, 1.0]
C_2 含水层富水性	很差，差，一般，好，较好，很好	[0, 0.2, 0.4, 0.6, 0.8, 1.0]

隔水层厚度 C_3、开采深度 C_4、工作面斜长 C_5、推进步距 C_6、地应力 C_7 和岩溶水压 C_8 的隶属度函数如式(4.4.2)~式(4.4.7)所示：

$$C_3 = \begin{cases} 1 & h \leqslant 10 \\ 1 - \dfrac{h}{90} & 10 < h \leqslant 100 \\ 0 & h > 100; \end{cases} \tag{4.4.2}$$

$$C_4 = \begin{cases} 0 & j \leqslant 600 \\ \dfrac{j - 600}{400} & 600 < j \leqslant 1000 \\ 1 & j > 1000; \end{cases} \tag{4.4.3}$$

$$C_5 = \begin{cases} 0 & s \leqslant 60 \\ \dfrac{s - 60}{120} & 60 < s \leqslant 180 \\ 1 & s > 180; \end{cases} \tag{4.4.4}$$

$$C_6 = \begin{cases} 0 & l \leqslant 20 \\ \dfrac{l - 20}{0.3j - 20} & 20 < l \leqslant 0.3j \\ 0.3 & 0.3j < l \leqslant 1.27j \\ 0.1 & l > 1.27j; \end{cases} \tag{4.4.5}$$

$$C_7 = \begin{cases} 0 & t \leqslant 0.5 \\ \dfrac{t - 0.5}{3} & 0.5 < t \leqslant 3.5 \\ 1 & t > 3.5; \end{cases} \tag{4.4.6}$$

$$C_8 = \begin{cases} 0 & p \leqslant 2 \\ \dfrac{p - 2}{6} & 2 < p \leqslant 8 \\ 1 & p > 8. \end{cases} \tag{4.4.7}$$

式中，霜玥、j、s、l、t、p 分别是隔水层厚度(m)、开采深度(m)、工作面斜长(m)、推进步距(m)、平均水平应力与垂直应力的比值和岩溶水压(MPa).

采矿扰动 C_9 通过开采厚度、采煤方法进行衡量，其隶属度函数为

$$C_9 = \begin{cases} 0 & n \leqslant 0.5 \\ \dfrac{n - 0.5}{6} + \dfrac{d}{2} & 0.5 < n \leqslant 3.5 \\ 1 & n > 3.5. \end{cases} \tag{4.4.8}$$

式中，n 为平均采高(m)；d 为采煤方法的隶属度刻度.

表 4-9　各采煤方法对应的隶属度函数

充填开采	条带开采	机采垮落	炮采垮落	综放开采
0.1	0.4	0.6	0.8	1.0

以淮南某几个矿为例，选取了比较典型的 9 个样本作为聚类样本，样本指标见表 4-10.

表 4-10　深井回采工作面底板突水样本数据

样本	构造富水性能	含水层富水性	隔水层厚度/m	开采深度/m	工作面斜长/m	推进步距/m	地应力/MPa	岩溶水/MPa	压采矿扰动
x_1	0.0	0.9	80	1100	180	300	2.10	10.0	0.8
x_2	0.8	0.7	10	920	120	1190	2.00	7.0	0.4
x_3	0.2	0.5	15	715	176	1235	2.80	6.7	1.0
x_4	0.2	0.3	25	680	60	50	1.10	6.5	0.6
x_5	0.8	0.7	0	900	142	120	1.55	6.2	0.6
x_6	0.4	0.9	15	670	130	60	2.20	2.5	0.8
x_7	0.2	0.7	35	700	145	67	2.00	6.0	0.8
x_8	0.8	0.7	180	850	85	330	1.16	8.0	0.6
x_9	1.0	0.9	40	580	175	750	1.60	6.0	1.0

每个样本用 9 个特性指标表示其影响因素，即 $x_i = \{x_{i1}, x_{i2}, \cdots, x_{im}\}$（$i=1$, $2, \cdots, 9$）. 为了平衡各指标的作用，消除其间的差异，可以采用下式对样本的各项原始数据指标进行无量纲标准化处理：

$$x''_{ik} = \frac{x_{ik} - \min_{1 \leqslant i \leqslant 9}\{x'_{ik}\}}{\max_{1 \leqslant i \leqslant 9}\{x'_{ik}\} - \min_{1 \leqslant i \leqslant 9}\{x'_{ik}\}} \quad (i \in \{1,2,\cdots,9\}, k = \{1,2,\cdots,9\}). \quad (4.4.9)$$

2. 标定——建立模糊相似矩阵

利用上述公式求得的标准化数据，计算各个样本间相似系数，采用海明距离公式，其数学模型为

$$r_{ij} = 1 - C \sum_{k=1}^{9} |x_{ik} - x_{jk}| \quad (j = 1, 2, \cdots, 9). \quad (4.4.10)$$

式中，r_{ij} 为 x_i 与 x_j 间的相似系数；C 选取 0.125.

求出 r_{ij} 后，以 r_{ij} 为矩阵元素，即可得模糊相似矩阵 R.

3. 求取模糊等价矩阵 $t(R)$

用平方法求传递闭包 $t(R)$：$R \to R^2 \to R^4 \to R^{2k}$，若 $R^{2k} = R^{2(k+1)}$，则得到模糊等价矩阵 $t(R) = R^{2k} = R^*$，即

$$
\begin{bmatrix}
1.0000 & & & & & & & & \\
0.6709 & 1.0000 & & & & & & & \\
0.6709 & 0.6732 & 1.0000 & & & & & & \\
0.6709 & 0.6984 & 0.6732 & 1.0000 & & & & & \\
0.6709 & 0.7644 & 0.6732 & 0.6984 & 1.0000 & & & & \\
0.6709 & 0.7644 & 0.6732 & 0.6984 & 0.7658 & 1.0000 & & & \\
0.6709 & 0.7644 & 0.6732 & 0.6984 & 0.7658 & 0.8228 & 1.0000 & & \\
0.6709 & 0.7228 & 0.6732 & 0.6984 & 0.7228 & 0.7228 & 0.7228 & 1.0000 & \\
0.6516 & 0.6516 & 0.6516 & 0.6516 & 0.6516 & 0.6516 & 0.6516 & 0.6516 & 1.0000
\end{bmatrix}
$$

按 r_{ij} 值的大小排列有

$1.000 > 0.8228 > 0.7658 > 0.7644 > 0.7228 > 0.6984 > 0.6732 > 0.6709 > 0.6516.$
取不同的阀值 $\lambda \in [0,1]$ 就可以进行分类. 当 $\lambda = 0.6732$ 时, 底板突水危险性分类符合实际情况, 分为三类:

一类 $\{x_3\}$ 为无突水危险;

二类 $\{x_2, x_4, x_5, x_6, x_7, x_8\}$ 为一般突水危险;

三类 $\{x_1, x_9\}$ 为严重突水危险.

4. 模糊识别

上述 3 类样本构成模糊模式库 $\{A_1, A_2, A_3\}$, 其中 A_1 为无突水危险, A_2 为一般突水危险, A_3 为严重突水危险. 模糊模式库指标数据和待测样本指标数据 x_{10} 标准化后见表 4-11.

表 4-11　标准化后的模糊模式库指标数据和待测样本指标数据

分类	$\bar{x}_{i1}$	$\bar{x}_{i2}$	$\bar{x}_{i3}$	$\bar{x}_{i4}$	$\bar{x}_{i5}$	$\bar{x}_{i6}$	$\bar{x}_{i7}$	$\bar{x}_{i8}$	$\bar{x}_{i9}$
一类	0	0	0		0.9778	1.0000	1.0000	0.3500	1.0000
二类	1.0000	0.4167	0.2160	0.5733	0.0543	0	0	0.0166	0.0832
三类	0.9001	1.0000	0.3333	1.0000	1.0000	0.2383	0.1606	1.0000	0.7500
x_{10}	0.6001	0.5000	1.0000	0.6800	0	0.2115	0.5582	0	0

给出模糊贴近度计算和意义:

$\sigma(x_{10}, A_1) = 0.6291$; $\sigma(x_{10}, A_2) = 0.7918$(最大); $\sigma(x_{10}, A_3) = 0.7209$.

根据择近度原则, x_{10} 被识别为第二类, 即一般突水危险, 预测结果与实际情况吻合.

5. 结论

(1) 将岩溶水压、开采深度、工作面斜长、隔水层厚度、构造富水性能、采矿扰动、地应力、含水层富水性和工作面推进步距作为样本指标, 并将标准化后的数据作为聚类分析的因素集合.

（2）采用模糊聚类分析方法对 9 个典型样本进行聚类分析，得到 3 类样本，分别为无突水危险、一般突水危险、严重突水危险．3 类样本组成模糊模式库，用来进行模糊识别．

（3）通过选取待测样本指标数据与模糊模式库指标数据进行模糊识别，根据择近度原则来验证分类结果．试验结果表明分类准确，该方法提高了底板突水区域预测的科学性和准确性．

第5章　模糊变换与综合评判

本章在模糊关系基础上，研究模糊映射与模糊变换，并引入线性变换的概念. 作为应用还将介绍决策过程中的常见的模糊综合评判模型，并通过实例来说明它们的应用.

5.1　模糊映射

定义1　称映射

$$f: U \to \mathscr{F}(V)$$
$$u \mapsto f(u) = B \in \mathscr{F}(V)$$

是从 U 到 V 的模糊映射. 可见模糊映射是这样的一种对应关系：U 上的任一元素 u 与 V 上的唯一确定模糊集 B 对应.

例1　$U = \{u_1, u_2, u_3\}$，$V = \{v_1, v_2, v_3, v_4\}$，$R \in \mathscr{F}(U \times V)$，且

$$R = \begin{bmatrix} 0.5 & 0.2 & 0.3 & 0 \\ 0.4 & 1 & 0.3 & 0.1 \\ 0 & 0.2 & 0.7 & 0 \end{bmatrix}.$$

令　$u_1 \mapsto f(u_1) = \dfrac{0.5}{v_1} + \dfrac{0.2}{v_2} + \dfrac{0.3}{v_3}$；

　　$u_2 \mapsto f(u_2) = \dfrac{0.4}{v_1} + \dfrac{1}{v_2} + \dfrac{0.3}{v_3} + \dfrac{0.1}{v_4}$；

　　$u_3 \mapsto f(u_3) = \dfrac{0.2}{v_2} + \dfrac{0.7}{v_3}$，

按定义便知 f 是从 U 到 V 的模糊映射.

定义2　设 $R \in \mathscr{F}(U \times V)$，对任意 $u \in U$，对应着 V 上的一个模糊集，记作 $R|_u$，它具有隶属函数

$$R|_u(v) = R(u, v) \quad (v \in V),$$

称 $R|_u$ 为 R 在 u 处的截影.

同样，可以定义 R 在 v 处的截影.

$$R|_v(u) = R(u, v) \quad (u \in U).$$

在例1中，

$$R|_{u_1} = (0.5, 0.2, 0.3, 0);$$
$$R|_{u_2} = (0.4, 1, 0.3, 0.1);$$

$$R\big|_{u_3} = (0,\ 0.2,\ 0.7,\ 0).$$

类似地，
$$R\big|_{v_1} = \begin{bmatrix} 0.5 \\ 0.4 \\ 0 \end{bmatrix}, \quad R\big|_{v_2} = \begin{bmatrix} 0.2 \\ 1 \\ 0.2 \end{bmatrix}.$$

例 2　设 $R \in \mathscr{F}(U \times V)$，$U$ 和 V 为实数域，且
$$R(u,\ v) = \frac{1}{1 + 4(u-v)^2} \quad ((u,\ v) \in U \times V),$$

求 R 在 $u = 1$ 及 $v = 2$ 处的截影．

解　根据定义，R 在 u 处的截影为 $R\big|_u(v) = R(u,\ v)$，
$$R\big|_{u=1}(v) = R(1,\ v) = \frac{1}{1 + 4(1-v)^2} \quad (v \in V),$$

$$R\big|_{v=2}(u) = R(u,\ 2) = \frac{1}{1 + 4(u-2)^2} \quad (u \in U).$$

定理 1　任给 $R \in \mathscr{F}(U \times V)$，都唯一确定了一个从 U 到 V 的模糊映射，记作
$$f_R:\ U \to \mathscr{F}(V).$$

对 $\forall u \in U$，都有 $f_R(u) = R\big|_u$.

反之，任意给出一个从 U 到 V 的模糊映射 $f:\ U \to \mathscr{F}(V)$，都唯一确定了一个模糊关系，记作 $R_f \in \mathscr{F}(U \times V)$，使对 $\forall u \in U$，都有 $R_f\big|_u = f(u)$.

证　任给 $R \in \mathscr{F}(U \times V)$，令
$$f_R(u)(v) = R(u,\ v),$$
由截影的定义，$\forall u \in U$，$R\big|_u(v) = R(u,\ v)$　$(v \in V)$，
于是 $\forall u \in U$，都有
$$f_R(u) = R\big|_u.$$
反之，任给 $f:\ U \to \mathscr{F}(V)$，令
$$R_f(u,\ v) = f(u)(v) \quad ((u,\ v) \in U \times V),$$
于是 $R_f \in \mathscr{F}(U \times V)$，由截影定义，$\forall u \in U$，
$$R_f\big|_u(v) = R_f(u,\ v) = f(u)(v) \quad (v \in V).$$
所以
$$R_f\big|_u = f(u).$$

可见，$U \times V$ 上的模糊关系与从 U 到 V 的模糊映射之间有一一对应的关系，甚至有时把模糊关系看作模糊映射，反之亦然．在不致混淆的情况下，等同使用下面符号：
$$R = R_f = f_R = f.$$

例 3　设 $f:\ U \to \mathscr{F}(V)$，且
$$f(u)(v) = \mathrm{e}^{-(u-v)^2} \quad (u \in U,\ v \in V),$$

试确定模糊关系 $R_f \in \mathscr{F}(U \times V)$，并求 $R\big|_{u=2}$ 和 $R\big|_{v=3}$.

解　根据定理 1，$\forall u \in U$，

$$R\big|_u = f(u).$$

即
$$R\big|_u(v) = f(u)(v) = \mathrm{e}^{-(u-v)^2} \quad (u \in U,\ v \in V),$$

而
$$R\big|_u(v) = R(u,\ v), \tag{5.1.1}$$

因此模糊关系
$$R(u,\ v) = \mathrm{e}^{-(u-v)^2} \quad ((u,\ v) \in U \times V).$$

由式(5.1.1)得
$$R\big|_{u=2}(v) = \mathrm{e}^{-(2-v)^2} \quad (v \in V),$$

$$R\big|_{v=3}(u) = \mathrm{e}^{-(u-3)^2} \quad (u \in U).$$

当论域为有限时，一般表示如下：

设 $U = \{u_1,\ u_2,\ \cdots,\ u_m\}$, $V = \{v_1,\ v_2,\ \cdots,\ v_n\}$, 且
$$f: U \to \mathscr{A}(V),$$

$$u_i \mapsto f(u_i) = (r_{i1},\ r_{i2},\ \cdots,\ r_{in}) \quad (i = 1,2,\cdots,m).$$

由定理1，对 $\forall u_i \in U$ $(i = 1,2,\cdots,m)$，有
$$R\big|_{u_i} = f(u_i) = (r_{i1},\ r_{i2},\ \cdots,\ r_{in}).$$

于是，得模糊关系 $R_f \in \mathscr{A}(U \times V)$，即

$$R = \begin{bmatrix} r_{11} & r_{12} & \cdots & r_{1n} \\ r_{21} & r_{22} & \cdots & r_{2n} \\ \vdots & \vdots & & \vdots \\ r_{m1} & r_{m2} & \cdots & r_{mn} \end{bmatrix}.$$

5.2　模糊变换

作为模糊综合评判的理论基础之一，本节介绍模糊变换.

定义1　称映射 $\qquad T: \mathscr{A}(U) \to \mathscr{A}(V)$

为从 U 到 V 的一个模糊变换.

可见，U 上的模糊集 A，经模糊变换 T 后，得到 V 上的模糊集 B，记
$$T(A) = B,$$

称 B 是 A 在模糊变换下的像，而 A 是 B 的原像.

当 U, V 均为有限时，这个模糊变换 T 就是模糊映射 T. 一般有如下定理.

定理1　任给 $R \in \mathscr{A}(U \times V)$，唯一确定从 U 到 V 的模糊变换，记作
$$T_R: \mathscr{A}(U) \to \mathscr{A}(V),$$

使对 $\forall A \in \mathscr{A}(U)$，均有
$$T_R(A) = A \circ R \in \mathscr{A}(V).$$

这里 $(A \circ R)(v) = \bigvee\limits_{u \in U} (A(u) \wedge R(u, v))$ $(v \in V)$.

证 按照定理 1 中所定义的映射 $T_R(A) = A \circ R$ 及其运算，便可将 U 上的模糊集映射到 V 上的模糊集. 所以，只要给定从 U 到 V 的模糊关系，便可确定从 U 到 V 的模糊变换.

由此可见，任意模糊关系 R 均可导出模糊变换 T_R. 实际上这个变换就是模糊关系 R，故 $T_R = R$，即有

$$R: \mathscr{F}(U) \to \mathscr{F}(V).$$

图 5-1 给出了模糊变换的直观图.

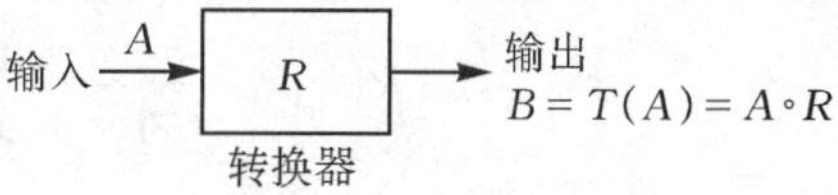

例 1 设 α 表示"男少年"，体重论域

$$U = \{40, 50, 60, 70, 80\},$$

身高论域 $\qquad V = \{1.4, 1.5, 1.6, 1.7, 1.8\}.$

其中 U 与 V 中元素的单位分别为 kg 和 m.

α 在 U 上的模糊集

$$A = (0.8, 1, 0.6, 0.2, 0), \qquad \alpha \to U.$$

某地区体重与身高的关系为

$$R = \begin{bmatrix} 1 & 0.8 & 0.2 & 0.1 & 0 \\ 0.8 & 1 & 0.8 & 0.2 & 0.1 \\ 0.2 & 0.8 & 1 & 0.8 & 0.2 \\ 0.1 & 0.2 & 0.8 & 1 & 0.8 \\ 0 & 0.1 & 0.2 & 0.8 & 1 \end{bmatrix}, \qquad U \to V.$$

其中模糊集 A 看作从 α 到 U 的模糊关系，R 是从 U 到 V 的模糊关系，那么，A 对 R 的合成便是从 α 到 V 的模糊关系，即 α 在身高论域 V 上的模糊集

$$B = A \circ R = (0.8, 1, 0.8, 0.6, 0.2).$$

由此可见，关系 R 是一个映射，这个映射将一个模糊集变为另一个模糊集，相当于一个变换.

例 2 $U = \{u_1, u_2, u_3\}$, $V = \{v_1, v_2, v_3, v_4\}$,

$$R = \begin{bmatrix} 0.2 & 1 & 0.5 & 0 \\ 0.1 & 0.3 & 0.9 & 1 \\ 0 & 0.4 & 1 & 0.1 \end{bmatrix},$$

$A = \{u_1, u_2\}$, $B = (0.5, 0.1, 0.3)$,

求 $T_R(A)$, $T_R(B)$.

解 $A = (1, 1, 0)$,

$$T_R(A) = A \circ R = (1, 1, 0) \circ \begin{bmatrix} 0.2 & 1 & 0.5 & 0 \\ 0.1 & 0.3 & 0.9 & 1 \\ 0 & 0.4 & 1 & 0.1 \end{bmatrix} = (0.2, 1, 0.9, 1);$$

图 5-1　模糊变换

（图中：输入 $\xrightarrow{A}$ R 转换器 $\longrightarrow$ 输出 $B = T(A) = A \circ R$）

$$T_R(B) = B \circ R = (0.5, 0.1, 0.3) \circ \begin{bmatrix} 0.2 & 1 & 0.5 & 0 \\ 0.1 & 0.3 & 0.9 & 1 \\ 0 & 0.4 & 1 & 0.1 \end{bmatrix}$$

$$= (0.2, 0.5, 0.5, 0.1).$$

值得注意的是, 模糊关系能导出模糊变换, 但不能导出普通集变换.

例3 设 R 是实数域 U 上的二元关系, 且

$$R(x, y) = \frac{1}{1 + 4(x-y)^2} \quad ((x, y) \in U \times V),$$

$$A(x) = \frac{1}{1 + x^2} \quad (A \in \mathscr{A} U)).$$

求 $T_R(A)(y)$.

解 这里 $T_R = R$, 按定理1, 有

$$R(A)(y) = (A \circ R)(y) = \bigvee_{x \in U} (A(x) \wedge R(x, y))$$

$$= \bigvee_{x \in U} \left(\frac{1}{1 + x^2} \wedge \frac{1}{1 + 4(x-y)^2} \right) = \frac{1}{1 + x_0^2}. \quad (5.2.1)$$

其中 x_0 是使 $A(x) = R(x, y)$ 的点. 令

$$\frac{1}{1 + x^2} = \frac{1}{1 + 4(x-y)^2}.$$

解得

$$x_1 = \frac{2}{3}y, \quad x_2 = 2y.$$

因为

$$\frac{1}{1 + \left(\frac{2}{3}y\right)^2} \geqslant \frac{1}{1 + (2y)^2},$$

所以 x_1 为所求的 x_0, 代入式(5.2.1), 得

$$R(A)(y) = \frac{9}{9 + 4y^2} \quad (y \in U).$$

由5.1节已知, 给定一个从 U 到 V 的模糊映射 f, 可以导出一个模糊关系 $R_f \in \mathscr{A} U \times V)$, 而由模糊关系 R_f 又可导出一个从 U 到 V 的模糊变换 T_f, 称 T_f 为由模糊映射 f 导出的模糊变换.

例4 设 $U = \{u_1, u_2, u_3\}$, $V = \{v_1, v_2, v_3, v_4, v_5\}$,

$$f: U \to \mathscr{A} V),$$

$$f(u_1) = \frac{0.1}{v_1} + \frac{0.5}{v_2} + \frac{1}{v_3},$$

$$f(u_2) = \frac{0.9}{v_2} + \frac{0.4}{v_4},$$

$$f(u_3) = \frac{0.6}{v_1} + \frac{0.1}{v_3} + \frac{0.8}{v_5},$$

$$A = \{u_2, u_3\}, \quad B = \frac{0.6}{u_1} + \frac{0.7}{u_2} + \frac{1}{u_3},$$

求 $T_f(A)$，$T_f(B)$．

解　先求出模糊关系 R_f．根据 5.1 节的定理 1，

$$R_f|_{u_1} = f(u_1) = (0.1, 0.5, 1, 0, 0);$$
$$R_f|_{u_2} = f(u_2) = (0, 0.9, 0, 0.4, 0);$$
$$R_f|_{u_3} = f(u_3) = (0.6, 0, 0.1, 0, 0.8).$$

于是，有模糊关系

$$R_f = \begin{bmatrix} 0.1 & 0.5 & 1 & 0 & 0 \\ 0 & 0.9 & 0 & 0.4 & 0 \\ 0.6 & 0 & 0.1 & 0 & 0.8 \end{bmatrix}.$$

从而有模糊关系 $T_f = R_f$，而 $A = (0, 1, 1)$，$B = (0.6, 0.7, 1)$，

$$T_f(A) = A \circ R_f = (0, 1, 1) \circ \begin{bmatrix} 0.1 & 0.5 & 1 & 0 & 0 \\ 0 & 0.9 & 0 & 0.4 & 0 \\ 0.6 & 0 & 0.1 & 0 & 0.8 \end{bmatrix}$$

$$= (0.6, 0.9, 0.1, 0.4, 0.8);$$

$$T_f(B) = B \circ R_f = (0.6, 0.7, 1) \circ \begin{bmatrix} 0.1 & 0.5 & 1 & 0 & 0 \\ 0 & 0.9 & 0 & 0.4 & 0 \\ 0.6 & 0 & 0.1 & 0 & 0.8 \end{bmatrix}$$

$$= (0.6, 0.7, 0.6, 0.4, 0.8).$$

由于模糊变换的运算 $A \circ R$ 实际上是模糊关系的合成运算．所以，模糊关系合成运算所具有的性质对模糊变换一样成立．

由上面讨论可以看出，由模糊关系确定的模糊变换的直观意义可以解释为论域的转换．如表示"男少年"概念 α，模糊集 A 表示 α 在体重论域 U 上的模糊集经模糊变换后得到模糊集 B，而它却表示 α 在身高论域 V 上的模糊集．

定义 2　设 $A, B \in \mathscr{F}(U)$，若模糊变换

$$T: \mathscr{F}(U) \to \mathscr{F}(V)$$

满足：(1) $T(A \cup B) = T(A) \cup T(B)$；

(2) $T(\alpha A) = \alpha \cdot T(A) \quad \alpha \in [0, 1]$，

则称 T 是模糊线性变换．

定理 2　设 $R \in \mathscr{F}(U \times V)$，$\forall A \in \mathscr{F}(U)$，均有

$$T(A) = A \circ R,$$

其中　　　　　$(A \circ R)(v) = \bigvee_{u \in U} (A(u) \wedge R(u, v)) \quad (v \in V)$,

则 T 是模糊线性变换．

证　$\forall A, B \in \mathscr{F}(U)$，由模糊关系合成的性质，有

$$(A \cup B) \circ R = (A \circ R) \cup (B \circ R).$$

即有 (1) $T(A \cup B) = T(A) \cup T(B)$.

而 $\forall \alpha \in [0, 1]$, $\forall v \in V$,

$$[(\alpha A) \circ R](v) = \bigvee_{u \in U} [(\alpha \wedge A(u)) \wedge R(u, v)]$$
$$= \alpha \wedge [\bigvee_{u \in U} (A(u) \wedge R(u, v))]$$
$$= \alpha \wedge (A \circ R)(u).$$

于是有 (2) $T(\alpha A) = \alpha \cdot T(A)$.

所以, $T(A) = A \circ R$ 是模糊线性变换.

定理 3 设 $R \in \mathscr{F}(U \times V)$, T 是由 R 导出的模糊变换, 则 T 满足

$$T(\bigcup_{r \in \Gamma} \lambda_r A^{(r)}) = \bigcup_{r \in \Gamma} \lambda_r T(A^{(r)}).$$

其中, Γ 为指标集, $A^{(r)} \in \mathscr{F}(U)$, $\lambda_r \in [0, 1]$.

证 根据定理 1 及模糊关系合成的性质, $\forall v \in V$,

$$T(\bigcup_{r \in \Gamma} \lambda_r A^{(r)}) = (\bigcup_{r \in \Gamma} \lambda_r A^{(r)}) \circ R = (\bigcup_{r \in \Gamma} \lambda_\lambda A^{(r)}) \circ R$$
$$= \bigcup_{r \in \Gamma} T(\lambda_\lambda A^{(r)}) = \bigcup_{r \in \Gamma} \lambda_\lambda T(A^{(r)}).$$

所以

$$T(\bigcup_{r \in \Gamma} \lambda_r A^{(r)}) = \bigcup_{r \in \Gamma} \lambda_r T(A^{(r)}).$$

5.3 模糊综合评判

在生产、科研和日常生活中, 人们常常需要比较各种事物, 评价其优劣好坏, 以作相应的处理. 例如, 评价某新产品的整机性能的好坏, 评价某设计参数的合理程度等, 以改进产品设计, 提高产品的质量.

由于同一事物具有多种属性, 因此, 在评价事物时应兼顾各方面. 特别是在生产规划、管理调度等复杂系统中, 作出任何一个决策时, 都必须对多个相关的因素进行综合考虑, 这便是所谓的综合评判问题. 若这种评判涉及模糊因素, 便可称之为模糊综合评判问题. 综合评判是综合决策的数学工具.

5.3.1 模糊综合评判的数学原理

定义 1 设 n 个变量的函数 f: $[0, 1]^n \rightarrow [0, 1]$ 满足:

(1) $f(0, 0, \cdots, 0) = 0$, $f(1, 1, \cdots, 1) = 1$;

(2) 如果 $x_i \leqslant x_i'$, 则 $f(x_1, x_2, \cdots, x_n) \leqslant f(x_1', x_2', \cdots, x_n')$;

(3) $\lim_{x_i \rightarrow x_{i0}} f(x_1, x_2, \cdots, x_n) = f(x_{10}, x_{20}, \cdots, x_{n_0})$;

(4) $f(x_1 + x_1', x_2 + x_2', \cdots, x_n + x_n') = f(x_1, x_2, \cdots, x_n) + g(x_1', x_2', \cdots, x_n')$,

则称 f 为评判函数. 其中 g: $[0, 1]^n \rightarrow [0, 1]$.

引理　设递增函数 $\varphi:[0,1]\to[0,1]$ 满足

$$\varphi(x+y)=\varphi(x)+\varphi(y)\quad(\forall x,y,x+y\in[0,1]),$$

则　　　　　　　　$\varphi(x)=ax.$

式中，$a=\varphi(1)$.

定理 1　设 f 是评判函数，则

（1）$f(x_1,x_2,\cdots,x_n)=\displaystyle\sum_{i=1}^{n}a_ix_i$；

（2）$\displaystyle\sum_{i=1}^{n}a_i=1,\ a_i\geqslant0.$

定理 2　如果 $\displaystyle\sum_{i=1}^{n}a_i=1,\ a_i\geqslant0$，则评判函数 $f\in[0,1]$.

定理 3　如果 $\displaystyle\sum_{i=1}^{n}a_i=1,\ \sum_{j=1}^{m}r_{ij}=1,\ R=(r_{ij})_{n\times m}$ 为评判矩阵，则

$$\sum_{j=1}^{m}f_i=1.$$

式中，$f_i=\displaystyle\sum_{i=1}^{n}a_ir_{ij}\ (j=1,2,\cdots,m).$

5.3.2　一级模糊综合评判模型及评判步骤

模型 I：

$$A\circ R=B=(b_1,b_2,\cdots,b_m).\qquad(5.3.1)$$

其中：$A=(a_1,a_2,\cdots,a_n)$，为权重集，$\displaystyle\sum_{i=1}^{n}a_i=1\ (a_i\geqslant0)$；

$R=(r_{ij})_{n\times m}$ 为评判矩阵，$r_{ij}\in[0,1]$；

$b_j=\displaystyle\sum_{i=1}^{n}a_ir_{ij}\ (j=1,2,\cdots,m)$，是 r_{1j}，r_{2j}，$\cdots$，r_{nj} 的函数，也就是评判函数.

模糊综合评判有三要素：

（1）因素集 $U=\{u_1,u_2,\cdots,u_n\}$，被评判对象的各因素组成的集合；

（2）判断集 $V=\{v_1,v_2,\cdots,v_m\}$，评语组成的集合；

（3）单因素判断，首先从因素集 U 中的单个因素 u_i（$i=1,2,\cdots,n$）出发进行评判，确定评判对象对判断集中各元素的隶属程度.

模糊综合评判就是应用模糊变换原理对其考虑的事物所作的综合评价. 运用模糊综合评判模型可分为以下五个步骤.

1. 建立因素集

因素集是以影响评判对象的各种因素为元素组成的集合，$U=\{u_1,u_2,\cdots,u_n\}$，这些因素通常都具有不同程度的模糊性.

上述各因素 u_i 所组成的因素，可以是模糊的，亦可以是非模糊的，但它们对

因素集的关系,要么 $u_i \in U$,要么 $u_i \notin U$,二者必居其一且仅居其一,故因素集本身是一个经典集合. 在选取因素集时,要注意其各个因素确实能从各个侧面描述评判对象的属性,同时要注意抓住主要因素.

2. 建立判断集(评价集)

判断集是以评判者对评判对象可能作出的各种总的评判结果为元素组成的集合 $V = \{v_1, v_2, \cdots, v_m\}$,各元素 v_i 代表各种可能的总的评判结果. 模糊综合评判的目的,就是在综合考虑所有影响因素的基础上,从判断集中得出最佳的评判结果.

显然,v_i 对 V 的关系也是要么绝对地属于或要么绝对地不属于,因此,判断集也是一个经典集合.

3. 单因素模糊评判

即对单个因素 u_i($i = 1, 2, \cdots, n$)的评判,得到 V 上的模糊集($r_{i1}, r_{i2}, \cdots, r_{im}$),所以它是从 U 到 V 的一个模糊映射:

$$f\colon U \to \mathscr{F}(V),$$
$$u_i \mapsto (r_{i1}, r_{i2}, \cdots, r_{im}).$$

模糊关系的评判矩阵 R 为

$$R = \begin{bmatrix} r_{11} & r_{12} & \cdots & r_{1m} \\ r_{21} & r_{22} & \cdots & r_{2m} \\ \vdots & \vdots & & \vdots \\ r_{n1} & r_{n2} & \cdots & r_{nm} \end{bmatrix}.$$

单因素评判集,实际上可视为因素集 U 和判断集 V 之间的一种模糊关系,因此,单因素评判矩阵 R 可视为从 U 到 V 的模糊关系矩阵.

4. 建立权重集

一般而言,各个因素的重要程度是不一样的. 为了反映各因素的重要程度,对各个因素 u_i 应赋予相应的权数 a_i. 由各权数所组成的集合

$$A = (a_1, a_2, \cdots, a_n)$$

称为因素权重集,简称为权重集.

通常,各权数 a_i 应归一化并且满足非负条件,即

$$\sum_{i=1}^{n} a_i = 1 \quad (a_i \geqslant 0).$$

式中,a_i 可视为各个因素 u_i 对"重要"的隶属度. 因此,权重集 A 可视为因素集上的模糊集合.

5. 模糊综合评判

从单因素评判矩阵 R 可以看出:R 的第 i 行,反映了第 i 个因素影响评判对象各个判断元素的程度;R 的第 j 列,则反映了所有因素影响评判对象取第 j 个判断

元素的程度. 因此, 可用每个列元素之和:

$$\sum_{i=1}^{n} r_{ij} \quad (j = 1, 2, \cdots, m) \tag{5.3.2}$$

来反映所有因素的综合影响, 但是这样做并未考虑各因素的重要程度. 如果在式 (5.3.2) 的各项作用以相应因素的权数 a_i, 便能合理地反映出所有因素的综合影响. 因此, 当权重集 A 和单因素评判矩阵 R 为已知时, 便可作模糊变换来进行综合评判:

$$B = A \circ R = (a_1, a_2, \cdots, a_n) \circ \begin{bmatrix} r_{11} & r_{12} & \cdots & r_{1m} \\ r_{21} & r_{22} & \cdots & r_{2m} \\ \vdots & \vdots & & \vdots \\ r_{n1} & r_{n2} & \cdots & r_{nm} \end{bmatrix} = (b_1, b_2, \cdots, b_m).$$

式中, "∘" 表示某种合成运算; B 称为模糊综合评判集; b_j $(j = 1, 2, \cdots, m)$ 称为模糊综合评判指标. b_j 的含义为综合考虑所有因素影响时, 评判对象对判断集中第 j 个元素的隶属度. 显然, 模糊综合评判集 B 为判断集 V 上的模糊集合.

5.3.3　一级模糊综合评判应用

例 1　在机械结构设计中, 若查得某构件的安全系数 S 应在 $1.5 \sim 3.0$ 之间取值, 并知道与此构件相关的设计水平较高, 制造水平一般, 构件材料较好, 构件非常重要. 试用模糊综合评判法确定此构件的安全系数.

解　(1) 建立因素集. 影响该安全系数取值的因素主要有: 设计水平、制造水平、材质好坏和构件的重要程度等. 根据上述各因素的具体情况, 其因素集为

$$U = \{设计水平高, 制造水平一般, 材料较好, 构件非常重要\}.$$

(2) 建立判断集. 由于安全系数 S 的取值区间为 $[1.5, 3.0]$, 故合理的安全系数值必然在区间 $[1.5, 3.0]$. 为了通过模糊综合评判从中找出该值, 将该区间按等步长 $(h = 0.3)$ 离散为若干值. 所求的安全系数, 便是这些离散值中的某一个. 因此, 可把诸离散值构成的集合作为判断集:

$$V = \{1.5, 1.8, 2.1, 2.4, 2.7, 3.0\}.$$

离散步长 h 越小, 离散值越多, 计算越精确, 但计算工作量也越大, 故 h 的大小应根据实际情况加以确定.

(3) 单因素评判. 单独从一个因素出发进行评判, 定出安全系数对判断集中各个离散值的隶属度, 得出各因素评判集为

$$R_1 = (0.5, 1.0, 0.8, 0.2, 0.1, 0);$$
$$R_2 = (0, 0.5, 0.8, 1.0, 0.5, 0);$$
$$R_3 = (0.5, 1.0, 0.8, 0.2, 0.1, 0);$$
$$R_4 = (0, 0.1, 0.4, 0.6, 0.9, 1.0).$$

单因素评判矩阵为

$$R = \begin{bmatrix} 0.5 & 1.0 & 0.8 & 0.2 & 0.1 & 0 \\ 0 & 0.5 & 0.8 & 1.0 & 0.5 & 0 \\ 0.5 & 1.0 & 0.8 & 0.2 & 0.1 & 0 \\ 0 & 0.1 & 0.4 & 0.6 & 0.9 & 1 \end{bmatrix}.$$

（4）建立权重集. 在上述各因素中, 对构件的重要程度比较侧重, 其次是设计水平、材料等. 故权重集确定为

$$A = (0.26, 0.20, 0.24, 0.30).$$

（5）模糊综合评判. 下面给出根据 $M(\cdot, +)$ 计算的结果.

$$B = A \circ R = (b_1, b_2, b_3, b_4, b_5, b_6)$$

$$= (0.26, 0.20, 0.24, 0.30) \circ \begin{bmatrix} 0.5 & 1.0 & 0.8 & 0.2 & 0.1 & 0 \\ 0 & 0.5 & 0.8 & 1.0 & 0.5 & 0 \\ 0.5 & 1.0 & 0.8 & 0.2 & 0.1 & 0 \\ 0 & 0.1 & 0.4 & 0.6 & 0.9 & 1 \end{bmatrix}$$

$$= (0.25, 0.63, 0.68, 0.48, 0.42, 0.3).$$

按最大隶属度法选择, S 应为 b_3 所对应的判断元素 s_3, 即 $S = s_3 = 2.1$.

按加权平均法来确定具体的安全系数值:

$$S = \frac{\sum\limits_{j=1}^{6} b_j s_j}{\sum\limits_{j=1}^{6} b_j} = \frac{6.123}{2.76} = 2.2185.$$

5.4 多层次模糊综合评判

在复杂系统中, 由于要考虑的因素很多, 各因素之间往往还有层次之分, 并且许多因素还具有比较强烈的模糊性, 若用一级模糊综合评判模型, 则难以比较系统中事物之间的优劣次序, 得不出有意义的评判结果. 此时, 需用下面介绍的多层次模糊综合评判模型.

5.4.1 多层次模糊综合评判模型及特点

模型 Ⅱ :

$$C = A \circ B = A \circ \begin{bmatrix} A_1 \circ R_1 \\ A_2 \circ R_2 \\ \vdots \\ A_n \circ R_n \end{bmatrix} = A \circ \begin{bmatrix} B_1 \\ B_2 \\ \vdots \\ B_n \end{bmatrix} = A \circ (b_{ij})_{n \times m}.$$

此为二级综合评判模型，评判过程如图 5-2 所示．若因素仍太多，可进行三级或更多级的综合评判．

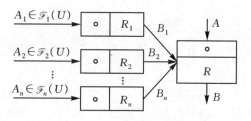

图 5-2　二级模糊综合评判示意图

使用多层次模糊综合评判模型应具有以下特点．

（1）当因素很多时．

当因素很多时，若用一级模糊综合评判模型，则必然会遇到这样一些问题：一是权数难以较为合理地分配，二是因权重中权数都很小，会出现"湮没"大量单因素评判信息的情况．在实际应用中，如果遇到这种情况，可把因素集 U 按某些属性分成几类，先对每一类（因素较少）作综合评判，然后再对评判结果进行"类"之间的多层次模糊综合评判．具体步骤如下：

设因素集 $U = \{u_1,\ u_2,\ \cdots,\ u_n\}$，判断集 $V = \{v_1,\ v_2,\ \cdots,\ v_p\}$．

① 将因素分类．根据因素集中因素间的关系将 U 分为 N 类，即

$$U = \{U_1,\ U_2,\ \cdots,\ U_N\}.$$

式中，$U_i = \{u_{i1},\ u_{i2},\ \cdots,\ u_{im_i}\}$（$i = 1,2,\cdots,N$），即 U_i 中含有 m_i 个因素，$\sum\limits_{i=1}^{N} m_i = n$，并且满足以下条件：

$$\bigcup_{i=1}^{N} U_i = U,$$
$$U_i \cap U_j = \varnothing \quad (i \neq j).$$

② 一级模糊综合评判．对每个 $U_i = \{u_{i1},\ u_{i2},\ \cdots,\ u_{im_i}\}$ 的 m_i 个因素，按一级模糊综合评判模型进行综合评判，得

$$B_i = A_i \circ R_i \quad (i = 1,2,\cdots,N).$$

式中，A_i 为 U_i 上的权重集，且 $A_i = (a_{i1},\ a_{i2},\ \cdots,\ a_{im_i})$；$R_i$ 为对 U_i 的单因素评判矩阵．

③ 二级模糊综合评判．U 的总的评价矩阵 R 为

$$R = \begin{bmatrix} B_1 \\ B_2 \\ \vdots \\ B_N \end{bmatrix} = \begin{bmatrix} A_1 \circ R_1 \\ A_2 \circ R_2 \\ \vdots \\ A_N \circ R_N \end{bmatrix}.$$

根据各类因素的重要程度，赋予每个因素类相应的权数，设为

$$A = (a_1, a_2, \cdots, a_n),$$

则总的综合评判结果为

$$B = A \circ R.$$

如果因素集 U 的元素非常多时，则仿照上述步骤还可以进行三级甚至更多级的模糊综合评判.

（2）当因素具有多个层次时.

在复杂系统中，不仅需要考虑的因素很多，而且一个因素还往往有多个层次，即一个因素往往又是由若干其他因素决定的. 这时，可先按最低层次的各个因素进行综合评判，然后再按上一层次的各因素进行综合评判，这样一层一层依次往上评判，一直评判到最高层次，得出总的评判结果. 在这种多层次模糊综合评判中，因素层次是根据具体问题的性质和需要来确定的. 不同性质的问题，有不同的因素层次. 层次越多，工作量也越大，所以并不是层次分得越多越好.

（3）当因素具有模糊性时.

影响评判对象的因素严格说来大多具有不同程度的模糊性，特别是各种人为因素. 但我们知道，单因素评判时，必须先对因素加以确定，然后才能进行评判. 过去，为使评判得以进行，评判者通常根据具体情况，对各个因素预先估计一种确定的状态. 然后由于因素的模糊性，往往难以估计准确，这势必对评判结果带来不良影响. 为处理因素的模糊性，可采用多级模糊综合评判. 其基本思想为：先把每一个因素按其程度分为若干等级，如"使用条件"这一因素，可分为好、较好、一般、较差、差 5 个等级. 每一因素及其各个等级都是等级论域上的模糊集合. 然后通过对一个因素的各个等级的综合评判来实现一个因素的单因素评判，从而处理了因素的模糊性. 最后再按所有因素进行综合评判，得出所需的评判结果.

5.4.2　多层次模糊综合评判步骤

（1）建立层次结构模型，对所评判的问题进行认真深入的分析，将问题中所包含的因素划分为不同的层次. 每一层次均含有互不相同的若干因素，各层次的因素之和，即为问题所包含的全部因素.

这一部分的工作，一般应由专家、技术人员和有经验的工人共同完成.

（2）由最低层起，对所包含的因素进行单层次综合评判. 所得评判结果应作为上一层模糊评判矩阵的一个行向量.

（3）根据本层的权重向量和由下层评判结果构成的评判矩阵，又可得本层的综合评判结果，从而可作为更上一层评判矩阵的一个行向量.

（4）重复上一步骤，直至最高一层获得综合评判结果.

5.4.3 多层次模糊综合评判应用

现给出模糊数学在化纤工艺综合评价中的应用.

例1 对国外 A, B 两厂家的涤纶纤维工艺流程进行综合评价, 以决定引进哪一家的设备.

解 根据"引进小组"的共同研究和分析, 该项设备(流程)应主要考虑如下因素, 并将之排列成层次结构形式, 如图5-3所示.

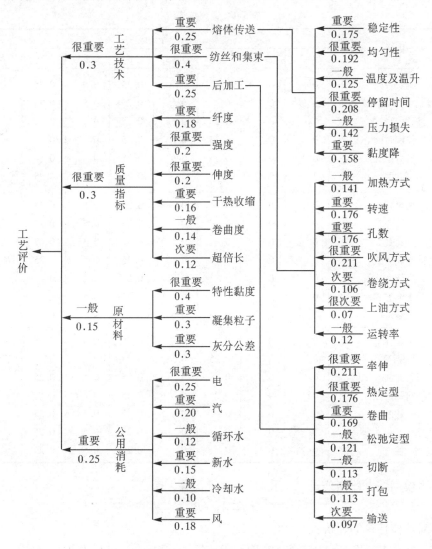

图 5-3 设备(流程)层次结构

由图5-3可看出, 这显然是属于三个层次的模糊综合评判问题. 首先对 A 厂的工艺流程设备进行综合评判.

工艺流程设备的因素集合 U 如图 5-3 所示, $U = \{U_1, U_2, U_3, U_4\}$. 其中 $U_1 = \{$工艺技术$\}$, $U_2 = \{$质量指标$\}$, $U_3 = \{$原材料$\}$, $U_4 = \{$公用消耗$\}$.

判断集合分为 7 个等级, 即

$V = \{$很差, 差, 较差, 一般, 较好, 好, 很好$\} = \{-3, -2, -1, 0, 1, 2, 3\}$.

然后通过"引进小组"打分等方法进行单因素评价, 可得第(Ⅲ)层次的三个评判矩阵, 如表 5-1 所示.

表 5-1 评判矩阵

因素	等级							
	-3	-2	-1	0	1	2	3	R_1
稳定性	0	0	0	0	0.25	0.5	0.25	
均匀性	0	0	0	0	0.25	0.5	0.25	
温度及升温	0	0	0.25	0.5	0.25	0	0	
停留时间	0	0	0.25	0.5	0.25	0	0	R_{11}
压力损失	0	0	0.25	0.5	0.25	0	0	
黏度降	0	0	0	0	0.25	0.5	0.25	
加热方式	0	0	0	0	0.25	0.5	0.25	
转速	0	0	0	0	0.25	0.5	0.25	
孔数	0	0	0	0	0	0.33	0.67	
吹风方式	0	0	0	0	0.25	0.5	0.25	R_{12}
卷绕方式	0	0	0	0.25	0.5	0.25	0	
上油方式	0	0	0	0	0.25	0.5	0.25	
运转率	0	0	0.25	0.5	0.25	0	0	
牵伸	0	0	0	0	0.25	0.5	0.25	
热定型	0	0	0.25	0.5	0.25	0	0	
卷曲	0	0	0	0	0.25	0.5	0.25	
松弛定型	0	0	0.25	0.5	0.25	0	0	R_{13}
切断	0	0	0	0	0.25	0.5	0.25	
打包	0	0	0	0	0.25	0.5	0.25	
输送	0	0	0	0	0.25	0.5	0.25	

由模糊综合评判公式, 采用 $M(\cdot, +)$ 运算, 有

$$B_{1i} = A_{1i} \circ R_{1i}.$$

可得对熔体传送的评价:

$$B_{11} = A_{11} \circ R_{11} = (0.175 \quad 0.192 \quad 0.125 \quad 0.208 \quad 0.142 \quad 0.158) \circ R_{11}$$
$$= (0 \quad 0 \quad 0.119 \quad 0.238 \quad 0.250 \quad 0.262 \quad 0.131).$$

对纺丝和集束的评价:

$$B_{12} = A_{12} \circ R_{12} = (0.141 \quad 0.176 \quad 0.176 \quad 0.211 \quad 0.106 \quad 0.07 \quad 0.12) \circ R_{12}$$
$$= (0 \quad 0 \quad 0.030 \quad 0.091 \quad 0.243 \quad 0.386 \quad 0.248).$$

对后加工的评价:

$$B_{13} = A_{13} \circ R_{13} = (0.211 \quad 0.186 \quad 0.169 \quad 0.121 \quad 0.113 \quad 0.113 \quad 0.097) \circ R_{13}$$
$$= (0 \quad 0 \quad 0.069 \quad 0.149 \quad 0.250 \quad 0.342 \quad 0.193).$$

它们均为第(Ⅱ)层次上"熔体传送"的一个行向量,从而共同组成"熔体传送"的评判矩阵如下:

$$R_{21} = \begin{bmatrix} B_{11} \\ B_{12} \\ B_{13} \end{bmatrix} = \begin{bmatrix} 0 & 0 & 0.119 & 0.238 & 0.250 & 0.262 & 0.131 \\ 0 & 0 & 0.030 & 0.091 & 0.243 & 0.386 & 0.248 \\ 0 & 0 & 0.069 & 0.149 & 0.250 & 0.342 & 0.193 \end{bmatrix}.$$

第(Ⅱ)层次上的其余三个评判矩阵:R_{22},R_{23},R_{24}仍可通过"引进小组"打分的办法,得到类似于表 5-1 的一张表. 在第(Ⅱ)层次上分别作单层次综合评判:
$B_{2i} = A_{2i} \circ R_{2i}$ ($i = 1, 2, 3, 4$).

$$B_{21} = A_{21} \circ R_{21}$$
$$= (0.25 \quad 0.4 \quad 0.35) \circ \begin{bmatrix} 0 & 0 & 0.119 & 0.238 & 0.250 & 0.262 & 0.131 \\ 0 & 0 & 0.030 & 0.091 & 0.243 & 0.386 & 0.248 \\ 0 & 0 & 0.069 & 0.149 & 0.250 & 0.342 & 0.193 \end{bmatrix}$$
$$= (0 \quad 0 \quad 0.069 \quad 0.148 \quad 0.247 \quad 0.341 \quad 0.193).$$

同理得

$$B_{22} = A_{22} \circ R_{22} = (0 \quad 0 \quad 0 \quad 0.085 \quad 0.335 \quad 0.415 \quad 0.165).$$
$$B_{23} = A_{23} \circ R_{23} = (0 \quad 0.075 \quad 0.225 \quad 0.325 \quad 0.275 \quad 0.1 \quad 0).$$
$$B_{24} = A_{24} \circ R_{24} = (0 \quad 0 \quad 0 \quad 0 \quad 0.20 \quad 0.467 \quad 0.333).$$

所得结果又构成第(Ⅰ)层次的评判矩阵:

$$R_3 = \begin{bmatrix} B_{21} \\ B_{22} \\ B_{23} \\ B_{24} \end{bmatrix} = \begin{bmatrix} 0 & 0 & 0.069 & 0.148 & 0.247 & 0.341 & 0.193 \\ 0 & 0 & 0 & 0.085 & 0.335 & 0.415 & 0.165 \\ 0 & 0.075 & 0.225 & 0.325 & 0.275 & 0.1 & 0 \\ 0 & 0 & 0 & 0 & 0.20 & 0.467 & 0.333 \end{bmatrix}.$$

最后,在第(Ⅰ)层次上作单层次综合评价,可得 A 厂工艺的综合评价为

$$(B_3)_A = A_3 \circ R_3$$
$$= (0.3 \quad 0.3 \quad 0.15 \quad 0.25) \circ \begin{bmatrix} 0 & 0 & 0.069 & 0.148 & 0.247 & 0.341 & 0.193 \\ 0 & 0 & 0 & 0.085 & 0.335 & 0.415 & 0.165 \\ 0 & 0.075 & 0.225 & 0.325 & 0.275 & 0.1 & 0 \\ 0 & 0 & 0 & 0 & 0.20 & 0.467 & 0.333 \end{bmatrix}$$
$$= (0 \quad 0.011 \quad 0.055 \quad 0.119 \quad 0.266 \quad 0.359 \quad 0.190).$$

从而,A 厂工艺流程关于各级评语的综合评价值为

$$E_A = (B_3)_A \circ (-3, -2, -1, 0, 1, 2, 3)^T = 1.478.$$

用同样的方法对 B 厂的工艺流程进行综合评价,根据"引进小组"对 B 厂的工艺流程的诸因素的打分情况,计算可得

$$E_B = 0.634.$$

故可以认为 A 厂工艺优于 B 厂,应引进 A 厂的工艺流程设备.

模糊综合评判模型已应用于各个领域,但对不同的实际问题,应采用不同的模型,应用时应注意选择.

5.5　模糊综合评判应注意的若干问题

在进行模糊综合评判时,特别是在实际问题中需要注意以下三个问题.

5.5.1　权数的确定

在模糊综合评判中,权数的确定是很重要的.因为权重集 A 确定得恰当与否,直接影响综合评判的结果.A 中各权数的确定方法有多种,下面介绍两种方法.

1. 统计方法

首先请有关专家或从事相应工作且具有丰富经验的人员对因素集

$$U = \{u_1, u_2, \cdots, u_n\}$$

中各元素,各自独立地提出自己认为最适合的权重向量(打分):

$$A_j = (a_{1j}, a_{2j}, \cdots, a_{nj}), \quad \sum_{i=1}^{n} a_{ij} = 1 \quad (j = 1, 2, \cdots, m).$$

然后对每个因素 u_i $(i = 1, 2, \cdots, n)$ 进行单因素统计,其步骤如下:

(1)对因素 u_i $(i = 1, 2, \cdots, n)$,在它的权数 $a_{ij}(j = 1, 2, \cdots, m)$ 中找出最大值 M_i 和最小值 m_i,其中

$$M_i = \max_{1 \leqslant j \leqslant m} \{a_{ij}\}, \quad m_i = \min_{1 \leqslant j \leqslant m} \{a_{ij}\}.$$

(2)适当选取正整数 k,利用公式

$$\frac{M_i - m_i}{k}$$

计算出把权数分成 k 组的组距,并将权数由小到大分成 k 组.

(3)计算落在每组内权数的频数和频率.

(4)根据频数和频率的分布情况,确定 u_i 的权数 a_i,从而得到权重集

$$A = (a_1, a_2, \cdots, a_n).$$

2. 继承方法

对某种评判对象的各因素的权重,以前凭经验有一个分配方案,设为 A_1,由

于现在评判该对象时，时间和空间上的改变可能会有新的权重分配方案 A_2. A_1 是大量经验的积累，A_2 具有较现实的合理性，因此要兼顾 A_1 和 A_2，得出采用的权重分配方案 A，可确定

$$A = \alpha A_1 + (1 - \alpha)A_2, \quad \alpha \in [0, 1].$$

式中，α 为一适当选取的系数. 这种沿袭以前权重分配方案部分信息的方法称为确定权重的继承方法.

5.5.2　合成运算的选择

合成运算"∘"应根据具体情况进行选择，不能盲目使用. 下面给出几种常见的评判模型，并简要地讨论其特点和应用范围，以供选择时参考.

模型 1　$M(\wedge, \vee)$

$$b_j = \bigvee_{i=1}^{n} (a_i \wedge r_{ij}) \quad (j = 1, 2, \cdots, m).$$

该模型的特点归纳如下：

(1) 由于取最小运算使得凡是 $r_{ij} > a_i$ 的 r_{ij} 均不考虑，a_i 成了 r_{ij} 的上限，因此，当因素众多时，若权数 a_i 归一化，则其值必然很小，这势必要丢掉大量的单因素评判信息.

(2) 当因素较少时，a_i 可能较大，取小运算 $\wedge$ 使得凡是 $a_i > r_{ij}$ 的 a_i 均不考虑，r_{ij} 成了 a_i 的上限，因此，又可能丢失主要因素的影响.

(3) 取大运算 $\vee$ 是在所有受限的 a_i 和 r_{ij} 较小者中取其最大者，这又要丢失大量信息. 因此，不论因素多少，均要求评判者既要最大限度地突出主要因素，又要最大限度地突出单因素评判的隶属度，即评判指标 b_j $(j = 1, 2, \cdots, m)$，应同时考虑因素的重要程度和评判对象对判断元素的隶属程度，两者缺一不可，不能偏废.

由于上述特点，该模型不宜应用于因素太多或太少的情况.

模型 2　$M(\cdot, \vee)$

$$b_j = \bigvee_{i=1}^{n} (a_i r_{ij}) \quad (j = 1, 2, \cdots, m).$$

这里，相乘运算不会丢失任何信息，但取大运算仍将丢失大量有用的信息. 与模型 1 一样，仍是既最大限度地突出主要因素，又最大限度地突出单因素评判的隶属度. 虽然也将丢失大量的信息，但能较好地反映单因素评判的结果和因素的重要程度. 在这方面，模型 2 在模型 1 的基础上有所改进.

模型 3　$M(\wedge, \oplus)$

$$b_j = \oplus \sum_{i=1}^{n} (a_i \wedge r_{ij}) \quad (j = 1, 2, \cdots, m).$$

这里，$\alpha \oplus \beta = \min\{1, \alpha + \beta\}$，$\oplus \sum_{i=1}^{n}$ 为对 n 个数在 $\oplus$ 运算下求和，即

$$b_j = \min \left\{ 1, \ \sum_{i=1}^{n} (a_i \wedge r_{ij}) \right\}.$$

① 该模型在进行取最小运算时，仍会丢失大量有价值的信息，以致得不出有意义的评判结果.

② 当 a_i 和 r_{ij} 取值较大时，相应的 b_j 值均可能等于上限 1；当 a_i 取值较小时，相应的 b_j 值均可能等于各 a_i 之和，这更不会得出有意义的评判结果.

模型 4 $M(\cdot, \oplus)$

$$b_j = \oplus \sum_{i=1}^{n} a_i r_{ij} \quad (j = 1, 2, \cdots, m).$$

或 $$b_j = \min \left\{ 1, \ \sum_{i=1}^{n} (a_i r_{ij}) \right\}.$$

该模型称为加权平均型，它对所有因素依权数的大小均衡兼顾，比较适用于要求整体指标的情形. 当 a_i 具有归一性时，即 $\sum_{i=1}^{n} a_i = 1$ 时，$\sum_{i=1}^{n} a_i r_{ij} \leqslant 1$. 这时，运算 $\oplus$ 便蜕化为一般的实数加法. 于是，该模型改进为模型 $M(\cdot, +)$.

模型 4′ $M(\cdot, +)$

$$b_j = \sum_{i=1}^{n} a_i r_{ij} \quad (j = 1, 2, \cdots, m).$$

其中 $$\sum_{i=1}^{n} a_i = 1.$$

该模型不仅考虑了所有因素的影响，而且保留了单因素评判的全部信息. 在运算时，并不对 a_i 和 r_{ij} 施加上限限制，只需对 a_i 归一化. 这是该模型的显著特点，也是它的优点.

在实际应用中，到底选用哪个模型好，要根据具体问题的需要和可能而定. 一般来说，模型 1~3，都是在具有某种限制和取极限值的情况下寻求各自的评判结果，因此在评判过程中会不同程度地丢失许多有用的信息，比较适用于仅关心事物的极限值和突出某主要因素的场合. 模型 4 和模型 4′则不存在上述情况，能保留全部有用的信息，可用于需要全面考虑各个因素的影响和全面考虑各单因素评判结果的情况.

5.5.3 评判指标的处理

得到评判指标 b_j $(j = 1, 2, \cdots, m)$ 之后，便可根据以下几种方法确定评判对象的具体结果.

1. 最大隶属度法

按照最大隶属原则选择最大的 b_j 所对应的判断元素 v_j 作为综合评判的结果. 该方法仅考虑了最大评判指标的贡献，舍去了其他指标所提供的信息会很可惜的. 此外, 当最大评判指标不止一个时, 用最大隶属度法便很难决定具体的评判结果, 因此通常都采用加权平均法.

2. 加权平均法

取 b_j 为权数, 对各个判断元素 v_j 进行加权平均的值作为评判的结果, 即

$$v = \frac{\sum\limits_{j=1}^{m} b_j v_j}{\sum\limits_{j=1}^{m} b_j}. \tag{5.5.1}$$

如评判指标已归一化, 则

$$v = \sum_{j=1}^{m} b_j v_j.$$

当评判对象为数量时, 则按式(5.5.1)计算得到的值便是对该量进行模糊综合评判的结果. 当评判对象是非数量, 如判断集为

$$V = \{优, 良, 中, 差\}.$$

若仍需用加权平均法, 则需将优、良、中、差等非数量数量化, 即分别用一个适当的数字来表示它们.

3. 模糊分布法

这种方法直接把评判指标作为评判结果, 或将评判指标归一化, 用归一化的评判指标作为评判结果.

各个评判指标, 具体反映了评判对象在所评判的特性方面的分布状态, 使评判者对评判对象有更深入的了解, 并能作灵活的处理. 如果评判对象是某工程设计参数时, 则评判指标将指出该参数合理的分布状态, 设计者可据此给出有关的结论. 这是采用模糊分布法的一大优点.

第6章　模糊故障诊断

　　模糊故障诊断是专家依据系统或机器的症状,利用经验或模糊信息进行状态识别、推理并作出决策.如司机凭借大脑接收和处理模糊信息的能力可以驱车安全穿越闹市区,医生可以根据病人的模糊症状进行准确诊断,等等.因此,模糊诊断是把人们对故障经验用数字化表达,并能够通过计算机进行处理,从而使计算机也像人脑那样接受和处理模糊信息,对模糊事物进行推理、判别并作出决策的一种诊断方法.

　　本章从模糊信息处理的角度,主要阐述模糊故障诊断的基本原理、几种典型的模糊诊断模型和算法、应用技术和实例.

6.1　模糊逻辑诊断

　　可以把故障信号(现象)看作一些"症状",如电机不能启动、闪光电源不亮等,而把故障原因,即产生这些症状的根据,如触发器损坏、控制电源失效等看作各种"病症".诊断的目的是当系统出现异常现象时,根据这些症状(征兆)来识别是哪一种病症.

6.1.1　模糊逻辑诊断原理

　　众所周知,医生诊断是根据病人的症状来确定病人的疾病,作为诊断的依据.医生认为,一个人有疾病,则必然出现该疾病所具有的症状;一个有症状的人,必患有某些疾病.如果某些疾病的症状都出现在病人身上,那么就认为病人确有这些疾病.这个诊断病人是否有疾病的思维方法,称为医生的推理结构.

　　上述论述完全可以推广到机器及其他故障诊断中来.在故障诊断的专家知识中,故障相当于人的疾病,故障现象即相当于病人的症状(或征兆).故障诊断专家关于判定机器出现何种故障的思维方法同医生的推理结构相类似,其本质就是在分析机器异常现象的基础上,由症状推断出故障的原因.

　　设用一个集合来定义一个系统(一台机器设备或一个部件)中所有可能发生的各种故障原因,这个集合用一个欧氏向量可表示为原因集

$$Y = \{y_1, y_2, \cdots, y_n\}.$$

式中, n 表示故障原因种类的总数.

　　同样,由于这些故障原因所引起的各种症状,如温度的变化、压力的波动、油液的污染、噪声和振动特征的改变等也能被定义为一个集合,并用一个欧氏向量

表示为征兆集
$$X = \{x_1, x_2, \cdots, x_m\}.$$
其中 m 表示故障征兆种类的总数.

　　由于故障征兆是界限不分明的模糊集合,用传统的二值逻辑方法显然不合理,可选用确定隶属函数,用相应的隶属度来描述这些症状存在的倾向性. 模糊诊断方法就是通过某些症状的隶属度来求出各种故障原因的隶属度,以表征各种故障存在的倾向性.

　　设观测到某机械设备的一征兆群样本 $(x_1, x_2, \cdots, x_m)$,同时得出此样本中各分量元素 x_i 对征兆的隶属度,则将 X 中各元素转换成隶属度,就构成了故障征兆模糊向量
$$X = (x_1 \quad x_2 \quad \cdots \quad x_m).$$

　　假设该征兆样本是由故障原因 y_i 产生的,y_i 对各种故障原因的隶属度为 $Y(y_i)$,则构成了故障原因模糊向量
$$Y = (y_1 \quad y_2 \quad \cdots \quad y_n).$$

　　根据模糊数学原理,可以得到 Y 和 X 的因果模糊关系为

$$Y = X \circ R = (x_1 \quad x_2 \quad \cdots \quad x_m) \circ \begin{bmatrix} r_{11} & r_{12} & \cdots & r_{1n} \\ r_{21} & r_{22} & \cdots & r_{2n} \\ \vdots & \vdots & & \vdots \\ r_{m1} & r_{m2} & \cdots & r_{mn} \end{bmatrix}. \qquad (6.1.1)$$

　　式 $(6.1.1)$ 称为故障原因与征兆之间的模糊关系方程. R 为模糊关系矩阵,在故障诊断中亦称模糊诊断矩阵:

$$R = \begin{bmatrix} r_{11} & r_{12} & \cdots & r_{1n} \\ r_{21} & r_{22} & \cdots & r_{2n} \\ \vdots & \vdots & & \vdots \\ r_{m1} & r_{m2} & \cdots & r_{mn} \end{bmatrix} \quad (1 \leqslant i \leqslant m, \ 1 \leqslant j \leqslant n).$$

　　模糊诊断矩阵 R 是 $m \times n$ 维矩阵,其中行表示故障征兆,列表示故障原因,矩阵元素 r_{ij} 表示第 i 种征兆 x_i 对第 j 种原因 y_j 的隶属度,即 $r_{ij} = y_j(x_i)$. 模糊诊断矩阵 R 的构造,需要以大量现场实际运行数据为基础,其精度高低,主要取决于所依据的观测数据的准确性及丰富程度.

　　模糊逻辑诊断的原理框图如图 6-1 所示.

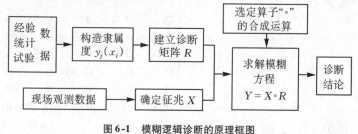

图 6-1　模糊逻辑诊断的原理框图

6.1.2　模糊逻辑诊断原则

1. 最大隶属原则

设给定论域 U 上的 n 个模糊子集(模糊模式)A_1, A_2, $\cdots$, A_n, 其隶属函数分别是 $A_1(u)$, $A_2(u)$, $\cdots$, $A_n(u)$, 若有 $i \in \{1,2,\cdots,n\}$, 使

$$A_i(u) = \max\{A_1(u), A_2(u), \cdots, A_n(u)\},$$

则认为元素 u 应隶属于 A_i, 判决 u 归属 A_i 所代表的那个模式.

例 1　某种柴油机"负荷转速不足"的五个主要原因是:y_1(气门弹簧断), y_2(喷油头积炭堵孔), y_3(机油管破裂), y_4(喷油过迟), y_5(喷油泵驱动键滚键);六个征兆分别为:x_1(排气过热), x_2(振动), x_3(扭矩急降), x_4(机油压过低), x_5(机油耗量大), x_6(转速上不去). 现在已出现故障征兆有:x_3(扭矩急降), x_4(机油压过低), x_5(机油耗量大), 试求故障原因.

解　根据柴油机的经验资料和机理分析, 确定每一征兆 x_i 对应每个原因 y_j 的隶属度为 $y_j(x_i)$ ($i=1,2,\cdots,6$; $j=1,2,\cdots,5$), 由此得出模糊诊断矩阵 R 如表 6-1 所示.

表 6-1　柴油机故障诊断矩阵

征兆 i	原因 j				
	气门弹簧断 y_1	喷油头积炭堵孔 y_2	机油管破裂 y_3	喷油过迟 y_4	喷油泵驱动键滚键 y_5
排气过热 x_1	0.6	0.4	0	0.98	0
振动 x_2	0.8	0.98	0.3	0	0
扭矩急降 x_3	0.95	0	0.8	0.3	0.98
机油压过低 x_4	0	0	0.98	0	0
机油耗量大 x_5	0	0	0.9	0	0
转速上不去 x_6	0.3	0.6	0.9	0.98	0.95

列出征兆群表达式:$U = \{P_i, i=1,2,\cdots,m\}$. 其中

$$P_i = \begin{cases} 1 & x_i \text{ 征兆出现} \\ 0 & x_i \text{ 征兆未出现}. \end{cases}$$

根据此表达式, 得到征兆向量为

$$X = (x_1 \quad x_2 \quad x_3 \quad x_4 \quad x_5 \quad x_6) = (0 \quad 0 \quad 1 \quad 1 \quad 1 \quad 0).$$

原因向量为

$$Y = X \circ R = (0 \quad 0 \quad 1 \quad 1 \quad 1 \quad 0) \circ \begin{bmatrix} 0.6 & 0.4 & 0 & 0.98 & 0 \\ 0.8 & 0.98 & 0.3 & 0 & 0 \\ 0.95 & 0 & 0.8 & 0.3 & 0.98 \\ 0 & 0 & 0.98 & 0 & 0 \\ 0 & 0 & 0.9 & 0 & 0 \\ 0.3 & 0.6 & 0.9 & 0.98 & 0.95 \end{bmatrix}$$

$$= (0.95 \quad 0 \quad 2.68 \quad 0.3 \quad 0.98).$$

即故障原因向量中各元素的隶属度为

$$y_1 = 0.95,\ y_2 = 0,\ y_3 = 2.68,\ y_4 = 0.3,\ y_5 = 0.98.$$

其中，y_3 最大，即在柴油机的五种故障起因中，起因 y_3 所对应的各有关征兆的隶属度的总值最大，故认定该故障原因为 y_3，即机油管破裂.

上述方法的缺点是当最大隶属度值与其他隶属度值之间的差距不大时，难以作出可靠的诊断结论. 为克服以上缺点，可采用连乘法：首先把诊断矩阵中的零元素都改为一个较低值（如 0.1）. 然后按列把有关元素值连乘，最后看各原因列所得乘积值的相对大小，其中最大者视为诊断结论.

最大隶属度原则诊断法的优点是简单易行，在计算机上实施性好. 缺点是它概括的信息量少，因为诊断时实质上本方法完全不考虑其余一切隶属程度较小的因素对诊断判决应起的作用.

2. 阈值原则

规定一个阈值水平 $\lambda \in [0,1]$，记 $\alpha = \max\{A_1(u), A_2(u), \cdots, A_n(u)\}$. 若 $\alpha < \lambda$，则作"拒识"的判决，说明提供的故障信息（征兆群）不足，在诊断人员补足信息之后再重新诊断. 若 $\alpha \geqslant \lambda$，则认为诊断可行. 如果总共有 $A_{i1}(u), A_{i2}(u), \cdots, A_{ik}(u) \geqslant \lambda$，则判决 u 归属于 $A_{i1} \cup A_{i2} \cup \cdots \cup A_{ik}$.

在应用中，常常将最大隶属原则与阈值原则结合使用. 例如当 $\alpha < \lambda$ 时拒判，而当时 $\alpha \geqslant \lambda$，按最大隶属原则判决. 近年来发展了浮动阈值、分级阈值等技术，使诊断精度得到进一步提高.

例 2　设在某施工队抽查 $x_1, x_2, x_3, x_4, x_5, x_6, x_7, x_8$ 八台推土机，按百分制评定其维护质量，结果如下：$x_1 = 55, x_2 = 80, x_3 = 90, x_4 = 76, x_5 = 83, x_6 = 40, x_7 = 95, x_8 = 100$. 求优秀（不低于 90 分）、良好（不低于 80 分）、及格（不低于 60 分）的推土机各有哪些？

解　将每台推土机所得分数除以 100，折合为模糊集合 A 的隶属度，则集合 A 可写为

$$A = \frac{0.55}{x_1} + \frac{0.8}{x_2} + \frac{0.92}{x_3} + \frac{0.76}{x_4} + \frac{0.83}{x_5} + \frac{0.4}{x_6} + \frac{0.95}{x_7} + \frac{1}{x_8}.$$

依题意分别选 λ 水平（阈值）为 0.9, 0.8, 0.6，可得

$\lambda = 0.9$ 时，$A_{0.9} = \{x_3, x_7, x_8\}$；

$\lambda = 0.8$ 时，$A_{0.8} = \{x_2, x_3, x_5, x_7, x_8\}$；

$\lambda = 0.6$ 时，$A_{0.6} = \{x_2, x_3, x_4, x_5, x_7, x_8\}$.

判决结果：$\lambda = 0.9, 0.8, 0.6$ 分别对应优秀、良好和及格，则优秀的有 3 台，良好以上的有 5 台，及格以上的有 6 台.

3. 择近原则

给定论域 U 上的模糊子集（模糊模式）$A_1, A_2, \cdots, A_n$ 及另一个模糊子集（模糊对象）B，若有 $1 \leqslant i \leqslant n$，使贴近度

$$N(A_i,\ B) = \max_{1 \leqslant j \leqslant n} \{N(A_j,\ B)\},$$

则认为 B 与 A_i 最贴近，即 B 应划归为模式 A_i.

最大隶属原则和择近原则是模糊模式识别的基本原则，因此可将利用上述原则的方法称为模糊模式识别的诊断方法. 在实际问题中运用哪一原则，需根据实际情况而定，下面给出应用实例.

例3 模糊模式识别在内燃机失火故障诊断中的应用.

解 本问题的研究是基于一种模糊模式识别的多特征参数综合诊断方法，从转速波动信号中定义并提取了 10 种无量纲的诊断特征参数，分别定义作为第 n 缸有无失火故障的诊断特征参数指数为：$I_T(n)$—扭矩波动指数；$I_F(n)$—加速度波动指数；$I_H(n)$—最大加速度指数；$I_L(n)$—最小加速度指数；$I_S(n)$—累积加速度指数；$I_C(n)$—转角变化指数；$I_V(n)$—速度变化指数；$I_A(n)$—累积速度指数；R_T—各种状态下的扭矩谐波分量比；R_F—加速度谐波分量比. R_T，R_F 和各个参数指数详细定义见文献[23]. 引入信息融合的思想，利用模糊模式识别方法，对这些特征参数进行关联处理，以获得对失火故障的一致性诊断.

单个特征参数的失火故障判别方法如下.

以 R_T 为例. 对 R_T 和 R_F 进行故障判别的规则为，对于选取的某个门槛值 R_T^0：

(1) 如果 $R_T \leqslant R_T^0$，则内燃机各缸工作正常；

(2) 如果 $R_T > R_T^0$，则内燃机某一缸或多缸出现失火故障.

以 $I_T(n)$ 为例，对其他 8 种参数进行故障判别的规则为，对于选取的某个很小的正常数 ε：

① 如果对所有各缸都有 $1-\varepsilon \leqslant I_T(n) \leqslant 1+\varepsilon$，则各缸工作正常；

② 如果 $I_T(n) < 1-\varepsilon$，则第 n 缸出现失火故障；

③ 如果 $I_T(n) > 1+\varepsilon$，则在其他缸出现失火故障时，第 n 缸工作正常.

利用模糊模式识别方法诊断内燃机失火故障时，采用 $I_F(n)$，$I_H(n)$，$I_L(n)$，$I_S(n)$，$I_C(n)$，$I_V(n)$，$I_A(n)$ 等 7 种与内燃机结构参数无关的诊断特征. 每个气缸的这 7 个参数形成实数域内的向量 U：

$$\begin{aligned}
U &= (u_1,\ u_2,\ u_3,\ u_4,\ u_5,\ u_6,\ u_7) \\
&= [u_1^{(n)},\ u_2^{(n)},\ u_3^{(n)},\ u_4^{(n)},\ u_5^{(n)},\ u_6^{(n)},\ u_7^{(n)}] \\
&= [I_F(n),\ I_H(n),\ I_L(n),\ I_S(n),\ I_C(n),\ I_V(n),\ I_A(n)].
\end{aligned}$$

根据各特征参数的特点和取值范围，对 U 的所有元素 $u_m(m=1,\ 2,\ \cdots,\ 7)$ 都采用下述升岭型分布的隶属函数进行模糊化：

$$\mu(u_m) = \begin{cases} 0 & 0 \leqslant u_m < c_{1m} \\ \dfrac{1}{2} + \dfrac{1}{2}\sin\left(\dfrac{\pi}{c_{2m}-c_{1m}}\left(u_m - \dfrac{c_{1m}+c_{2m}}{2}\right)\right) & c_{1m} \leqslant u_m < c_{2m} \\ 1 & u_m \geqslant c_{2m}. \end{cases}$$

式中 c_{1m} 和 c_{2m} 都为常数，根据 u_m 在 N 个气缸之间的横向联系进行选取：

$$\begin{cases} c_{2m} = \max_{1 \leqslant n \leqslant N} \{ u_n^{(n)} \} \\ c_{1m} = \dfrac{1}{3} c_{2m}. \end{cases}$$

这样就形成了各缸的待检模糊向量，记为 $B^{(n)}$ $(n = 1, 2, \cdots, N)$. 内燃机正常工作时，各缸的标准模糊向量都为 $A = (1, 1, 1, 1, 1, 1, 1)$. 本研究中采用的有两种，即最小最大贴近度 N_1 和欧氏距离贴近度 N_2. 则计算各缸待检模糊向量 $B^{(n)}$ 与标准模糊向量 A 的贴近度 N_1 或 N_2 后，就可以判断该气缸的状态. 具体判别规则为：选取某个简单的无量纲门槛值 δ，当 $N \geqslant \delta$ 时，该缸工作正常；否则，该缸出现失火故障.

在上述 10 种诊断特征参数中，尽管 R_T 和 R_F 不能对失火气缸进行定位，但对整机有无失火故障的识别非常准确快捷. 据此提出一种更高效率的综合诊断策略：首先提取 R_T 或 R_F 并快速识别整机有无失火故障；然后在必要时再提取其他多种特征参数，通过模糊模式识别方法进行故障定位. 具体诊断过程如图6-2所示.

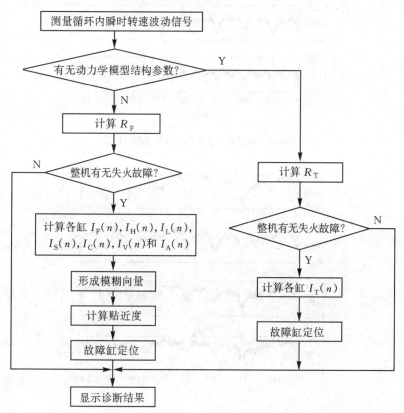

图 6-2　诊断过程

　　在一辆 **HQ7** 导弹供电车上进行实验. 该车装备了 4135D-5 型柴油机, 为直列式四缸四冲程水冷柴油机, 缸径 135 mm, 行程 150 mm, 发火顺序为 1—3—4—2, 额定功率和额定转速分别为 73.6 kW 和 1500 r/min. 采用切断相应气缸供油的方法模拟失火故障; 瞬时转速测量采用基于飞轮位移信号的高频时钟计数方法, 以第 1 缸燃爆上止点作为起始触发采样信号.

　　图 6-3 至图 6-6 是在四种工况下实测的瞬时转速波形. 每个图包括 (a) ~ (d) 四个子图, 分别对应 700, 1000, 1200, 1500 r/min 四种平均转速; 每个子图显示了两个工作循环的波形, 横坐标表示曲轴转角, 以第 1 缸燃爆上止点为坐标原点. 从中可以看出瞬时转速波动信号的下述特点.

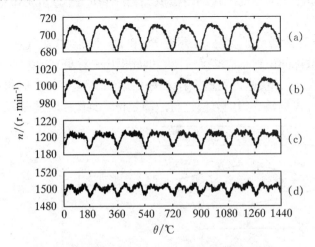

图 6-3　各缸正常工作时的瞬时转速波形

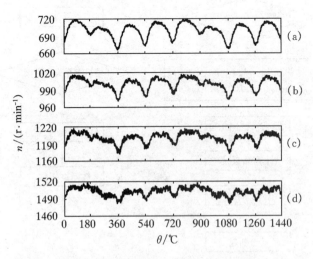

图 6-4　第 3 缸单缸失火时的瞬时转速波形

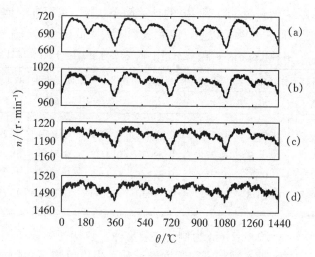

图6-5 第2,3两缸间隔失火时的瞬时转速波形

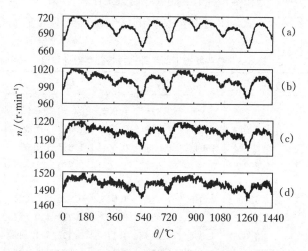

图6-6 第3,4两缸连续失火时的瞬时转速波形

(1)各缸正常工作时,瞬时转速信号存在明显波动,循环内波动次数与气缸数有关,且各波动幅度和波动间隔大致相等;发生失火故障时,各波动幅度和波动间隔差别很大.

(2)在同样的负荷工况下,瞬时转速波动范围随平均转速升高而减小.低转速时,循环内转速波动次数与气缸数相等,波形近似为简单的正弦波;高转速时,转速波动情况较为复杂.

根据前面所述方法计算的 R_T 和 R_F 值列于表6-2,它们在有无失火故障时的计算值相差约10倍,表明了它们诊断失火故障的有效性.其中,R_T 有必要考虑平均转速(特别是高转速时)的影响,R_F 则与平均转速无关.对多种工况和多个循环的400例诊断结果表明，R_T 和 R_F 的计算简单快捷，可以准确地识别整机有无失火故障，识别正确率达90%以上，但无法判断失火故障由哪一个气缸造成.

表 6-2　　各种状态下的扭矩谐波分量比 R_T 和加速度谐波分量比 R_F 计算值

转速/	各缸工作正常		第3缸单缸失火		第2,3两缸间隔失火		第3,4两缸连续失火	
$(r \cdot min^{-1})$	R_T	R_F	R_T	R_F	R_T	R_F	R_T	R_F
700	0.0232	0.0374	0.2737	0.4246	0.2337	0.3689	0.2787	0.4395
1000	0.0237	0.0562	0.2740	0.5960	0.2338	0.5246	0.2795	0.6277
1200	0.0232	0.0820	0.2746	0.8322	0.2345	0.7487	0.2791	0.8924
1500	0.0222	0.3378	0.2757	2.1960	0.2342	2.1588	0.2806	2.6628

以运行平均转速 1000 r/min 为例，其余 8 种指数特征参数在各种状态下的计算值列于表 6-3. 这 8 种参数都不同程度地反映了失火故障，并能同时对失火气缸进行定位. 对多种工况和多个循环的 400 例诊断结果表明，单个特征参数的识别正确率约在 70% ~ 85% 之间；各参数得出的诊断结论并非完全一致，某些情况下甚至相互矛盾.

表 6-3　　各种状态下的 8 种指数特征参数计算值　　单位：1000 r·min⁻¹

内燃机状态	气缸号	I_T	I_F	I_H	I_L	I_S	I_C	I_V	I_A
各气缸 工作正常	1	0.796	0.956	0.893	1.002	0.960	0.952	0.939	0.985
	3	1.011	1.021	1.036	0.994	1.017	1.000	1.024	1.024
	4	1.024	1.042	1.038	0.001	1.033	1.000	1.054	1.053
	2	0.988	0.981	1.034	1.003	0.990	1.048	0.983	0.938
第3缸 单缸失火	1	1.006	1.016	1.118	1.015	0.920	1.082	1.194	1.175
	3	0.842	0.853	0.425	0.739	0.778	0.612	0.281	0.489
	4	1.095	1.094	1.223	1.113	1.173	1.129	1.305	1.231
	2	1.057	1.036	1.234	1.113	1.129	1.176	1.221	1.105
第2,3两 缸间隔失火	1	1.126	1.174	1.372	1.208	1.096	1.286	1.525	1.319
	3	0.847	0.779	0.564	0.791	0.864	0.718	0.417	0.644
	4	1.190	1.274	1.497	1.206	1.180	1.333	1.664	1.383
	2	0.837	0.773	0.566	0.795	0.860	0.667	0.393	0.653
第3,4两 缸连续失火	1	1.184	1.307	1.430	1.229	1.110	1.333	1.550	1.278
	3	0.711	0.552	0.593	0.800	0.648	0.691	0.424	0.674
	4	0.890	0.858	0.577	0.778	0.874	0.691	0.429	0.682
	2	1.215	1.284	1.400	1.193	1.367	1.284	1.596	1.366

表 6-4 是利用模糊模式识别方法获得的综合诊断结果. 对于失火气缸, 贴近度计算值 N_1 和 N_2 都小于 0.3; 对于正常气缸, N_1 和 N_2 都大于 0.9, 两者之间的差别非常明显. 对比基于单个特征参数的诊断方法, 此时选取贴近度门槛值要容易得多. 例如选取贴近度门槛值为 0.4, 对多种工况和多个循环的 400 例诊断结果表明: 在无法获取内燃机结构参数的情况下, 此时的识别正确率达到 91% 以上, 可以同时实现失火气缸的识别和定位; 而且诊断过程的计算效率很高, 能够满足在线监测和实时诊断的要求. 这充分说明了多特征参数综合诊断策略的有效性和工程实用性.

表 6-4　各种状态下的特征参数隶属函数与模糊向量贴近度计算值　单位: $1000 \text{r} \cdot \text{min}^{-1}$

内燃机状态	气缸号	$\mu(I_F)$	$\mu(I_H)$	$\mu(I_L)$	$\mu(I_S)$	$\mu(I_C)$	$\mu(I_V)$	$\mu(I_A)$	N_1	N_2
各气缸 工作正常	1	0.963	0.895	1.000	0.973	0.955	0.935	0.977	0.957	0.947
	3	0.998	1.000	1.000	0.999	0.989	0.996	0.996	0.997	0.995
	4	1.000	1.000	1.000	1.000	0.989	1.000	1.000	0.998	0.996
	2	0.981	1.000	1.000	0.991	1.000	0.975	0.935	0.983	0.972
第3缸 单缸失火	1	0.972	0.951	0.941	0.762	0.965	0.960	0.989	0.934	0.903
	3	0.754	0.001	0.467	0.492	0.181	0.000	0.023	0.274	0.223
	4	1.000	1.000	0.998	0.991	1.000	1.000	1.000	0.998	0.997
	2	0.984	1.000	1.000	0.992	1.000	0.977	0.943	0.985	0.976
第2,3两 缸间隔失火	1	0.966	0.962	1.000	0.973	0.992	0.962	0.988	0.977	0.973
	3	0.370	0.011	0.472	0.652	0.216	0.000	0.094	0.259	0.224
	4	1.000	1.000	1.000	1.000	1.000	1.000	1.000	1.000	1.000
	2	0.360	0.011	0.479	0.645	0.146	0.000	0.103	0.249	0.215
第3,4两 缸连续失火	1	1.000	1.000	1.000	0.816	1.000	0.995	0.977	0.970	0.930
	3	0.043	0.036	0.464	0.106	0.179	0.000	0.136	0.138	0.126
	4	0.475	0.027	0.422	0.436	0.179	0.000	0.146	0.241	0.218
	2	0.998	0.998	0.995	1.000	0.992	1.000	1.000	0.998	0.996

6.2　模糊综合评判诊断

6.1 节已经给出了模糊逻辑诊断法, 根据故障症状 $X = (x_1 \quad x_2 \quad \cdots \quad x_m)$, 求故障原因 $Y = (y_1 \quad y_2 \quad \cdots \quad y_n)$ 的计算公式:

$$Y = X \circ R = (x_1 \quad x_2 \quad \cdots \quad x_m) \circ \begin{bmatrix} r_{11} & r_{12} & \cdots & r_{1n} \\ r_{21} & r_{22} & \cdots & r_{2n} \\ \vdots & \vdots & & \vdots \\ r_{m1} & r_{m2} & \cdots & r_{mn} \end{bmatrix} = (y_1 \quad y_2 \quad \cdots \quad y_n).$$

在模糊数学中，该式称为模糊综合评判. 式中，Y 为模糊综合评判结果（故障原因）；X 为评判因素（故障征兆）的权重；R 为单因素评判矩阵（从原因集到征兆集的模糊关系矩阵）. 因此，此种模糊诊断的实质是将权重模糊向量 X 与单因素评判矩阵 R 按一定方式进行模糊合成运算. 也可称之为模糊综合评判诊断法. 与其他故障诊断方法相比，模糊综合评判诊断法具有运算量小、易于微机实现、综合诊断性强等优点.

模糊综合评判诊断法的步骤如下.

第一步，建立因素集（即故障原因集）：$U = \{u_1, u_2, \cdots, u_n\}$.

第二步，建立判断集：$V = \{v_1, v_2, \cdots, v_m\}$.

第三步，单因素评判，从而得到模糊诊断矩阵 $R = (r_{ij})_{n \times m}$.

第四步，建立权重集 A（即各症状的权数）.

第五步，模糊综合评判，得出故障诊断结果.

人们结合各种需要，提出了多种模糊综合评判模型，本书在第 5 章已经作了详细介绍. 下面将给出工程应用实例.

例 1 柴油机系统故障的模糊诊断.

柴油机是一个极为复杂的系统，由曲柄连杆机构、配气机构、燃油系统、电器系统以及润滑、冷却、增压等部分组成. 在柴油机工作过程中，不仅各摩擦部分会发生故障，其余各组成部分均会发生故障，如缸盖垫漏气和漏水、电器部分出故障、滚轮损坏、横臂脱落、增压器转子卡滞和损坏等，而且故障的各种症状往往不易发现或难以完全发现，故障现象和故障原因之间的对应关系也是模糊不清的. 长期以来，人们总结了许多诊断柴油机故障的方法，如经验法、概率统计法、逻辑推理法等，这些方法各有其特点和局限性. 这里讨论的是柴油机系统故障的模糊综合评判诊断.

设人为地将柴油机系统划分为

柴油机 = { 曲柄连杆机构，配气机构，燃油系统，其他系统（如润滑、冷却、
　　　　　 增压、配电等）}.

柴油机系统故障群空间为

$Y = \{Y_1, Y_2, Y_3, Y_4\}$

　= { 曲柄连杆机构故障，配气机构故障，燃油系统故障，其他系统故障 }.

检测症状信息集为

$$X = \{x_1, x_2, x_3\} = \{ 振动，压力，温度 \}.$$

对柴油机系统定义一个判断集为

$$G = \{g_1, g_2, g_3\} = \{ 正常，不太正常，不正常 \}.$$

设第 i 个症状的单因素模糊评判集为

$$R_i = \frac{r_{i1}}{g_1} + \frac{r_{i2}}{g_2} + \frac{r_{i3}}{g_3} = \{r_{i1}, r_{i2}, r_{i3}\}.$$

式中，r_{ij} 为第 i（$i=1,2,3$）个症状（因素）对评价集中第 j（$j=1,2,3$）个元素的隶属度．可得相应于每个征兆（因素）的单因素评判集为

$$R_1 = \{r_{11},\ r_{12},\ r_{13}\};$$
$$R_2 = \{r_{21},\ r_{22},\ r_{23}\};$$
$$R_3 = \{r_{31},\ r_{32},\ r_{33}\}.$$

将各单因素评判集的隶属度为行组成的单因素评判矩阵为

$$R = \begin{bmatrix} r_{11} & r_{12} & r_{13} \\ r_{21} & r_{22} & r_{23} \\ r_{31} & r_{32} & r_{33} \end{bmatrix}.$$

显然，R 可视为征兆集 X 到评价集 G 的模糊关系矩阵．

又设对各个症状（因素）x_i（$i=1,2,3$）赋予的权重为

$$R_i = \{a_{i1},\ a_{i2},\ a_{i3}\}.$$

式中，a_{ij}（$i=1,2,3$）为第 j 个症状对故障集 Y 中第 i 个元素的权数．

各个权数，一般由人们根据实际问题的需要主观地确定，也可按确定隶属函数的方法加以确定．总的权重矩阵为

$$A = \begin{bmatrix} a_{11} & a_{12} & a_{13} \\ a_{21} & a_{22} & a_{23} \\ a_{31} & a_{32} & a_{33} \\ a_{41} & a_{42} & a_{43} \end{bmatrix}.$$

通常，各权数应满足归一性和非负性条件，即

$$\sum_{j=1}^{3} a_{ij} = 1 \quad (a_{ij} \geqslant 0;\ i=1,2,3,4;\ j=1,2,3).$$

对柴油机故障集 Y 的综合评判结果为

$$Y = A \circ R = \begin{bmatrix} y_{11} & y_{12} & y_{13} \\ y_{21} & y_{22} & y_{23} \\ y_{31} & y_{32} & y_{33} \\ y_{41} & y_{42} & y_{43} \end{bmatrix}.$$

式中

$$y_{ik} = \bigvee_{j=1}^{3} (a_{ij} \wedge r_{jk}) \quad (i=1,2,3,4;\ k=1,2,3).$$

将 Y 中最后一列元素和第一列对应元素之差按大小排列，如

$$y_{13} - y_{11} \geqslant y_{23} - y_{21} \geqslant y_{33} - y_{31} \geqslant y_{43} - y_{41}.$$

则故障按隶属度大小排列为：Y_1，Y_2，Y_3，Y_4，所以故障最有可能发生在 Y_1．

下面按此原理对一台六缸柴油机进行故障诊断．试验中人为地减少某一缸的

供油量, 采集振动、压力、温度等信息, 其中振动信息的评判是通过其自相关值来进行的.

将采集到的症状信息代入各因素对于评价集的隶属函数[22], 得到单因素评判矩阵为

$$R' = \begin{bmatrix} 0.16 & 0.28 & 0.42 \\ 0.97 & 0.58 & 0.24 \\ 0.91 & 0.46 & 0.02 \end{bmatrix}.$$

对 R' 作归一化处理, 即用其各行元素值之和

$$R'_1 = r'_{11} + r'_{12} + r'_{13} = \sum_{j=1}^{3} r'_{1j},$$

$$R'_2 = r'_{21} + r'_{22} + r'_{23} = \sum_{j=1}^{3} r'_{2j},$$

$$R'_3 = r'_{31} + r'_{32} + r'_{33} = \sum_{j=1}^{3} r'_{3j}$$

除遍原来的每个元素值, 得归一化后的单因素评判矩阵为

$$R = \begin{bmatrix} 0.186 & 0.326 & 0.488 \\ 0.542 & 0.324 & 0.134 \\ 0.655 & 0.331 & 0.014 \end{bmatrix}.$$

据经验, 各故障对症状(因素)的权重分配为

$$A = \begin{bmatrix} 0.45 & 0.23 & 0.32 \\ 0.65 & 0.00 & 0.35 \\ 0.80 & 0.00 & 0.20 \\ 0.10 & 0.45 & 0.45 \end{bmatrix}.$$

则模糊综合评判为

$$Y = A \circ R = \begin{bmatrix} 0.45 & 0.23 & 0.32 \\ 0.65 & 0.00 & 0.35 \\ 0.80 & 0.00 & 0.20 \\ 0.10 & 0.45 & 0.45 \end{bmatrix} \circ \begin{bmatrix} 0.186 & 0.326 & 0.488 \\ 0.542 & 0.324 & 0.134 \\ 0.655 & 0.331 & 0.014 \end{bmatrix}$$

$$= \begin{bmatrix} 0.32 & 0.326 & 0.45 \\ 0.35 & 0.331 & 0.448 \\ 0.20 & 0.326 & 0.488 \\ 0.45 & 0.331 & 0.134 \end{bmatrix}.$$

按第三列减第一列后, 得到

$$y_{33} - y_{31} = 0.288 > y_{13} - y_{11} > y_{23} - y_{21} > y_{43} - y_{41}.$$

所以故障发生在 Y_3, 即燃油系统故障. 诊断结论正确.

例2　基于模糊综合评判的磁悬浮列车的故障诊断.

磁悬浮列车是一种绿色环保型的轨道交通运输工具.为了磁悬浮列车的安全运营,故障诊断系统是列车运行系统中不可缺少的一个重要子系统,诊断结果的准确性直接关系到列车能否安全行驶,以及维护检修的工作量大小.目前国内列车的故障诊断主要以继电保护为主,而进行系统综合诊断的应用成果比较少.由于列车运行系统是由许多子系统组成的,各个子系统之间势必存在某种程度的耦合,若系统中某个子系统发生故障,则有可能导致整车系统停止运行甚至失控.因此,对列车系统进行综合诊断是确保磁悬浮列车可靠运行的前提.

图6-7给出了CMS3型磁悬浮列车的故障诊断系统硬件框图.该磁悬浮列车目前设计由三种车编组:首车(head)、中车和尾车(tail),其中首车和尾车均有两个PLC站点(主监控站PLC和检测站PLC),其余各辆车上都仅有一套检测站PLC(S7 300系列)来检测并诊断本辆车设备的故障状态,将车辆级的故障诊断结果通过PROFIBUS列车总线发送到首尾车主监控站,再由首尾车的主监控站PLC诊断系统进行列车级的故障诊断,并将诊断结果送往上位机液晶显示屏上,显示对整车系统的诊断结果.该系统对各车辆PLC检测站间的网络通讯采用FDL方式连接,具有数据传递可靠、编程方便和编组自适应等优点,而且,首车和尾车可以通过自动(亦可手动)接交令牌作为主监控站对整车系统故障进行诊断,从而具备一定冗余备份功能.

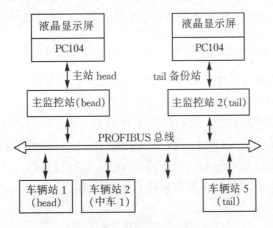

图6-7　列车故障诊断系统硬件框图

磁悬浮列车故障诊断系统的软件实现选用西门子公司开发的PLC可编程控制器.该套产品在应用时具有模块化编程、抗干扰能力强等优点,在测控领域应用广泛.PLC的实现诊断系统的框图如图6-8所示。PLC启动运行后,由检测功能块不断检测I/O信号,并将所检测的设备状态存于数据块中,最后将车辆级各设备故障状态发往首车和尾车主监控站PLC.

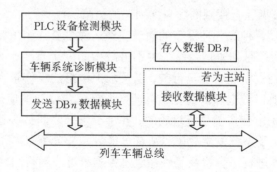

图 6-8 PLC 故障诊断系统实现框图

在实验时，故障诊断系统的模型仿真通过开关电路板和模拟电路板的输入电信号来仿真设备故障的发生，取得了比较理想的诊断结果.

由于磁悬浮列车上的设备部件较多，而各设备状态又可根据故障轻重程度划分若干级别，因此影响列车运行状态的因素很多. 若采用单层评价模型，将湮没重要设备因素发生故障时对整车系统造成的影响，可能导致错误的诊断结果，故列车故障诊断系统模型选用多层次综合评价模型.

设评判因素集 $U = \{u_1, u_2, \cdots, u_n\}$，共有 n 个因素，评价判断集 $V = \{v_1, v_2, \cdots, v_m\}$，根据评判结果具体要求将评价等级共划分为 m 级. 现将因素集 U 划分为 l 个子集，即 $U = \{U_1, U_2, \cdots, U_l\}$，并设二级评价权重集 $A = \{A_1, A_2, \cdots, A_l\}$，其中 A_i（$i = 1, 2, \cdots, l$）为一级评价各因素子集的权重集. 权重集中的元素表示各因素子集（或因素）所分配的权重值大小，且权重集中各元素满足归一化条件 $\sum_{i=1}^{n} a_i = 1$. R 表示各因素子集与评价集的模糊诊断矩阵，R_j（$j = 1, 2, \cdots, l$）表示因素子集中的各元素与评价集的模糊诊断矩阵. 评价过程参看图 5-2.

首先从最低层进行评价，即进行一级评价 $B_i = A_i \circ R_i$（$i = 1, 2, \cdots, l$），将对各因素子集评价的结果 B_i 组成上一级的因素集（子集）与评价集的模糊诊断矩阵 R，然后逐层按照上述过程对较高一级的因素集（子集）进行评价，直到对最高层的因素集评价结束为止. 列车的主要设备组成高层因素集（或子集）及高层因素集的划分，参见表 6-5.

表 6-5 设备因素集划分

高层因素集	高层因素集的划分	
U_1	u_{11}	主断路器
	u_{12}	悬浮主断路器
	u_{13}	控制主断路器
	u_{14}	网压

表 6-5（续）

高层因素集	高层因素集的划分	
U_2	u_{21}	牵引逆变器
U_3	u_{31}	240 V 电源（DC – DC）
	u_{32}	110 V 电源（DC – DC）
U_4	u_{41}	240V 蓄电池组
	u_{42}	110 V 蓄电池组
U_5 悬浮 控制系统	u_{51}	转向架 A
	u_{52}	转向架 B
	u_{53}	转向架 C
	u_{54}	转向架 D
U_6	u_{61}	辅助逆变系统
U_7	u_{71}	供气及空气制动系统
	u_{72}	车门
U_8	u_{81}	驾驶系统
U_9	u_{91}	测速传感器
U_{10}	$u_{10(1)}$	检测系统

所有影响列车运行的设备根据自身发生故障轻重程度均划分为 A 级故障、B 级故障和 C 级故障，由这三个因素组成最低层的因素集．磁悬浮列车故障等级划分为轻微故障、一般故障和严重故障三级故障，即评价判断集 $V = \{V_1 , V_2 , V_3\}$，V_1 表示列车发生轻微故障，列车可运行至终点站入库维修；V_2 表示列车发生一般故障，此时列车可切除 1/4 功率运行至终点站后入库维修；V_3 表示列车发生严重故障，此时列车可切除 1/2（或 1/2 以上）功率运行至下一站后入库维修．最低层的因素集与评价判断集间的模糊诊断矩阵 R_{ijk} 由经验和实验记录确定，高层的模糊诊断矩阵由低一层的评价结果组成．各层因素集（子集）的因素权重值根据因素影响列车

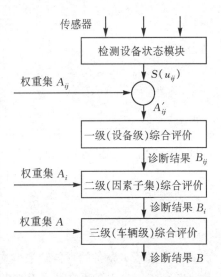

图 6-9　故障诊断系统三层综合评价模型

运行的严重程度人为确定．整车车辆系统的综合评价诊断过程如图 6-9 所示．

诊断系统首先检测设备故障状态，确定设备各故障级别因素的隶属度 $S(u_{ij})$，然后将它与设备权重集 A_{ij} 进行点乘运算得到实际参加评价的设备权重集 A'_{ij}（含归一化处理）．

列车设备故障的级别划分为 A 级、B 级和 C 级．用 $u(x)$ 表示设备故障级别

的隶属度函数，表达式为

$$u(x) = \begin{cases} 0 & x = 0 \\ \left[1 + \left(\dfrac{x}{7} \right)^{-2} \right]^{-1} & 0 < x \leqslant 7 \\ 1 & x > 7. \end{cases}$$

式中，x 论域为 $[0, \infty]$ 上的整数，表示整列车该设备故障个数，当 $u(x) = 0$ 时该设备正常工作，$u(x) < 0.25$ 时表示该设备发生 A 级故障，$0.25 \leqslant u(x) < 0.7$ 时表示该设备发生 B 级故障，$0.7 \leqslant u(x) \leqslant 1$ 时表示该设备发生 C 级严重故障.

　　例如，当首车主监控站仅检测到设备悬浮控制系统转向架 A 发生 C 级严重故障时，系统诊断过程如下（模糊合成算子"。"采用加权求和运算）：

　　（1）由 PLC 检测模块检测设备故障级别. 由于转向架 A 发生严重故障，故该部件的故障级别因素的隶属度 $S(u_{51}) = (0 \quad 0 \quad 1)$.

　　（2）模型一级评价. 通过如下点乘运算得到实际参加运算的权重集：

$$A_{51}' = A_{51} \times S(u_{51}) = (0.2 \quad 0.4 \quad 0.4) \times (0 \quad 0 \quad 1) = (0 \quad 0 \quad 0.4).$$

权重集 A_{51}' 进行归一化处理后为

$$A_{51}' = \frac{(0 \quad 0 \quad 0.4)}{0 + 0 + 0.4} = (0 \quad 0 \quad 1).$$

由公式

$$B_{51} = A_{51}' \circ R_{51} = (0 \quad 0 \quad 1) \circ \begin{bmatrix} 0.3 & 0.2 & 0.5 \\ 0.1 & 0.3 & 0.6 \\ 0 & 0.1 & 0.9 \end{bmatrix} = (0 \quad 0.1 \quad 0.9),$$

由于仅检测到转向架 A 发生故障，故其他转向架部件故障诊断结果均为 $(0 \quad 0 \quad 0)$，因此可组成上一层的模糊诊断矩阵：

$$R_5 = \begin{bmatrix} 0 & 0.1 & 0.9 \\ 0 & 0 & 0 \\ 0 & 0 & 0 \\ 0 & 0 & 0 \end{bmatrix},$$

而其他因素子集设备的评价结果也均为零向量，所组成的上一层的模糊诊断矩阵均为零矩阵，在高层评价时可不必考虑.

　　（3）模型二级评价.

　　同上一步骤，由公式

$$B_5 = A_5 \circ R_5 = (0.25 \quad 0.25 \quad 0.25 \quad 0.25) \circ \begin{bmatrix} 0 & 0.1 & 0.9 \\ 0 & 0 & 0 \\ 0 & 0 & 0 \\ 0 & 0 & 0 \end{bmatrix}$$

$$= (0 \quad 0.25 \quad 0.225),$$

由于其他因素子集无故障发生, 故其他因素子集的诊断结果为零向量(0　0　0).

（4）模型三级评价.

同步骤(2), 由公式

$$B = A \circ R = (0.1 \quad 0.1 \quad 0.1 \quad 0.1 \quad 0.1 \quad 0.1 \quad 0.1 \quad 0.1 \quad 0.1 \quad 0.1) \circ R$$
$$= (0 \quad 0.0025 \quad 0.0225),$$

根据最大隶属度原则可确定列车发生严重故障, 与实际判断相符.

在实验时通过对多个设备故障的模拟仿真, 诊断系统也取得了比较合理的诊断结果.

6.3　模糊聚类诊断

6.3.1　模糊聚类诊断的基本原理

在模糊故障诊断中, 可以把故障信号（现象）看作一些"症状", 如柴油机冒浓烟、转速上不去等. 而把故障原因, 即产生这些症状（征兆）的根据, 如喷油雾化不良、机油管破裂等看作各种"病症". 诊断的目的是当系统出现异常现象时, 根据这些症状来识别是哪一种病症.

模糊聚类诊断的基本思想是: 以当前的故障症状样本与历史上机器（或同类机器）各次诊断与故障排除记录中的症状情况相对照, 看看本次故障与过去已确诊的各故障中哪一次最为相似（可聚为一类）. 可以间接推论, 认为本次故障原因与历史上相似（同类）故障的原因雷同, 因此可以参考"历史经验"来认定当前最可能的故障原因, 从而取得较满意的结论. 要用好模糊聚类方法, 需要有足够而且可靠的诊断与排除故障的档案记录.

模糊聚类诊断的步骤如下.

第一步, 明确待分类对象, 即论域

$$U = \{x_1, x_2, \cdots, x_n\}.$$

式中, n 为被分类对象的个数, 每个被分类对象称作一个样本, 并设每个样本 x_i 都由一组 m 个指标来划分:

$$x_i = \{x'_{i1}, x'_{i2}, \cdots, x'_{im}\}.$$

式中, x_{ij} 是第 i 个被分类对象相应于第 j 个指标的数值. 于是得到 $n \times m$ 维矩阵 $X' = (x'_{ij})_{n \times m}$, 称为原始记录矩阵.

每个对象指标的选择应有明确的实际意义、较强的分辨力和代表性. 指标数据的取得可通过直接观测或采用历史统计资料.

第二步, 把各指标数据标准化, 以便分析比较, 同时避免数据过小, 指标的作用被湮没掉, 这一步也称为正规化. x_{ij} 为标准化数据.

标准化的方法很多,下面介绍一种简单易行的极差化法:

$$x_{ij} = \frac{x'_{ij} - \min_{1 \le t \le n} x'_{tj}}{\max_{1 \le t \le n} x'_{tj} - \min_{1 \le t \le n} x'_{tj}}.$$

式中,分母是原始记录矩阵第 j 列各元素的最大值与最小值之差. 显然,通过标准化把数据压缩到 $[0,1]$ 闭区间,即 $x_{ij} \in [0,1]$. 于是得到正规化矩阵

$$X = (x_{ij})_{n \times m}.$$

第三步,建立模糊相似关系矩阵. 把标准化后的矩阵的每一行看作各被分类对象在指标集上的模糊集合

$$X_i = (x_{i1}, x_{i2}, \cdots, x_{im}) \quad (i = 1, 2, \cdots, m),$$

各 x_{ij} 的意义表示指标 x_j 隶属于集合 X_i 的隶属度. 于是,各 X_i 就间接描述了各个对象 x_i 本质特征,从而可用 4.7 节的计算方法来确定对象 x_i 与 x_j 的相似程度 r_{ij} $(i, j = 1, 2, \cdots, n)$,从而确定论域 U 上的模糊相似关系矩阵 R,即

$$R = \begin{bmatrix} r_{11} & r_{12} & \cdots & r_{1n} \\ r_{21} & r_{22} & \cdots & r_{2n} \\ \vdots & \vdots & & \vdots \\ r_{n1} & r_{n2} & \cdots & r_{nn} \end{bmatrix}.$$

注意,R 是方阵,其行数与列数均等于被分类对象数 n. 上述步骤又简称标定.

第四步,改造模糊相似矩阵为模糊等价矩阵,进行聚类分析. 其目的是把历史上已有的诊断记录分成若干类,相当于建立若干诊断模式,然后对当前要诊断的状态进行模式识别. 步骤见图 6-10.

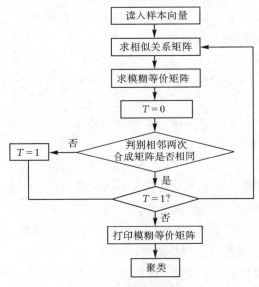

图 6-10　模糊聚类步骤图

模糊聚类分析一般有两种方法:

(1) 直接用模糊相似关系矩阵 R, 采用编网法或者最大树法, 依给定的 $\lambda \in [0,1]$ 进行分类.

(2) 改造模糊相似关系矩阵 R 为模糊等价关系矩阵 $\hat{R}$, 对 $\hat{R}$ 依给定的 $\lambda \in [0,1]$ 进行分类.

第(2)种方法已在第 4 章中作了介绍, 这里不再赘述. 以下给出应用实例.

6.3.2　应用实例

例 1　模糊聚类法在真空精炼系统故障诊断中的应用.

大型真空冶金系统是实现钢水脱气、脱碳、脱硫等工艺的关键设备. 在生产中, 真空冶金系统有时会出现一些故障, 而这些故障会严重影响生产进程. 系统一旦发生故障将直接导致抽气强度不足、钢水脱气不充分, 使钢材质量无法保证, 有时被迫转炼低附加值的钢种, 甚至重新回炉而无法继续生产. 由于大型真空冶金系统的体积庞大、结构复杂, 给故障的排查带来许多不便; 其故障点较多, 故障点与故障现象间有复杂的对应关系, 加之经验不足等, 使故障的诊断与排查工作更加困难; 真空冶金过程要求进行实时、快速、准确的故障诊断. 本实验提出了基于模糊聚类算法的智能诊断模型. 根据现场采集的大量数据样本, 通过对样本数据进行分析处理来得到设备的故障信息, 从而判断出故障类型.

1. 样本数据采集

大型真空冶金系统的故障主要表现在系统的工作真空度太低或系统的抽气时间过长. 导致上述现象的原因很多, 因真空系统应用的领域不同而各异. 本研究以上海宝钢集团公司钢水真空精炼用的 RH-KTB 炉外精炼真空系统为例进行模糊故障诊断分析. RH-KTB 真空系统如图 6-11 所示.

RH-KTB 系统由多级高架式水蒸气喷射真空泵与多级冷凝器串联而成, 用来对真空室内的钢水脱碳脱氢、脱氧处理及成分、温度调整. 工作时(以高真空脱氢、脱氧为例), 首先打开 4A 和 4B 的蒸气阀, 使 4A 和 4B 真空泵对真空室预抽真空; 1 分钟左右启动 3A 和 3B, 再过 1 分钟左右分别启动 S2 及 S1 并关闭 3A 和 4B, 大约过 2 分钟真空室内的气体压力达到高真空稳定值(250 Pa), 这时开始对真空室内的钢水进行脱氢、脱氧, 直到气体含量达到指标, 从而实现钢水的真空精炼. RH-KTB 系统的工作目的是在真空室内创造出清洁真空环境, 从而使钢水内气体压强大于钢水外的气体压强, 加速钢水除气. 产生真空环境的真空泵在能源介质(水蒸气冷凝水等)的综合作用下工作. 因此, 真空系统各种故障表现都与能源介质的状态有直接的关系. 我们在真空系统不同位置分配了测点, 采集过程量的信息, 将这些过程量(作为样本的特征或属性)组成样本集作为模糊故障诊断分析的初始样本集, 用矩阵 $X = (X_{ij})$ 表示. 其中, X_{ij} 代表现场实验测得的样本数

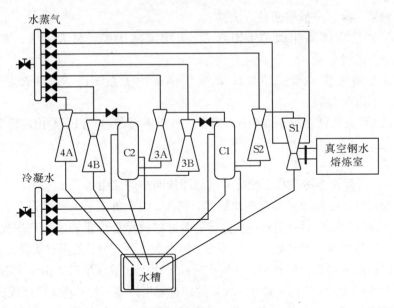

图 6-11 RH-KTB 真空系统简图

S1—1 级泵；S2—2 级泵；3A—3 级泵 A；3B—3 级泵 B；

4A—4 级泵 A；4B—4 级泵 B；C1—冷凝器 1；C2—冷凝器 2

据点；i 代表样本序号(这里为了简化，从大量样本数据中抽取有代表性的 20 组数据)；j 代表属性序号，即水蒸气压力、流量、温度、冷凝水压力、流量、温度.

设 Y_1，Y_2，$\cdots$，Y_m 为 m 个标准故障模式样本定义，故障模式 Y_i 的隶属函数为

$$Y_i(X_0) = \frac{\sum\limits_{k=1}^{p} X_{0k} \cdot Y_{ik}}{\sqrt{\sum\limits_{k=1}^{p} (X_{0k})^2 \cdot \sum\limits_{k=1}^{p} (Y_{ik})^2}}.$$

式中，$X_0 = (X_{01}, X_{02}, \cdots, X_{0p})$ 为待测样本；$Y_i = (Y_{i1}, Y_{i2}, \cdots, Y_{ip})$ 为第 i 个标准样本；p 为样本属性个数.

2. 各指标数据标准化

由于测得的样本数据点的特征指标的量纲不同、数量级也不同，因此在计算之前要将量纲消除且要使各数据在一个数量级，以便聚类分析，这里用极差化法对初始矩阵 X 进行标准化处理，原始矩阵 $X = (X_{ij})$ 标准化后为 $X^* = (X_{ij}^*)$：

$$X_{ij}^* = \frac{X_{ij} - \min\limits_{1 \leqslant i \leqslant 20} X_{ij}}{\max\limits_{1 \leqslant i \leqslant 20} X_{ij} - \min\limits_{1 \leqslant i \leqslant 20} X_{ij}}.$$

3. 建立相似关系矩阵

根据模糊聚类理论，依据上面标准化处理后数据 $X^* = (X_{ij}^*)$，用最大最小法确定了模糊相似矩阵 R. R 为 20 阶矩阵，模糊相似矩阵 R 的表达式见文献[26]. 由于本例运用的动态聚类分析方法，这里不详细表述.

4. 改造模糊相似矩阵进行模糊动态聚类分析

为了使 R 满足传递性，用平方法计算 R 的传递闭包 $\hat{R}$. 根据模糊聚类理论，我们在不同的水平 $[\lambda \in (0, 1)]$ 下对传递闭包 $\hat{R}$ 求取截阵 $\hat{R}_\lambda$，通过对 $\hat{R}_\lambda$ 分析得出不同 λ 下的分类结果，如表6-6 及图6-12 所示.

表 6-6　模糊故障诊断的动态聚类表

水平 λ	聚类结果(X_i 代表实际采集的第 i 组数据，取 20 组)	聚类个数
0.98	$\{X_1\}$，$\{X_2\}$，$\{X_3\}$，$\{X_4\}$，$\{X_5\}$，$\{X_6\}$，$\{X_7\}$，$\{X_8\}$，$\{X_9\}$，$\{X_{10}\}$，$\{X_{12}\}$，$\{X_{13}\}$，$\{X_{14}\}$，$\{X_{15}\}$，$\{X_{16}\}$，$\{X_{17}\}$，$\{X_{18}\}$，$\{X_{19}\}$，$\{X_{11}, X_{20}\}$	19
0.95	$\{X_1\}$，$\{X_2\}$，$\{X_3\}$，$\{X_4\}$，$\{X_5\}$，$\{X_6\}$，$\{X_7\}$，$\{X_8\}$，$\{X_{10}\}$，$\{X_{12}\}$，$\{X_{13}\}$，$\{X_{14}\}$，$\{X_{15}\}$，$\{X_{16}\}$，$\{X_{17}\}$，$\{X_{18}\}$，$\{X_{19}\}$，$\{X_9, X_{11}, X_{20}\}$	18
0.92	$\{X_1, X_2\}$，$\{X_3\}$，$\{X_4, X_5, X_{16}\}$，$\{X_6\}$，$\{X_7\}$，$\{X_8\}$，$\{X_{10}\}$，$\{X_{12}\}$，$\{X_{13}, X_{14}\}$，$\{X_{15}\}$，$\{X_{17}\}$，$\{X_{18}\}$，$\{X_{19}\}$，$\{X_9, X_{11}, X_{20}\}$	14
0.89	$\{X_1, X_2\}$，$\{X_3\}$，$\{X_4, X_5, X_{15}, X_{16}\}$，$\{X_6, X_7, X_8\}$，$\{X_{12}, X_{13}, X_{14}\}$，$\{X_{17}\}$，$\{X_{18}, X_{19}\}$，$\{X_9, X_{10}, X_{11}, X_{20}\}$	8
0.86	$\{X_1, X_2\}$，$\{X_3, X_4, X_5, X_{15}, X_{16}, X_{17}\}$，$\{X_6, X_7, X_8\}$，$\{X_{12}, X_{13}, X_{14}\}$，$\{X_{18}, X_{19}\}$，$\{X_9, X_{10}, X_{11}, X_{20}\}$	6
0.83	$\{X_1, X_2\}$，$\{X_3, X_4, X_5, X_{15}, X_{16}, X_{17}\}$，$\{X_6, X_7, X_8\}$，$\{X_{12}, X_{13}, X_{14}\}$，$\{X_{18}, X_{19}\}$，$\{X_9, X_{10}, X_{11}, X_{20}\}$	6
0.80	$\{X_1, X_2\}$，$\{X_3, X_4, X_5, X_{15}, X_{16}, X_{17}\}$，$\{X_6, X_7, X_8\}$，$\{X_{12}, X_{13}, X_{14}\}$，$\{X_{18}, X_{19}\}$，$\{X_9, X_{10}, X_{11}, X_{20}\}$	6
0.77	$\{X_1, X_2\}$，$\{X_3, X_4, X_5, X_{15}, X_{16}, X_{17}\}$，$\{X_6, X_7, X_8\}$，$\{X_{12}, X_{13}, X_{14}\}$，$\{X_{18}, X_{19}\}$，$\{X_9, X_{10}, X_{11}, X_{20}\}$	6
0.74	$\{X_1, X_2, X_{12}, X_{13}, X_{14}\}$，$\{X_6, X_7, X_8\}$，$\{X_3, X_4, X_5, X_{15}, X_{16}, X_{17}\}$，$\{X_{18}, X_{19}\}$，$\{X_9, X_{10}, X_{11}, X_{20}\}$	5
0.71	$\{X_1, X_2, X_{12}, X_{13}, X_{14}\}$，$\{X_6, X_7, X_8\}$，$\{X_3, X_4, X_5, X_{15}, X_{16}, X_{17}\}$，$\{X_{18}, X_{19}\}$，$\{X_9, X_{10}, X_{11}, X_{20}\}$	5

由表6-6 及图6-12 可见，随着 λ 的增加，聚类的个数也在增加.

$\lambda = 0.71$，聚 5 类；

$\lambda = 0.74$，聚 5 类；

$\lambda = 0.77$，聚 6 类；

$\lambda = 0.80$，聚 6 类；

$\lambda = 0.83$，聚 6 类；

$\lambda = 0.86$，聚 6 类；

$\lambda = 0.89$，聚 8 类；

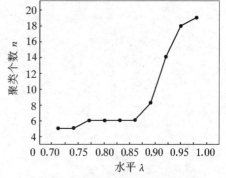

图 6-12　模糊故障诊断的动态聚类

$\lambda = 0.92$，聚 14 类；

$\lambda = 0.95$，聚 18 类；

$\lambda = 0.98$，聚 19 类.

λ 值太大则聚类数太多，达不到聚类的目的；λ 值太小则聚类数太少，会将不同的故障类型聚为一类，导致错误的故障判断.

根据大型真空冶金过程的故障特点及上海宝钢集团公司 RH‑KTB 故障诊断的经验，取 $\lambda = 0.86$（或 0.83；0.80；0.77）比较合适. $\lambda = 0.86$ 时聚为 6 类，其中样本数据 X_1，X_2 聚为一类，即这一类样本数据反映的故障征兆是水蒸气的压力、温度及流量偏高，这类故障将影响第 2 级冷凝器的冷却效果，从而可能导致 3 级泵的抽气故障；样本数据 X_3，X_4，X_5，X_{15}，X_{16}，X_{17} 聚为一类，这一类样本的特点是水蒸气压力、温度及流量过低，这类故障将直接影响各级泵的抽气能力，使抽气时间过长或工作真空度下降，有时也不利于加热套的传热；样本 X_6，X_7，X_8 共同点在于冷凝水压力、流量太低且温度过高，将导致冷凝器的冷凝效果变差，背压过大影响系统抽气效果；样本数据 X_{12}，X_{13}，X_{14} 代表真空系统工作正常；样本 X_{18}，X_{19} 的特点是水蒸气压力、温度及流量过低，冷凝水压力、流量太低且温度过高，使系统综合抽气能力严重下降；样本 X_9，X_{10}，X_{11}，X_{20} 说明水蒸气压力、温度及流量偏高，不仅影响第 2 级冷凝器的冷却效果，而且会导致级泵的抽气下降，同时冷凝水压力、流量太低且温度过高，将进一步导致冷凝器的冷凝效果差，影响系统抽气效果.

可见，基于实际样本集故障诊断的模糊聚类算法能够对大型真空系统的故障进行正确、快速的聚类，并可根据聚类结果对待判的实际样本进行归类，从而实现大型真空系统故障的智能化诊断.

第三篇　模糊信息技术与模糊控制

第7章　模糊语言与模糊推理

推理是思维的基本形式之一，形式逻辑为人们提供了既严谨又十分有效的"三段论"推理模式．在这种推理过程中，要求命题的条件与给定的条件完全一致，才能得出与命题结论相一致的推断，这就是二值逻辑的本质．然而在现实生活中，有许多逻辑和命题无法用二值逻辑来描述，使用"三段论"推理模式难以得到真或假的结论．对此人们必须凭借经验和不精确信息进行推理，可得到近似的结论．利用模糊信息，模拟人的思维过程的推理称为模糊推理．

本章首先介绍模糊语言的定义，模糊算子及其逻辑运算，然后在此基础上介绍一些模糊推理模型及其算法．

7.1　模糊语言与模糊算子

7.1.1　模糊语言变量

语言变量是自然语言中的词或句，它的取值不是通常的数，而是用模糊语言表示的模糊集合．例如，若把"年龄"看作一个模糊语言变量，则它的取值不是具体年龄，而是诸如"年幼""年老""年轻"等用模糊语言表示的模糊集合．L. A. Zadeh 为语言变量给出了如下的定义．

定义1　一个语言变量可用一个五元体$(x, T(x), U, G, M)$来表示，其中x为变量名称；$T(x)$为x的语言集，即语言x取值名称的集合，而且每一个语言取值对应一个在U上的模糊集；U是论域；G为语言取值的语法规则；M为解释每个语言x取值的语义规则．

例1　以控制系统的误差为语言变量x，论域取为$[-6, +6]$．"误差"这个语言变量的原子单词有"大""中""小""零"，对这些原子单词施加适当的语气算

子,就可以构成多个语言值名称,如"很大""大""较小"等,再考虑误差有正、负的情况,$T(x)$可表示成为:

$T(x) = T(误差)$

$\quad = \{负很大, 负大, 负较大, 负中, 负小, 零, 正小, 正中, 正较大,$

$\quad\quad 正大, 正很大\}$

图7-1是以误差为语言变量的五元体示意图,其中语言集合$T(x)$只画出一部分,而语义规则是指模糊集的隶属函数.

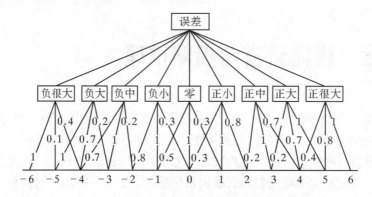

图7-1　误差语言变量的五元体

上述定义可能会造成一个这样的印象:语言变量是一个很复杂的概念. 但实际上并非如此. 引入语言变量这个概念的目的是要确切地表明,一个变量是能够用普通语言中的词汇来取值的. 下面是语言变量的直观定义.

定义2　语言变量(直观定义):如果一个变量能够用普通语言中的词(如大、小和快等)来取值,则该变量就定义为语言变量. 所用的词常常是模糊集合的标识词.

例2　语言变量"速度"可取值为"慢速"、"中速"和"快速",而这里"慢速"、"中速"和"快速"则分别对应于图7-2中定义的模糊集合;同时,语言变量"速度"也可以取$[0, V]$之间的任意值. 由此可见,语言变量是一个很重要的概念,它提

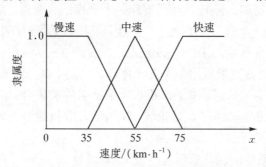

图7-2　汽车"慢速""中速""快速"三种模糊集合的隶属函数

供了量化语言描述的正规途径.

7.1.2　模糊算子

1. 语气算子

自然语言中, 有些词如"很""稍许""极""略""非常""比较""微""特别"……把这些词缀在一个原子单词前面(如"很老""比较老""极老"……)便调整了该词词义的肯定程度, 把原来的单词变为一个新的词. 因此, 上面那些词可以分别看作一种算子, 叫作语气算子.

加上语气算子后的词的词义定义如下:

[很老]$\triangle$[老]^2　　　　[极老]$\triangle$[老]^4

[相当老]$\triangle$[老]$^{1.25}$　　[比较老]$\triangle$[老]$^{0.75}$

[有点老]$\triangle$[老]$^{0.5}$　　[稍微有点老]$\triangle$[老]$^{0.25}$.

若用 A 表示相应单词的模糊集, 则有:

很 $A \triangle A^2$　　　　　　极 $A \triangle A^4$

相当 $A \triangle A^{1.25}$　　　　比较 $A \triangle A^{0.75}$

有点 $A \triangle A^{0.5}$　　　　稍微有点 $A \triangle A^{0.25}$.

图 7-3 直观地说明了 A, A^2 和 $A^{\frac{1}{2}}$ 之间的关系.

因此, 语气算子是一个变换:

$$H_\lambda : \mathscr{F}(U) \to \mathscr{F}(U),$$

即　　　$(H_\lambda A)(u) = [A(u)]^\lambda.$

由上面定义的意义, 把 H_2 叫"很", H_4 叫"极", $H_{0.5}$ 叫"有点", $H_{0.25}$ 叫"稍微有点", 等等.

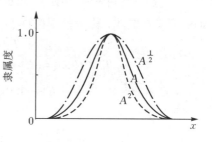

图 7-3　A, A^2 和 A^+ 之间的关系

例3　设年龄论域 $U = [0, 100]$, 给出词集合为 $T = \{$青年, 中年, 老年$\}$, T 中单词的词义如下:

$$[青年](u) = \begin{cases} 1 & 0 \leqslant u \leqslant 25 \\ \left[1 + \left(\dfrac{u-25}{5}\right)^2\right]^{-1} & 25 < u \leqslant 100; \end{cases}$$

$$[中年](u) = \begin{cases} 0 & 0 \leqslant u \leqslant 35 \\ \left[1 + \left(\dfrac{u-45}{5}\right)^4\right]^{-1} & 35 < u \leqslant 45 \\ \left[1 + \left(\dfrac{u-45}{5}\right)^2\right]^{-1} & 45 < u \leqslant 100; \end{cases}$$

$$[\text{老年}](u) = \begin{cases} 0 & 0 \leqslant u \leqslant 50 \\ \left[1 + \left(\dfrac{u-50}{5}\right)^{-2}\right]^{-1} & 50 < u \leqslant 100. \end{cases}$$

所以有

$$H_2[\text{老}](u) = \begin{cases} 0 & 0 \leqslant u \leqslant 50 \\ \left[1 + \left(\dfrac{u-50}{5}\right)^{-2}\right]^{-2} & 50 < u \leqslant 100; \end{cases}$$

$$H_4[\text{老}](u) = \begin{cases} 0 & 0 \leqslant u \leqslant 50 \\ \left[1 + \left(\dfrac{u-50}{5}\right)^{-2}\right]^{-4} & 50 < u \leqslant 100; \end{cases}$$

$$H_{\frac{1}{2}}[\text{老}](u) = \begin{cases} 0 & 0 \leqslant u \leqslant 50 \\ \left[1 + \left(\dfrac{u-50}{5}\right)^{-2}\right]^{-\frac{1}{2}} & 50 < u \leqslant 100; \end{cases}$$

$$H_{\frac{1}{4}}[\text{老}](u) = \begin{cases} 0 & 0 \leqslant u \leqslant 50 \\ \left[1 + \left(\dfrac{u-50}{5}\right)^{-2}\right]^{-\frac{1}{4}} & 50 < u \leqslant 100. \end{cases}$$

2. 模糊化算子

"大约""好像""近似于"等词也是一种算子,它们缀在一个单词前面,把该词的意义模糊化,称为模糊化算子. 模糊化算子的作用相当于模糊变换

$$T: \mathscr{F}(U) \to \mathscr{F}(U)$$
$$T(A)(u) = (E \circ A)(u) = \bigvee_{v \in U} (A(v) \wedge E(u, v)).$$

$E \in \mathscr{F}(U \times U)$ 是 U 上的一个相似关系. 当 $U = (-\infty, \infty)$ 时,常取

$$E(u, v) = \begin{cases} \mathrm{e}^{-(u-v)^2} & |u-v| < \delta \\ 0 & |u-v| \geqslant \delta. \end{cases}$$

式中,δ 是参数.

例 4　设 $A(u) = \begin{cases} 1 & \text{当 } u = 3 \text{ 时} \\ 0 & \text{当 } u \neq 3, \end{cases}$ 则

$$T(A)(u) = \bigvee_{v \in U} (A(u) \wedge E(u, v)) = E(u, 3) = \begin{cases} \mathrm{e}^{-(u-3)^2} & |u-3| < \delta \\ 0 & |u-3| \geqslant \delta. \end{cases}$$

当 A 对应的词是 3 时,$T(A)$ 对应的词叫作"大约 3".

3. 判定化算子.

"偏向""倾向于""多半是"等词,也是一种算子,化模糊为肯定,在模糊之中给出粗糙的判断,叫作判定化算子. 记为 $P_a\left(0 < a \leqslant \dfrac{1}{2}\right)$.

$$(P_a A)(u) = d_a[A(u)].$$

其中,d_a 是定义在 $[0, 1]$ 上的实函数:

$$d_a(x) = \begin{cases} 0 & x \leqslant a \\ \dfrac{1}{2} & a < x \leqslant 1-a \\ 1 & x > 1-a. \end{cases}$$

当隶属度 $A(u) \leqslant a$ 和 $A(u) > 1-a$ 时，判定是肯定的；当 $a < A(u) \leqslant 1-a$ 时，模糊度为 $\dfrac{1}{2}$，即更加模糊．a 是根据实际问题的需要来确定的．

若取 $a = \dfrac{1}{2}$，则

$$d_{\frac{1}{2}}(x) = \begin{cases} 0 & x \leqslant \dfrac{1}{2} \\ 1 & x > \dfrac{1}{2}. \end{cases}$$

一般判断 $P_{\frac{1}{2}}$ 只能是倾向性的，不能那样肯定，故 $P_{\frac{1}{2}}$ 称为"倾向"．例如，

$$[\text{倾向年轻}](u) = P_{\frac{1}{2}}[\text{年轻}](u) = d_{\frac{1}{2}}([\text{年轻}](u)).$$

因为 $[\text{年轻}](30) = \dfrac{1}{2}$，所以

$$[\text{倾向年轻}](u) = \begin{cases} 1 & u < 30 \\ 0 & u \geqslant 30. \end{cases}$$

7.1.3　语言值

在自然语言中，有一类词的词义是表示数量的，如"大""小""多""轻""重""长""短"……以及由它们按上述方法扩大的词汇，如"很大""不大""非常小""不长也不短""偏大"……都叫作语言值．它们都是口语化的数量．

例如：设 $U = \{1, 2, \cdots, 10\}$，在论域 U 上定义：

$$[\text{大}] = \frac{0.2}{4} + \frac{0.4}{5} + \frac{0.6}{6} + \frac{0.8}{7} + \frac{1}{8} + \frac{1}{9} + \frac{1}{10};$$

$$[\text{小}] = \frac{1}{1} + \frac{0.8}{2} + \frac{0.6}{3} + \frac{0.4}{4} + \frac{0.2}{5}.$$

语言值的运算方法如下．

1. 模糊逻辑运算

例5　设语言值[大]、[小]如上面所给，试求出语言值 [不大也不小]．

解　$[\text{不大}](u) = 1 - [\text{大}](u) = \dfrac{1}{1} + \dfrac{1}{2} + \dfrac{1}{3} + \dfrac{0.8}{4} + \dfrac{0.6}{5} + \dfrac{0.4}{6} + \dfrac{0.2}{7};$

$[\text{不小}](u) = 1 - [\text{小}](u) = \dfrac{0.2}{2} + \dfrac{0.4}{3} + \dfrac{0.6}{4} + \dfrac{0.8}{5} + \dfrac{1}{6} + \dfrac{1}{7} + \dfrac{1}{8} + \dfrac{1}{9} + \dfrac{1}{10};$

$[\text{不大也不小}] = [\text{不大}] \wedge [\text{不小}] = \dfrac{0.2}{2} + \dfrac{0.4}{3} + \dfrac{0.6}{4} + \dfrac{0.6}{5} + \dfrac{0.4}{6} + \dfrac{0.2}{7}.$

2. 模糊算子运算

由 $(H_\lambda A)(u) = [A(u)]^\lambda$ 可得

$$[很大] = [大]^2 = \frac{0.2^2}{4} + \frac{0.4^2}{5} + \frac{0.6^2}{6} + \frac{0.8^2}{7} + \frac{1^2}{8} + \frac{1^2}{9} + \frac{1^2}{10}$$

$$= \frac{0.04}{4} + \frac{0.16}{5} + \frac{0.36}{6} + \frac{0.64}{7} + \frac{1}{8} + \frac{1}{9} + \frac{1}{10};$$

$$[略小] = [小]^{\frac{1}{2}} = \frac{1}{1} + \frac{0.8^{\frac{1}{2}}}{2} + \frac{0.6^{\frac{1}{2}}}{3} + \frac{0.4^{\frac{1}{2}}}{4} + \frac{0.2^{\frac{1}{2}}}{5}$$

$$= \frac{1}{1} + \frac{0.89}{2} + \frac{0.77}{3} + \frac{0.63}{4} + \frac{0.45}{5}.$$

3. 语言值的四则运算.

设 α, β 是两个语言值, 按扩张原理, 有如下的四则运算公式:

$$\begin{cases} (\alpha + \beta)(z) = \bigvee_{x+y=z} (\alpha(x) \wedge \beta(y)) \\ (\alpha - \beta)(z) = \bigvee_{x-y=z} (\alpha(x) \wedge \beta(y)) \\ (\alpha \times \beta)(z) = \bigvee_{x \times y=z} (\alpha(x) \wedge \beta(y)) \\ (\alpha \div \beta)(z) = \bigvee_{x \div y=z} (\alpha(x) \wedge \beta(y)). \end{cases}$$

或表示为

$$\alpha * \beta = \int_{z \in U} \bigvee_{x*y=z} \frac{\alpha(x) \wedge \beta(y)}{x * y}.$$

其中, "$*$" 表示算子 "$+, -, \times, \div$".

例 6 设 $\alpha = \frac{1}{1} + \frac{0.8}{2} + \frac{0.2}{3}$, $\beta = \frac{0.2}{2} + \frac{0.8}{3} + \frac{1}{4}$, 求 $\alpha + \beta$, $\alpha - \beta$, $\alpha \times \beta$, $\alpha \div \beta$.

解 按上述公式有

$$\alpha + \beta = \frac{1 \wedge 0.2}{1+2} + \frac{(1 \wedge 0.8) \vee (0.8 \wedge 0.2)}{(1+3)或(2+2)} + \frac{(1 \wedge 1) \vee (0.8 \wedge 0.8) \vee (0.2 \wedge 0.2)}{(1+4)或(2+3)或(3+2)} +$$

$$\frac{(0.8 \wedge 1) \vee (0.2 \wedge 0.8)}{(2+4)或(3+3)} + \frac{0.2 \wedge 1}{3+4}$$

$$= \frac{0.2}{3} + \frac{0.8}{4} + \frac{1}{5} + \frac{0.8}{6} + \frac{0.2}{7}.$$

$$\alpha - \beta = \frac{1 \wedge 1}{1-4} + \frac{(1 \wedge 0.8) \vee (0.8 \wedge 1)}{(1-3)或(2-4)} + \frac{(1 \wedge 0.2) \vee (0.8 \wedge 0.8) \vee (0.2 \wedge 1)}{(1-2)或(2-3)或(3-4)} +$$

$$\frac{(0.8 \wedge 0.2) \vee (0.2 \wedge 0.8)}{(2-2)或(3-3)} + \frac{0.2 \wedge 0.2}{3-2}$$

$$= \frac{1}{-3} + \frac{0.8}{-2} + \frac{0.8}{-1} + \frac{0.2}{0} + \frac{0.2}{1}.$$

$$\alpha \times \beta = \frac{1 \wedge 0.2}{1 \times 2} + \frac{1 \wedge 0.8}{1 \times 3} + \frac{(1 \wedge 1) \vee (0.8 \wedge 0.2)}{1 \times 4 或 2 \times 2} +$$

$$\frac{(0.8 \wedge 0.8) \vee (0.2 \wedge 0.2)}{2 \times 3 或 3 \times 2} + \frac{0.8 \wedge 1}{2 \times 4} + \frac{0.2 \wedge 0.8}{3 \times 3} + \frac{0.2 \wedge 1}{3 \times 4}$$

$$= \frac{0.2}{2} + \frac{0.8}{3} + \frac{1}{4} + \frac{0.8}{6} + \frac{0.8}{8} + \frac{0.2}{9} + \frac{0.2}{12}.$$

$$\alpha \div \beta = \frac{(1 \wedge 0.2) \vee (0.8 \wedge 1)}{\frac{1}{2} 或 \frac{2}{4}} + \frac{1 \wedge 0.8}{\frac{1}{3}} + \frac{1 \wedge 1}{\frac{1}{4}} + \frac{0.8 \wedge 0.8}{\frac{2}{3}} +$$

$$\frac{(0.8 \wedge 0.2) \vee (0.2 \wedge 0.8)}{\frac{2}{2} 或 \frac{3}{3}} + \frac{0.2 \wedge 0.2}{\frac{3}{2}} + \frac{0.2 \wedge 1}{\frac{3}{4}}$$

$$= \frac{1}{\frac{1}{4}} + \frac{0.8}{\frac{1}{3}} + \frac{0.8}{\frac{1}{2}} + \frac{0.8}{\frac{2}{3}} + \frac{0.2}{\frac{3}{4}} + \frac{0.2}{1} + \frac{0.2}{\frac{3}{2}}.$$

7.2 模糊推理及其推理模型

7.2.1 模糊蕴涵关系

定义 1 设 A, B 分别是 X 和 Y 上的两个模糊集，则由 $A \rightarrow B$ 所表示的模糊蕴涵是 X 到 Y 上的一个模糊关系，即定义在 $X \times Y$ 上的一个二元模糊集.

在模糊逻辑控制中，模糊控制规则实质上是模糊蕴涵关系. 由于模糊关系有许多种定义方法，所以，模糊蕴涵关系相应地也有许多种定义方法，在模糊逻辑控制中，常用到如下几种模糊蕴涵关系的运算.

(1) 模糊蕴涵最小运算(Mamdani)：

$$R_C = A \rightarrow B = A \times B = \int_{X \times Y} \frac{A(x) \wedge B(y)}{(x, y)}. \tag{7.2.1}$$

(2) 模糊蕴涵积运算(Larsen)：

$$R_P = A \rightarrow B = A \times B = \int_{X \times Y} \frac{A(x)B(y)}{(x, y)}. \tag{7.2.2}$$

(3) 模糊蕴涵算术运算(Zadeh)：

$$R_a = A \rightarrow B = (A^c \times Y) \oplus (X \times B) = \int_{X \times Y} \frac{1 \wedge (1 - A(x) + B(y))}{(x, y)}. \tag{7.2.3}$$

(4) 模糊蕴涵的最大、最小运算(Zadeh)：

$$R_a = A \rightarrow B = (A \times B) \cup (A^c \times Y) = \int_{X \times Y} \frac{(A(x) \wedge B(y)) \vee (1 - A(x))}{(x, y)}. \tag{7.2.4}$$

(5) 模糊蕴涵的布尔运算：

$$R_a = A \rightarrow B = (A^c \times Y) \cup (X \times B) = \int_{X \times Y} \frac{\max\{(1 - A(x)), B(y)\}}{(x, y)}. \tag{7.2.5}$$

（6）模糊蕴涵的标准法运算：

$$R_S = A \rightarrow B = (A \times Y) \rightarrow (X \times B) = \int_{X \times Y} \frac{A(x) > B(y)}{(x, y)}. \tag{7.2.6}$$

式中：

$$A(x) > B(y) = \begin{cases} 1 & A(x) \leqslant B(y) \\ 0 & A(x) > B(y). \end{cases}$$

（6'）模糊蕴涵的标准法运算：

$$R_\Delta = A \rightarrow B = (A \times Y) \rightarrow (X \times B) = \int_{X \times Y} \frac{A(x) > > B(y)}{(x, y)}. \tag{7.2.7}$$

式中：

$$A(x) > > B(y) = \begin{cases} 1 & A(x) \leqslant B(y) \\ \dfrac{B(y)}{A(x)} & A(x) > B(y). \end{cases}$$

7.2.2 模糊推理模型

在形式逻辑中，我们经常使用三段论式的演绎推理，即由大前提、小前提和结论构成的推理．比如，平行四边形两对角线相互平分，矩形是平行四边形，则矩形的两条对角线也相互平分．这种推理可以写成以下推理规则：

大前提：　　　　如果 X 是 A，则 Y 是 B

小前提：　　　　　　X 是 A

结　论：　　　　　　　　则 Y 是 B

在这种推理过程中，如果大前提中的"A"与小前提中的"A"是完全一样的，则结论必然是"B"，这就是二值逻辑的本质．在这种推理过程中，不管"A"与"B"代表什么，推理是普遍适用的．目前的计算机就是基于这种形式逻辑推理进行设计和工作的．如果大前提中中的"A"与小前提的"A"不一致，形式逻辑就无法进行推理，因此计算机也无法进行推理．但是在这种情况下，人可以进行思维和推理．比如：健康的人长寿，孔子非常健康，则孔子非常长寿．在这一推理中，大前提中的"A"是"健康"，小前提中的"A"是"非常健康"，大前提与小前提不一致，无法使用形式逻辑进行推理．人可以得到"相当长寿"的结论，是根据大前提中的"健康"与小前提中的"非常健康"的"含义"的相似程度．通常用模糊集方法模拟人脑，这样一个思维过程的推理称为模糊推理．又如：

大前提：　　　　如果西红柿红了，则熟了

小前提：　　　　这个西红柿有点红

结　论：　　　　这个西红柿差不多熟了

关于模糊推理可以概括成以下几个模型.

1. 单输入单输出模糊推理模型

$$大前提：\quad 如果 X 是 A，则 Y 是 B$$
$$小前提：\quad X 是 A'$$

$$结　论：\qquad 则 Y 是 B'$$

其中，A 和 A' 是 X 上的模糊集，B 和 B' 是 Y 上的模糊集.

2. 多规则、单输入单输出模糊推理模型

$$大前提 1：\quad 如果 X 是 A_1，则 Y 是 B_1$$
$$大前提 2：\quad 如果 X 是 A_2，则 Y 是 B_2$$
$$\cdots\cdots\qquad\qquad \cdots\cdots$$
$$大前提 m：\quad 如果 X 是 A_m，则 Y 是 B_m$$
$$小前提：\quad X 是 A'$$

$$结　论：\qquad 则 Y 是 B'$$

其中，A_i 和 $A_i'(i=1,2,\cdots,n)$ 是 X 上的模糊集，B 和 B' 是 Y 上的模糊集.

3. 多输入单输出模糊推理模型

$$大前提：\quad 如果 X_1 是 A_1，且 X_2 是 A_2，且\cdots，且 X_n 是 A_n，则 Y 是 B$$
$$小前提：\quad X_1 是 A'_1，且 X_2 是 A'_2，且\cdots，且 X_n 是 A'_n$$

$$结　论：\qquad\qquad Y 是 B'$$

其中，A_i 和 $A_i'(i=1,2,\cdots,n)$ 是 X 上的模糊集，B 和 B' 是 Y 上的模糊集.

4. 多规则、多输入单输出模糊推理模型

$$大前提 1：\quad 如果 X_1 是 A_{11}，且 X_2 是 A_{12}，且\cdots，且 X_n 是 A_{1n}，则 Y 是 B_1$$
$$大前提 2：\quad 如果 X_1 是 A_{21}，且 X_2 是 A_{22}，且\cdots，且 X_n 是 A_{2n}，则 Y 是 B_2$$
$$\cdots\cdots\qquad\qquad \cdots\cdots$$
$$大前提 m：\quad 如果 X_1 是 A_{m1}，且 X_2 是 A_{m2}，且\cdots，且 X_n 是 A_{mn}，则 Y 是 B_m$$
$$小前提：\quad X_1 是 A'_1，且 X_2 是 A'_2，且\cdots，且 X_n 是 A'_n$$

$$结　论：\qquad\qquad 则 Y 是 B'$$

其中，A_{ij} 和 A_i' 是 X 上的模糊集，B_j 和 B' 是 Y 上的模糊集（$i=1,2,\cdots,n$；$j=1,2,\cdots,m$）.

5. 多规则、多输入多输出模糊推理模型

$$大前提 1：\quad 如果 X_1 是 A_{11} 且\cdots，且 X_n 是 A_{1n}，则 Y_1 是 B_{11} 且\cdots，且 Y_q 是 B_{1q}$$
$$大前提 2：\quad 如果 X_1 是 A_{21} 且\cdots，且 X_n 是 A_{2n}，则 Y_1 是 B_{21} 且\cdots，且 Y_q 是 B_{2q}$$
$$\cdots\cdots\qquad\qquad \cdots\cdots$$
$$大前提 m：\quad 如果 X_1 是 A_{m1} 且\cdots，且 X_n 是 A_{mn}，则 Y_1 是 B_{m1} 且\cdots，且 Y_q 是 B_{mq}$$

小前提: X_1 是 A_1' 且…，且 X_n 是 A_n'

结　　论: 则 Y_1 是 B_1 且…，且 Y_q 是 B_q

其中，A_{ij} 和 A_i' 是 X 上的模糊集（$i=1,2,\cdots,m$；$j=1,2,\cdots,n$），B_{ij} 和 B_j 是 Y 上的模糊集（$i=1,2,\cdots,m$；$j=1,2,\cdots,q$）.

7.3 模糊推理的方法及算法

7.3.1 模糊推理的方法

为实现模糊推理，必须首先处理以下两个问题.

问题1 模糊关系的生成规则. 设 A 是 X 上的模糊集，B 是 Y 上的模糊集. 根据模糊推理的大前提条件，确定模糊关系 $R(x,y)=$ "$A\rightarrow B$" (x,y).

问题2 模糊推理的合成规则. 即由模糊关系 $R(x,y)=$ "$A\rightarrow B$" (x,y) 和小前提中的模糊集 A' 得到 Y 上的模糊集 B'，即

$$B'=A'\circ R.$$

下面就前面所述的五种模糊推理模型分别给出一般的推理方法.

1. 单输入单输出模糊推理模型

由模糊推理大前提条件 $A\rightarrow B$，确定模糊关系 $R(x,y)=(A\times B)(x,y)$. 利用小前提条件 A'，确定结论中的模糊集 B' 为

$$B'=A'\circ R.$$

其模糊隶属函数为

$$B'(y)=\bigvee_{x\in X}\left[A'(x)*(A\times B)(x,y)\right]. \tag{7.3.1}$$

式中，" $*$ "是一种算子，一般可取为 T-范. 在模糊控制中，模糊关系经常取为

$$(A\times B)(x,y)=A(x)\wedge B(y)$$

或

$$(A\times B)(x,y)=A(x)\cdot B(y).$$

而" $*$ "算子通常取为取小" $\wedge$ "或乘积" $\cdot$ "运算，即

$$A'(x)*(A\times B)(x,y)=A'(x)\wedge(A\times B)(x,y) \tag{7.3.2}$$

或

$$A'(x)*(A\times B)(x,y)=A'(x)\cdot(A\times B)(x,y). \tag{7.3.3}$$

2. 多规则单输入单输出模糊推理模型

由第 i 个模糊推理规则 $A_i\rightarrow B_i$，确定第 i 个模糊关系：

$$R_i(x,y)=(A_i\times B_i)(x,y).$$

总的模糊关系为

$$R=\bigcup_{i=1}^{m}R_i$$

或
$$R(x, y) = \bigvee_{i=1}^{m} R_i(x, y).$$

利用小前提条件 A', 确定结论中的模糊集 B' 为
$$B' = A' \circ R = A' \circ \bigcup_{i=1}^{m} R_i = \bigcup_{i=1}^{m} A' \circ R_i.$$

其模糊隶属函数为
$$B'(y) = \bigvee_{x \in X} [A'(x) * R(x, y)] \qquad (7.3.4)$$

或
$$B'(y) = \bigvee_{x \in X} [A'(x) * \bigvee_{i=1}^{m} (A_i \times B_i)(x, y)]. \qquad (7.3.5)$$

例如模糊关系取小"∧"或乘积"·","*"算子取小"∧",则
$$B'(y) = \bigvee_{x \in X} [A'(x) \wedge (\bigvee_{i=1}^{m} (A_i(x) \wedge B_i(y)))] \qquad (7.3.6)$$

或
$$B'(y) = \bigvee_{x \in X} [A'(x) \wedge (\prod_{i=1}^{m} A_i(x) \cdot B_i(y))]. \qquad (7.3.7)$$

3. 多输入单输出模糊推理模型

由模糊推理规则的大前提条件 $A_1, A_2, \cdots, A_n \to B$ 生成多元模糊关系：
$$R(x_1, x_2, \cdots, x_n, y) = (A_1 \times A_2 \times \cdots \times A_n \times B)(x_1, x_2, \cdots, x_n, y).$$

利用小前提条件 $A_1', A_2', \cdots, A_n'$ 确定 $X_1 \times X_2 \times \cdots \times X_n$ 上一个模糊集合 A', 其模糊隶属函数为
$$(A_1' \times A_2' \times \cdots \times A_n')(x_1, x_2, \cdots, x_n).$$

由此确定结论中的模糊集 B' 为
$$B' = A' \circ R.$$

记 $x = (x_1, x_2, \cdots, x_n)$, B' 的模糊隶属函数为
$$B'(y) = \bigvee_{x \in X} [A'(x) * (A_1 \times A_2 \times \cdots \times A_n \times B)(x, y)]. \qquad (7.3.8)$$

例如模糊关系和"*"算子取乘积"·"运算,模糊集 A' 的隶属函数取为
$$A'(x) = A_1'(x_1) \cdot A_2'(x_2) \cdot \cdots \cdot A_n'(x_n),$$

则
$$B'(y) = \bigvee_{x \in X} [\prod_{i=1}^{n} A_i'(x_i) \times \prod_{i=1}^{n} A_i(x_i) \times B(y)]. \qquad (7.3.9)$$

4. 多规则、多输入单输出模糊推理模型

由第 i 条模糊推理规则的大前提条件 $A_{i1}, A_{i2}, \cdots, A_{in} \to B_i$, 生成一个多元模糊关系：
$$R_i(x_1, x_2, \cdots, x_n, y) = (A_{i1} \times A_{i2} \times \cdots \times A_{in} \times B_i)(x_1, x_2, \cdots, x_n, y),$$

总的模糊关系为
$$R = \bigcup_{i=1}^{m} R_i.$$

其模糊隶属函数为

$$R(x, y) = \bigvee_{i=1}^{m} R_i(x, y).$$

利用小前提条件 A'，确定结论中的模糊集 B' 为

$$B' = A' \circ R = A' \circ \bigcup_{i=1}^{m} R_i = \bigcup_{i=1}^{m} A' \circ R_i.$$

其模糊隶属函数为

$$B'(y) = \bigvee_{x \in X} \left[A'(x) * R(x, y) \right].$$

或

$$B'(y) = \bigvee_{x \in X} \left[A'(x) * \bigvee_{i=1}^{m} (A_i \times B_i)(x, y) \right]. \tag{7.3.10}$$

如果模糊关系取小"$\wedge$"，"$*$"算子取小"$\wedge$"，则

$$B'(y) = \bigvee_{x \in X} \left[A'(x) \wedge \left(\bigvee_{i=1}^{m} (A_i(x) \wedge B_i(y)) \right) \right]. \tag{7.3.11}$$

如果模糊集 A' 的隶属函数取为

$$A'(x) = A_1'(x_1) \cdot A_2'(x_2) \cdot \cdots \cdot A_n'(x_n),$$

则

$$B'(y) = \bigvee_{x \in X} \left[\prod_{i=1}^{m} A_i'(x_i) \wedge \left(\bigvee_{i=1}^{m} (A_i(x) \wedge B_i(y)) \right) \right]. \tag{7.3.12}$$

5. 多规则、多输入多输出模糊推理模型

对于多规则、多输入多输出模糊推理模型中的模糊规则，在一般情况下总可以分解成如下的多规则、多输入单输出模糊推理规则：

R_j^i：如果 X_1 是 A_{i1} 且 X_2 是 A_{i2} 且…，且 X_n 是 A_{in}，则 Y_j 是 B_{ij}

$$(i = 1, 2, \cdots, m; j = 1, 2, \cdots, q).$$

对于给定的 j，由上面的推理规则可以构成一个多规则、多输入多输出模糊推理模型：

大前提 1：　　如果 X_1 是 A_{11}，且 X_2 是 A_{12}，且…，且 X_n 是 A_{1n}，则 Y_j 是 B_{1j}

大前提 2：　　如果 X_1 是 A_{21}，且 X_2 是 A_{22}，且…，且 X_n 是 A_{2n}，则 Y_j 是 B_{2j}

　　……　　　　　　　　　……

大前提 m：　如果 X_1 是 A_{m1}，且 X_2 是 A_{m2}，且…，且 X_n 是 A_{mn}，则 Y_j 是 B_{mj}

小前提：　　　　X_1 是 A_1'，且 X_2 是 A_2'，且…，且 X_n 是 A_n'

结　论：　　　　　　　　　　　　　　　　　　　　　　　则 Y_j 是 B_j'

因此，可仿照第四种类型进行模糊推理.

7.3.2　Mamdani 模糊推理算法

1974 年，E. H. Mamdani 提出了模糊控制，并给出了一种非常有效的模糊推理算法，这种算法通常称为 Mamdani 算法. 下面针对上小节所给出的模糊推理模

型，分别介绍 Mamdani 算法．

1. 单输入单输出模糊推理的 Mamdani 算法

在 Mamdani 算法中，模糊关系生成规则为

$$R(x, y) = \text{"}A{\rightarrow}B\text{"}(x, y) = A(x) \wedge B(y).$$

推理合成规则为 max-min 复合运算：

$$B'(y) = \bigvee_{x \in X} (A'(x) \wedge R(x, y)).$$

将模糊关系生成规则与推理合成规则合并在一起，即得

$$
\begin{aligned}
B'(y) &= \bigvee_{x \in X} (A'(x) \wedge A(x) \wedge B(y)) \\
&= \bigvee_{x \in X} (A'(x) \wedge A(x)) \wedge B(y) \\
&= N(A', A) \wedge B(y) = N \wedge B(y).
\end{aligned}
\tag{7.3.13}
$$

式中，$N(A', A) = \bigvee_{x \in X} (A'(x) \wedge A(x))$．它表示大前提中的模糊集 A 与小前提中的模糊集 A' 的贴近度．

图 7-4 给出了模糊推理方法的全过程．

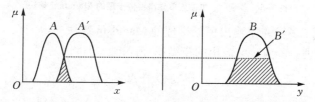

图 7-4　单输入单输出模糊推理的 Mamdani 算法

从图 7-4 中可以看出，当 $N_1 \leqslant N_2$ 时，则 $B'_1 \subseteq B'_2$，即 A' 与 A 贴近度越大，模糊推理结果 B' 越大．反之，A' 与 A 贴近度越小，模糊推理结果 B' 越小．特别有以下特殊情况：

（1）当 $A' \cap A = \varnothing$ 时，$N = 0$，从而 $B' = \varnothing$．

（2）当 A 为正规模糊集时，若 $A' = A$，则 $B' = B$．

由此可见，模糊推理的 Mamdani 算法是假言式推理形式的推广．

2. 多规则、单输入单输出模糊推理的 Mamdani 算法

由第 i 条模糊推理规则得到模糊关系 R_i，从而得到

$$R(x, y) = \bigvee_{i=1}^{m} R_i(x, y) = \bigvee_{i=1}^{m} (A_i(x) \wedge B_i(y)).$$

于是

$$
\begin{aligned}
B'(y) &= (A' \circ R)(y) = \bigvee_{x \in X} (A'(x) \wedge R(x, y)) \\
&= \bigvee_{i=1}^{m} \bigvee_{x \in X} (A'(x) \wedge A_i(x) \wedge B_i(y)) \\
&= \bigvee_{i=1}^{m} (N(A', A_i) \wedge B_i(y))
\end{aligned}
\tag{7.3.14}
$$

特别当 $A' = x_0$ 时,有

$$B'(y) = \bigvee_{i=1}^{m} (A_i(x_0) \wedge B_i(y)).$$

多规则模糊推理是通过小前提中的 A' 与每个规则的前件 A_i,计算 A' 与 A_i 的贴近度 $N(A', A_i)$,由贴近度与大前提中的后件 B_i 进行比较,并将这些比较的结果综合起来,即得到模糊推理结果. 图 7-5 给出这种推理的全过程.

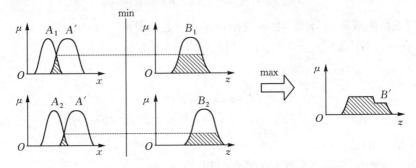

图 7-5   多规则、单输入单输出模糊推理的 Mamdani 算法

3. 多规则、多输入单输出模糊推理的 Mamdani 算法

对于多规则、多输入单输出的模糊推理模型,通过设

$$\overline{A}_i(x_1, x_2, \cdots, x_n) = A_{i1}(x_1) \wedge A_{i2}(x_2) \cdots \wedge A_{in}(x_n),$$

$$\overline{A}'(x_1, x_2, \cdots, x_n) = A'_1(x_1) \wedge A'_2(x_2) \cdots \wedge A'_n(x_n)$$

得到 $X = \prod_{i=1}^{n} X_i$ 上的模糊集,从而多规则、多输入单输出模糊推理可以归结为多规则、单输入单输出的模糊推理.

利用多规则、多输入单输出模糊推理的 Mamdani 算法,得

$$B'(y) = \bigvee_{i=1}^{m} (N(\overline{A}_i, \overline{A}') \wedge B_i(y)). \tag{7.3.15}$$

式中,$N(\overline{A}_i, \overline{A}')$ 是 $\overline{A}_i$ 与 $\overline{A}'$ 的贴近度,即

$$N(\overline{A}_i, \overline{A}') = \bigvee_{x \in X} \left[\left(\bigwedge_{j=1}^{n} A_{ij}(x_j) \right) \wedge \left(\bigwedge_{j=1}^{n} A'_j(x_j) \right) \right]$$

$$= \bigvee_{x \in X} \left[\bigwedge_{j=1}^{n} (A_{ij}(x_j) \wedge A'_j(x_j)) \right]$$

$$= \bigwedge_{j=1}^{n} \left(\bigvee_{x \in X} (A_{ij}(x_j) \wedge A'_j(x_j)) \right) = \bigwedge_{j=1}^{n} N(A_{ij}, A'_j) \tag{7.3.16}$$

特别当 $A'_j = x_j$ 时,有

$$N(\overline{A}_i, \overline{A}') = \bigwedge_{j=1}^{n} A_{ij}(x_j).$$

图 7-6 给出了两个推理规则、两个输入和一个输出的模糊推理全过程.

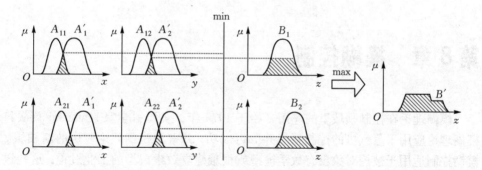

图 7-6　多规则、多输入单输出模糊推理的 Mamdani 算法

　　对于多规则、多输入多输出的模糊推理算法，按照多规则、多输入多输出的模糊模型，都可以转化成多规则、多输入单输出的模糊推理模型，因此，由多规则、多输入单输出的模糊推理算法，进而可得到多规则、多输入多输出模糊推理的 Mamdani 算法．

第8章　模糊控制

　　模糊理论在控制领域里的应用开始于 1974 年．英国科学家 Mamdani 首次将模糊理论应用于蒸汽机的控制系统并取得成功，开辟了模糊理论应用的新领域．模糊控制适用于被控对象没有数学模型或很难建立数学模型的工业过程，这些过程参数变动、时变，呈现极强的非线性等特性．模糊控制设计不需要精确的数学模型，而是采用人类语言型控制规则，使得模糊控制机理和控制策略易于理解和接受，设计简单，便于维护和推广．随着计算机技术的发展，模糊控制算法应运而生，并成功地应用于实际工业过程，取得了明显的应用效果．

　　随着模糊控制技术的日臻完善，模糊控制理论也取得长足的进步．1992 年，日本著名学者 K. Tanaka 和 Sugeno 利用模糊 T-S 模型对非线性系统建模和控制设计，首次给出了模糊控制系统的稳定性的判据．与此同时，著名学者王立新教授利用模糊逻辑系统具有对非线性函数逼近的性质，把非线性线性化和自适应控制方法巧妙地融合起来，提出了直接和间接自适应模糊控制设计方法，给出了模糊系统的稳定性和收敛性分析．目前基于 T-S 模型的模糊控制设计与分析和自适应模糊控制的设计与分析已经成为模糊控制领域的两个重要研究方向．

　　本章主要介绍模糊控制的基本原理，包括模糊控制器的构成、模糊逻辑系统、并借助一些实例给出模糊控制器的设计方法．还介绍自适应模糊控制的设计与分析和基于 T-S 模型的模糊控制设计与分析方法．

8.1　模糊控制原理

8.1.1　模糊逻辑系统的基本结构

　　模糊逻辑系统或模糊控制由模糊规则基、模糊推理、模糊化算子和解模糊化算子四部分组成，其基本结构如图 8-1 所示．设 $x \in U = U_1 \times U_2 \times \cdots \times U_n \subseteq X_1 \times X_2 \times \cdots \times X_n$ 为模糊系统的输入，$y \in V \subset R$ 为模糊系统的输出，那么，模糊逻辑系统构成了由子空间 U 到子空间 V 上的一个映射．

　　1. 模糊规则基

　　模糊规则基是由若干模糊"如果—则"规则的总和组成，即

$$R = \{R^1, \cdots, R^M\}.$$

其中，每一条规则都是由下面形式的"如果—则"模糊语句构成：

　　R^l: 如果 x_1 为 F_1^l 且……，且 x_n 为 F_n^l，则 y_1 为 B_{l1} 且……，且 y_q 为 B_{lq}.

　　　　　　$(l = 1, 2, \cdots, M; j = 1, 2, \cdots, q).$

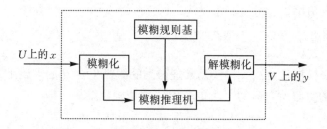

图 8-1　模糊控制的基本结构图

多输入多输出模糊系统总可以分解成为多个多输入单输出系统，所以，这里仅以多输入单输出的形式为例，即模糊规则为

R^l：如果 x_1 为 F_1^l 且……，且 x_n 为 F_n^l，则 y 为 B_l　（$l = 1, 2, \cdots, M$）.

模糊规则来源于人们离线或在线对控制过程的了解．人们通过直接观察控制过程，或对控制过程建立数学模型进行仿真，对控制过程的特性能够有一个直观的认识．虽然这种认识并不是很精确的数学表达，只是一些定性描述，但它能够反映控制过程的本质，是人的智能的体现．在此基础上，人们往往能够成功地实施控制．因此，建立在模糊语言变量基础上的模糊控制规则，为表达人的控制行为和决策过程提供了一条途径．

2. 模糊推理

模糊推理是模糊逻辑系统和模糊控制中的心脏，它根据模糊系统的输入和模糊推理规则，经过模糊关系合成和模糊推理合成等逻辑运算，得出模糊系统的输出．一般的模糊推理的形式及相应的推理算法已经在上节论述，这里不再赘述．

3. 模糊化

模糊化方法的作用是将一个确定的点 $x = (x_1, x_2, \cdots, x_n)^\mathrm{T} \in U$ 映射成 U 上的一个模糊集合 A'. 映射方式至少有两种：

（1）单点模糊化：若 A' 对支撑集为单点模糊集，则对某一点 $x' = x$ 时，有 $A(x) = 1$，而对其余所有的点 $x' \neq x$，$x' \in U$，有 $A(x) = 0$.

（2）非单点模糊化：当 $x' = x$ 时，$A(x) = 1$，但当 x' 逐渐远离 x 时，$A(x)$ 从 1 开始衰减．

在有关模糊控制的文献中，几乎所有的模糊化算子都是单点模糊化算子．应当指出：只有当输入信号有噪声干扰的情况下，非单点模糊化算子比单点模糊化算子更适用．

4. 解模糊化（去模糊化）

因为在实际控制中，系统的输出是精确的量，不是模糊集，但模糊推理或系统的输出是模糊集，而不是精确的量，所以，解模糊化的作用是将 V 上的模糊集合映射为一个确定的点 $y \in V$. 通常采用的解模糊化有下面几种形式．

（1）最大值模糊化方法．定义为

$$y = \arg\sup_{y \in V}[B'(y)].\tag{8.1.1}$$

式中 $B'(y)$ 由式（7.3.1）给出．

（2）重心模糊化方法．将模糊推理得到的模糊集合 B 的隶属函数与横坐标所围成的面积的重心所对应的 V 上的数值作为精确化结果．即

$$y = \frac{\int yB(y)\,\mathrm{d}y}{\int B(y)\,\mathrm{d}y}.\tag{8.1.2}$$

（3）中心加权平均模糊化方法．

对 V 上各模糊集合的中心加权平均得到精确化结果．即

$$y = \frac{\sum\limits_{l=1}^{M} y^l(F_l \circ R_l)(y^l)}{\sum\limits_{l=1}^{M}(F_l \circ R_l)(y^l)}.\tag{8.1.3}$$

式中，y^l 为推理后件的模糊集 B_l 的隶属函数取得最大值的点．不妨限制 $B_l(y^l) = 1$.

8.1.2 几种常用的模糊逻辑系统

在模糊逻辑系统中，由于模糊推理规则、模糊化、模糊推理合成、解模糊化方法的取法很多，每一组组合会产生不同类型的模糊逻辑系统．图 8-2 表示了模糊逻辑系统的一些子集类．

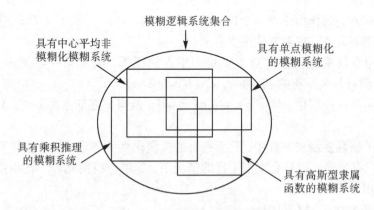

图 8-2 一些模糊系统的子集类

设模糊推理规则为

R^l：如果 x_1 为 F_1^l 且……，且 x_n 为 F_n^l，则 y 为 B_l （$l = 1, 2, \cdots, M$）．
假设 $B_l(y^l) = 1$，即 B_l 为正规模糊集，其隶属函数在 y^l 点处取得最大值．

下面介绍几种最常用的模糊逻辑系统.

1. 采用单点模糊化、乘积推理和中心平均加权解模糊化所构成的模糊逻辑系统

其形式为

$$f(x) = \frac{\sum\limits_{l=1}^{M} y^l \left(\prod\limits_{i=1}^{n} F_i^l(x_i) \right)}{\sum\limits_{l=1}^{M} \left(\prod\limits_{i=1}^{n} F_i^l(x_i) \right)}. \tag{8.1.4}$$

2. 采用单点模糊化、最小值推理规则和中心平均加权解模糊化所构成的模糊逻辑系统

其形式为

$$f(x) = \frac{\sum\limits_{l=1}^{M} y^l \left(\min\{ F_1^l(x_1), F_2^l(x_1), \cdots, F_i^l(x_i) \} \right)}{\sum\limits_{l=1}^{M} \left(\min\{ F_1^l(x_1), F_2^l(x_1), \cdots, F_i^l(x_i) \} \right)}. \tag{8.1.5}$$

3. 采用单点模糊化、乘积推理规则、中心平均加权解模糊化及高斯隶属函数所构成的模糊逻辑系统

其形式为

$$f(x) = \frac{\sum\limits_{l=1}^{M} y^l \left(\prod\limits_{i=1}^{n} a_i^l \exp\left(-\left(\frac{x_i - x_i^l}{\sigma_i^l} \right)^2 \right) \right)}{\sum\limits_{l=1}^{M} \left(\prod\limits_{i=1}^{n} a_i^l \exp\left(-\left(\frac{x_i - x_i^l}{\sigma_i^l} \right)^2 \right) \right)}. \tag{8.1.6}$$

式中, 模糊集 F_i^l 的隶属函数为

$$F_i^l(x_i) = a_i^l \exp\left(-\left(\frac{x_i - x_i^l}{\sigma_i^l} \right)^2 \right).$$

对于模糊逻辑系统(8.1.4), 文献[26]证明了它具有全局逼近性质, 即下面的万能逼近定理.

定理 1　设 $g(x)$ 是定义在致密集 $U \subseteq R^n$ 上的连续函数, 对任意的 $\varepsilon > 0$, 一定存在形如(8.1.4)的模糊逻辑系统 $f(x)$, 使得下面的不等式成立:

$$\sup_{x \in U} |f(x) - g(x)| < \varepsilon. \tag{8.1.7}$$

4. 具有补偿性的模糊逻辑系统

设 $\gamma \in [0, 1]$, 定义 $F_1^l \times F_2^l \times \cdots \times F_n^l(x)$ 为

$$F_1^l \times F_1^2 \times \cdots \times F_n^l(x) = (u^l)^{1-\gamma} (v^l)^\gamma.$$

式中, u^l 和 v^l 分别是悲观和乐观补偿算子, 其定义为

$$u^l = \prod_{i=1}^{n} F_i^k(x_i), \qquad v^l = \left(\prod_{i=1}^{n} F_i^k(x_i) \right)^{\frac{1}{n}}.$$

为简单起见，取 $F_1^l \times F_2^l \times \cdots \times F_n^l(x)$ 为

$$F_1^k \times F_2^k \times \cdots \times F_n^k(x) = \left(\prod_{i=1}^n F_i^k(x) \right)^{1-\gamma+\frac{\gamma}{n}}.$$

采用单点模糊化、乘积推理、中心加权平均解模糊化及高斯隶属函数所构成的模糊逻辑系统，其形式为

$$f(x) = \frac{\displaystyle\sum_{l=1}^M y^l \delta^l \left(\prod_{i=1}^n a_i^l \exp\left(-\left(\frac{x_i - x_i^l}{\sigma_i^l} \right)^2 \right) \right)^{1-\gamma+\frac{\gamma}{n}}}{\displaystyle\sum_{l=1}^M \left(\prod_{i=1}^n a_i^l \exp\left(-\left(\frac{x_i - x_i^l}{\sigma_i^l} \right)^2 \right) \right)^{1-\gamma+\frac{\gamma}{n}}}. \tag{8.1.8}$$

式(8.1.8)称为具有补偿性的模糊逻辑系统. 具有补偿性的模糊逻辑系统除了具有全局逼近性质之外，比模糊逻辑系统具有更强的自适应能力.

5. Takagi-Sugeno 模糊系统

定义模糊推理规则如下：

$R^{(l)}$：如果 x_1 是 F_1^l，且 x_2 是 F_2^l，且……，且 x_n 是 F_n^l，则

$$y^l = c_0^l + c_1^l x_1 + \cdots + c_n^l x_n \quad (l = 1, 2, \cdots, M).$$

式中，F_i^l 为模糊集，c_i^l 为真参数，y^l 为系统根据规则 $R^{(l)}$ 所得到的输出.

采用单点模糊化、乘积推理、中心加权平均解模糊化构成的模糊逻辑系统具有如下的形式：

$$y(x) = \frac{\displaystyle\sum_{l=1}^M y^l \prod_{i=1}^n F_i^l(x_i)}{\displaystyle\sum_{l=1}^M \prod_{i=1}^n F_i^l(x_i)}. \tag{8.1.9}$$

或

$$y(x) = \frac{\displaystyle\sum_{l=1}^M \sum_{j=0}^n c_j^l x_j \prod_{i=1}^n F_i^l(x_i)}{\displaystyle\sum_{l=1}^M \prod_{i=1}^n F_i^l(x_i)}. \tag{8.1.10}$$

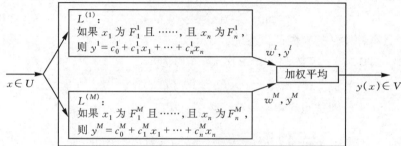

图 8-3　Takagi-Sugeno 模糊系统的基本框图

模糊逻辑系统(8.1.10)通常称为模糊 T-S 模型. 图 8-3 给出了 Takagi-Sugeno 模糊系统的基本框图.

模糊 T-S 模型是对非线性不确定系统建模的一个重要工具, 目前已经在系统辨识及其控制中得到了广泛的应用, 并形成了模糊控制领域中最重要的研究方向之一.

8.2 模糊控制应用

上节已经介绍了模糊控制的基本原理. 为了加深对这部分内容的理解和掌握, 本节将给出五个工程控制实例, 说明模糊控制的应用.

例 1 室温系统的模糊控制设计.

室温控制的问题可以描述如下.

"根据当前测量室内温度 T 和温度的变化 dT, 控制器应给出温度调节量 du 的大小, 调节室温, 使室温保持恒定适中".

图 8-4 是室温模糊控制原理示意图.

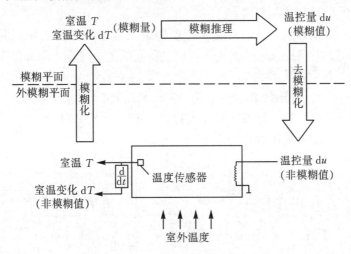

图 8-4 室温模糊控制原理示意图

在室温控制问题中, 有如下描述:

如果室温很低, 室温还在微量降低, 则全力加热;

如果室温适中, 室温不再变化, 则不加热;

如果室温偏高, 室温微量上升, 则中等降温;

如果室温较高, 室温不再变化, 则微量降温;

如果室温较高, 室温微量上升, 则中等降温.

在上述语言描述中, 都是根据部分条件中满足的情况得出定性的结论. 如果

用 T 代表室温, dT 代表温度的变化, du 代表加热的大小, 再为每个输入输出量定义出相应的语言值, 即模糊集:

  室温 T = {NB:很低, NM:较低, NS:偏低, ZR:适中, PS:偏高, PM:较高,
    PB:很高};

  室温变化 dT = {NB:快速降低, NM:中等降低, NS:微量降低, ZR:适中,
    PS:微量上升, PM:中等上升, PB:快速上升};

  温控量 du = {PB:全力加热, PM:中等加热, PS:微量加热, ZR:不加热,
    NS:微量降温, NM:中等降温, NB:全力降温}.

则可将上述语言描述改写成:

$$\text{如果 } T = NB \text{ 和 } dT = NS, \text{ 则 } du = PB;$$
$$\text{如果 } T = ZR \text{ 和 } dT = ZR, \text{ 则 } du = ZR;$$
$$\text{如果 } T = PS \text{ 和 } dT = PS, \text{ 则 } du = NM; \qquad (8.2.1)$$
$$\text{如果 } T = PS \text{ 和 } dT = ZR, \text{ 则 } du = NS;$$
$$\text{如果 } T = PM \text{ 和 } dT = PS, \text{ 则 } du = NM.$$

式(8.2.1)模型称为室温模糊控制率. 它是由模糊算子"或"将单一的 if—then 规则连接在一起的模糊控制规则.

  设计模糊控制系统, 必须首先选择模糊输入和输出变量及相应的模糊取值(包括隶属函数). 温控系统的模糊输入已在问题描述中确定为当前温度 T 和温度变化 dT, 其模糊取值定义为

$$T \in \{NB, NM, NS, ZR, PS, PM, PB\};$$
$$dT \in \{NB, NM, NS, ZR, PS, PM, PB\}.$$

模糊取值所对应的隶属函数见图 8-5.

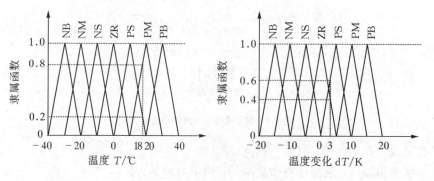

图 8-5 输入模糊变量隶属函数定义

  设测量值室温 $T = 18℃$ 和室温变化 $dT = 3K$, 根据图 8-5 中隶属函数的定义, 其模糊值分别为

$$\mu(T = 18℃) = \{\mu_{NB}(T), \mu_{NM}(T), \mu_{NS}(T), \mu_{ZR}(T), \mu_{PS}(T), \mu_{PM}(T), \mu_{PB}(T)\}$$
$$= \{0, 0, 0, 0, 0.2, 0.8, 0\},$$

$$\mu(\mathrm{d}T=3\mathrm{K}) = \{\mu_{\mathrm{NB}}(\mathrm{d}T), \mu_{\mathrm{NM}}(\mathrm{d}T), \mu_{\mathrm{NS}}(\mathrm{d}T), \mu_{\mathrm{ZR}}(\mathrm{d}T), \mu_{\mathrm{PS}}(\mathrm{d}T), \mu_{\mathrm{PM}}(\mathrm{d}T), \mu_{\mathrm{PB}}(\mathrm{d}T)\}$$
$$= \{0, 0, 0, 0.4, 0.6, 0, 0\}.$$

表 8-1 表达了模糊控制率.

表 8-1　模糊控制率

T	dT						
	NB	NM	NS	ZR	PS	PM	PB
NB		PB					
NM			PM				
NS				PS			
ZR			PS	ZR	NS		
PS				NS			
PM					NM		
PB							NB

从表 8-1 可看出，在输入分别为 $T=18\ ^{\circ}\mathrm{C}$ 和 $\mathrm{d}T=3\ \mathrm{K}$ 时，只有阴影部分的两个控制规则的条件隶属函数不为零，其他的控制规则的条件隶属函数都为零，它们将对输出不产生影响. 对于有效的两个模糊规则：

R_i：如果 $T=\mathrm{PS}$ 和 $\mathrm{d}T=\mathrm{ZR}$，则 $\mathrm{d}u=\mathrm{NS}$；

R_j：如果 $T=\mathrm{PM}$ 和 $\mathrm{d}T=\mathrm{PS}$，则 $\mathrm{d}u=\mathrm{NM}$

利用 Zadeh 算子运算可得

$$\mu_{R_i}(T=18\ ^{\circ}\mathrm{C},\mathrm{d}T=3\mathrm{K},\mathrm{d}u) = \min\{\min\{\mu_{\mathrm{PS}}(T),\mu_{\mathrm{ZR}}(\mathrm{d}T)\},\mu_{\mathrm{NS}}(\mathrm{d}u)\}$$
$$= \min\{0.2,\mu_{\mathrm{NS}}(\mathrm{d}u)\}. \tag{8.2.2}$$

$$\mu_{R_j}(T=18\ ^{\circ}\mathrm{C},\mathrm{d}T=3\mathrm{K},\mathrm{d}u) = \min\{\min\{\mu_{\mathrm{PM}}(T),\mu_{\mathrm{PS}}(\mathrm{d}T)\},\mu_{\mathrm{NM}}(\mathrm{d}u)\}$$
$$= \min\{0.6,\mu_{\mathrm{NM}}(\mathrm{d}u)\}. \tag{8.2.3}$$

式(8.2.2)和式(8.2.3)中的运算实质上是将输出模糊集的隶属函数 μ_{NS} ($\mathrm{d}u$)和 $\mu_{\mathrm{NM}}(\mathrm{d}u)$分别以 0.2 和 0.6 的条件满足度截断，形成两个输出多边形. 将该两个多边形面积累加，即得模糊输出：

$$\mu_{\mathrm{ges}}(\mathrm{d}u) = \max\{\mu_{R_i}(\mathrm{d}u),\mu_{R_j}(\mathrm{d}u)\}$$
$$= \max\{\min\{0.2,\mu_{\mathrm{NS}}(\mathrm{d}u)\},\min\{0.6,\mu_{\mathrm{NM}}(\mathrm{d}u)\}\}. \tag{8.2.4}$$

采用重心模糊化方法对模糊输出式(8.2.4)进行去模糊化，得到 $\mathrm{d}u=-7$. 如图 8-6 所示.

结论：当室温 $T=18\ ^{\circ}\mathrm{C}$ 和室温变化 $\mathrm{d}T=3\ \mathrm{K}$ 时，应该使温度降低 7 K，即调节量为 -7 K.

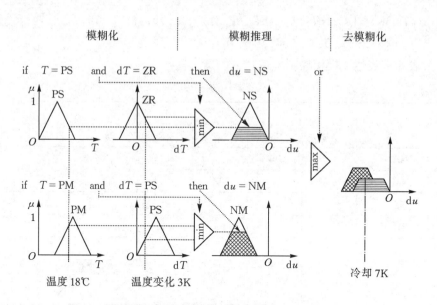

图 8-6　模糊化、模糊推理、去模糊化原理

例 2　水厂混凝投药系统的模糊控制设计.

混凝包括凝聚和絮凝两个过程,它决定了水中悬浮杂质颗粒的聚结和颗粒成长的质量及其沉降特性,是水厂常规水处理过程中的关键性环节.在工艺条件一定时,混凝剂的投加量直接影响混凝的结果,并在制水成本中占相当大的比重.用最佳投量实现混凝过程,以符合水质要求,同时节约混凝剂的消耗.然而,混凝机理目前仍未得到明确的解释,更不存在一个统一、精确的数学模型.实验研究也发现,混凝的影响因素很多,有原水的浊度、pH值、碱度、电导率、水温、悬浮杂质的类别及混凝的时间、水力条件等,这样就造成这一过程存在非线性、时滞性、模糊性等问题,给现场混凝投药自控带来了相当大的困难.因此应用模糊控制方法解决上述问题.

1. 混凝投药模糊控制系统

某水厂工艺流程及投药控制系统如图 8-7 所示.包括前馈和反馈两部分,其中控制器由上位 PC 和可编程序控制器(PLC)组成.

前馈控制(粗控),以原水流量和原水浊度作为前馈控制器的主输入量.由于原水的浊度和流量对单位水投加混凝剂量的影响较大且呈非线性,因此可以采用模糊专家控制法.根据以往大量的历史数据,建立起原水流量、原水浊度和单位水投加混凝剂量的规则数据库,而且该数据库随反馈控制中的模糊控制器的数据变化不断更新、校正.在实施过程中,按现行的浊度、流量来查询最接近的若干条记录值,采用线性差分法确定输入量.

反馈控制(微控)是由模糊控制器、输入输出接口、检测装置、执行机构等组

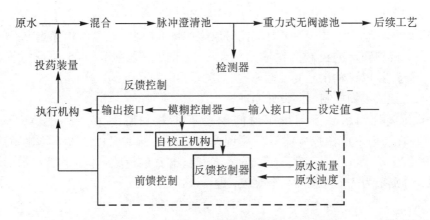

图 8-7 水厂工艺流程及混凝投药模糊控制系统组成

成．输入输出接口是实现模糊控制算法的计算机系统与控制系统连接的桥梁．输入接口主要与检测装置连接，把检测信号转换为计算机系统所能识别处理的数字信号；输出接口把计算机输出的数字信号转换为执行机构所要求的模拟信号．该系统中所采用的 SIMATIC 的 S72200 系列可编程序控制器内含模/数转换和数/模转换功能，已很好地解决了接口问题．检测装置采用美国 Harch 公司 1720 型低量程在线检测浊度仪对水质进行实时检测，它的检测精度高于系统的精度控制指标．执行机构是模糊控制器向被控对象施加控制作用的装置，本系统采用的是松下VFO 超小型变频调速器．它可以将输入的固定频率的电源转换为相应频率的电源输出，供给投药计量泵电机，从而调节泵的转速，控制混凝剂的投加．模糊控制器是模糊控制系统的核心，也是模糊控制系统区别于其他自动控制系统的主要标志，由 PC 和 PLC 实现．

2. 混凝投药模糊控制器

模糊控制器的结构如图 8-8 所示．

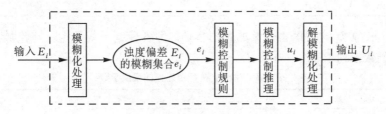

图 8-8 混凝投药模糊控制器结构

（1）工作原理．

PLC 经中断采样获取浊度仪输入的信号数值，先将此值与设定值比较得到偏差 E_i，以此作为 PC 模糊控制器系统软件的输入量；然后把偏差 E_i 进行模糊化处理，将其映射到相应的输入论域上，得到一个模糊子集 e_i；再由 e_i 和模糊控制规则 R（模糊关系）根据模糊推理的合成规则作出模糊决策，得到模糊控制量 u_i 为

$$u_i = e_i \circ R.$$

式中，u_i 为一个模糊量．为了对被控对象施加精确控制，还需将模糊量 u_i 解模糊化处理，得到确定的控制变化输出量 U_i，再由 PC 通过 RS-485 通信协议传给 PLC，最后由 PLC 输出给变频调速器．

（2）混凝模糊控制器的设计原理．

设沉淀池出水浊度与设定值的偏差 E 的量程范围为 $-15 \sim 15$NTU，即 $E \in [-15, 15]$；模糊控制器对变频调速器输出的频率变化量 U 的量程范围为 $-20 \sim 20$ Hz，即 $U \in [-20, 20]$．输入 E 和输出 U 的论域 e 和 u 均为离散的有限论域，分别定为 7 个等级和 9 个等级，即

$$e = \{-3, -2, -1, 0, 1, 2, 3\};$$
$$u = \{-4, -3, -2, -1, 0, 1, 2, 3, 4\}.$$

那么输入和输出的映射转换如下：

输入：$e \in [-15, 15]$；　　输出：$u \in [-20, 20]$．

对于浊度偏差 E 和输出控制 U，取模糊语言值均为

{PB（正大），PS（正小），ZO（零），NS（负小），NB（负大）}．

浊度偏差 E 这一语言变量的各语言值，即各模糊子集是定义在论域 e 上的，其隶属函数值列于表 8-2 中．

表 8-2　浊度偏差 E 语言值的隶属函数

语言值	等 级						
	-3	-2	-1	0	1	2	3
PB	0	0	0	0	0.4	0.8	1.0
PS	0	0	0.4	0.8	1.0	0.8	0.4
ZO	0	0.4	0.8	1.0	0.8	0.4	0
NS	0.4	0.8	1.0	0.8	0.4	0	0
NB	1.0	0.8	0.4	0	0	0	0

输出控制 U 这一语言变量的各语言值，即各模糊子集是定义在论域 u 上的，其隶属函数值列于表 8-3 中．

表 8-3　输出控制 U 语言值的隶属函数

语言值	等 级								
	-4	-3	-2	-1	0	1	2	3	4
PB	0	0	0	0	0	0	0.4	0.8	1.0
PS	0	0	0	0.4	0.8	1.0	0.8	0.4	
ZO	0	0	0.4	0.8	1.0	0.8	0.4	0	0
NS	0.4	0.8	1.0	0.8	0.4	0	0		
NB	1.0	0.8	0.4	0	0	0	0		

基于手动操作人员长期积累的经验和专家的有关知识确定混凝投药控制的规则库, 它包含以下 5 条规则:

若 E 为 NB, 则 U 为 PB;

若 E 为 NS, 则 U 为 PS;

若 E 为 ZO, 则 U 为 ZO;

若 E 为 PS, 则 U 为 NS;

若 E 为 PB, 则 U 为 NB.

这 5 条规则构成一个 5 段的模糊条件语句, 那么它表示的模糊关系 R 应为

$$R = \bigcup_{i=1}^{5} R_i.$$

式中, R_i 为 5 段模糊条件语句相对应的模糊向量的笛卡儿乘积 ($i = 1, 2, \cdots, 5$).

$$R_1 = (1.0 \quad 0.8 \quad 0.4 \quad 0 \quad 0 \quad 0 \quad 0)^{\mathrm{T}} \times (0 \quad 0 \quad 0 \quad 0 \quad 0 \quad 0 \quad 0.4 \quad 0.8 \quad 1.0)$$

$$= \begin{bmatrix} 0 & 0 & 0 & 0 & 0 & 0.4 & 0.8 & 1.0 \\ 0 & 0 & 0 & 0 & 0 & 0.4 & 0.8 & 0.8 \\ 0 & 0 & 0 & 0 & 0 & 0.4 & 0.4 & 0.4 \\ 0 & 0 & 0 & 0 & 0 & 0 & 0 & 0 \\ 0 & 0 & 0 & 0 & 0 & 0 & 0 & 0 \\ 0 & 0 & 0 & 0 & 0 & 0 & 0 & 0 \\ 0 & 0 & 0 & 0 & 0 & 0 & 0 & 0 \end{bmatrix}.$$

R_2, R_3, R_4 及 R_5 的求法与 R_1 类似 (略). 那么先将 $R_1 \sim R_5$ 逐一进行计算, 从而得到

$$R = \bigcup_{i=1}^{5} R_i = \begin{bmatrix} 0 & 0 & 0 & 0 & 0.4 & 0.4 & 0.4 & 0.8 & 1.0 \\ 0 & 0 & 0.4 & 0.4 & 0.4 & 0.8 & 0.8 & 0.8 & 0.8 \\ 0.4 & 0.4 & 0.4 & 0.8 & 0.8 & 0.8 & 1.0 & 0.8 & 0.4 \\ 0.4 & 0.4 & 0.8 & 0.8 & 1.0 & 0.8 & 0.8 & 0.8 & 0.4 \\ 0.4 & 0.8 & 1.0 & 0.8 & 0.8 & 0.8 & 0.4 & 0.4 & 0.4 \\ 0.8 & 0.8 & 0.8 & 0.8 & 0.4 & 0.4 & 0.4 & 0 & 0 \\ 1.0 & 0.8 & 0.4 & 0.4 & 0.4 & 0.4 & 0 & 0 & 0 \end{bmatrix}.$$

然后, 根据模糊推理合成规则, 由 e 和模糊控制规则 R 的模糊关系合成进行模糊决策, 得到模糊控制的输出变量的模糊值 u 为

$$u = e \circ R.$$

再将模糊控制变量 u 作解模糊化处理, 得到确定的数字控制量, 输出给变频调速器, 对混凝剂的投加进行实时控制.

如果某一时刻 i 输入信号 E_i 为 $+5\mathrm{NTU}$, 映射到输入论域 e 上, 为 e 上的点 "1". 按单点模糊化的方法, E_i 模糊化的模糊集 e 则为

$$e = \frac{0}{-3} + \frac{0}{-2} + \frac{0}{-1} + \frac{0}{0} + \frac{1}{1} + \frac{0}{2} + \frac{0}{3} = (0 \quad 0 \quad 0 \quad 0 \quad 1 \quad 0 \quad 0).$$

e 和 R 合成按"max—min"规则, 得到控制量的模糊值 u:

$$u = e \circ R = (0 \quad 0 \quad 0 \quad 0 \quad 1 \quad 0 \quad 0) \circ R$$

$$= (0.4 \quad 0.8 \quad 1.0 \quad 0.8 \quad 0.8 \quad 0.8 \quad 0.4 \quad 0.4 \quad 0.4)$$

$$= \frac{0.4}{-4} + \frac{0.8}{-3} + \frac{1.0}{-2} + \frac{0.8}{-1} + \frac{0.8}{0} + \frac{0.8}{1} + \frac{0.4}{2} + \frac{0.4}{3} + \frac{0.4}{4}.$$

对上式按最大隶属度原则, 应选取控制量为"-2"级. 将 -2 映射到输出论域 $[-20, 20]$ 上, 得对应于某一时刻 i 输入信号 E_i 为 $+5$NTU 时, 输出频率变化量 U_i 为 $-2 \times 20/4 = -10$(Hz), 即要求变频调速器的频率减少 10 Hz.

例3　经济燃烧系统的模糊控制.

1. 经济燃烧系统的结构与控制

经济燃烧系统原理如图 8-9 所示. 该系统包括风(鼓风量)煤(绝煤量)比的开环控制和调节烟气中氧的体积分数的闭环控制两部分, 其中通过执行器控制鼓风调节阀的开度改变进入锅炉的鼓风量, 从而保持炉膛烟气中氧的体积分数在设定值上.

实现工业燃煤链条锅炉优化燃烧的经济燃烧系统需完成下列任务.

(1) 通过煤中的碳与空气中的氧之间的反应, 提供足够的空气, 以保证入炉燃煤的充分燃烧.

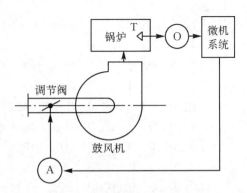

图 8-9　经济燃烧系统原理示意图
T—氧量探头；O—氧量变送器；A—执行器

(2) 在既保证提高锅炉的燃烧率, 又不使炉膛内未燃烧的过剩空气吸收过多热量而造成严重热量损失的前提下, 采取低过剩空气燃烧控制. 通常, 应用过剩空气系数 α 来衡量炉内燃烧过程是否经济, 其定义是

$$\alpha = \frac{21\%}{21\% - \varphi(O_2)}.$$

式中, $\varphi(O_2)$ 为炉膛尾部烟气中氧的体积分数. 对于工业燃煤锅炉, 其过剩空气系数 α 一般控制在 1.3 ~ 1.5 (理论数值). 考虑到漏风以及煤种等实际因素的影响, α 的标准推荐值为 1.5 ~ 1.8 (相应的烟气中氧的体积分数为 7.1% ~ 10.1%).

2. 风煤比的模糊开环控制

在工业锅炉的运行过程中, 为实现锅炉输出蒸汽压力的稳定以及经济燃烧, 在热负荷和煤质经常发生变化的情况下, 适应工况的大幅度改变, 在线修改风与煤之间的合理配比是优化燃烧的基础, 因而, 风煤比控制是非常必要的.

某工厂 10 t/h 锅炉的一个风煤比开环模糊控制框图如图 8-10 所示. 其中 L 为热负荷(t/h), M 为燃烧的低位发热值(4.1868 kJ/kg), 它们是风煤比基本模糊控制器的输入语言变量，N 为风煤比基本模糊控制器的输出语言变量；N_0 为风煤比的基值；Q 与 P 分别是锅炉的鼓风量与输出蒸汽压力. 在开环状态下，风煤比基本模糊控制器的输出 N、风煤比基值 N_0 与鼓风量 Q 的乘积 $N \cdot N_0 \cdot Q$ 构成炉排移动系统的设定值 S，即 $S = NN_0Q$. 这意味着，在鼓风量 Q 不变的情况下，通过在线修改风煤比基本模糊控制器输出 N，改变炉排移动速度，即改变进入炉膛的燃煤量，相当于在线修改了风煤比的比值.

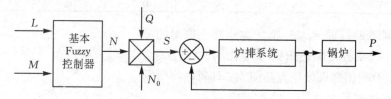

图 8-10　风煤比开环模糊控制框图

选取风煤比基本模糊控制器输入 L, M 和输出语言变量 N 的基本论域为

$$L = \{2, 4, 6, 8, 10\}\ (\mathrm{t/h});$$
$$M = \{4500, 5000, 5500\}\ (4.1868\ \mathrm{kJ/kg});$$
$$N = \{0.6, 0.8, 1, 1.2, 1.4\}.$$

其语言值为

$$L = \{\mathrm{VS},\ \mathrm{S},\ \mathrm{M},\ \mathrm{B},\ \mathrm{VB}\};$$
$$M = \{\mathrm{S},\ \mathrm{M},\ \mathrm{B}\};$$
$$N = \{\mathrm{VS},\ \mathrm{S},\ \mathrm{M},\ \mathrm{B},\ \mathrm{VB}\}.$$

式中，VB，B，M，S 和 VS 分别代表语言值"非常大""大""中""小""非常小".

基于操作者的实践经验，按均匀型分布函数确定各语言值模糊子集的隶属函数，分别构造出表 8-4 至表 8-6 所示语言变量 L, M 和 N 赋值表.

表 8-4　语言变量 L 赋值表

x	L				
	VB	VS	S	M	B
2	1	0.7	0.2	0	0
4	0.8	1	0.7	0.2	0.1
6	0.4	0.7	1	0.7	0.4
8	0.1	0.2	0.7	1	0.8
10	0	0	0.2	0.7	1

表 8-5　语言变量 M 赋值表

x	M		
	S	M	B
4500	1	0.7	0.2
5000	0.7	1	0.7
5500	0.2	0.7	1

表 8-6　语言变量 N 赋值表

x	N				
	VB	VS	S	M	B
0.6	1	0.7	0.2	0	0
0.8	0.8	1	0.7	0.2	0.1
1	0.4	0.7	1	0.7	0.4
1.2	0.1	0.2	0.7	1	0.8
1.4	0	0	0.2	0.7	1

　　根据图 8-11 所示基于锅炉燃烧理论取得的最佳过剩空气系数 α 随热负荷 L 变化的非线性关系曲线, 以及根据燃煤低位发热值 M, 计算燃烧所需空气量 G 的经验公式为

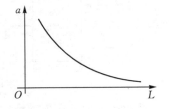

$$G = \frac{M + \beta_1}{\beta_2} + \beta_3.$$

图 8-11　最佳过剩空气系数曲线

式中, β_1, β_2 和 β_3 为常数. 在总结司炉工手动控制策略基础上, 构造出风煤比基本模糊控制器的控制规则, 见表 8-7.

表 8-7　控制规则表

M	L				
	VS	S	M	B	VB
S	B	M	S	VS	VS
M	B	M	M	S	VS
B	VS	B	M	S	S

　　根据表 8-4 ~ 表 8-7, 应用模糊推理合成规则计算出用于实时开环控制风煤比基本模糊控制器的查询表, 见表 8-8.

表 8-8　查　询　表

M	L				
	10	2	4	6	8
4500	1.2	1.0	0.8	0.6	0.5
5000	1.2	1.0	1.0	0.7	0.6
5500	1.4	1.0	1.0	0.8	0.6

　　3. 烟气含量的模糊闭环控制

　　风煤比的开环控制, 实质上是风煤比的"粗调", 而烟气中氧的体积分数的模糊闭环控制, 则是在通过风煤比模糊开环控制取得风煤比在动态运行中基本实现合理比值基础上的小范围内"精调". 烟气中氧的体积分数的模糊闭环控制框图, 如图 8-12 所示. 其中基本模糊控制器的输出便是烟气含量闭环控制系统的设定值. 为保证在小范围内对 $\varphi(O_2)$ 的平稳调整, 采用了 PI 控制器.

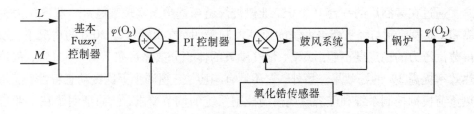

图 8-12　烟气中氧的体积分数的模糊闭环控制框图

选取语言变量含氧量 $\varphi(O_2)$ 的基本论域与语言值分别为

$$\varphi(O_2) = \{7, 9, 10, 11, 12\}\ (\%);$$
$$\varphi(O_2) = \{VS, S, M, B, VB\}.$$

其赋值表, 见表 8-9.

表 8-9　语言变量 $\varphi(O_2)$ 赋值表

M	L				
	VB	VS	S	M	B
7	1	0.7	0.2	0	0
9	0.8	1	0.7	0.2	0.1
10	0.4	0.7	1	0.7	0.4
11	0.1	0.2	0.7	1	0.8
12	0	0	0.2	0.7	1

以热负荷 L 及燃煤的低位发热值 M 为输入语言量, 以烟气中氧的体积分数 $\varphi(O_2)$ 为输出语言变量的基本模糊控制器的控制规则表, 见表 8-10.

表 8-10　控制规则表

M	L				
	VS	S	M	B	VB
S	B	M	S	VS	VS
M	B	M	M	S	VS
B	VB	B	M	S	S

根据表 8-4, 表 8-5, 表 8-6 和表 8-9, 应用模糊推理合成规则, 计算出用于烟气含量模糊闭环控制系统的基本模糊控制器的查询表, 见表 8-11.

表 8-11　查　询　表

M	L				
	2	4	6	8	10
4500	11	10	9	7	7
5000	11	9	10	9	7
5500	12	11	10	9	9

通过在某酒厂的一台 10 t/h 工业燃烧煤链条锅炉上实现鼓风量→蒸汽压力模糊–PI 双模控制与经济燃烧系统的模糊控制表明,在负荷变动 20% 的情况下,取得蒸汽压力的稳定度不超出 6%、烟气中氧的体积分数保持在 7.5% ~ 11%,锅炉热效率提高 3% 的好效果. 另外,它还具有响应快、超调小等优良动态特性,满足热负荷模糊控制系统和经济燃烧模糊控制系统的调节要求,从而证明了在工业燃烧链条锅炉上应用模糊控制理论实现自动化的途径是可行的、有效的.

例 4 汽车驾驶系统的模糊控制.

考虑一个汽车驾驶系统. 汽车在长 100 m、宽 100 m 的空地上行驶,不管原始位置在什么地方,最终使目标为中线的最上方. 如果标以横轴为 [0, 100],纵轴也为 [0, 100] 的笛卡儿坐标系,最终目标为 $(x_f, y_f) = (50, 100)$. 汽车头的位置为 (x, y),汽车与 x 轴夹角为 φ,汽车的方向盘转换的角度为 θ,且

$$0 \leqslant x \leqslant 100$$
$$-90 \leqslant \varphi \leqslant 270$$
$$-30 \leqslant \theta \leqslant 30$$

用模糊语言表示位置 x、角度 φ 及方向盘转换角度 θ:

φ	x	θ
RB:右下	LE:左边	NB:负大
RU:右上	LC:左中心	NM:负中
RV:右垂直	CE:中心	NS:负小
CE:中心	RC:右中心	ZE:零
LV:左垂直	RI:右边	PS:正小
LU:左上		PM:正中
LB:左下		PB:正大

表 8-12　汽车驾驶控制规则表

φ	x				
	RL	LE	LC	CE	RC
RB	PS	PM	PM	PB	PB
RU	NS	PS	PM	PB	PB
RV	NM	NS	NS	PM	PB
CE	NM	NM	ZE	PM	PM
LV	NB	NM	NS	PS	PM
LU	NB	NB	NM	NM	NS
LB	NB	NB	NM	NM	NM

对于 x, θ, φ 的语言变量的隶属函数如图 8-13 所示.

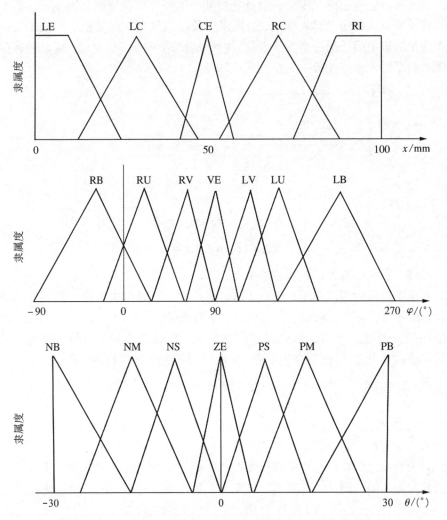

图 8-13　x, φ, θ 的语言模糊集

对于汽车驾驶系统有 35 条模糊规则. 从按照自左到右, 自上而下的顺序编号. 如:

规则 4: 若 $x = \mathrm{RC}, \varphi = \mathrm{RB}$, 则 $\theta = \mathrm{PB}$.

规则 18: 若 $x = \mathrm{CE}, \varphi = \mathrm{VE}$, 则 $\theta = \mathrm{ZE}$.

规则 35: 若 $x = \mathrm{RI}, \varphi = \mathrm{LB}$, 则 $\theta = \mathrm{NS}$.

有了控制规则, 就可以进行模糊控制. 比如可采用熟知的 MATLAB 算法等.

模糊控制有一个好处是, 改变某些规则或删掉部分规则对控制轨道的影响很小, 最多影响到轨道的平滑性, 而不会影响轨道的大体趋势.

需要指出，汽车驾驶系统虽然有35条模糊控制规则，真正实现起来并不需要全部的模糊自适应控制规则．一般是选择其中的部分模糊规则实现模糊控制．这样就涉及究竟选择哪些模糊规则，选择多少条模糊规则比较合适．一般不要固定一个变量的取值而让另一个变量变化，应尽量使两个变量都变化，可以用较少的模糊规则来得到较好的效果．

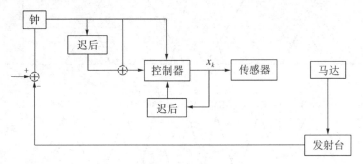

图 8-14 目标跟踪图

例5 目标跟踪系统的模糊控制．

考虑实时目标跟踪系统，比如雷达跟踪系统．它是用水平角与仰角作为输入变量，通过两个马达控制发射台的位置．一般来说，水平角在$0° \sim 180°$之间变化，仰角在$0° \sim 90°$之间变化．我们通过调整发射台的位置与目标位置计算当前的误差e_k和误差变化率e'_k作为控制变量，从而得到状态方程与观测方程：

$$x_{k+1} = \varphi_{k+1,k} x_k + \psi_{k+1,k}(e_k + e'_k) + \Gamma_{k+1} W_k \qquad (8.2.5)$$
$$Z_k = H_k x_k + V_k$$

式中，W_k及V_k为随机向量．特别是，当我们分别研究水平角与仰角时，上面的方程变为一维方程．通过状态方程和观测方程可以实现 Kalman 滤波控制系统．

对于目标跟踪系统也可实现模糊控制．仍然分别考虑一维情况，即仅考虑水平角或仰角控制．用e_k，e'_k及x_{k-1}控制x_k，输出e'_k，x'_{k-1}的语言变量值：

LN: 负大	**MN**: 负中
SN: 负小	**ZE**: 零
SP: 正小	**MP**: 正中
LP: 正大	

e_k，e'_k，x_{k-1}的变化范围为$[-8, 8]$，定义 LN 的隶属函数为

$$\mathrm{LN}(x) = \begin{cases} a(x+8) & -8 \leqslant x \leqslant -8 + \dfrac{1}{\alpha} \\ 1 & \dfrac{1}{\alpha} - 8 \leqslant x \leqslant -\left(4 - \dfrac{1}{\alpha}\right) \\ -a(x+4) & -\left(4 - \dfrac{1}{\alpha}\right) \leqslant x \leqslant 4. \end{cases} \qquad (8.2.6)$$

其他的语言变量值可以平移得到. 如:

$$MN(x) = LN(x-2);$$
$$SN(x) = LN(x-4);$$
$$ZE(x) = LN(x-6);$$
$$SP(x) = LN(x-8);$$
$$MP(x) = LN(x-10);$$
$$LP(x) = LN(x-12).$$

对于 e_k, e'_k 及 x_{k-1} 的语言变量值相对应的隶属函数, 可以参照图8-15.

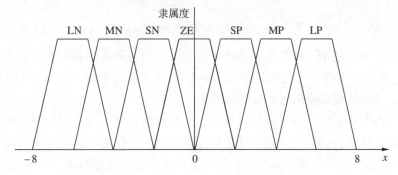

图8-15　e, e', x 的语言变量值的隶属函数

为了实现模糊控制, 必须根据经验建立控制规则. 比如:

若 $e_k = MP$, $e'_k = SN$, $x_{k-1} = ZE$, 则 $x_k = SP$;

若 $e_k = ZE$, $e'_k = SP$, $x_{k-1} = SN$, 则 $x_k = ZE$.

如果建立所有规则, 需要有 $7^3 = 343$ 条规则. 比如 $e_k = ZE$ 时就可以建立 49 条规则, 列于表8-13.

表8-13　目标跟踪系统控制规则表

e'_k	x_{k-1}						
	LN	MN	SN	ZE	SP	MP	LP
LN	LN	LN	LN	LN	MN	SN	ZE
MN	LN	LN	LN	MN	SN	ZE	SP
SN	LN	LN	MN	SN	ZE	SP	MP
ZE	LN	MN	SN	ZE	SP	MP	LP
SP	MN	SN	ZE	SP	MP	LP	LP
MP	SN	ZE	SP	MP	LP	LP	LP
LP	ZE	SP	MP	LP	LP	LP	LP

假定有 N 条规则, 然后选择某种模糊推理算法, 我们就得到目标跟踪系统的模糊控制过程(图8-16).

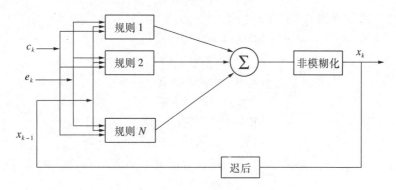

图 8-16   目标跟踪系统的控制过程

实验表明，选择 LN 的隶属函数中的系数 α 对模糊控制有着不同的效果．若 α 太小，则 7 个模糊集交叉部分小；若 α 较大，7 个模糊集交叉部分大．选择适当的 α 值，才能使模糊控制达到最好的效果．

由目标跟踪系统控制过程可以看出，模糊控制也可实现实时控制，它可以把迟后的状态作为新的输入变量参加模糊推理过程．它甚至可以用迟后的几个时刻的状态 x_{k-1}，x_{k-2}，$\cdots$等作为新的输入变量．单数输入变量越多，模糊规则越多，更需要对模糊规则进行选择．

8.3   非线性系统的自适应模糊控制

第 8.2 节中，根据模糊控制的基本原理，介绍了模糊控制的方法及其应用的实例．其主要特点是：被控对象的数学模型是完全未知的，只能凭借专家的经验及控制系统中误差和误差的变化率等信息建立模糊控制规则，通过模糊决策来确定控制量，或调节控制系统的某些参数，使之达到良好的控制效果．

本节针对被控对象的数学模型的结构已知，但模型中的函数未知的非线性系统，介绍文献[26]中给出的间接和直接自适应模糊控制设计系统的稳定性分析方法．其主要特点是：利用模糊逻辑系统具有的逼近性质，对被控系统或最优控制进行逼近，将非线性系统的反馈控制和自适应控制相结合，确定模糊控制器和模糊逻辑系统中未知参数的自适应律．基于李雅普诺夫函数方法来分析控制系统的稳定性．

8.3.1   间接自适应模糊控制

间接自适应控制是利用模糊逻辑系统对非线性系统中的未知函数进行逼近，即对非线性系统进行模糊建模，把反馈线性化和自适应控制技术相结合，设计的一种自适应模糊控制方法．

1. 被控对象模型及其控制问题的描述

考虑如下的 n 阶非线性系统：

$$\dot{x}_1 = x_2$$
$$\dot{x}_2 = x_3$$
$$\cdots \qquad\qquad (8.3.1)$$
$$\dot{x}_n = f(x_1, x_2, \cdots, x_n) + g(x_1, x_2, \cdots, x_n)u$$
$$y = x_1,$$

系统(8.3.1)等价于如下的形式：

$$x^{(n)} = f(x, \dot{x}, \cdots, x^{(n-1)}) + g(x, \dot{x}, \cdots, x^{(n-1)})u$$
$$y = x. \qquad\qquad (8.3.2)$$

式中，f 和 g 为未知的连续函数，$u \in \mathbf{R}$ 和 $y \in \mathbf{R}$ 分别为系统的输入和输出：

$$x = (x_1, x_2, \cdots, x_n)^{\mathrm{T}} = (x, \dot{x}, \cdots, x^{(n-1)})^{\mathrm{T}}$$

为系统的状态向量，且假设可以通过测量得到.

式(8.3.2)可控的条件是：对处于某一可控区域 $U \subset R^n$ 内的 x，$g(x) \neq 0$. 不失一般性，可假设 $g(x) > 0$. 按照非线性控制文献[26]的定义，系统(8.3.2)称为具有相对度等于 n 的标准形式.

控制任务：(基于模糊逻辑系统)求出一个反馈控制 $u(x|\theta)$ 和一个参数向量 θ 的自适应律，使得：

(1) 闭环系统具有全局稳定性，即对系统中所涉及的变量有界.

(2) 对于给定的有界参考信号 y_{m}，在满足约束条件(1)的情况下，跟踪误差 $e = y_{\mathrm{m}} - y$ 应尽可能地小.

2. 模糊控制器的设计

设 $e = (e, \dot{e}, \cdots, e^{(n-1)})^{\mathrm{T}}$ 和 $k = (k_n, k_{n-1}, \cdots, k_1)^{\mathrm{T}}$，选择向量 $k = (k_n, k_{n-1}, \cdots, k_1)^{\mathrm{T}}$，使得多项式 $s^n + k_1 s^{n-1} + \cdots + k_n = 0$ 的所有根位于左半开平面上. 如果函数 $f(x)$ 和 $g(x)$ 已知，则取控制律为

$$u = \frac{1}{g(x)}[-f(x) + y_{\mathrm{m}}^{(n)} + k^{\mathrm{T}}e]. \qquad\qquad (8.3.3)$$

代入式(8.3.1)，得

$$e^{(n)} + k_1 e^{(n-1)} + \cdots + k_n e = 0. \qquad\qquad (8.3.4)$$

由于微分方程(8.3.4)对应的特征方程的特征根的实部均为负，因此有

$$\lim_{t \to \infty} e(t) = 0.$$

然而，当 $f(x)$ 和 $g(x)$ 未知时，上述的控制器无法实施，因此首先要对不确定非线性系统(8.3.2)进行模糊建模，即用模糊逻辑系统 $\hat{f}(x|\theta_f) = \theta_f^{\mathrm{T}}\xi(x)$ 和

$\hat{g}(x|\theta_g) = \theta_g^{\mathrm{T}}\xi(x)$ 分别逼近 $f(x)$ 和 $g(x)$，便可得到如下等价控制：

$$u_c(x) = \frac{1}{\hat{g}(x|\theta_g)}[-\hat{f}(x|\theta_f) + y_{\mathrm{m}}^{(n)} + k^{\mathrm{T}}e]. \tag{8.3.5}$$

将式(8.3.5)代入式(8.3.2)中，并经过运算后可得如下的误差方程：

$$e^{(n)} = -k^{\mathrm{T}}e + [\hat{f}(x|\theta_f) - f(x)] + [\hat{g}(x|\theta_g) - g(x)]u_c. \tag{8.3.6}$$

上式等价于

$$\dot{e} = \Lambda_c e + b_c[(\hat{f}(x|\theta_f) - f(x)) + (\hat{g}(x|\theta_g) - g(x))u_c]. \tag{8.3.7}$$

式中：

$$\Lambda_c = \begin{bmatrix} 0 & 1 & 0 & 0 & \cdots & 0 & 0 \\ 0 & 0 & 1 & 0 & \cdots & 0 & 0 \\ \vdots & \vdots & \vdots & \vdots & & \vdots & \vdots \\ 0 & 0 & 0 & 0 & 0 & 0 & 1 \\ -k_n & -k_{n-1} & \cdots & \cdots & \cdots & -k_2 & -k_1 \end{bmatrix}, \quad b_c = \begin{bmatrix} 0 \\ \vdots \\ 0 \\ 1 \end{bmatrix}.$$

由于 Λ_c 为稳定的矩阵，即 $|sI - \Lambda_c| = s^n + k_1 s^{n-1} + \cdots + k_n$ 为稳定的，因此一定存在一个唯一 $n \times n$ 阶的正定对称矩阵 P，满足李雅普诺夫方程

$$\Lambda_c^{\mathrm{T}}P + P\Lambda_c = -Q \tag{8.3.8}$$

式中，Q 为任意 $n \times n$ 阶正定矩阵.

设 $V = \frac{1}{2}e^{\mathrm{T}}Pe$，再利用式(8.3.7)和式(8.3.8)，可得

$$\dot{V}_c = \frac{1}{2}\dot{e}^{\mathrm{T}}Pe + \frac{1}{2}e^{\mathrm{T}}P\dot{e}$$

$$= -\frac{1}{2}e^{\mathrm{T}}Qe + e^{\mathrm{T}}Pb_c[(\hat{f}(x|\theta_f) - f(x)) + (\hat{g}(x|\theta_g) - g(x))u_c].$$

$$\tag{8.3.9}$$

为使 $x_i = y_{\mathrm{m}}^{(i-1)} - e^{(i-1)}$ 有界，则 V_c 必须是有界的. 即当 V_c 大于一个较大的常数 $\bar{V}$ 时，需要 $\dot{V}_c \leqslant 0$. 然而从式(8.3.9)中知道，如果建模误差 $w_1 = (f(x) - \hat{f}(x|\theta_f)) + (g(x) - \hat{g}(x|\theta_g))u_c = 0$，则等价控制器 u_c 使得式(8.3.9)小于零，否则就很难取得控制目标. 解决这一问题的办法之一是引入监督控制 u_s，即设计的控制器为

$$u = u_c + u_s. \tag{8.3.10}$$

引入附加控制项 u_s 的目的是要补偿建模误差对系统输出误差的影响，保证当 $V_c \geqslant \bar{V}$ 时，有 $\dot{V}_c \leqslant 0$ 成立.

将式(8.3.10)代入式(8.3.2)，并用求式(8.3.6)的同样方法，可以得到下面的误差方程：

$$\dot{e} = \Lambda_c e + b_c[(\hat{f}(x|\theta_f) - f(x)) + (\hat{g}(x|\theta_g) - g(x))u_c - g(x)u_s].$$

$$\tag{8.3.11}$$

再利用式(8.3.11)和式(8.3.8)，可得

$$\dot{V}_c = -\frac{1}{2}e^{\mathrm{T}}Qe + e^{\mathrm{T}}Pb_c\big[(\hat{f}(x|\theta_f)-f(x))+\hat{g}(x|\theta_g)u_c - g(x)u_s\big]$$

$$\leqslant -\frac{1}{2}e^{\mathrm{T}}Qe + |e^{\mathrm{T}}Pb_c|\big[|\hat{f}(x|\theta_f)|+|f(x)|+|\hat{g}(x|\theta_g)u_c|\big] -$$

$$e^{\mathrm{T}}Pb_c g(x)u_s. \tag{8.3.12}$$

为了使选择的 u_s 能保证式(8.3.12)的右边取非正值，需要知道 $f(x)$ 和 $g(x)$ 的界，为此作如下必要的假设：

假设1 存在已知的函数 $f^{\mathrm{U}}(x)$，$g^{\mathrm{U}}(x)$ 和 $g_{\mathrm{L}}(x)$，使得下列不等式成立：

$$|f(x)|\leqslant f^{\mathrm{U}}(x), \quad 0<g_{\mathrm{L}}\leqslant g(x)\leqslant g^{\mathrm{U}}(x).$$

设计监督控制 u_s 为如下的形式：

$$u_s = I_1^* \,\mathrm{sgn}(e^{\mathrm{T}}Pb_c)\frac{1}{g_{\mathrm{L}}(x)}\big[|\hat{f}(x|\theta_f)|+|f^{\mathrm{U}}(x)|+|\hat{g}(x|\theta_g)u_c|+$$

$$|g^{\mathrm{U}}(x)u_c|\big]. \tag{8.3.13}$$

式中，当 $V_c\geqslant\overline{V}$ 时，$I_1^*=1$（$\overline{V}$ 为设计者取定的一个常数）；当 $V_c\leqslant\overline{V}$ 时，$I_1^*=0$. 如果将式(8.3.13)代入式(8.3.12)，并考虑 $V_c\geqslant\overline{V}$ 的情况，有

$$\dot{V}_c \leqslant -\frac{1}{2}e^{\mathrm{T}}Qe + |e^{\mathrm{T}}Pb_c|\big[|\hat{f}|+|f|+|\hat{g}u_c|+|gu_c|-$$

$$\frac{g}{g_{\mathrm{L}}}(|\hat{f}|+f^{\mathrm{U}}+|\hat{g}u_c|+|g^{\mathrm{U}}u_c|)\big]$$

$$\leqslant -\frac{1}{2}e^{\mathrm{T}}Qe\leqslant 0. \tag{8.3.14}$$

总之，只要采用式(8.3.10)来控制，就可以保证 $V_c\leqslant\overline{V}<\infty$. 由于 P 是正定的，因此，V_c 的界就是 e 的界，进一步地讲也是 x 的界. 这里需要注意一点，式(8.3.6)和式(8.3.13)右边的所有量都是已知的或可以量测的，因此，控制律(8.3.10)就可以实现.

从式(8.3.14)可以看出，仅当误差函数 V_c 大于一个正常数 $\overline{V}$ 时，u_s 才是非零的. 这就是说，具有模糊控制器 u_c 的闭环系统如果有良好的性能，误差就不会大（即 $V_c\leqslant\overline{V}$），此时监督控制器 u_s 为零；反之，如果闭环系统趋于不稳定即 $(V_c>\overline{V})$，则监督控制器 u_s 才开始工作以迫使 $V_c\leqslant\overline{V}$，这样，控制器就相当于一个监督器. 这就是为什么把 u_s 称为监督控制器的原因.

3. 模糊自适应算法

由于在已设计的控制器 $u=u_c+u_s$ 中，含有未知参数向量 θ_f，θ_g，因此必须给出它们的模糊自适应算法.

首先定义 θ_f，θ_g 最优参数分别为 θ_f^*，θ_g^*：

$$\theta_f^* = \arg\min_{\theta_f\in\Omega_f}\big[\sup_{x\in U_c}|\hat{f}(x|\theta_f)-f(x)|\big] \tag{8.3.15}$$

$$\theta_g^* = \arg\min_{\theta_g \in \Omega_g} \left[\sup_{x \in U_c} | \hat{g}(x|\theta_g) - g(x) | \right] \qquad (8.3.16)$$

式中, Ω_f 和 Ω_g 分别为 θ_f 和 θ_g 的约束集, Ω_f 和 Ω_g 是由设计者设定. 定义模糊最小逼近误差:

$$w = (\hat{f}(x|\theta_f^*) - f(x)) + (\hat{g}(x|\theta_g^*) - g(x))u_c \qquad (8.3.17)$$

于是式(8.3.7)的误差方程可重写如下:

$$\dot{e} = \Lambda_c e + b_c [(\hat{f}(x|\theta_f) - \hat{f}(x|\theta_f^*)) + (\hat{g}(x|\theta_g) - \hat{g}(x|\theta_g^*))u_c + w] -$$
$$b_c g(x) u_s \qquad (8.3.18)$$

或

$$\dot{e} = \Lambda_c e - b_c g(x)u_s + b_c w + b_c [\phi_f^T \xi(x) + \phi_g^T \xi(x)u_c] \qquad (8.3.19)$$

式中, $\phi_f = \theta_f - \theta_f^*$, $\phi_g = \theta_g - \theta_g^*$ 为参数误差; $\xi(x)$ 为模糊基函数.

采用如下的自适应律调节参数向量 θ_f 和 θ_g:

$$\dot{\theta}_f = -\gamma_1 e^T P b_c \xi(x) \qquad (8.3.20)$$

$$\dot{\theta}_g = -\gamma_2 e^T P b_c \xi(x) u_c \qquad (8.3.21)$$

图 8-17 给出这种间接自适应模糊控制策略的总体框图.

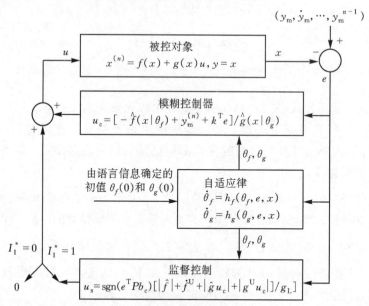

图 8-17　间接自适应模糊控制器的总体框图

4. 稳定性分析

下面用定理给出这种自适应模糊控制器的性能.

定理1　考虑式(8.3.5)的控制对象, 其中取控制器 u 为式(8.3.10), u_c 取式(8.3.5), u_s 取式(8.3.13). 设参数向量 θ_f 和 θ_g 用自适应律式(8.3.20)和

式(8.3.21)来调节,同时假设 1 成立,则闭环系统稳定且$\lim\limits_{t\to\infty}e(t)=0$.

证明 选择 Lyapunov 函数为

$$V=\frac{1}{2}e^{\mathrm{T}}Pe+\frac{1}{2\gamma_1}\phi_f^{\mathrm{T}}\phi_f+\frac{1}{2\gamma_2}\phi_g^{\mathrm{T}}\phi_g. \tag{8.3.22}$$

由于 V 沿着式(8.3.19)的时间导数为

$$\dot{V}=-\frac{1}{2}e^{\mathrm{T}}Qe-g(x)e^{\mathrm{T}}Pb_cu_s+e^{\mathrm{T}}Pb_cw+\frac{1}{\gamma_1}\phi_f^{\mathrm{T}}[\dot{\theta}_f+\gamma_1e^{\mathrm{T}}Pb_c\xi(x)]+$$

$$\frac{1}{\gamma_2}\phi_g^{\mathrm{T}}[\dot{\theta}_g+\gamma_2e^{\mathrm{T}}Pb_c\xi(x)u_c], \tag{8.3.23}$$

将式(8.3.20)和式(8.3.21)代入上式,得

$$\dot{V}=-\frac{1}{2}e^{\mathrm{T}}Qe-g(x)e^{\mathrm{T}}Pb_cu_s+e^{\mathrm{T}}Pb_cw \tag{8.3.24}$$

由式(8.3.23)和 $g(x)>0$ 知,$g(x)e^{\mathrm{T}}Pb_cu_s\geqslant0$,因此,式(8.3.24)可进一步简化为

$$\dot{V}\leqslant-\frac{1}{2}e^{\mathrm{T}}Qe-e^{\mathrm{T}}Pb_cw$$

$$\leqslant-\frac{\lambda_{\min}(Q)-1}{2}|e|^2+\frac{1}{2}|Pb_cw|^2-\frac{1}{2}[|e|^2+2e^{\mathrm{T}}Pb_cw+|Pb_cw|^2]$$

$$\leqslant-\frac{\lambda_{\min}(Q)-1}{2}|e|^2+\frac{1}{2}|Pb_cw|^2. \tag{8.3.25}$$

式中,$\lambda_{\min}(Q)$ 为 Q 的最小值. 将式(8.3.25)的左右两边均取积分且假设 $\lambda_{\min}(Q)>1$.(因为 Q 是由设计者决定的,故可选择这样一个满足要求的 Q).

令 $\sup\limits_{t\geqslant0}|w|=w_0$,$a=\dfrac{\lambda_{\min}(Q)-1}{2}$,$b=\dfrac{1}{2}|Pb_cw_0|^2$,则式(8.3.25)变成

$$\dot{V}\leqslant-a|e|^2+b. \tag{8.3.26}$$

当 $|e|>\sqrt{\dfrac{b}{a}}$ 时,$\dot{V}<0$. 因此得到 e,θ_f,$\theta_g\in L_\infty$,即闭环系统稳定.
对式(8.3.25)积分,得

$$\int_0^t|e(t)|^2\mathrm{d}t\leqslant\frac{2}{\lambda_{\min}(Q)-1}[V(0)+V(t)]+$$

$$\frac{1}{\lambda_{\min}(Q)-1}|Pb_c|^2\int_0^t|w(t)|^2\mathrm{d}t. \tag{8.3.27}$$

如果 $w\in L_2$,则根据式(8.3.27)可得 $e\in L_2$. 已经知道式(8.3.19)右边的所有变量有界,所以 $\dot{e}\in L_\infty$。所以根据 Barbalet 定理(即如果 $e\in L_2\cap L_\infty$,且 $\dot{e}\in L_\infty$,则 $\lim\limits_{t\to\infty}|e(t)|=0$),有 $\lim\limits_{t\to\infty}|e(t)|=0$.

5. 仿真

例 1 将间接型自适应模糊控制器用于倒摆系统中,研究它在跟踪一条正弦轨迹的控制问题中的应用. 倒摆系统(或车杆系统)如图8-18所示. 设 $x_1=\theta$,$x_2=$

$\dot{\theta}$，其动态方程为

$$\dot{x}_1 = x_2$$

$$\dot{x}_2 = \frac{g\sin x_1 - \dfrac{mlx_2^2\cos x_1\sin x_1}{m_c + m}}{l\left(\dfrac{4}{3} - \dfrac{m\cos^2 x_1}{m_c + m}\right)} + \frac{\dfrac{\cos x_1}{m_c + m}}{l\left(\dfrac{4}{3} - \dfrac{m\cos^2 x_1}{m_c + m}\right)} \qquad (8.3.28)$$

式中，$g = 9.8 \text{ m/s}^2$ 为重力加速度；m_c 为车的质量；m 为杆的质量，等于 $\frac{1}{2}$ 杆长；u 为外作用力（控制量）. 在以下仿真中，选 $m_c = 1 \text{ kg}$，$m = 0.1 \text{ kg}$，$l = 0.5 \text{ m}$. 显然，式(8.3.28)具有式(8.3.2)的形式，所以这种模糊控制器可以用于这个系统. 在仿真中，将参考信号选为 $y_m(t) = \dfrac{\pi}{30}\sin(t)$.

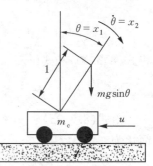

图 8-18　倒立摆系统

为了将自适应模糊控制器用于这个系统，首先需要确定 f^U，g^U 和 g_L 的界. 对此系统，有

$$|f(x_1, x_2)| = \left|\frac{g\sin x_1 - mlx_2^2\cos x_1\sin x_1}{m_c + m}\Big/ l\left(\frac{4}{3} - \frac{m\cos^2 x_1}{m_c + m}\right)\right| \leqslant \frac{9.8 + \dfrac{0.025}{1.1}x_2^2}{\dfrac{2}{3} - \dfrac{0.05}{1.1}}$$

$$= 15.78 + 0.0366 x_2^2 = f^U(x_1, x_2); \qquad (8.3.29)$$

$$|g(x_1, x_2)| = \left|\frac{\dfrac{m\cos x_1}{m_c + m}}{l\left(\dfrac{4}{3} - \dfrac{m\cos^2 x_1}{m_c + m}\right)}\right| \leqslant \frac{1}{1.1 \times \left(\dfrac{2}{3} - \dfrac{0.05}{1.1}\right)}$$

$$= 1.46 = g^U(x_1, x_2). \qquad (8.3.30)$$

如果要求满足 $|x_1| \leqslant \dfrac{\pi}{6}$，则

$$|g(x_1, x_2)| \geqslant \frac{\cos\dfrac{\pi}{6}}{1.1\left(\dfrac{2}{3} + \dfrac{0.05}{1.1}\cos^2\dfrac{\pi}{6}\right)} = 1.12 = g_L(x_1, x_2). \quad (8.3.31)$$

现在假设要求

$$|x_1| \leqslant \frac{\pi}{6}, \quad |u| \leqslant 180, \qquad (8.3.32)$$

由于 $|x_1| \leqslant (|x_1|^2 + |x_2|^2)^{\frac{1}{2}} = |x|$，如果能使 $|x| \leqslant \dfrac{\pi}{6}$，则自然就有 $|x_1| \leqslant \dfrac{\pi}{6}$，同

样也有 $|x_2| \leqslant \dfrac{\pi}{6}$. 设 $k_1 = 2$, $k_2 = 1$（这样 $s^2 + k_2 s + k_2$ 是稳定的）, $Q = \mathrm{diag}(10, 10)$. 然后, 解式(8.3.8), 可得

$$P = \begin{pmatrix} 15 & 5 \\ 5 & 5 \end{pmatrix}.$$

选 $m_1 = m_2 = 5$. 由于对 $i = 1, 2$ 来讲, 均有 $|x_i| \leqslant \dfrac{\pi}{6}$, 因此选择

$$\mu_{F_i^1}(x_i) = \exp\left(-\left(\frac{x_i + \frac{\pi}{6}}{\frac{\pi}{24}}\right)^2\right), \quad \mu_{F_i^2}(x_i) = \exp\left(-\left(\frac{x_i + \frac{\pi}{12}}{\frac{\pi}{24}}\right)^2\right),$$

$$\mu_{F_i^3}(x_i) = \exp\left(-\left(\frac{x_i}{\frac{\pi}{24}}\right)^2\right), \quad \mu_{F_i^5}(x_i) = \exp\left(-\left(\frac{x_i - \frac{\pi}{12}}{\frac{\pi}{24}}\right)^2\right),$$

$$\mu_{F_i^6}(x_i) = \exp\left(-\left(\frac{x_i - \frac{\pi}{6}}{\frac{\pi}{24}}\right)^2\right).$$

这种选择显然覆盖了整个区间 $\left[-\dfrac{\pi}{6}, \dfrac{\pi}{6}\right]$. 从 $f(x_1, x_2)$ 和 $g(x_1, x_2)$ 的界以及式(8.3.31)和式(8.3.32)中可以看出, $f(x_1, x_2)$ 的取值范围比 $g(x_1, x_2)$ 的取值范围要大得多, 因此选 $\gamma_1 = 50$, $\gamma_2 = 1$. 图 8-19 至图 8-21 给出了初始条件为 $x(0) = \left(-\dfrac{\pi}{60} \quad 0\right)^{\mathrm{T}}$ 时的仿真结果, 其中图 8-19 给出的是状态 $x_1(t)$（实线）和其期望值 $y_{\mathrm{m}} = \dfrac{\pi}{30}\sin t$（虚线）的曲线图；图 8-20 给出的是状态 $x_2 t$（实线）和其期望值 $\dot{y}_{\mathrm{m}} = \dfrac{\pi}{30}\cos t$（虚线）的曲线图；图 8-21 为控制 $u(t)$ 的曲线图. 初始参数 $\theta_f(0)$ 在的区间 $[-3, 3]$ 内随机选取, $\theta_g(0)$ 在区间 $[1, 1.3]$ 内随机选取.

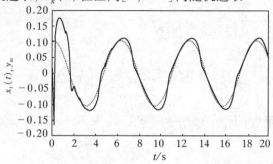

图 8-19　在初始条件为 $x(0) = \left(-\dfrac{\pi}{60}, 0\right)^{\mathrm{T}}$ 时的状态

$x_1(t)$（实线）和期望值 $y_{\mathrm{m}} = \dfrac{\pi}{30}\sin t$（虚线）

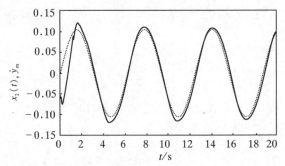

图 8-20 在初始条件为 $x(0) = \left(-\dfrac{\pi}{60},\ 0\right)^{\mathrm{T}}$ 时的状态

$x_2(t)$（实线）和期望值 $\dot{y}_{\mathrm{m}} = \dfrac{\pi}{30}\cos t$（虚线）

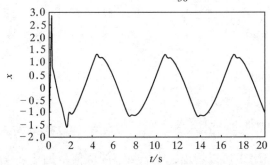

图 8-21 在初始条件为 $x(0) = \left(-\dfrac{\pi}{60},\ 0\right)^{\mathrm{T}}$ 时的控制量 $u(t)$

8.3.2　直接自适应模糊控制

　　针对一类非线性不确定系统，按照间接自适应模糊控制设计的基本思路，现介绍一种直接自适应模糊控制方法．直接与间接自适应模糊控制的主要区别是，直接自适应模糊控制不需要对非线性系统进行建模，而是把模糊逻辑系统直接作为控制器．

　　1. 被控对象模型及其控制问题描述

　　考虑如下的非线性系统：

$$
\begin{aligned}
x^{(n)} &= f(x,\ \dot{x},\ \cdots,\ x^{(n-1)}) + bu \\
y &= x.
\end{aligned}
\tag{8.3.33}
$$

式中，f 为未知连续函数，b 为未知正的常数，$u \in \mathbf{R}$ 和 $y \in \mathbf{R}$ 分别为系统的输入输出．假设状态向量 $x = (x,\ \dot{x},\ \cdots,\ x^{(n-1)})^{\mathrm{T}}$ 是可量测的．

　　控制任务：（基于模糊逻辑系统）求出一个反馈控制 $u(x \mid \theta)$ 和一个调节参数向量 θ 的自适应律，使得：

　　（1）闭环系统具有全局稳定性，即对系统中的所有变量有界．

（2）对于给定的有界参考信号 y_m，在满足约束条件（1）的情况下，跟踪误差 $e = y_m - y$ 应尽可能地小.

2. 模糊控制的设计

设总体控制 u 为基本控制 $u_c(x|\theta)$ 和监督控制 $u_s(x)$ 之和，即

$$u = u_c(x|\theta) + u_s(x). \tag{8.3.34}$$

式中，模糊逻辑系统 $u_c(x|\theta) = \sum_{i=1}^{N} \theta_i^T \xi_i(x)$. 下面将讨论如何确定 $u_s(x)$.

将式（8.3.34）代入式（8.3.33），可得

$$x^{(n)} = f(x) + b[u_c(x|\theta) + u_s(x)] \tag{8.3.35}$$

如果 $f(x)$ 和 b 已知，那么取如下的控制：

$$u^* = \frac{1}{b}[-f(x) + y_m^{(n)} + k^T e] \tag{8.3.36}$$

控制器 u^* 将迫使误差 e 收敛到零，其中 $e = (e, \dot{e}, \cdots, e^{(n-1)})^T$ 和 $k = (k_n, k_{n-1}, \cdots, k_1)^T$，使得 $s^n + k_1 s^{n-1} + \cdots + k_n = 0$ 的所有根都位于左半开平面上.

对式（8.3.35）中加上再减去 bu^*，并进行运算，可推导出闭环系统的误差方程：

$$e^{(n)} = -k^T e + b[u^* - u_c(x|\theta) - u_s(x)], \tag{8.3.37}$$

或等价于

$$\dot{e} = \Lambda_c e + b_c[u^* - u_c(x|\theta) - u_s(x)]. \tag{8.3.38}$$

式中

$$\Lambda_c = \begin{bmatrix} 0 & 1 & 0 & 0 & \cdots & 0 & 0 \\ 0 & 0 & 1 & 0 & \cdots & 0 & 0 \\ \vdots & \vdots & \vdots & \vdots & & \vdots & \vdots \\ 0 & 0 & 0 & 0 & 0 & 0 & 1 \\ -k_n & -k_{n-1} & \cdots & \cdots & \cdots & -k_2 & -k_1 \end{bmatrix}, \quad b_c = \begin{bmatrix} b \\ \vdots \\ 0 \\ 1 \end{bmatrix}.$$

由于 Λ_c 为稳定的矩阵，即 $|sI - \Lambda_c| = s^{(n)} + k_1 s^{(n-1)} + \cdots + k_n$ 为稳定的，因此一定存在一个唯一的 $n \times n$ 阶的正定对称矩阵 P，满足李雅普诺夫方程：

$$\Lambda_c^T P + P\Lambda_c = -Q. \tag{8.3.39}$$

式中，Q 为任意的 $n \times n$ 阶正定矩阵.

设 $V_c = \frac{1}{2} e^T P e$，利用式（8.3.39）和式（8.3.38），可得

$$\dot{V}_c = \frac{1}{2}\dot{e}^T P e + \frac{1}{2} e^T P \dot{e} = -\frac{1}{2} e^T Q e + e^T P b_c[u^* - u_c(x|\theta) - u_s(x)]$$

$$\leqslant -\frac{1}{2} e^T Q e + |e^T P b_c|(|u^*| + |u_c|) - e^T P b_c u_s. \tag{8.3.40}$$

为了使设计出来的监督控制器 u_s 能保证 $\dot{V}_c \leqslant 0$，需作如下的假设.

假设 2   存在一个函数 $f^{U}(x)$ 和一个常数 b_L，使得

$$|f(x)| \leqslant f^{U}(x), \quad 0 \leqslant b_L \leqslant b.$$

将监督控制取为如下的形式：

$$u_s(x) = I_1^* \operatorname{sgn}(e^T P b_c) \left[|u_c| + \frac{1}{b_L}(f^U + |y_m^{(n)}| + |k^T e|) \right]. \quad (8.3.41)$$

式中，当 $V_c \geqslant \overline{V}$ 时，$I_1^* = 1$（$\overline{V}$ 为设计者取定的一个常数）；当 $V_c \leqslant \overline{V}$ 时，$I_1^* = 0$. 因为 $b > 0$，故 $\operatorname{sgn}(e^T P b_c)$ 可以确定下来. 同样，式(8.3.41)中其余各项也能确定下来. 如果将式(8.3.41)代入式(8.3.40)，并考虑 $I_1^* = 1$ 的情况，有

$$\dot{V}_c \leqslant -\frac{1}{2} e^T Q e + |e^T P b_c| \left[\frac{1}{b}(|f| + |y_m^{(n)}| + |k^T e|) + \right.$$

$$\left. |u_c| - |u_c| - \frac{1}{b_L}(|f^U| + |y_m^{(n)}| + |k^T e|) \right]$$

$$\leqslant -\frac{1}{2} e^T Q e \leqslant 0. \quad (8.3.42)$$

由此可见，如果使用式(8.3.41)的监督控制 u_s，总能有 $V_c \leqslant \overline{V}$. 又因为 $P > 0$，则 V_c 的有界性隐含了 e 的界，e 的有界性隐含了 x 的界.

3. 模糊自适应算法

下面给出参数向量 θ 的自适应律. 定义最优参数向量 θ^* 为

$$\theta^* = \arg \min_{|\theta| \leqslant M_\theta} \{ \sup_{|x| \leqslant M_x} |u_c(x|\theta) - u^*| \} \quad (8.3.43)$$

和最小模糊逼近误差

$$w = u_c(x|\theta^*) - u^*. \quad (8.3.44)$$

式(8.3.38)的误差方程重写为

$$\dot{e} = \Lambda e + b_c [u_c(x|\theta) - u_c(x|\theta^*)] - b_c u_s - b_c w, \quad (8.3.45)$$

或等价于

$$\dot{e} = \Lambda e + b_c \phi^T \xi(x) - b_c u_s - b_c w. \quad (8.3.46)$$

式中，$\phi = \theta^* - \theta$ 为参数误差，$\xi(x)$ 为模糊基函数.

取参数 θ 的自适应律为

$$\dot{\theta} = \gamma e^T P b_c \xi(x). \quad (8.3.47)$$

式中，$\gamma > 0$ 为学习律.

直接自适应模糊控制的控制方案由图 8-22 给出.

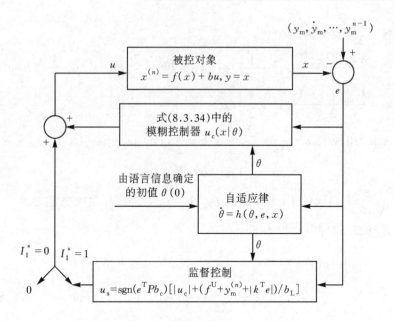

图 8-22 直接自适应模糊控制方案的总体框图

4. 稳定性及其收敛性分析

下面的定理给出了直接自适应模糊控制的性质.

定理 2 在控制对象式(8.3.33)中, 采用式(8.3.34)的控制方式, 其中 u_s 取式(8.3.41), 设参数向量自适应律是式(8.3.47), 并设假设 2 成立, 则闭环系统稳定, 且 $\lim_{t \to \infty} e(t) = 0$.

证明 取李雅普诺夫函数

$$V = \frac{1}{2} e^{\mathrm{T}} P e + \frac{1}{2\gamma} \phi^{\mathrm{T}} \phi. \qquad (8.3.48)$$

由式(8.3.46)求 V 对时间的导数, 由式(8.3.39)得

$$\dot{V} = -\frac{1}{2} e^{\mathrm{T}} Q e + e^{\mathrm{T}} P b_c (\phi^{\mathrm{T}} \xi(x) - u_s - w) + \frac{b}{\gamma} \phi^{\mathrm{T}} \dot{\phi}$$

$$= -\frac{1}{2} e^{\mathrm{T}} Q e + \frac{b}{\gamma} \phi^{\mathrm{T}} [\gamma e^{\mathrm{T}} P b_c \xi(x) + \dot{\phi}] - e^{\mathrm{T}} P b_c u_s - e^{\mathrm{T}} P b_c w. \qquad (8.3.49)$$

将式(8.3.47)代入式(8.3.49), 得

$$\dot{V} = -\frac{1}{2} e^{\mathrm{T}} Q e - e^{\mathrm{T}} P b_c u_s - e^{\mathrm{T}} P b_c w. \qquad (8.3.50)$$

由于 $e^{\mathrm{T}} P b_c u_s \geqslant 0$, 所以上式简化成

$$\dot{V} \leqslant -\frac{1}{2} e^{\mathrm{T}} Q e - e^{\mathrm{T}} P b_c w. \qquad (8.3.51)$$

式(8.3.51)进一步简化成

$$\dot{V} \leqslant -\frac{1}{2}e^{\mathrm{T}}Qe - e^{\mathrm{T}}Pb_{c}w$$

$$\leqslant -\frac{\lambda_{\min}(Q)-1}{2}|e|^{2} - \frac{1}{2}[|e|^{2} + 2e^{\mathrm{T}}Pb_{c}w + |Pb_{c}w|^{2}] + \frac{1}{2}|Pb_{c}w|^{2}$$

$$\leqslant -\frac{\lambda_{\min}(Q)-1}{2}|e|^{2} + \frac{1}{2}|Pb_{c}w|^{2} \tag{8.3.52}$$

令 $w_{0} = \sup_{t \geqslant 0}|w|$，$a = \dfrac{\lambda_{\min}(Q)-1}{2}$，$b = \dfrac{1}{2}|Pb_{c}|w_{0}$，则式 (8.3.52) 变成

$$\dot{V} \leqslant -a|e|^{2} + b. \tag{8.3.53}$$

当 $|e| > \sqrt{\dfrac{b}{a}}$ 时，$\dot{V} < 0$. 因此得到 e, θ_{f}, $\theta_{g} \in L_{\infty}$，即闭环系统稳定.

对式 (8.3.52) 两边对 t 积分，得

$$\int_{0}^{t}|e(t)|^{2}\mathrm{d}t \leqslant \frac{2}{\lambda_{\min}(Q)-1}[|V(0)| + |V(t)|] +$$

$$\frac{1}{\lambda_{\min}(Q)-1}|Pb_{c}|^{2}\int_{0}^{t}|w(t)|^{2}\mathrm{d}t. \tag{8.3.54}$$

如果 $w \in L_{2}$，则从式 (8.3.54) 可得 $e \in L_{2}$. 由于已经知道式 (8.3.46) 右边的所有变量有界，所以 $\dot{e} \in L_{\infty}$. 根据 Barbalet 引理，推出 $\lim_{t \to \infty}|e(t)| = 0$.

5. 仿真

例 2 采用直接自适应模糊控制器控制如下的对象，使之调节至零点，即 $y_{\mathrm{m}} = 0$.

$$\dot{x}(t) = \frac{1 - \mathrm{e}^{-x}}{1 + \mathrm{e}^{x}} + u(t). \tag{8.3.55}$$

显然，如果不加控制，对象式 (8.3.55) 是不稳定的，因为如果 $u(t) = 0$，当 $x > 0$ 时，则 $\dot{x}(t) = \dfrac{1 - \mathrm{e}^{-x}}{1 + \mathrm{e}^{x}} < 0$；而当 $x < 0$ 时，则 $\dot{x}(t) = \dfrac{1 - \mathrm{e}^{-x}}{1 + \mathrm{e}^{x}} > 0$. 在仿真中，选 $\gamma = 1$, $M_{x} = 3$, $b_{\mathrm{L}} = 0.5 < 1 = b$, $f^{\mathrm{U}} = 1 = \dfrac{1 - \mathrm{e}^{-x}}{1 + \mathrm{e}^{x}}$. 在区间 $[-3, 3]$ 上定义了 6 个模糊集合，分别记为 N_{3}, N_{2}, N_{1}, P_{1}, P_{2}, P_{3}；相应的隶属函数分别为

$$\mu_{N_{3}}(x) = \frac{1}{1 + \exp(-5(x+2))}, \quad \mu_{N_{2}}(x) = \exp(-(x+1.5)^{2}),$$

$$\mu_{N_{1}}(x) = \exp(-(x+0.5)^{2}), \quad \mu_{P_{1}}(x) = \exp(-(x-0.5)^{2}),$$

$$\mu_{P_{2}}(x) = \exp(-(x-1.5)^{2}), \quad \mu_{P_{3}}(x) = \frac{1}{1 + \exp(-5(x-2))}.$$

初始参数 $\theta_{i}(0)$ 在区间 $[-2, 2]$ 上随机选取，选初始状态 $x(0) = 1$. 图 8-19 给出了仿真结果. 在图 8-23 所示的仿真结果中，状态 $x(t)$ 并没有触及到界 $|x| = 3$，因此监督控制 u_{s} 实际上不发挥作用. 现在如果保持图 8-18 的其他参数不变而仅改

变 $M_x = 1.5$，再进行一次仿真，其结果如图 8-24 所示．从仿真结果看到，此时监督控制 u_s 确实强迫状态 $x(t)$ 回到约束集合 $|x| \leq 1.5$ 之内．

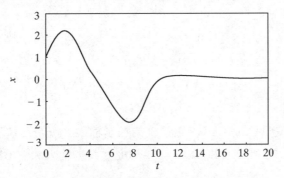

图 8-23　控制对象在直接自适应模糊控制器所得闭环系统状态 $x(t) = e(t)$

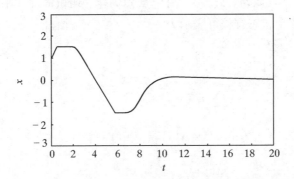

图 8-24　除 $M_x = 1.5$，其余参数完全同图 8-19 的闭环系统状态
$x(t) = e(t)$，$x(0) = (1, 0)$ 的控制量 $u(t)$

8.4　基于模糊 T-S 模型非线性系统的控制

模糊 T-S 模型是对不确定系统建模的一种方法，在非线性不确定系统的控制设计与分析中有着广泛的应用．模糊 T-S 模型主要特性是由一些 IF—THEN 模糊推理规则来描述，每个推理规则表示局部区域线性模型的动态，然后把各个局部线性模型用模糊隶属函数联结起来，得到整体的模糊非线性模型，进而实现对非线性不确定系统建模的目的．本章主要介绍文献[26]所给出的基于模糊 T-S 模型的非线性系统的控制及其稳定性条件．

8.4.1　连续模糊控制系统的分析与设计

首先应用模糊 T-S 模型对一类不确定非线性系统进行模糊建模，然后给出一种关于连续模糊系统的状态反馈和基于状态观测器的控制方法．利用李雅普诺夫函数方法，给出了保证模糊闭环系统稳定的充分条件．

1. 状态反馈控制的设计及稳定性分析

考虑如下由模糊 T-S 模型所描述的非线性不确定系统.

系统的模糊规则 i:

如果 $z_1(t)$ 是 F_{i1},且 $z_2(t)$ 是 F_{i2},且……,且 $z_n(t)$ 是 F_{in},则

$$\dot{x}(t) = A_i x(t) + B_i u(t),$$
$$y(t) = C_i x(t) \quad (i = 1, 2, \cdots, N). \tag{8.4.1}$$

式中,F_{ij} 是模糊集合;$z(t) = [z_1(t), z_2(t), \cdots, z_n(t)]^T$ 是模糊前件变量;$x(t) \in \mathbf{R}^n$ 是状态变量;$u(t) \in \mathbf{R}^m$ 是系统的控制输入;$y_i(t) \in \mathbf{R}^l$ 是系统的输出;$A_i \in \mathbf{R}^{n \times n}$,$B_i \in \mathbf{R}^{n \times m}$ 和 $C_i \in \mathbf{R}^{l \times n}$ $(i = 1, 2)$ 是系统的输入和输出矩阵;N 是模糊推理规则数.

对于给定的数对 $(x(t), u(t))$,由单点模糊化、乘积推理和平均加权反模糊化,模糊系统的整个状态方程可表示为

$$\dot{x}(t) = \frac{\sum_{i=1}^{N} \alpha_i(z(t)) [A_i x(t) + B_i u(t)]}{\sum_{i=1}^{N} \alpha_i(z(t))}$$
$$= \sum_{i=1}^{N} \mu_i(z(t)) [A_i x(t) + B_i u(t)]. \tag{8.4.2}$$

$$y(t) = \frac{\sum_{i=1}^{N} \alpha_i(z(t)) C_i x(t)}{\sum_{i=1}^{N} \alpha_i(z(t))} = \sum_{i=1}^{N} \mu_i(z(t)) C_i x(t). \tag{8.4.3}$$

式中

$$\alpha_i(z(t)) = \prod_{j=1}^{n} F_{ij}(z_j(t)); \quad \mu_i(z(t)) = \frac{\alpha_i(z(t))}{\sum_{i=1}^{N} \alpha_i(z(t))};$$

$F_{ij}(z_j(t))$ 是 $z_j(t)$ 关于模糊集 F_{ij} 的隶属函数;$\alpha_i(z(t))$ 满足

$$\alpha_i(z(t)) \geqslant 0, \quad \sum_{i=1}^{N} \alpha_i(z(t)) > 0 \quad (i = 1, 2, \cdots, N),$$

而且有

$$\mu_i(z(t)) \geqslant 0, \quad \sum_{i=1}^{N} \mu_i(z(t)) = 1 \quad (i = 1, 2, \cdots, N).$$

定义 1 如果矩阵对 (A_i, B_i) $(i = 1, 2, \cdots, N)$ 是可控的,则称模糊系统 (8.4.1) 是局部可控的.

假设模糊系统 (8.4.1) 是局部可控的,根据平行分布补偿算法 (PDC) 设计局部状态反馈控制器. 所谓平行分布补偿算法,就是每一条控制模糊规则的前件与

相应的系统模糊规则的前件相同.

模糊控制规则 i:

如果 $z_1(t)$ 是 F_{i1}, 且 $z_2(t)$ 是 F_{i2}, 且……, 且 $z_n(t)$ 是 F_{in}, 则

$$u(t) = -K_i x(t) \quad (i=1,2,\cdots,N). \tag{8.4.4}$$

整个状态反馈控制为

$$u(t) = \frac{-\sum_{i=1}^{N} \alpha_i(z(t)) K_i x(t)}{\sum_{i=1}^{N} \alpha_i(z(t))} = -\sum_{i=1}^{N} \mu_i(z(t)) k_i x(t). \tag{8.4.5}$$

将式(8.4.5)代入式(8.4.2),得闭环系统

$$\dot{x}(t) = \sum_{i=1}^{N} \sum_{j=1}^{N} \mu_i(z(t)) \mu_j(z(t)) (A_i - B_i K_j) x(t). \tag{8.4.6}$$

下面的定理给出了模糊控制系统稳定的充分条件.

定理 1 如果存在正定矩阵 P, 得下面的线性矩阵不等式

$$G_{ii}^{\mathrm{T}} P + P G_{ii} < 0 \quad (i=1,2,\cdots,N), \tag{8.4.7}$$

$$\left(\frac{G_{ij}+G_{ji}}{2}\right)^{\mathrm{T}} P + P\left(\frac{G_{ij}+G_{ji}}{2}\right) < 0 \quad (i \leqslant j \leqslant N) \tag{8.4.8}$$

成立, 则闭环系统(8.4.6)是渐近稳定的. 式中 $G_{ij} = A_i - B_i K_j$.

证明 选取李雅普诺夫函数为

$$V(t) = x^{\mathrm{T}}(t) P x(t), \tag{8.4.9}$$

求 $V(t)$ 对时间的导数, 并由式(8.4.6)得到

$$\begin{aligned}
\dot{V}(x(t)) &= \sum_{i=1}^{N} \sum_{j=1}^{N} \mu_i(z(t)) \mu_j(z(t)) x^{\mathrm{T}}(t) \times \\
&\quad [(A_i - B_i K_j)^{\mathrm{T}} P + P(A_i - B_i K_j)] x(t) \\
&= \sum_{i=1}^{N} \mu_i^2(z(t)) x^{\mathrm{T}}(t) [G_{ii}^{\mathrm{T}} P + P G_{ii}] x(t) + \\
&\quad \sum_{i<j}^{N} 2\mu_i(z(t)) \mu_j(z(t)) x^{\mathrm{T}}(t) \times \\
&\quad \left[\left(\frac{G_{ij}+G_{ji}}{2}\right)^{\mathrm{T}} P + P\left(\frac{G_{ij}+G_{ji}}{2}\right)\right] x(t)
\end{aligned} \tag{8.4.10}$$

如果矩阵不等式(8.4.7)和式(8.4.8)成立, 则当 $x(t) \neq 0$ 时, 得 $\dot{V}(t) < 0$, 所以, 模糊控制系统(8.4.6)是渐近稳定的.

2. 模糊观测器的设计及控制分析

模糊控制(8.4.4), (8.4.5)和保证模糊控制系统稳定的定理 1 是针对状态可测的非线性系统, 称为状态反馈模糊控制. 由于在实际问题中, 许多系统的状态

是不能直接测量的,所以要首先设计状态观测器来估计系统的状态,然后设计基于状态观测器的模糊控制,这样的模糊控制称为模糊输出反馈控制. 下面介绍一种模糊状态观测器和模糊输出反馈控制的设计方法,并给出系统的稳定性分析.

定义 2 如果矩阵对 (A_i, C_i) 是可观测的,模糊系统(8.4.1)称为局部可观测的.

假设模糊系统(8.4.1)是局部可观测的. 根据平行分布补偿算法,设计局部状态观测器如下.

模糊观测器规则 i:

如果 $z_1(t)$ 是 F_{i1},且 $z_2(t)$ 是 F_{i2},且……,且 $z_n(t)$ 是 F_{in},则

$$\dot{\hat{x}}(t) = A_i \hat{x}(t) + B_i u(t) + G_i(y(t) - \hat{y}(t)),$$
$$\dot{\hat{y}}(t) = C_i \hat{x}(t) \quad (i = 1, 2, \cdots, N). \tag{8.4.11}$$

式中,G_i 是观测增益矩阵;$y(t)$ 和 $\hat{y}(t)$ 分别表示模糊系统的输出和模糊观测器的输出.

由模糊推理得整个模糊观测器的状态方程为

$$\dot{\hat{x}}(t) = \sum_{i=1}^{N} \mu_i(z(t)) A_i \hat{x}(t) + \sum_{i=1}^{N} \mu_i(z(t)) B_i u(t) +$$
$$\sum_{i=1}^{N} \mu_i(z(t)) G_i(y(t) - \hat{y}(t)). \tag{8.4.12}$$

模糊观测器的输出为

$$\hat{y}(t) = \sum_{i=1}^{N} \mu_i(z(t)) C_i \hat{x}(t). \tag{8.4.13}$$

将式(8.4.3)和式(8.4.13)代入式(8.4.12),得

$$\dot{\hat{x}}(t) = \sum_{i=1}^{N} \mu_i(z(t)) A_i \hat{x}(t) + \sum_{i=1}^{N} \mu_i(z(t)) B_i u(t) +$$
$$\sum_{i=1}^{N} \sum_{j=1}^{N} \mu_i(z(t)) \mu_j(z(t)) G_i C_j(x(t) - \hat{x}(t)). \tag{8.4.14}$$

基于模糊观测器的模糊控制器设计如下.

模糊控制规则 i:

如果 $z_1(t)$ 是 F_{i1},且 $z_2(t)$ 是 F_{i2},且……,且 $z_n(t)$ 是 F_{in},则

$$u(t) = -K_i \hat{x}(t) \quad (i = 1, 2, \cdots, N). \tag{8.4.15}$$

整个状态反馈控制律表示为

$$u(t) = -\sum_{i=1}^{N} \mu_i(z(t)) K_i \hat{x}(t). \tag{8.4.16}$$

将式(8.4.16)代入式(8.4.2)和式(8.4.14),得到

$$\dot{x}(t) = \sum_{i=1}^{N} \mu_i(z(t)) A_i x(t) - \sum_{i=1}^{N} \sum_{j=1}^{N} \mu_i(z(t)) \mu_j(z(t)) B_i K_j \hat{x}(t), \quad (8.4.17)$$

$$\dot{\hat{x}}(t) = \sum_{i=1}^{N} \sum_{j=1}^{N} \mu_i(z(t)) \mu_j(z(t)) (A_i - B_i K_j) \hat{x}(t) +$$

$$\sum_{i=1}^{N} \sum_{j=1}^{N} \mu_i(z(t)) \mu_j(z(t)) G_i C_j (x(t) - \hat{x}(t)). \quad (8.4.18)$$

令 $e(t) = x(t) - \hat{x}(t)$，则

$$\dot{e}(t) = \sum_{i=1}^{N} \sum_{j=1}^{N} \mu_i(z(t)) \mu_j(z(t)) (A_i - G_i C_j) e(t). \quad (8.4.19)$$

对于系统(8.4.19)，根据定理 1，可得到如下的定理．

定理 2　如果存在正定矩阵 P，使得下面的线性矩阵不等式

$$(A_i - G_i C_i)^T P + P(A_i - G_i C_i) < 0 \quad (i = 1,2,\cdots,N),$$

$$\left(\frac{A_i - G_i C_j + A_j - G_j C_i}{2} \right)^T P + P \left(\frac{A_i - G_i C_j + A_j - G_j C_i}{2} \right) < 0 \quad (i \leqslant j \leqslant N)$$

成立，则观测器系统(8.4.19)是渐近稳定的．

由式(8.4.17)至式(8.4.19)组成的模糊闭环系统为

$$\dot{x}(t) = \sum_{i=1}^{N} \sum_{j=1}^{N} \mu_i(z(t)) \mu_j(z(t)) (A_i - B_i K_j) x(t) +$$

$$\sum_{i=1}^{N} \sum_{j=1}^{N} \mu_i(z(t)) \mu_j(z(t)) B_i K_j e(t), \quad (8.4.20)$$

$$\dot{e}(t) = \sum_{i=1}^{N} \sum_{j=1}^{N} \mu_i(z(t)) \mu_j(z(t)) (A_i - G_i C_j) e(t). \quad (8.4.21)$$

定义辅助系统如下：

$$\dot{x}_a(t) = \sum_{i=1}^{N} \sum_{j=1}^{N} \mu_i(z(t)) \mu_j(z(t)) G_{ij} x_a(t)$$

$$= \sum_{i=1}^{N} \mu_i(z(t)) \mu_i(z(t)) G_{ii} x_a(t) +$$

$$\sum_{i<j}^{N} 2\mu_i(z(t)) \mu_j(z(t)) \frac{G_{ij} + G_{ji}}{2} x_a(t). \quad (8.4.22)$$

式中

$$x_a(t) = \begin{bmatrix} x(t) \\ e(t) \end{bmatrix}, \quad G_{ij} = \begin{bmatrix} A_i - B_i K_j & B_i K_j \\ 0 & A_i - G_i C_j \end{bmatrix}. \quad (8.4.23)$$

应用定理 1，得到辅助系统(8.4.22)全局渐近稳定的定理如下．

定理 3　如果存在正定矩阵 $P = \mathrm{diag}[P_1, P_2]$，使得下面的线性矩阵不等式

$$G_{ii}^T P + P G_{ii} < 0 \quad (8.4.24)$$

$$\left(\frac{G_{ij}+G_{ji}}{2}\right)^{\mathrm{T}}P+P\left(\frac{G_{ij}+G_{ji}}{2}\right)<0 \quad (i<j) \tag{8.4.25}$$

成立,则辅助系统(8.4.22)对平衡点是全局渐近稳定的.

3. 仿真

例1　把所设计的模糊输出反馈控制方法用于倒立摆的平衡问题. 设倒立摆方程如下:

$$\dot{x}_1 = x_2,$$

$$\dot{x}_2 = \frac{1}{\left[(M+m)(J+ml^2)-m^2l^2\cos^2 x_1\right]}\left[-f_1(M+m)x_2 - \right.$$

$$\left. m^2l^2x_2^2\sin x_1\cos x_1 + f_0 mlx_4\cos x_1 + (M+m)mgl\sin x_1 - ml\cos x_1 u\right],$$

$$\dot{x}_3 = x_4, \tag{8.4.26}$$

$$\dot{x}_4 = \frac{1}{\left[(M+m)(J+ml^2)-m^2l^2\cos^2 x_1\right]}\left[f_1 mlx_2\cos x_1 + \right.$$

$$\left. (J+ml^2)mlx_2^2\sin x_1 - f_0(J+ml^2)x_4 - m^2 gl^2\sin x_1\cos x_1 + (J+ml^2)u\right].$$

式中,x_1 表示摆与垂直方向的角度, rad; x_2 是车的角速度, rad/s; x_3 是车的位移, m; x_4 是车的速度, m/s; $g=9.8$ m/s^2, 是重力加速度; m 是摆的质量, kg; M 是车的质量, kg; f_0 是车的摩擦力因子, N/(m·s); f_1 是摆的摩擦力因子, N/(rad·s); l 是摆的中心到轴的长度, m; J 是摆绕其质心的惯性矩, kg·m^2; u 是作用在车上的力, N. 在仿真中, 取 $M=1.3282$ kg, $m=0.22$ kg, $f_0=22.915$ N/(m·s), $f_1=0.007056$ N/(rad·s), $l=0.304$ m, $J=0.004963$ kg·m^2.

为了设计模糊控制器和模糊观测器, 必须建立能够描述非线性模型动态的模糊 T-S 模型. 为了减小设计的复杂性, 尽可能用较少的模糊规则. 注意到当 $x_1 = \pm\pi/2$ 时, 系统是不可控的, 所以给出系统的两个模糊规则.

模糊系统规则 1:

如果 x_1 大约是 0, 则

$$\begin{aligned} \dot{x} &= A_1 x(t) + B_1 u(t), \\ y_1(t) &= C_1 x(t). \end{aligned} \tag{8.4.27}$$

模糊系统规则 2:

如果 x_1 大约是 $\pm\pi/3$, 则

$$\begin{aligned} \dot{x} &= A_2 x(t) + B_2 u(t), \\ y_2(t) &= C_2 x(t). \end{aligned} \tag{8.4.28}$$

式中:

$$A_1 = \begin{bmatrix} 0 & 1 & 0 & 0 \\ a_{21} & a_{22} & 0 & a_{24} \\ 0 & 0 & 0 & 1 \\ a_{41} & a_{42} & 0 & a_{44} \end{bmatrix}, \quad B_1 = \begin{bmatrix} 0 \\ b_2 \\ 0 \\ b_4 \end{bmatrix}, \quad C_1 = \begin{bmatrix} 1 & 0 & 0 & 0 \\ 0 & 0 & 1 & 0 \end{bmatrix};$$

$$A_2 = \begin{bmatrix} 0 & 1 & 0 & 0 \\ a'_{21} & a'_{22} & 0 & a'_{24} \\ 0 & 0 & 0 & 1 \\ a'_{41} & a'_{42} & 0 & a'_{44} \end{bmatrix}, \quad B_2 = \begin{bmatrix} 0 \\ b'_2 \\ 0 \\ b'_4 \end{bmatrix}, \quad C_2 = \begin{bmatrix} 1 & 0 & 0 & 0 \\ 0 & 0 & 1 & 0 \end{bmatrix}.$$

上述矩阵中，其元素取为

$$a_{21} = \frac{(M+m)mgl}{a}, \quad a_{22} = -\frac{f_1(M+m)}{a}, \quad a_{24} = \frac{f_0 ml}{a},$$

$$a_{41} = -\frac{m^2 gl^2}{a}, \quad a_{42} = \frac{f_1 ml}{a}, \quad a_{44} = -\frac{f_0(J+ml^2)}{a},$$

$$b_2 = -\frac{ml}{a}, \quad b_4 = \frac{J+ml^2}{a}, \quad a = (M+m)(J+ml^2) - m^2 l^2,$$

$$a'_{21} = \frac{\frac{3\sqrt{3}}{2\pi}(M+m)mgl}{a'}, \quad a'_{22} = -\frac{f_1(M+m)}{a'}, \quad a'_{24} = \frac{f_0 ml\cos 60°}{a'},$$

$$a'_{41} = -\frac{\frac{3\sqrt{3}}{2\pi}m^2 gl^2\cos 60°}{a'}, \quad a'_{42} = \frac{f_1 ml\cos 60°}{a'}, \quad a'_{44} = -\frac{f_0(J+ml^2)}{a'},$$

$$b'_2 = -\frac{ml\cos 60°}{a'}, \quad b'_4 = \frac{J+ml^2}{a'},$$

$$a' = (M+m)(J+ml^2) - m^2 l^2(\cos 60°)^2.$$

规则1和规则2中模糊集的隶属函数取为

$$\mu_1[x_1(t)] = \left\{ 1 - \frac{1}{1 + e^{-7\left[x_1(t) - \frac{\pi}{6}\right]}} \right\} \frac{1}{1 + e^{-7\left[x_1(t) + \frac{\pi}{6}\right]}},$$

$$\mu_2[x_1(t)] = 1 - \mu_1[x_1(t)].$$

对于 $A_1 - B_1 K_1$ 和 $A_2 - B_2 K_2$，$A_1 - G_1 C_1$ 和 $A_2 - G_2 C_2$，取闭环系统的特征值分别为 $[-7.0 \quad -3.0 \quad -6.0 \quad -1.0]$，$[-36.0 \quad -32.0 \quad -34.0 \quad -30.0]$，则有

$$K_1 = [-69.1254 \quad -11.2047 \quad -7.8689 \quad -34.0224],$$

$$K_2 = [-154.1245 \quad -30.2409 \quad -9.8612 \quad -37.0122],$$

$$G_1 = \begin{bmatrix} 69.0462 & 34.6898 \\ 1239.2391 & 1703.4629 \\ 0.7808 & 45.9292 \\ 12.0342 & 207.7951 \end{bmatrix}, \quad G_2 = \begin{bmatrix} 68.0757 & 16.8997 \\ 1176.4956 & 862.6384 \\ 0.4915 & 48.4011 \\ 8.5666 & 270.5840 \end{bmatrix}.$$

应用定理1，设计基于模糊观测器的模糊控制器如下．

模糊控制规则1：

如果 x_1 大约是0，则

$$u(t) = -K_1 \hat{x}(t). \tag{8.4.29}$$

模糊控制规则 2:

如果 x_1 大约是 $\pm\frac{\pi}{3}$, 则

$$u(t) = -K_2\hat{x}(t).\qquad(8.4.30)$$

所以有

$$u(t) = -\mu_1(z(t))K_1\hat{x}(t) - \mu_2(z(t))K_2\hat{x}(t).\qquad(8.4.31)$$

控制器(8.4.31)保证了模糊控制系统的稳定性. 为了说明非线性控制的有效性, 将控制器用于原系统(8.4.26). 选择初始条件为 $x_1 \in [-60.0°, 60.0°]$, $x_2(0) = x_3(0) = x_4(0) = 0.0$, 仿真结果由图 8-25 和图 8-26 给出.

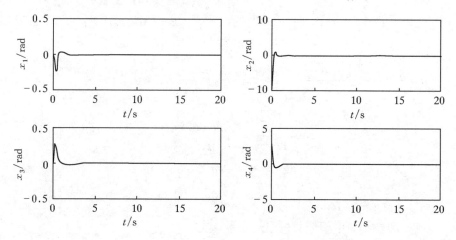

图 8-25 初始条件 $x_1(0) = 20.0°$, $x_2(0) = x_3(0) = x_4(0) = 0.0$ 所对应的系统响应曲线

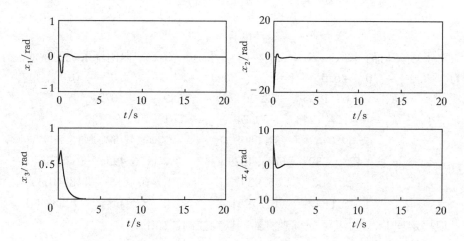

图 8-26 初始条件 $x_1 = 40.0°$, $x_2(0) = x_3(0) = x_4(0) = 0.0$ 所对应的系统响应曲线

8.4.2 离散模糊控制系统的分析与设计

与连续模糊系统的状态反馈和输出反馈控制设计方法相类似，首先应用离散模糊 T-S 模型，对一类不确定离散非线性系统进行建模，然后给出离散模糊状态反馈控制和模糊输出反馈控制的设计及其稳定性分析.

1. 离散模糊控制系统的分析与设计

离散模糊 T-S 模型由下面的模糊推理规则来描述.

系统的模糊规则 i：

如果 $z_1(t)$ 是 F_{i1}，且 $z_2(t)$ 是 F_{i2}，且……，且 $z_n(t)$ 是 F_{in}，则

$$x(t+1) = A_i x(t) + B_i u(t),$$
$$y(t) = C_i x(t) \quad (i = 1, 2, \cdots, N). \tag{8.4.32}$$

式中每一个变量都是与模型(8.4.1)中的连续模糊状态相对应的离散情况.

对于给定的数对 $(x(t), u(t))$，与处理连续系统的方法相类似，模糊系统的整体状态方程为

$$x(t+1) = \sum_{i=1}^{N} \mu_i(z(t)) A_i x(t) + \sum_{i=1}^{N} \mu_i(z(t)) B_i u(t). \tag{8.4.33}$$

模糊系统的输出为

$$y(t) = \sum_{i=1}^{N} \mu_i(z(t)) C_i x(t). \tag{8.4.34}$$

假设模糊线性系统(8.4.32)是局部可控和可观测的.

局部状态反馈控制器设计如下.

模糊控制规则 i：

如果 $z_1(t)$ 是 F_{i1}，且 $z_2(t)$ 是 F_{i2}，且……，且 $z_n(t)$ 是 F_{in}，则

$$u(t) = -K_i x(t) \quad (i = 1, 2, \cdots, N). \tag{8.4.35}$$

整个状态反馈控制律表示为

$$u(t) = -\sum_{i=1}^{N} \mu_i(z(t)) K_i x(t). \tag{8.4.36}$$

将式(8.4.36)代入式(8.4.33)，得

$$x(t+1) = \sum_{i=1}^{N} \sum_{j=1}^{N} \mu_i(z(t)) \mu_j(z(t)) (A_i - B_i K_j) x(t). \tag{8.4.37}$$

下面的定理给出一般离散非线性系统全局渐近稳定的充分条件.

定理 4 如果存在正定矩阵 P，得下面的线性矩阵不等式

$$G_{ii}^{\mathrm{T}} P G_{ii} - P < 0 \quad (i = 1, 2, \cdots, N) \tag{8.4.38}$$

$$\left(\frac{G_{ij} + G_{ji}}{2}\right)^{\mathrm{T}} P \left(\frac{G_{ij} + G_{ji}}{2}\right) - P < 0 \quad (i \leqslant j \leqslant N) \tag{8.4.39}$$

成立，则闭环系统(8.4.6)是渐近稳定的.

证明　取李雅普诺夫函数为

$$V(x(t)) = x^T(t) P x(t),$$

根据式(8.4.6)，得到

$$\Delta V(x(t)) = V(x(t+1)) - V(x(t))$$

$$= \sum_{i=1}^{N} \sum_{j=1}^{N} \sum_{k=1}^{N} \sum_{l=1}^{N} \mu_i(z(t)) \mu_j(z(t)) \mu_k(z(t)) \mu_l(z(t)) \times$$

$$x^T(t) [G_{ij}^T P G_{kl} - P] x(t)$$

$$= \frac{1}{4} \sum_{i=1}^{N} \sum_{j=1}^{N} \sum_{k=1}^{N} \sum_{l=1}^{N} \mu_i(z(t)) \mu_j(z(t)) \mu_k(z(t)) \mu_l(z(t)) \times$$

$$x^T(t) [(G_{ij} + G_{ji})^T P (G_{kl} + G_{lk}) - 4P] x(t)$$

$$\leqslant \frac{1}{4} \sum_{i=1}^{N} \sum_{j=1}^{N} \mu_i(z(t)) \mu_j(z(t)) x^T(t) [(G_{ij} + G_{ji})^T \times$$

$$P(G_{ij} + G_{ji}) - 4P] x(t)$$

$$= \sum_{i=1}^{N} \sum_{j=1}^{N} \mu_j(z(t)) \mu_i(z(t)) x^T(t) \times$$

$$\left[\left(\frac{G_{ij} + G_{ji}}{2} \right)^T P \left(\frac{G_{ij} + G_{ji}}{2} \right) - P \right] x(t)$$

$$= \sum_{i=1}^{N} \mu_i^2(z(t)) x^T(t) [G_{ii}^T P G_{ii} - P] x(t) + 2 \sum_{i<j}^{N} \mu_i(z(t)) \mu_j(z(t)) \times$$

$$x^T(t) \left[\left(\frac{G_{ij} + G_{ji}}{2} \right)^T P \left(\frac{G_{ij} + G_{ji}}{2} \right) - P \right] x(t). \tag{8.4.40}$$

根据假设条件，则 $\Delta V(x(t)) < 0$，所以，模糊控制系统(8.4.6)是全局渐近稳定的.

2. 观测器设计及其稳定性分析

如果离散模糊系统的状态不可测，则需要首先设计模糊观测器，然后，设计基于观测器的模糊输出反馈控制.

局部状态观测器设计如下.

模糊观测器规则 i：

如果 $z_1(t)$ 是 F_{i1}，且 $z_2(t)$ 是 F_{i2}，且……，且 $z_n(t)$ 是 F_{in}，则

$$\dot{\hat{x}}(t+1) = A_i \hat{x}(t) + B_i u(t) + G_i(y(t) - \hat{y}(t)),$$

$$\hat{y}(t) = C_i \hat{x}(t) \quad (i = 1, 2, \cdots, N). \tag{8.4.41}$$

最终模糊观测器的状态方程为

$$\dot{\hat{x}}(t+1) = \sum_{i=1}^{N} \mu_i(z(t)) A_i \hat{x}(t) + \sum_{i=1}^{N} \mu_i(z(t)) B_i u(t) +$$

$$\sum_{i=1}^{N} \mu_i(z(t)) G_i(y(t) - \hat{y}(t)). \tag{8.4.42}$$

模糊观测器的输出为

$$\hat{y}(t) = \sum_{i=1}^{N} \mu_i(z(t)) C_i \hat{x}(t). \tag{8.4.43}$$

令 $e(t+1) = x(t+1) - \hat{x}(t+1)$，则

$$e(t+1) = \sum_{i=1}^{N} \sum_{j=1}^{N} \mu_i(z(t)) \mu_j(z(t)) (A_i - G_i C_j) e(t). \tag{8.4.44}$$

根据定理1，有如下定理.

定理5 如果存在正定矩阵 P，得下面的线性矩阵不等式

$$G_{ii}^{\mathrm{T}} P G_{ii} - P < 0 \quad (i = 1, 2, \cdots, N),$$

$$\left(\frac{G_{ij} + G_{ji}}{2} \right)^{\mathrm{T}} P \left(\frac{G_{ij} + G_{ji}}{2} \right) - P < 0 \quad (i \leqslant j \leqslant N)$$

成立，则观测器系统(8.4.42)是渐近稳定的.

设计基于模糊观测器(8.4.42)和(8.4.43)的模糊控制律为

$$u(t) = - \sum_{i=1}^{N} \mu_i(z(t)) K_i \hat{x}(t), \tag{8.4.45}$$

则整个闭环系统为

$$x(t+1) = \sum_{i=1}^{N} \sum_{j=1}^{N} \mu_i(z(t)) \mu_j(z(t)) (A_i - B_i K_j) x(t) +$$
$$\sum_{i=1}^{N} \sum_{j=1}^{N} \mu_i(z(t)) \mu_j(z(t)) B_i K_j e(t); \tag{8.4.46}$$

$$e(t+1) = \sum_{i=1}^{N} \sum_{j=1}^{N} \mu_i(z(t)) \mu_j(z(t)) (A_i - G_i C_j) e(t). \tag{8.4.47}$$

定义辅助系统如下：

$$\dot{x}_a(t+1) = \sum_{i=1}^{N} \sum_{j=1}^{N} \mu_i(z(t)) \mu_j(z(t)) G_{ij} x_a(t)$$
$$= \sum_{i=1}^{N} \mu_i^2(z(t)) G_{ii} x_a(t) + \sum_{i<j} 2\mu_i(z(t)) \mu_j(z(t)) \frac{G_{ij} + G_{ji}}{2} x_a(t). \tag{8.4.48}$$

式中，$\quad x_a(t) = \begin{bmatrix} x(t) \\ e(t) \end{bmatrix}, \quad G_{ij} = \begin{bmatrix} A_i - B_i K_j & B_i K_j \\ 0 & A_i - G_i C_j \end{bmatrix}.$

与定理3证明相类似，有如下定理.

定理6 如果存在正定矩阵 $P = \mathrm{diag}[P_1, P_2]$，使得下面的线性矩阵不等式

$$G_{ii}^{\mathrm{T}} P G_{ii} - P < 0 \tag{8.4.49}$$

$$\left(\frac{G_{ij} + G_{ji}}{2} \right)^{\mathrm{T}} P \left(\frac{G_{ij} + G_{ji}}{2} \right) - P < 0 \quad (i < j) \tag{8.4.50}$$

成立，则由(8.4.48)所描述的离散模糊系统是全局渐近稳定的.

8.5 非线性系统自适应模糊反步递推控制

8.3 节介绍的自适应模糊控制,要求被控系统的不确定项必须与控制器出现在一个方程中,即被控系统为满足匹配条件的非线性系统,采用的控制方法主要是基于反馈线性化的方法. 倘若被控系统的不确定项不与控制器出现在一个方程中,则此类系统为满足非匹配条件非线性系统,此时 8.3 节所介绍的基于反馈线性化的控制方法不再适用,需建立反步递推控制设计方法(Backstepping). 本节将针对满足非匹配条件的不确定非线性系统,分别介绍间接和直接自适应模糊反步递推控制设计方法以及自适应模糊反步递推输出反馈控制设计方法.

8.5.1 间接自适应模糊反步递推控制

本节针对一类单输入单输出不确定非线性系统,首先采用模糊逻辑系统对被控系统中的未知非线性函数进行逼近,基于自适应反步递推设计方法,介绍了一种自适应模糊状态反馈控制设计方案,并证明了闭环系统的稳定性和收敛性.

1. 被控对象描述

考虑如下不确定非线性单输入单输出系统:

$$\begin{cases} \dot{x}_i = f_i(\bar{x}_i) + g_i(\bar{x}_i)x_{i+1} & (1 \leqslant i \leqslant n-1) \\ \dot{x}_n = f_n(\bar{x}_n) + g_n(\bar{x}_n)u & (n \geqslant 2) \\ y = x_1. \end{cases} \tag{8.5.1}$$

式中, $\bar{x}_i = [x_1, x_2, \cdots, x_i]^T \in \mathbf{R}^i$ ($i = 1, 2, \cdots, n$)是状态变量; $u \in \mathbf{R}$ 和 $y \in \mathbf{R}$ 分别是系统的输入和输出; $f_i(\bar{x}_i)$ 和 $g_i(\bar{x}_i)$ 是未知光滑非线性函数.

控制任务:针对非线性系统(8.5.1),利用模糊逻辑系统来逼近未知非线性函数。设计了一种自适应模糊控制器,使得闭环系统的所有信号都是半全局最终一致有界,并且系统的输出 y 能够很好地跟踪给定的参考信号 y_m.

假设 1 $g_{i1} \geqslant |g_i(\cdot)| \geqslant g_{i0}$,并且 $|\dot{g}_i(\cdot)| \leqslant g_{id}$, $g_{i1} \geqslant g_{i0} \geqslant 0$ 和 $g_{id} > 0$ 是正常数.

2. 模糊自适应控制器设计

本小节基于反步递推设计,给出自适应模糊控制器及参数自适应律的设计方法。做如下坐标变换:

$$\begin{cases} z_1 = y - y_m \\ z_i = x_i - \alpha_{i-1}. \end{cases} \tag{8.5.2}$$

式中, z_1 是跟踪误差, α_{i-1} ($i = 2, 3, \cdots, n$)是虚拟控制器,将在后面控制设计中给出.

第 1 步:根据式(8.5.2), z_1 的导数为

$$\dot{z}_1 = f_1(x_1) + g_1(x_1)x_2 - \dot{y}_m$$

$$= g_1(x_1)\left[z_2 + \alpha_1 + g_1^{-1}(x_1)(f_1(x_1) - \dot{y}_m)\right]. \tag{8.5.3}$$

因为 $h_1(Z_1) = g_1^{-1}(x_1)(f_1(x_1) - \dot{y}_m)$ 是未知非线性函数，其中，$Z_1 = [x_1,$ $\dot{y}_m]^T$，所以利用模糊逻辑系统 $\hat{h}_1(Z_1 \mid \hat{\theta}_1) = \hat{\theta}_1^T \varphi_1(Z_1)$ 来逼近 $h_1(Z_1)$，假设

$$h_1(Z_1) = \theta_1^{*\,T} \varphi_1(Z_1) + \varepsilon_1(Z_1). \tag{8.5.4}$$

式中，θ_1^* 是最优参数，ε_1 是最小模糊逼近误差，并且满足 $|\varepsilon_1| \leqslant \varepsilon_1^*$，其中 ε_1^* 是未知正常数。

将式(8.5.4)代入式(8.5.3)，则 $\dot{z}_1$ 可表示为

$$\dot{z}_1 = g_1(x_1)\left[z_2 + \alpha_1 + \theta_1^{*\,T}\varphi_1(Z_1) + \varepsilon_1(Z_1)\right]. \tag{8.5.5}$$

选择李亚普诺夫函数 V_1 为

$$V_1 = \frac{1}{2g_1(x_1)}z_1^2 + \frac{1}{2}\tilde{\theta}_1^T \Gamma_1^{-1} \tilde{\theta}_1. \tag{8.5.6}$$

式中，$\Gamma_1 = \Gamma_1^T > 0$，是自适应增益矩阵；$\hat{\theta}_1$ 是 θ_1^* 的估计；$\tilde{\theta}_1 = \theta_1^* - \hat{\theta}_1$ 是参数估计误差。

利用式(8.5.5)和式(8.5.6)，V_1 的导数为

$$\dot{V}_1 = \frac{z_1 \dot{z}_1}{g_1(x_1)} - \frac{\dot{g}_1}{2g_1^2(x_1)}z_1^2 - \tilde{\theta}_1^T \Gamma_1^{-1} \dot{\hat{\theta}}_1$$

$$= z_1\left(\alpha_1 + \hat{\theta}_1^T\varphi_1(Z_1)\right) - \frac{\dot{g}_1 z_1^2}{2g_1^2} + z_1 z_2 + z_1 \varepsilon_1 + \tilde{\theta}_1^T \Gamma_1^{-1}\left[\Gamma_1 \varphi_1(Z_1)z_1 - \dot{\hat{\theta}}_1\right].$$

$$\tag{8.5.7}$$

根据 Young's 不等式，如下不等式成立：

$$z_1 \varepsilon_1 \leqslant \frac{1}{2}z_1^2 + \frac{1}{2}\varepsilon_1^{*\,2}. \tag{8.5.8}$$

将式(8.5.8)代入式(8.5.7)，则 $\dot{V}_1$ 可表示为

$$\dot{V}_1 \leqslant z_1\left(\alpha_1 + \hat{\theta}_1^T\varphi_1(Z_1) + \frac{1}{2}z_1\right) - \frac{\dot{g}_1 z_1^2}{2g_1^2} + z_1 z_2 + \tilde{\theta}_1^T \Gamma_1^{-1}\left[\Gamma_1 \varphi_1(Z_1)z_1 - \dot{\hat{\theta}}_1\right] + \frac{1}{2}\varepsilon_1^{*\,2}.$$

$$\tag{8.5.9}$$

设计虚拟控制器 α_1 和参数 $\hat{\theta}_1$ 的自适应律如下：

$$\alpha_1 = -c_1 z_1 - \bar{c}_1 z_1 - \hat{\theta}_1^T \varphi_1(Z_1). \tag{8.5.10}$$

$$\dot{\hat{\theta}}_1 = \Gamma_1\left(\varphi_1(Z_1)z_1 - \sigma_1 \hat{\theta}_1\right). \tag{8.5.11}$$

式中，$c_1 > 0$，$\bar{c}_1 > 0$ 和 $\sigma_1 > 0$ 是设计参数，$\bar{c}_1 \geqslant \dfrac{g_{1,d}}{2g_{1,0}^2} - \dfrac{1}{2}$。

把式(8.5.10)和式(8.5.11)代入式(8.5.9)，$\dot{V}_1$ 可表示为

$$\dot{V}_1 \leqslant -c_1 z_1^2 + z_1 z_2 + \sigma_1 \tilde{\theta}_1^T \hat{\theta}_1 + \frac{1}{2}\varepsilon_1^{*\,2}. \tag{8.5.12}$$

根据 Young's 不等式，如下不等式成立：

$$\sigma_1 \tilde{\theta}_1^{\mathrm{T}} \hat{\theta}_1 = \sigma_1 \tilde{\theta}_1^{\mathrm{T}} (\theta_1^* - \tilde{\theta}_1) \leqslant -\frac{\sigma_1}{2} \|\tilde{\theta}_1\|^2 + \frac{\sigma_1}{2} \|\theta_1^*\|^2. \qquad (8.5.13)$$

将式(8.5.13)代入式(8.5.12)，$\dot{V}_1$可表示为

$$\dot{V}_1 \leqslant -c_1 z_1^2 + z_1 z_2 - \frac{\sigma_1}{2} \|\tilde{\theta}_1\|^2 + \frac{\sigma_1}{2} \|\theta_1^*\|^2 + \frac{1}{2} \varepsilon_1^{*\,2}. \qquad (8.5.14)$$

第2步：根据式(8.5.2)，z_2的导数为

$$\begin{aligned}
\dot{z}_2 &= f_2(\bar{x}_2) + g_2(\bar{x}_2) x_3 - \dot{\alpha}_1 \\
&= g_2(\bar{x}_2) [z_3 + \alpha_2 + g_2^{-1}(\bar{x}_2)(f_2(\bar{x}_2) - \dot{\alpha}_1)]. \qquad (8.5.15)
\end{aligned}$$

因为α_1是关于x_1，y_m和$\hat{\theta}_1$的函数，则$\dot{\alpha}_1$为

$$\dot{\alpha}_1 = \frac{\partial \alpha_1}{\partial x_1} \dot{x}_1 + \frac{\partial \alpha_1}{\partial y_\mathrm{m}} \dot{y}_\mathrm{m} + \frac{\partial \alpha_1}{\partial \hat{\theta}_1} \dot{\hat{\theta}}_1 = \frac{\partial \alpha_1}{\partial x_1} (g_1(x_1) x_2 + f_1(x_1)) + \phi_1. \qquad (8.5.16)$$

其中

$$\phi_1 = +\frac{\partial \alpha_1}{\partial y_\mathrm{m}} \dot{y}_\mathrm{m} + \frac{\partial \alpha_1}{\partial \hat{\theta}_1} [\Gamma_1(\varphi_1(Z_1) z_1 - \sigma_1 \hat{\theta}_1)].$$

因为$h_2(Z_2) = g_2^{-1}(x_2)(f_2(\bar{x}_2) - \dot{\alpha}_1)$是未知非线性函数，其中，$Z_2 = [\bar{x}_2^{\mathrm{T}},$ $(\partial \alpha_1 / \partial x_1), \varphi_1]^{\mathrm{T}}$，所以利用模糊逻辑系统$\hat{h}_2(Z_2|\hat{\theta}_2) = \hat{\theta}_2^{\mathrm{T}} \varphi_2(Z_2)$来逼近$h_2(Z_2)$，假设

$$h_2(Z_2) = \theta_2^{*\,\mathrm{T}} \varphi_2(Z_2) + \varepsilon_2(Z_2), \qquad (8.5.17)$$

式中，θ_2^*是最优参数，ε_2是最小模糊逼近误差，并且满足$|\varepsilon_2| \leqslant \varepsilon_2^*$，其中$\varepsilon_2^*$是未知正常数。

将式(8.5.17)代入式(8.5.15)，则$\dot{z}_2$可表示为

$$\dot{z}_2 = g_2(\bar{x}_2) [z_3 + \alpha_2 + \theta_2^{*\,\mathrm{T}} \varphi_2(Z_2) + \varepsilon_2(Z_2)]. \qquad (8.5.18)$$

选择李亚普诺夫函数V_1为

$$V_2 = V_1 + \frac{1}{2 g_2(\bar{x}_2)} z_2^2 + \frac{1}{2} \tilde{\theta}_2^{\mathrm{T}} \Gamma_2^{-1} \tilde{\theta}_2. \qquad (8.5.19)$$

式中，$\Gamma_2 = \Gamma_2^{\mathrm{T}} > 0$是自适应增益矩阵，$\hat{\theta}_2$是$\theta_2^*$的估计，$\tilde{\theta}_2 = \theta_2^* - \hat{\theta}_2$是参数估计误差。利用式(8.5.18)和式(8.5.19)，则V_2的导数为

$$\begin{aligned}
\dot{V}_2 &= \dot{V}_1 + \frac{z_2 \dot{z}_2}{g_2(\bar{x}_2)} - \frac{\dot{g}_2}{2 g_2^2(\bar{x}_2)} z_2^2 - \tilde{\theta}_2^{\mathrm{T}} \Gamma_2^{-1} \dot{\hat{\theta}}_2 \\
&= \dot{V}_1 + z_2(\alpha_2 + \hat{\theta}_2^{\mathrm{T}} \varphi_2(Z_2)) - \frac{\dot{g}_2 z_2^2}{2 g_2^2(\bar{x}_2)} + z_2 z_3 + \\
&\quad z_2 \varepsilon_2 + \tilde{\theta}_2^{\mathrm{T}} \Gamma_2^{-1} [\Gamma_2 \varphi_2(Z_2) z_2 - \dot{\hat{\theta}}_2]. \qquad (8.5.20)
\end{aligned}$$

根据Young's不等式，如下不等式成立：

$$z_2 \varepsilon_2 \leqslant \frac{1}{2} z_2^2 + \frac{1}{2} \varepsilon_2^{*\,2}. \qquad (8.5.21)$$

将式(8.5.21)代入式(8.5.20)，则$\dot{V}_2$可表示为

$$\dot{V}_2 \leqslant -c_1 z_1^2 - \frac{\sigma_1}{2}\|\tilde{\theta}_1\|^2 + \frac{\sigma_1}{2}\|\theta_1^*\|^2 + \frac{1}{2}\varepsilon_1^{*\,2} + z_2(\alpha_2 + z_1 + \hat{\theta}_2^{\mathrm{T}}\varphi_2(Z_2)) -$$

$$\frac{\dot{g}_2 z_2^2}{2 g_2^2(\bar{x}_2)} + z_2 z_3 + \frac{1}{2}z_2^2 + \tilde{\theta}_2^{\mathrm{T}}\Gamma_2^{-1}[\Gamma_2\varphi_2(Z_2)z_2 - \dot{\hat{\theta}}_2] + \frac{1}{2}\varepsilon_2^{*\,2}. \quad (8.5.22)$$

设计虚拟控制器 α_2 和参数 $\hat{\theta}_2$ 的自适应律如下:

$$\alpha_2 = -c_2 z_2 - \bar{c}_2 z_2 - z_1 - \hat{\theta}_2^{\mathrm{T}}\varphi_2(Z_2). \quad (8.5.23)$$

$$\dot{\hat{\theta}}_2 = \Gamma_2(\varphi_2(Z_2)z_2 - \sigma_2\hat{\theta}_2). \quad (8.5.24)$$

式中, $c_2 > 0$, $\bar{c}_2 > 0$ 和 $\sigma_2 > 0$ 是设计参数, $\bar{c}_2 \geqslant \dfrac{g_{2,d}}{2 g_{2,0}^2} - \dfrac{1}{2}$.

将式(8.5.23)和式(8.5.24)代入式(8.5.22), $\dot{V}_2$ 可表示为

$$\dot{V}_2 \leqslant -\sum_{k=1}^{2} c_k z_k^2 + z_2 z_3 + \sigma_2\tilde{\theta}_2^{\mathrm{T}}\hat{\theta}_2 - \frac{\sigma_1}{2}\|\tilde{\theta}_1\|^2 + \frac{\sigma_1}{2}\|\theta_1^*\|^2 + \sum_{k=1}^{2}\frac{1}{2}\varepsilon_k^{*\,2}.$$

$$(8.5.25)$$

根据 Young's 不等式, 如下不等式成立:

$$\sigma_2\tilde{\theta}_2^{\mathrm{T}}\hat{\theta}_2 = \sigma_2\tilde{\theta}_2^{\mathrm{T}}(\theta_2^* - \tilde{\theta}_2) \leqslant -\frac{\sigma_2}{2}\|\tilde{\theta}_2\|^2 + \frac{\sigma_2}{2}\|\theta_2^*\|^2. \quad (8.5.26)$$

将式(8.5.26)代入式(8.5.25), $\dot{V}_2$ 可表示为

$$\dot{V}_2 \leqslant -\sum_{k=1}^{2} c_k z_k^2 + z_2 z_3 - \sum_{k=1}^{2}\left(\frac{\sigma_k}{2}\|\tilde{\theta}_k\|^2 - \frac{\sigma_k}{2}\|\theta_k^*\|^2\right) + \sum_{k=1}^{2}\frac{1}{2}\varepsilon_k^{*\,2}. \quad (8.5.27)$$

第 i $(3 \leqslant i \leqslant n-1)$ 步: 根据式(8.5.2), z_i 的导数为

$$\dot{z}_i = g_i(\bar{x}_i)[z_{i+1} + \alpha_i + g_i^{-1}(\bar{x}_i)(f_i(\bar{x}_i) - \dot{\alpha}_{i-1})]. \quad (8.5.28)$$

式中, $\dot{\alpha}_{i-1}$ 可表示为

$$\dot{\alpha}_{i-1} = \sum_{k=1}^{i-1}\frac{\partial\alpha_{i-1}}{\partial x_k}(g_k(\bar{x}_k)x_{k+1} + f_k(\bar{x}_k)) + \phi_{i-1}. \quad (8.5.29)$$

其中

$$\phi_{i-1} = \sum_{k=1}^{i-1}\frac{\partial\alpha_{i-1}}{\partial y_{\mathrm{m}}}\dot{y}_{\mathrm{m}} + \sum_{k=1}^{i-1}\frac{\partial\alpha_{i-1}}{\partial\hat{\theta}_k}[\Gamma_k(\varphi_k(Z_k)z_k - \sigma_k\hat{\theta}_k)].$$

因为 $h_i(Z_i) = g_i^{-1}(\bar{x}_i)(f_i(\bar{x}_i) - \dot{\alpha}_{i-1})$ 是未知非线性函数, 其中, $Z_i = \left[\bar{x}_i^{\mathrm{T}}, \frac{\partial\alpha_{i-1}}{\partial x_1}, \cdots, \frac{\partial\alpha_{i-1}}{\partial x_{i-1}}, \varphi_{i-1}\right]^{\mathrm{T}}$, 所以利用模糊逻辑系统 $\hat{h}_i(Z_i|\hat{\theta}_i) = \hat{\theta}_i^{\mathrm{T}}\varphi_i(Z_i)$ 来逼近 $h_i(Z_i)$. 假设

$$h_i(Z_i) = \theta_i^{*\,\mathrm{T}}\varphi_i(Z_i) + \varepsilon_i(Z_i). \quad (8.5.30)$$

式中, θ_i^* 是最优参数, ε_i 是最小模糊逼近误差, 并且满足 $|\varepsilon_i| \leqslant \varepsilon_i^*$ (ε_i^* 是未知正常数). 则 $\dot{z}_i$ 可表示为

$$\dot{z}_i = g_i(\bar{x}_i)[z_{i+1} + \alpha_i + \theta_i^{*\,\mathrm{T}}\varphi_i(Z_i) + \varepsilon_i(Z_i)]. \quad (8.5.31)$$

选择李亚普诺夫函数 V_i 为

$$V_i = V_{i-1} + \frac{1}{2g_i(\bar{x}_i)}z_i^2 + \frac{1}{2}\tilde{\theta}_i^{\mathrm{T}}\varGamma_i^{-1}\tilde{\theta}_i. \tag{8.5.32}$$

式中，$\varGamma_i = \varGamma_i^{\mathrm{T}} > 0$ 是自适应增益矩阵，$\hat{\theta}_i$ 是 θ_i^* 的估计，$\tilde{\theta}_i = \theta_i^* - \hat{\theta}_i$ 是参数估计误差，则 $\dot{V}_i$ 可表示为

$$\begin{aligned}
\dot{V}_i &= \dot{V}_{i-1} + \frac{z_i\dot{z}_i}{g_i(\bar{x}_i)} - \frac{\dot{g}_i}{2g_i^2(\bar{x}_i)}z_i^2 - \tilde{\theta}_i^{\mathrm{T}}\varGamma_i^{-1}\dot{\hat{\theta}}_i \\
&\leqslant -\sum_{k=1}^{i-1}c_k z_k^2 - \sum_{k=1}^{i-1}\left(\frac{\sigma_k}{2}\|\tilde{\theta}_k\|^2 - \frac{\sigma_k}{2}\|\theta_k^*\|^2\right) + z_i\left(\alpha_i + z_{i-1} + \hat{\theta}_i^{\mathrm{T}}\varphi_i(Z_i) + \frac{1}{2}z_i\right) - \\
&\quad \frac{\dot{g}_i}{2g_i^2(\bar{x}_i)}z_i^2 + z_i z_{i+1} + \tilde{\theta}_i^{\mathrm{T}}\varGamma_i^{-1}[\varGamma_i\varphi_i(Z_i)z_i - \dot{\hat{\theta}}_i] + \sum_{k=1}^{i}\frac{1}{2}\varepsilon_k^{*2}.
\end{aligned} \tag{8.5.33}$$

设计虚拟控制器 α_i 和参数 $\hat{\theta}_i$ 的自适应律如下：

$$\alpha_i = -c_i z_i - \bar{c}_i z_i - z_{i-1} - \hat{\theta}_i^{\mathrm{T}}\varphi_i(Z_i). \tag{8.5.34}$$

$$\dot{\hat{\theta}}_i = \varGamma_i(\varphi_i(Z_i)z_i - \sigma_i\hat{\theta}_i). \tag{8.5.35}$$

式中，$c_i > 0$，$\bar{c}_i > 0$ 和 $\sigma_i > 0$ 是设计参数，$\bar{c}_i \geqslant \dfrac{g_{i,d}}{2g_{i,0}^2} - \dfrac{1}{2}$. 将式 (8.5.34) 和式 (8.5.35) 代入式 (8.5.33)，$\dot{V}_i$ 可表示为

$$\dot{V}_i \leqslant -\sum_{k=1}^{i}c_k z_k^2 - \sum_{k=1}^{i-1}\left(\frac{\sigma_k}{2}\|\tilde{\theta}_k\|^2 - \frac{\sigma_k}{2}\|\theta_k^*\|^2\right) + z_i z_{i+1} + \sigma_i\tilde{\theta}_i^{\mathrm{T}}\hat{\theta}_i + \sum_{k=1}^{i}\frac{1}{2}\varepsilon_k^{*2}. \tag{8.5.36}$$

根据 Young's 不等式，如下不等式成立：

$$\sigma_i\tilde{\theta}_i^{\mathrm{T}}\hat{\theta}_i = \sigma_i\tilde{\theta}_i^{\mathrm{T}}(\theta_i^* - \tilde{\theta}_i) \leqslant -\frac{\sigma_i}{2}\|\tilde{\theta}_i\|^2 + \frac{\sigma_i}{2}\|\theta_i^*\|^2. \tag{8.5.37}$$

将式 (8.5.37) 代入式 (8.5.36)，$\dot{V}_i$ 可表示为

$$\dot{V}_i \leqslant -\sum_{k=1}^{i}c_k z_k^2 + z_i z_{i+1} - \sum_{k=1}^{i}\left(\frac{\sigma_k}{2}\|\tilde{\theta}_k\|^2 - \frac{\sigma_k}{2}\|\theta_k^*\|^2\right) + \sum_{k=1}^{i}\frac{1}{2}\varepsilon_k^{*2}. \tag{8.5.38}$$

第 n 步：根据式 (8.5.2)，z_n 的导数为

$$\dot{z}_n = g_n(\bar{x}_n)[u + g_n^{-1}(\bar{x}_n)(f_n(\bar{x}_n) - \dot{\alpha}_{n-1})]. \tag{8.5.39}$$

其中

$$\dot{\alpha}_{n-1} = \sum_{k=1}^{n-1}\frac{\partial\alpha_{n-1}}{\partial x_k}(g_k(\bar{x}_k)x_{k+1} + f_k(\bar{x}_k)) + \phi_{n-1}. \tag{8.5.40}$$

其中

$$\phi_{n-1} = \sum_{k=1}^{n-1}\frac{\partial\alpha_{n-1}}{\partial y_{\mathrm{m}}}\dot{y}_{\mathrm{m}} + \sum_{k=1}^{n-1}\frac{\partial\alpha_{n-1}}{\partial\hat{\theta}_k}[\varGamma_k(\varphi_k(Z_k)z_k - \sigma_k\hat{\theta}_k)].$$

因为 $h_n(Z_n) = g_n^{-1}(\bar{x}_n)(f_n(\bar{x}_n) - \dot{\alpha}_{n-1})$ 是未知非线性函数，其中，

$$Z_n = \left[\bar{x}_n^{\mathrm{T}}, \frac{\partial \alpha_{n-1}}{\partial x_1}, \cdots, \frac{\partial \alpha_{n-1}}{\partial x_{n-1}}, \varphi_{n-1} \right]^{\mathrm{T}},$$

所以利用模糊逻辑系统 $\hat{h}_n(Z_n | \hat{\theta}_n) = \hat{\theta}_n^{\mathrm{T}} \varphi_n(Z_n)$ 来逼近 $h_n(Z_n)$. 假设

$$h_n(Z_n) = \theta_n^{* \, T} \varphi_n(Z_n) + \varepsilon_n(Z_n). \tag{8.5.41}$$

式中, θ_n^* 是最优参数, ε_n 是最小模糊逼近误差, 并且满足 $|\varepsilon_n| \leqslant \varepsilon_n^*$ (ε_n^* 是未知正常数), 则 $\dot{z}_n$ 可表示为

$$\dot{z}_n = g_n(\bar{x}_n) \left[u + \theta_n^{* \, T} \varphi_n(Z_n) + \varepsilon_n(Z_n) \right]. \tag{8.5.42}$$

选择李亚普诺夫函数 V_n 为

$$V_n = V_{n-1} + \frac{1}{2 g_n(\bar{x}_n)} z_n^2 + \frac{1}{2} \tilde{\theta}_n^{\mathrm{T}} \Gamma_n^{-1} \tilde{\theta}_n. \tag{8.5.43}$$

式中, $\Gamma_n = \Gamma_n^{\mathrm{T}} > 0$ 是自适应增益矩阵, $\hat{\theta}_n$ 是 θ_n^* 的估计, $\tilde{\theta}_n = \theta_n^* - \hat{\theta}_n$ 是参数估计误差, 则 $\dot{V}_n$ 可表示为

$$\dot{V}_n \leqslant - \sum_{k=1}^{n-1} c_k z_k^2 - \sum_{k=1}^{n-1} \left(\frac{\sigma_k}{2} \|\tilde{\theta}_k\|^2 - \frac{\sigma_k}{2} \|\theta_k^*\|^2 \right) + z_n \left(u + z_{n-1} + \hat{\theta}_n^{\mathrm{T}} \varphi_n(Z_n) + \frac{1}{2} z_n \right) -$$

$$\frac{\dot{g}_n}{2 g_n^2(\bar{x}_n)} z_n^2 + \tilde{\theta}_n^{\mathrm{T}} \Gamma_n^{-1} \left[\Gamma_n \varphi_n(Z_n) z_n - \dot{\hat{\theta}}_n \right] + \sum_{k=1}^{n} \frac{1}{2} \varepsilon_k^{* \, 2}. \tag{8.5.44}$$

设计控制器 u 和参数 $\hat{\theta}_n$ 的自适应律如下:

$$u = - c_n z_n - \bar{c}_n z_n - z_{n-1} - \hat{\theta}_n^{\mathrm{T}} \varphi_n(Z_n), \tag{8.5.45}$$

$$\dot{\hat{\theta}}_n = \Gamma_n (\varphi_n(Z_n) z_n - \sigma_n \hat{\theta}_n). \tag{8.5.46}$$

式中, $c_n > 0$, $\bar{c}_n > 0$ 和 $\sigma_n > 0$ 是设计参数, $\bar{c}_n \geqslant \frac{g_{n,d}}{2 g_{n,0}^2} - \frac{1}{2}$. 将式(8.5.45)和式(8.5.46)代入式(8.5.44), 则 $\dot{V}_n$ 可表示为

$$\dot{V}_n \leqslant - \sum_{k=1}^{n} c_k z_k^2 - \sum_{k=1}^{n-1} \left(\frac{\sigma_k}{2} \|\tilde{\theta}_k\|^2 - \frac{\sigma_k}{2} \|\theta_k^*\|^2 \right) + \sigma_n \tilde{\theta}_n^{\mathrm{T}} \hat{\theta}_n + \sum_{k=1}^{n} \frac{1}{2} \varepsilon_k^{* \, 2}. \tag{8.5.47}$$

根据 Young's 不等式, 如下不等式成立:

$$\sigma_n \tilde{\theta}_n^{\mathrm{T}} \hat{\theta}_n = \sigma_n \tilde{\theta}_n^{\mathrm{T}} (\theta_n^* - \tilde{\theta}_n) \leqslant - \frac{\sigma_n}{2} \|\tilde{\theta}_n\|^2 + \frac{\sigma_n}{2} \|\theta_n^*\|^2. \tag{8.5.48}$$

将式(8.5.48)代入式(8.5.47), $\dot{V}_n$ 可表示为

$$\dot{V}_n \leqslant - \sum_{k=1}^{n} c_k z_k^2 - \sum_{k=1}^{n} \left(\frac{\sigma_k}{2} \|\tilde{\theta}_k\|^2 - \frac{\sigma_k}{2} \|\theta_k^*\|^2 \right) + \sum_{k=1}^{n} \frac{1}{2} \varepsilon_k^{* \, 2}. \tag{8.5.49}$$

3. 稳定性分析

上述控制设计和分析可以总结为如下定理.

定理 1 对于非线性系统(8.5.11), 在假设 1 成立条件下, 采用所设计的控制器式(8.5.45), 虚拟控制器式(8.5.10), 式(8.5.23), 式(8.5.34), 参数自适应律式(8.5.11), 式(8.5.24), 式(8.5.35)和式(8.5.46), 能确保闭环系统的所

有信号都是有界的, 且输出跟踪误差 $z_1(t) = y(t) - y_m(t)$ 收敛到零的一个小邻域内.

证明　选择李雅普诺夫函数为

$$V = \sum_{i=1}^{n} \left[\frac{1}{2g_i(\bar{x}_i)} z_i^2 + \frac{1}{2} \tilde{\theta}_i^T \Gamma_i^{-1} \tilde{\theta}_i \right]. \tag{8.5.50}$$

根据(8.5.49)式, 则 $\dot{V}$ 可表示为

$$\dot{V} = \sum_{i=1}^{n} \left[\frac{z_i \dot{z}_i}{g_i(\bar{x}_i)} - \frac{\dot{g}_i z_i^2}{2g_i^2(\bar{x}_i)} - \tilde{\theta}_i^T \Gamma_i^{-1} \dot{\hat{\theta}}_i \right]$$

$$\leqslant - \sum_{k=1}^{n} \left(c_k z_k^2 + \frac{\sigma_k}{2} \|\tilde{\theta}_k\|^2 \right) + \sum_{k=1}^{n} \left(\frac{\sigma_k}{2} \|\theta_k^*\|^2 + \frac{1}{2} \varepsilon_k^{*2} \right). \tag{8.5.51}$$

令 $D = \sum_{k=1}^{n} (\sigma_k \|\theta_k^*\|^2 / 2) + \sum_{k=1}^{n} (\varepsilon_k^{*2} / 2)$, 选择 c_k, 使得 $c_k \geqslant (C/2g_{k0})$, 其中, C 是正设计参数. 选择 σ_k 和 Γ_k, 使得 $\sigma_k \geqslant C\lambda_{max}\{\Gamma_k^{-1}\}$ ($k = 1, 2, \cdots, n$). 因此, $\dot{V}$ 可表示为

$$\dot{V} < - \sum_{k=1}^{n} c_k z_k^2 - \sum_{k=1}^{n} \frac{\sigma_k}{2} \|\tilde{\theta}_k\|^2 + D$$

$$\leqslant - \sum_{k=1}^{n} \frac{C}{2g_{k0}} z_k^2 - \sum_{k=1}^{n} \frac{C}{2} \tilde{\theta}_k^T \Gamma_k^{-1} \tilde{\theta}_k + D$$

$$\leqslant - CV_n + D. \tag{8.5.52}$$

对式(8.5.52)两边同乘 e^{Ct}, 则式(8.5.52)可表示为

$$\dot{V} e^{Ct} \leqslant - CV e^{Ct} + D e^{Ct}. \tag{8.5.53}$$

对式(8.5.53)的两边在$[0, t]$求积分, 如下不等式成立:

$$0 \leqslant V(t) \leqslant V(0) e^{-Ct} + \frac{D}{C}. \tag{8.5.54}$$

根据式(8.5.4), 可知闭环系统的所有信号都是有界的, 且满足 $|z_1(t)| \leqslant \sqrt{2(V(0)e^{-Ct} + C/D)}$. 因此, 定理1成立.

这种自适应模糊控制器的设计步骤如下.

步骤1: 构造模糊控制器

(1)建立模糊规则基: 它由下面的 N 条模糊推理规则构成:

R^l: 如果 x_1 是 F_1^l, 且 x_2 是 F_2^l, 且……, 且 x_n 是 F_n^l, 则, y 是 G^l ($l = 1, 2, \cdots, N$).

(2)构造模糊基函数:

$$\varphi_l = \frac{\prod_{i=1}^{n} \mu_{F_i^l}(x_i)}{\sum_{l=1}^{N} \prod_{i=1}^{n} \mu_{F_i^l}(x_i)}$$

作一个 N 维向量 $\varphi^T(x) = [\varphi_1(x), \varphi_2(x), \cdots, \varphi_N(x)]$, 并构造模糊逻辑系统

$$\hat{h}_i(Z_i|\hat{\theta}_i) = \hat{\theta}_i^{\mathrm{T}}\varphi_i(Z_i).$$

步骤2：自适应控制设计

（1）将控制器式(8.5.45)，式(8.5.10)，式(8.5.23)和式(8.5.34)作用于被控系统式(8.5.1)。

（2）用式(8.5.11)，式(8.5.24)，式(8.5.35)和式(8.5.46)取得自适应调节参数 $\hat{\theta}_i$。

4. 仿真

例1 考虑如下非线性系统：

$$\begin{cases} \dot{x}_1 = 0.5x_1 + (1 + 0.1x_1^2)x_2 \\ \dot{x}_2 = x_1x_2 + 2 + \cos x_1 u \\ y = x_1. \end{cases} \tag{8.5.55}$$

选择参考信号：

$$y_{\mathrm{m}} = 0.5(\sin t + \sin 0.5t).$$

选择模糊隶属函数：

$$\mu_{F_i^l}(x_i, y_{\mathrm{m}}) = \exp\left(-\frac{(x_i - 12 + 2l)^2}{2} - \frac{(y_{\mathrm{m}} - 12 + 2l)^2}{2}\right)$$

$$(i = 1, 2; l = 1, 2, \cdots, 11).$$

选择设计参数：

$c_1 = 24$，$c_2 = 24$，$\bar{c}_1 = 8$，$\bar{c}_2 = 6$；$\varGamma_1 = \varGamma_2 = \mathrm{diag}\{2, 2\}$；$\sigma_1 = \sigma_2 = 0.2$.

选择初始值：

$x_1(0) = 0.3$，$x_2(0) = 0.2$，

$\hat{\theta}_1(0) = [0.1, 0.1, 0, 0, 0.1, 0, 0.2, 0.1, 0.1, 0, 0.1]^{\mathrm{T}}$，

$\hat{\theta}_2(0) = [0.2, 0.1, 0, 0.1, 0.2, 0, 0.1, 0, 0.1, 0.1, 0]^{\mathrm{T}}$.

仿真结果如图8-27～图8-30所示。

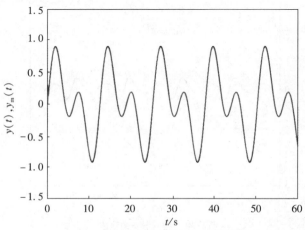

图8-27　输出 y 和参考信号 y_{m} 的轨迹

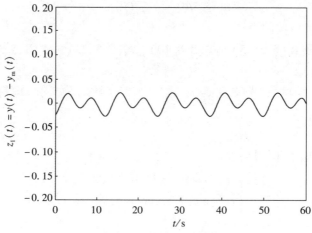

图 8-28　跟踪误差 z_1 的轨迹

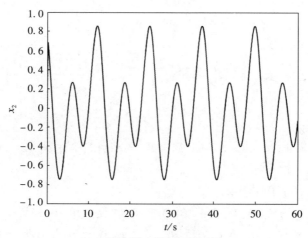

图 8-29　状态 x_2 的轨迹

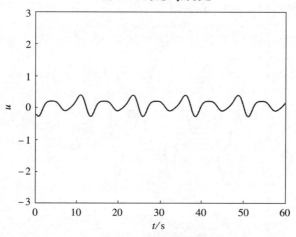

图 8-30　控制器 u 的轨迹

8.5.2 直接自适应模糊反步递推控制

本节针对一类单输入单输出不确定非线性系统，直接构建模糊逻辑系统逼近虚拟控制器和实际控制器，基于 Lyapunov 稳定性理论，证明闭环系统是半全局一致最终有界的，跟踪误差收敛到一个小的残差集内．

1. 被控对象描述

考虑如下单输入单输出非线性不确定系统：

$$\dot{x}_i = f_i(\bar{x}_i) + g_i(\bar{x}_i)x_{i+1} \quad (1 \leq i \leq n-1)$$
$$\dot{x}_n = f_n(\bar{x}_n) + g_n(\bar{x}_n)u \quad (n \geq 2) \quad (8.5.56)$$
$$y = x_1.$$

式中，$\bar{x}_i = [x_1, x_2, \cdots, x_i]^T \in \mathbf{R}^i$（$i = 1, 2, \cdots, n$），$u \in \mathbf{R}$，$y \in \mathbf{R}$ 分别是状态变量和系统的输入、输出，$f_i(\cdot)$ 和 $g_i(\cdot)$ 是未知非线性光滑函数．

控制任务：针对系统(8.5.56)，基于反步递推设计方法，给出一种直接自适应模糊控制设计方案，使得

（1）闭环系统中使所有信号一致最终有界；

（2）y 能尽可能好的跟踪一个期望轨迹 y_m．

2. 模糊自适应控制器设计

本小节基于反步递推设计，给出自适应模糊控制器及参数自适应律的设计方法。做如下坐标变换：

$$\begin{cases} z_1 = y - y_m \\ z_i = x_i - \alpha_{i-1} \end{cases}. \quad (8.5.57)$$

式中，z_1 是跟踪误差；α_{i-1}（$i = 2, 3, \cdots, n$）是虚拟控制器，将在后面控制设计中给出．

第 1 步：根据式(8.5.57)，z_1 的导数为

$$\dot{z}_1 = f_1(x_1) + g_1(x_1)x_2 - \dot{y}_m. \quad (8.5.58)$$

选择如下的控制器：

$$x_2^* = -\frac{1}{g_1(x_1)}[f_1(x_1) - \dot{y}_m] - k_1 z_1. \quad (8.5.59)$$

式中，$k_1 > 0$ 是常值．

将式(8.5.59)代入式(8.5.58)中，得 $\dot{z}_1 = -g_1(x_1)k_1 z_1$，则选择 Lyapunov 函数 $V_1 = \frac{1}{2}z_1^2$，其导数为 $\dot{V}_1 = -g_1(x_1)k_1 z_1^2 \leq -g_{10}k_1 z_1^2 \leq 0$，所以 z_1 渐近稳定。因为 $f_1(x_1)$ 和 $g_1(x_1)$ 是未知函数，在实际中理想的控制器无法得到，所以采用模糊逻辑系统去逼近理想的控制器 x_2^*，则一个虚拟模糊控制器表示成如下形式：

$$\alpha_1 = \hat{u}_1(\bar{x}_1) = \theta_1^T \varphi_1(\bar{x}_1). \quad (8.5.60)$$

根据式 $(8.5.57)$，定义 $z_2 = x_2 - \alpha_1$，则 $\dot{z}_1$ 可表示为

$$
\begin{aligned}
\dot{z}_1 &= f_1(x_1) + g_1(x_1)(z_2 + \alpha_1) - \dot{y}_m \\
&= f_1(x_1) + g_1(x_1)z_2 + g_1(x_1)\alpha_1 - g_1(x_1)x_2^* + g_1(x_1)x_2^* - \dot{y}_m \\
&= f_1(x_1) + g_1(x_1)z_2 + g_1(x_1)\hat{u}(x_1|\theta_1) - g_1(x_1)x_2^* + g_1(x_1)x_2^* - \dot{y}_m.
\end{aligned}
$$
$$(8.5.61)$$

将式 $(8.5.59)$ 代入式 $(8.5.61)$，则 $\dot{z}_1$ 可表示为

$$
\begin{aligned}
\dot{z}_1 &= g_1(x_1)z_2 + g_1(x_1)(\hat{u}(x_1|\theta_1) - x_2^*) - g_1(x_1)k_1 z_1 \\
&= g_1(x_1)z_2 + g_1(x_1)(\hat{u}(x_1|\theta_1) - \hat{u}(x_1|\theta_1^*)) + \\
&\quad g_1(x_1)(\hat{u}(x_1|\theta_1^*) - x_2^*) - g_1(x_1)k_1 z_1 \\
&= g_1(x_1)z_2 + g_1(x_1)\tilde{\theta}_1^T \varphi(x_1) - g_1(x_1)k_1 z_1 + g_1(x_1)\omega_1.
\end{aligned}
$$
$$(8.5.62)$$

式中，$\omega_1 = (\hat{u}(x_1|\theta_1^*) - x_2^*)$，为最小逼近误差；$\theta_1^T$ 是 θ_1^{*T} 的估计；$\tilde{\theta}_1^T = \theta_1^T - \theta_1^{*T}$，是参数估计误差.

选择如下的 Lyapunov 函数：

$$
V_1 = \frac{1}{2g_1(x_1)}z_1^2 + \frac{1}{2\gamma_1}\tilde{\theta}_1^T \tilde{\theta}_1.
$$
$$(8.5.63)$$

根据式 $(8.5.62)$ 和式 $(8.5.63)$，则 $\dot{V}_1$ 可表示为

$$
\begin{aligned}
\dot{V}_1 &= \frac{z_1 \dot{z}_1}{g_1(x_1)} - \frac{\dot{g}_1(x_1)}{2g_1^2(x_1)}z_1^2 + \frac{1}{\gamma_1}\tilde{\theta}_1^T \dot{\tilde{\theta}}_1 \\
&= z_1 z_2 - k_1 z_1^2 - \frac{\dot{g}_1(x_1)}{2g_1^2(x_1)}z_1^2 + z_1 \tilde{\theta}_1^T \varphi_1(x_1) + z_1 \omega_1 + \frac{1}{\gamma_1}\tilde{\theta}_1^T \dot{\theta}_1 \\
&= z_1 z_2 - k_1 z_1^2 - \frac{\dot{g}_1(x_1)}{2g_1^2(x_1)}z_1^2 + z_1 \omega_1 + \tilde{\theta}_1^T \left[z_1 \varphi_1(x_1) + \frac{1}{\gamma_1}\dot{\theta}_1 \right].
\end{aligned}
$$
$$(8.5.64)$$

设计参数 θ_1 的自适应律如下：

$$
\dot{\theta}_1 = -\gamma_1 z_1 \varphi_1(x_1) - \gamma_1 \sigma_1 \theta_1.
$$
$$(8.5.65)$$

式中，$\gamma_1 > 0$ 是设计常数. 则 $\dot{V}_1$ 可表示为

$$
\dot{V}_1 = z_1 z_2 + z_1 \omega_1 - \left(k_1 + \frac{\dot{g}_1(x_1)}{2g_1^2(x_1)} \right)z_1^2 - \sigma_1 \tilde{\theta}_1^T \theta_1.
$$
$$(8.5.66)$$

令 $k_1 = k_{10} + k_{11}$，其中 k_{10}, k_{11} 均大于零. 则 $\dot{V}_1$ 可表示为

$$
\dot{V}_1 = z_1 z_2 - \left(k_{10} + \frac{\dot{g}_1(x_1)}{2g_1^2(x_1)} \right)z_1^2 - k_{11}z_1^2 + z_1 \omega_1 - \sigma_1 \tilde{\theta}_1^T \theta_1.
$$
$$(8.5.67)$$

根据 Young's 不等式，如下不等式成立：

$$
-\sigma_1 \tilde{\theta}_1^T \theta_1 = -\sigma_1 \tilde{\theta}_1^T (\tilde{\theta} + \theta^*) \leqslant -\frac{\sigma_1 |\tilde{\theta}_1|^2}{2} + \frac{\sigma_1 |\theta_1^*|^2}{2}.
$$
$$(8.5.68)$$

由于

$$z_1 \omega_1 - k_{11} z_1^2 \leqslant z_1 \mid \omega_1 \mid - k_{11} z_1^2 \leqslant \frac{\omega_1^2}{4k_{11}} \leqslant \frac{\varepsilon_1^2}{4k_{11}},$$

其中, $\mid \omega_1 \mid \leqslant \mid \varepsilon_1 \mid$. 因为

$$-\left(k_{10} + \left(\frac{\dot{g}_1(x_1)}{2g_1^2(x_1)}\right)\right) z_1^2 \leqslant -\left(k_{10} - \left(\frac{g_{1d}}{2g_1^2(x_1)}\right)\right) z_1^2,$$

通过选择 k_{10}, 使得 $k_{10}^* = k_{10} - \left(\frac{g_{1d}}{2g_1^2(x_1)}\right) > 0$, 则 $\dot{V}_1$ 可表示为

$$\dot{V}_1 \leqslant z_1 z_2 - k_{10}^* z_1^2 + \frac{\varepsilon_1^2}{4k_{11}} - \frac{\sigma_1 \mid \tilde{\theta}_1 \mid^2}{2} + \frac{\sigma_1 \mid \theta_1^* \mid^2}{2}. \tag{8.5.69}$$

第 2 步: 根据式(8.5.57), z_2 的导数为

$$\dot{z}_2 = \dot{x}_2 - \dot{\alpha}_1 = f_2(\bar{x}_2) + g_2(\bar{x}_2) x_3 - \dot{\alpha}_1. \tag{8.5.70}$$

如果 $f_2(\bar{x}_2)$ 和 $g_2(\bar{x}_2)$ 是已知函数, 设计理想控制器如下:

$$x_3^* = \frac{1}{g_2(\bar{x}_2)} - (f_2(\bar{x}_2) - \dot{\alpha}_1) - z_1 - k_2 z_2. \tag{8.5.71}$$

由于 $f_2(\bar{x}_2)$ 和 $g_2(\bar{x}_2)$ 是未知非线性函数, 所以采用模糊逻辑系统去逼近理想的控制器 x_3^*, 则一个虚拟模糊控制器表示成如下形式:

$$\alpha_2 = \hat{u}_2(\bar{x}_2) = \theta_2^T \varphi_2(\bar{x}_2). \tag{8.5.72}$$

将式(8.5.72)代入式(8.5.70), $\dot{z}_2$ 可表示为

$$\begin{aligned}
\dot{z}_2 &= f_2(\bar{x}_2) + g_2(\bar{x}_2)(x_3 + \alpha_2) - \dot{\alpha}_1 \\
&= f_2(\bar{x}_2) + g_2(\bar{x}_2) z_3 + g_2(\bar{x}_2)(\hat{u}_2(\bar{x}_2) - x_3^*) + g_2(\bar{x}_2) x_3^* - \dot{\alpha}_1 \\
&= g_2(\bar{x}_2)(z_3 + \tilde{\theta}_2^T \varphi_2(\bar{x}_2) + \omega_2 - z_1 - k_2 z_2).
\end{aligned} \tag{8.5.73}$$

选择如下的 Lyapunov 函数:

$$V_2 = V_1 + \frac{1}{2g_2(\bar{x}_2)} z_2^2 + \frac{1}{2\gamma_2} \tilde{\theta}_2^T \tilde{\theta}_2. \tag{8.5.74}$$

根据式(8.5.73)和式(8.5.74), $\dot{V}_2$ 可表示为

$$\begin{aligned}
\dot{V}_2 &= \dot{V}_1 + \frac{z_2 \dot{z}_2}{g_2(\bar{x}_2)} - \frac{\dot{g}_2(\bar{x}_2)}{2g_2^2(\bar{x}_2)} z_2^2 + \frac{1}{\gamma_2} \tilde{\theta}_2^T \dot{\tilde{\theta}}_2 \\
&= \dot{V}_1 + z_2 z_3 - z_2 z_1 - k_2 z_2^2 - z_2 \tilde{\theta}_2^T \varphi_2(\bar{x}_2) + z_2 \omega_2 - \frac{\dot{g}_2(\bar{x}_2)}{2g_2^2(\bar{x}_2)} z_2^2 + \frac{1}{\gamma_2} \tilde{\theta}_2^T \dot{\tilde{\theta}}_2 \\
&= \dot{V}_1 + z_2 z_3 - z_2 z_1 + z_2 \omega_2 - \left(k_2 + \frac{\dot{g}_2(\bar{x}_2)}{2g_2^2(\bar{x}_2)}\right) z_2^2 + \tilde{\theta}_2^T \left(z_2 \varphi_2(\bar{x}_2) + \frac{1}{\gamma_2} \dot{\tilde{\theta}}_2\right).
\end{aligned} \tag{8.5.75}$$

设计参数 θ_2 的自适应律如下:

$$\dot{\theta}_2 = -\gamma_2 z_2 \varphi_2(\bar{x}_2) - \gamma_2 \sigma_2 \theta_2. \tag{8.5.76}$$

式中, $\sigma_2 > 0$, $\gamma_2 > 0$ 是设计常数. 令 $k_2 = k_{20} + k_{21}$. 其中, k_{20} 和 $k_{21} > 0$. 选择 k_{20},

使得 $k_{20}^* = k_{20} - \dfrac{g_{2d}}{2g_{20}^2} > 0$，将式（8.5.69）和式（8.5.76）代入式（8.5.75），则 $\dot{V}_2$ 可表示为

$$\dot{V}_2 \leqslant z_2 z_3 - \sum_{l=1}^{2} k_{l0}^* z_l^2 + \sum_{l=1}^{2} \frac{\varepsilon_l^2}{4k_{l1}} - \sum_{l=1}^{2} \frac{\sigma_l |\tilde{\theta}_l|^2}{2} + \sum_{l=1}^{2} \frac{\sigma_l |\theta_l^*|^2}{2}.$$

（8.5.77）

第 i 步：类似第 2 步，设计理想的虚拟控制器为

$$x_{i+1}^* = -\frac{1}{g_i(\bar{x}_i)}(f_i(\bar{x}_i) - \dot{\alpha}_{i-1}) - z_{i-1} - k_i z_i. \tag{8.5.78}$$

因为 $f_i(\bar{x}_i)$ 和 $g_i(\bar{x}_i)$ 是未知非线性函数，所以采用模糊逻辑系统构造如下虚拟控制器：

$$\alpha_{(i+1)d} = \hat{u}_i(\bar{x}_i) = \theta_i^{\mathrm{T}} \varphi_i(\bar{x}_i). \tag{8.5.79}$$

根据式（8.5.57）和式（8.5.78），z_i 的导数为

$$\dot{z}_i = f_i(\bar{x}_i) + g_i(\bar{x}_i)(z_{i+1} + \alpha_i) - \dot{\alpha}_{i-1}$$
$$= g_i(\bar{x}_i)(z_{i+1} - z_{i-1} - k_i z_i + \tilde{\theta}_i^{\mathrm{T}} \varphi_i(\bar{x}_i) + \omega_i). \tag{8.5.80}$$

选择如下的 Lyapunov 函数：

$$V_i = V_{i-1} + \frac{1}{2g_i(\bar{x}_i)} z_i^2 + \frac{1}{2\gamma_i} \tilde{\theta}_i^{\mathrm{T}} \tilde{\theta}_i. \tag{8.5.81}$$

根据式（8.5.80）和式（8.5.81），则 $\dot{V}_i$ 可表示为

$$\dot{V}_i \leqslant z_{i-1} z_i - \sum_{l=1}^{i-1} k_{l0}^* z_l^2 + \sum_{l=1}^{i-1} \frac{\varepsilon_l^2}{4k_{l1}} - \sum_{l=1}^{i-1} \frac{\sigma_l |\tilde{\theta}_l|^2}{2} + \sum_{l=1}^{i-1} \frac{\sigma_l |\theta_l^*|^2}{2} +$$
$$z_i(z_{i+1} - z_{i-1} - k_i z_i + \omega_i) - \frac{\dot{g}_i(\bar{x}_i)}{2g_i^2(\bar{x}_i)} z_i^2 + \tilde{\theta}_i^{\mathrm{T}}\left(z_i \varphi_i(\bar{x}_i) + \frac{1}{\gamma_i}\dot{\theta}_i\right). \tag{8.5.82}$$

设计参数 θ_i 的自适应律如下：

$$\dot{\theta}_i = -\gamma_i z_i \varphi_i(\bar{x}_i) - \gamma_i \sigma_i \theta_i. \tag{8.5.83}$$

式中，$\sigma_i > 0$，$\gamma_i > 0$ 是设计参数. 令 $k_i = k_{i0} + k_{i1}$，通过选择 k_{i0}，使得 $k_{i0}^* = k_{i0} - \dfrac{g_{id}}{2g_{i0}^2} > 0$. 将式（8.5.83）代入式（8.5.82），则 $\dot{V}_i$ 可表示为

$$\dot{V}_i \leqslant z_i z_{i+1} - \sum_{l=1}^{i} k_{l0}^* e_l^2 + \sum_{l=1}^{i} \frac{\varepsilon_l^2}{4k_{l1}} - \sum_{l=1}^{i} \frac{\sigma_i |\tilde{\theta}_i|^2}{2} + \sum_{l=1}^{2} \frac{\sigma_i |\theta_i^*|^2}{2}.$$

（8.5.84）

第 n 步：设计理想的控制器为

$$u^* = -\frac{1}{g_n(\bar{x}_n)}(f_n(\bar{x}_n) - \dot{\alpha}_{n-1}) - z_{n-1} - k_n z_n. \tag{8.5.85}$$

因为 $f_n(\bar{x}_n)$ 和 $g_n(\bar{x}_n)$ 是未知非线性函数, 所以采用模糊逻辑系统构造如下虚拟控制器:

$$u = \hat{u}_n(\bar{x}_n) = \theta_n^{\mathrm{T}}\varphi_n(\bar{x}_n) . \tag{8.5.86}$$

根据式(8.5.57)和式(8.5.85), z_n 的导数为

$$\dot{z}_n = f_n(\bar{x}_n) + g_n(\bar{x}_n)u - \dot{\alpha}_{n-1} = g_n(\bar{x}_n)(-z_{n-1} - k_n z_n + \tilde{\theta}_n^{\mathrm{T}}\varphi_n(\bar{x}_n) + \omega_n) . \tag{8.5.87}$$

选择如下 Lyapunov 函数:

$$V_n = V_{n-1} + \frac{1}{2g_n(\bar{x}_{n-1})}z_n^2 + \frac{1}{2\gamma_n}\tilde{\theta}_n^{\mathrm{T}}\tilde{\theta}_n . \tag{8.5.88}$$

根据式(8.5.87)和式(8.5.88), 则 $\dot{V}_n$ 可表示为

$$\dot{V}_n \leqslant z_{n-1}z_n - \sum_{l=1}^{n-1} k_{l0}^* z_l^2 + \sum_{l=1}^{n-1} \frac{\varepsilon_l^2}{4k_{l1}} - \sum_{l=1}^{n-1} \frac{\sigma_l |\tilde{\theta}_l|^2}{2} +$$
$$\sum_{l=1}^{i-1} \frac{\sigma_l |\theta_l^*|^2}{2} + z_n(\omega_n - z_{n-1} - k_n z_n) -$$
$$\frac{\dot{g}_n(\bar{x}_n)}{2g_n^2(\bar{x}_n)}z_n^2 + \tilde{\theta}_n^{\mathrm{T}}\left(z_n\varphi_n(\bar{x}_n) + \frac{1}{\gamma_n}\dot{\theta}_n\right). \tag{8.5.89}$$

设计参数 θ_n 的自适应律如下:

$$\dot{\theta}_n = -\gamma_n z_n \varphi_n(\bar{x}_n) - \gamma_n \sigma_n \theta_n . \tag{8.5.90}$$

式中, $\sigma_n > 0$ 和 $\gamma_n > 0$ 是设计参数. 令 $k_n = k_{n0} + k_{n1}$, 其中 k_{n0} 和 $k_{n1} > 0$. 选择 k_{n0}, 使得 $k_{n0}^* = k_{n0} - \frac{g_{nd}}{2g_{n0}^2} > 0$, 则 $\dot{V}_n$ 可表示为

$$\dot{V}_n \leqslant -\sum_{l=1}^{n} k_{l0}^* z_l^2 + \sum_{l=1}^{n} \frac{\varepsilon_l^2}{4k_{l1}} - \sum_{l=1}^{n} \frac{\sigma_l |\tilde{\theta}_l|^2}{2} + \sum_{l=1}^{n} \frac{\sigma_l |\theta_l^*|^2}{2}. \tag{8.5.91}$$

如果选择 $k_{l0}^* > \frac{\mu}{2g_{l0}} + \frac{g_{ld}}{2g_{l0}^2}$, 其中, μ 是正常数, 且

$$\delta = \sum_{l=1}^{n} \frac{\varepsilon_l^2}{4k_{l1}} + \sum_{l=1}^{n} \frac{\sigma_l |\theta_l^*|^2}{2} ,$$

则如下不等式成立:

$$\dot{V}_n \leqslant -\sum_{l=1}^{n} \frac{\mu}{2g_{l0}}z_l^2 - \sum_{l=1}^{n} \frac{\sigma_l |\tilde{\theta}_l|^2}{2} + \delta$$
$$\leqslant -\mu\left[\sum_{l=1}^{n} \frac{1}{2g_l}z_l^2 + \sum_{l=1}^{n} \frac{\tilde{\theta}_l^{\mathrm{T}}\tilde{\theta}_l}{2\gamma_l}\right] + \delta$$
$$\leqslant -\mu V_n + \delta. \tag{8.5.92}$$

3. 稳定性分析

上述控制设计和分析可以总结为如下定理.

定理 2 考虑由系统式(8.5.56)和参考信号 y_m, 控制器式(8.5.86), 自适应律式(8.5.65), 式(8.5.76), 式(8.5.83), 式(8.5.90). 假设存在一个足够大的闭集 $\theta \in \Omega_\theta$, $z \in \Omega_z$, 当 $t \geqslant 0$ 时, 对于任意的有界初始条件, 有:

(1)闭环系统中的所有信号均有界;

(2)跟踪误差 $z_1(t) = y(t) - y_m(t)$ 收敛到一个小的残差集上.

证明 选择如下 Lyapunov 函数:

$$V = \sum_{i=1}^{n} \left(\frac{1}{2}z_i^2 + \frac{1}{2\gamma_i}\tilde{\theta}_i^T\tilde{\theta}_i \right). \tag{8.5.93}$$

根据式(8.5.92)和式(8.5.93), 如下不等式成立:

$$\dot{V} \leqslant -k_{min}^* |z|^2 - \frac{\sigma_{min}|\tilde{\theta}|^2}{2} + \delta. \tag{8.5.94}$$

其中 $z = [z_1, z_2, \cdots, z_n]^T$, $\tilde{\theta} = [\tilde{\theta}_1, \tilde{\theta}_2, \cdots, \tilde{\theta}_n]^T$. k_{min}^* 和 σ_{min} 分别是 k_i 和 σ_i ($i = 1, 2, \cdots, n$)的最小值, 如果满足如下的条件:

$$z \notin \Omega_z = \left\{ z \,\bigg|\, |z| \leqslant \sqrt{\frac{\delta}{k_{min}^*}} \right\}, \tag{8.5.95}$$

$$\tilde{\theta} \notin \Omega_\theta = \left\{ \tilde{\theta} \,\bigg|\, |\tilde{\theta}| \leqslant \sqrt{\frac{\delta}{\sigma_{min}}} \right\}, \tag{8.5.96}$$

则 $\dot{V} \leqslant 0$, 根据文献[53], 可知 z 和 $\tilde{\theta}$ 一致是最终有界的, 因为 $z_1 = x_1 - y_m$, y_m 是有界的, 则 x_1 是有界的. 根据 $z_i = x_i - \alpha_{i-1}$ ($i = 2, 3, \cdots, n$) 以及定义的虚拟控制器式(8.5.60)、式(8.5.72)、式(8.5.79), 则 α_{i-1} 是有界的. 式(8.5.86)的 u 是有界的, 因为 $f(x)$ 和 $g(x)$ 是连续的, 以及最优参数 θ_i^* ($= 1, 2, \cdots, n$) 都是有界的. 因为式(8.5.95)和式(8.5.96)条件成立, 则 θ_i ($i = 1, 2, \cdots, n$) 是有界的, 所以整个闭环系统的所有信号都是有界的.

令 $\rho = \dfrac{\delta}{\mu}$, 则式(8.5.92)满足

$$0 \leqslant V_n(t) \leqslant \rho + (V_n(0) - \rho)e^{-\mu t}. \tag{8.5.97}$$

根据式(8.5.93), 如下不等式成立:

$$\sum_{i=1}^{n} \frac{1}{2g_k}z_i^2 < \rho + (V_n(0) - \rho)e^{-\mu t}. \tag{8.5.98}$$

令 $g_{max} = \max_{1 \leqslant i \leqslant n}\{g_{i1}\}$, 则如下不等式成立:

$$\frac{1}{2g_{max}}\sum_{i=1}^{n} z_i^2 < \sum_{i=1}^{n} \frac{1}{2g_k}z_i^2 < \rho + (V_n(0) - \rho)e^{-\mu t}. \tag{8.5.99}$$

$$\sum_{i=1}^{n} z_i^2 < 2g_{max}\rho + 2g_{max}V_n(0)e^{-\mu t}. \tag{8.5.100}$$

选择 $\lambda > \sqrt{2g_{\max}\rho}$，存在 T 对于 $t > T$，跟踪误差 z_1 满足

$$|z_1| = |x_1(t) - y_m| = |y(t) - y_m| < \lambda. \tag{8.5.101}$$

式中，λ 的大小取决于模糊逼近误差 ω_i 和控制器参数 k_i，γ_i 和 σ_i。增加控制增益 k_i 和模糊规则个数能够达到更好的跟踪效果.

这种直接自适应模糊控制器的设计步骤如下：

步骤 1：构造模糊控制器

（1）建立模糊规则基：它由下面的 N 条模糊推理规则构成：

R^l：如果 x_1 是 F_1^l，且 x_2 是 F_2^l，且……，且 x_n 是 F_n^l，则，y 是 G^l（$l = 1, 2, \cdots, N$）

（2）构造模糊基函数：

$$\varphi_l = \frac{\prod_{i=1}^{n} \mu_{F_i^l}(x_i)}{\sum_{l=1}^{N} \prod_{i=1}^{n} \mu_{F_i^l}(x_i)}$$

作一个 N 维向量 $\varphi^{\mathrm{T}}(x) = [\varphi_1(x), \varphi_2(x), \cdots, \varphi_N(x)]$，并构造模糊逻辑系统 $\theta_i^{\mathrm{T}} \varphi_i(\bar{x}_i)$.

步骤 2：自适应控制设计

（1）将控制器式（8.5.86），式（8.5.60），式（8.5.72）和式（8.5.79）作用于被控系统式（8.5.56）.

（2）用式（8.5.65），式（8.5.76），式（8.5.83）和式（8.5.90）取得自适应调节参数 θ_i.

4. 仿真

例 2 考虑如下的非线性系统：

$$\begin{aligned}
\dot{x}_1 &= x_1 e^{-0.5x_1} + x_2 \\
\dot{x}_2 &= x_1 x_2^2 + (3 + \cos(x_1 x_2)) u \\
y &= x_1.
\end{aligned} \tag{8.5.102}$$

选择参考信号：

$$y_m = \sin(t).$$

选择如下模糊隶属函数：

$$\mu F_2^l(\bar{x}_2) = \exp\left(-\frac{(x_1 + 0.1l)^2}{4}\right) \cdot \exp\left(-\frac{(x_2 + 0.1l)^2}{4}\right) \quad (l = 1, 2, \cdots, 5).$$

选择设计参数：$k_1 = 5.5$，$k_2 = 0.15$；$\gamma_2 = 200$.

选择初值：$x_1(0) = 0.2$，$x_2(0) = 0.2$；$\theta_2(0) = [-0.6, 0.9, 0.6, 0.8, 0.2]$.

仿真结果如图 8-31 ~ 图 8-33 所示.

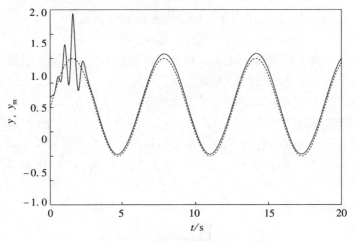

图 8-31　输出 y 和参考信号 y_m 的轨迹

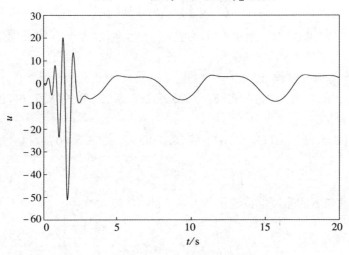

图 8-32　控制输入 u 的轨迹

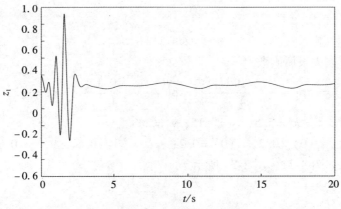

图 8-33　跟踪误差 z_1 的轨迹

8.5.3　自适应模糊输出反馈反步递推控制

本节针对一类单输入单输出严格反馈非线性系统，介绍了一种自适应模糊输出反馈控制方法．利用模糊逻辑系统逼近系统中的未知函数，并建立一个模糊状态观测器来估计系统中的不可测状态．在自适应反步递推设计技术的框架下，设计一种自适应模糊输出反馈控制方案，所提出的控制方法能保证闭环系统中所有信号是半全局有界的，且跟踪误差能够收敛到原点的一个小邻域内．

1. 被控对象描述

考虑如下单输入单输出非线性不确定系统：

$$\begin{cases} \dot{x}_1 = x_2 + f_1(x_1) \\ \dot{x}_2 = x_3 + f_2(x_1, x_2) \\ \vdots \\ \dot{x}_{n-1} = x_n + f_{n-1}(x_1, x_2, \cdots, x_{n-1}) \\ \dot{x}_n = u + f_n(x_1, x_2, \cdots, x_n) \\ y = x_1 \end{cases} \qquad (8.5.103)$$

式中，$X = (x_1, x_2, \cdots, x_n)^{\mathrm{T}} \in \mathbf{R}^n$ 是系统状态向量，$u \in \mathbf{R}$ 是控制输入，$y \in \mathbf{R}$ 是系统输出，$f_i(X_i)$（$i = 1, 2, \cdots, n$）是未知非线性光滑函数。令 $X_i = (x_1, x_2, \cdots, x_i)^{\mathrm{T}}$，并假设 X_i（$i \geqslant 2$）是不可测的。

控制任务：针对严格反馈非线性系统(8.5.103)，基于模糊逻辑系统，设计了一个模糊自适应输出反馈控制器，使得闭环系统中的所有信号都是有界的，且系统输出 y 能够很好地跟踪参考信号 y_{m}，即，使得跟踪误差 z_1 尽可能地小。

2. 模糊状态观测器设计

因为被控系统中状态不完全可测，所以需要设计状态观测器来估计不可测状态。系统式(8.5.103)可以表示为如下状态空间表达式：

$$\dot{X} = AX + Ky + \sum_{i=1}^{n} B_i f_i(X_i) + Bu. \qquad (8.5.104)$$

式中：

$$A = \begin{bmatrix} -k_1 & & \\ \vdots & & I \\ -k_n & 0 & \cdots & 0 \end{bmatrix}, \quad K = \begin{bmatrix} k_1 \\ \vdots \\ k_n \end{bmatrix}, \quad B = \begin{bmatrix} 0 \\ \vdots \\ 1 \end{bmatrix}, \quad B_i = [0 \ \cdots \ 1 \ \cdots \ 0]^{\mathrm{T}}.$$

选择观测增益矩阵 K 使得 A 是严格赫尔维茨矩阵。因此，对于一个给定的矩阵 $Q > 0$，存在一个正定矩阵 $P > 0$，满足下面的方程：

$$A^{\mathrm{T}}P + PA = -2Q. \qquad (8.5.105)$$

因为 $f_i(X_i)$ 是未知的非线性函数，所以采用如下模糊逻辑系统来逼近非线性系统(8.5.102)中的非线性项，假设

$$\hat{f}_i(X_i | \theta_i) = \theta_i^{\mathrm{T}} \varphi(X_i) \qquad (1 \leqslant i \leqslant n). \qquad (8.5.106)$$

式中, $\hat{X}_i = (\hat{x}_1, \hat{x}_2, \cdots, \hat{x}_i)^{\mathrm{T}}$。

定义最优参数向量 θ_i^* 为

$$\theta_i^* = \arg\min_{\theta_i \in \Omega_i} [\sup_{X_i \in U_i} |\hat{f}_i(X_i | \theta_i) - f_i(X_i)|] \quad (1 \leqslant i \leqslant n).$$

$$(8.5.107)$$

式中, Ω_i 和 U_i 分别为 θ_i 和 X_i 的紧区域。定义模糊逻辑系统最小逼近误差 ε_i 为

$$\varepsilon_i = f_i(X_i) - \hat{f}_i(X_i | \theta_i^*).$$

$$(8.5.108)$$

为了估计系统中不可测的状态, 设计如下模糊状态观测器:

$$\dot{\hat{X}} = A\hat{X} + Ky + \sum_{i=1}^{n} B_i \hat{f}_i(\hat{X}_i | \theta_i) + Bu$$

$$(8.5.109)$$

$$\hat{y} = C\hat{X}.$$

式中, $C = [1, \cdots, 0, \cdots, 0]$。定义观测器误差 $e = X - \hat{X}$, 由式(8.5.104)和式(8.5.109), 则观测器误差方程为

$$\dot{e} = Ae + \sum_{i=1}^{n} B_i [f_i(X_i) - \hat{f}_i(\hat{X}_i | \theta_i)]$$

$$= Ae + \varepsilon + \sum_{i=1}^{n} B_i \theta_i^* [\varphi_i(X_i) - \varphi_i(\hat{X}_i)] + \sum_{i=1}^{n} B_i \tilde{\theta}_i \varphi_i(\hat{X}_i). \quad (8.5.110)$$

式中, $\varepsilon = [\varepsilon_1, \varepsilon_2, \cdots, \varepsilon_n]^{\mathrm{T}}$。

3. 模糊自适应输出反馈控制器设计

本小节基于反步递推设计和所设计的状态观测器, 给出自适应模糊输出反馈控制器及参数自适应律的设计方法。作如下坐标变换:

$$z_1 = y - y_m$$

$$(8.5.111)$$

$$z_i = \hat{x}_i - \alpha_{i-1} - y_m^{(i-1)} \quad (i = 2, 3, \cdots, n).$$

式中, z_1 是跟踪误差, α_{i-1} $(i = 2, 3, \cdots, n)$ 是虚拟控制器, 将在后面控制设计中给出。

第1步: 根据(8.5.111), 由 $x_2 = \hat{x}_2 + e_2$, z_1 的导数为

$$\dot{z}_1 = \dot{x}_1 - \dot{y}_m$$

$$= x_2 + f_1(x_1) - \dot{y}_m$$

$$= \hat{x}_2 + e_2 + \theta_1^{*\mathrm{T}} \varphi_1(x_1) - \dot{y}_m + \varepsilon_1$$

$$= z_2 + \alpha_1 + e_2 + \theta_1^{*\mathrm{T}} (\varphi_1(x_1) - \varphi_1(\hat{x}_1)) + \theta_1^{\mathrm{T}} \varphi_1(\hat{x}_1) + \tilde{\theta}_1^{\mathrm{T}} \varphi_1(\hat{x}_1) + \varepsilon_1.$$

$$(8.5.112)$$

考虑如下的李雅普诺夫函数:

$$V_1 = \frac{1}{2} e^{\mathrm{T}} P e + \frac{1}{2} z_1^2 + \frac{1}{2\gamma_1} \tilde{\theta}_1^{\mathrm{T}} \tilde{\theta}_1.$$

$$(8.5.113)$$

其中: $\gamma_1 > 0$ 是设计参数; θ_1 是 θ_1^* 的估计, $\tilde{\theta}_1 = \theta_1^* - \theta_1$ 是参数估计误差。根据式

(8.5.112)和式(8.5.113)，则 V_1 关于时间的导数为

$$\dot{V}_1 = \frac{1}{2}\dot{e}^{\mathrm{T}}Pe + \frac{1}{2}e^{\mathrm{T}}P\dot{e} + z_1\dot{z}_1 + \frac{1}{\gamma_1}\tilde{\theta}_1^{\mathrm{T}}\dot{\tilde{\theta}}_1$$

$$= \frac{1}{2}e^{\mathrm{T}}[PA^{\mathrm{T}} + AP]e + e^{\mathrm{T}}P\varepsilon + e^{\mathrm{T}}P\sum_{i=1}^{n}B_i\theta_i^{*}[\varphi_i(X_i) - \varphi_i(\hat{X}_i)] +$$

$$e^{\mathrm{T}}P\sum_{i=1}^{n}B_i\tilde{\theta}_i\varphi_i(\hat{X}_i) + z_1\dot{z}_1 + \frac{1}{\gamma_1}\tilde{\theta}_1^{\mathrm{T}}\dot{\tilde{\theta}}_1$$

$$= -e^{\mathrm{T}}Qe + e^{\mathrm{T}}P\varepsilon + e^{\mathrm{T}}P\sum_{i=1}^{n}B_i\theta_i^{*}[\varphi_i(X_i) - \varphi_i(\hat{X}_i)] +$$

$$e^{\mathrm{T}}P\sum_{i=1}^{n}B_i\tilde{\theta}_i\varphi_i(\hat{X}_i) + z_1[\alpha_1 + e_2 + \theta_1^{*T}(\varphi_1(x_1) - \varphi_1(\hat{x}_1)) +$$

$$z_2 + \theta_1^{\mathrm{T}}\varphi_1(\hat{x}_1) + \tilde{\theta}_1^{\mathrm{T}}\varphi_1(\hat{x}_1) + \varepsilon_1] + \frac{1}{\gamma_1}\tilde{\theta}_1^{\mathrm{T}}\dot{\tilde{\theta}}_1. \tag{8.5.114}$$

根据 Young's 不等式，如下不等式成立：

$$e^{\mathrm{T}}P\varepsilon + e_2z_1 \leqslant \frac{1}{2}|e|^2 + \frac{1}{2}|P|^2\sum_{i=1}^{n}\varepsilon_{i0}^2 + \frac{1}{2}|e_2|^2 + \frac{1}{2}z_1^{\,2}$$

$$\leqslant |e|^2 + \frac{1}{2}z_1^{\,2} + \frac{1}{2}|P|^2\sum_{i=1}^{n}\varepsilon_{i0}^2. \tag{8.5.115}$$

$$e^{\mathrm{T}}P\sum_{i=1}^{n}B_i\theta_i^{*}[\varphi_i(X_i) - \varphi_i(\hat{X}_i)] \leqslant |e|^2 + \frac{1}{2}|P|^2\sum_{i=1}^{n}|\theta_i^{*}|^2. \tag{8.5.116}$$

$$e^{\mathrm{T}}P\sum_{i=1}^{n}B_i\tilde{\theta}_i\varphi_i(\hat{X}_i) \leqslant \frac{1}{2}|e|^2 + \frac{1}{2}|P|^2\sum_{i=1}^{n}|\tilde{\theta}_i|^2. \tag{8.5.117}$$

$$z_1\theta_1^{*T}(\varphi_1(x_1) - \varphi_1(\hat{x}_1)) \leqslant \frac{1}{2}z_1^{\,2} + |\theta_1^{*}|^2. \tag{8.5.118}$$

将式(8.5.115)~式(8.5.118)代入式(8.5.114)，则 $\dot{V}_1$ 可表示为

$$\dot{V}_1 \leqslant -\left(\lambda_{\min}(Q) - \frac{5}{2}\right)|e|^2 + \frac{1}{2}|P|^2\sum_{i=1}^{n}|\tilde{\theta}_i|^2 +$$

$$\frac{1}{2}|P|^2\sum_{i=1}^{n}|\theta_i^{*}|^2 + |\theta_1^{*}|^2 + z_1[z_2 + z_1 + \alpha_1 + \theta_1^{\mathrm{T}}\varphi_1(\hat{x}_1) + \varepsilon_1] +$$

$$\frac{1}{2}|P|^2\sum_{i=1}^{n}\varepsilon_{i0}^2 + \frac{1}{\gamma_1}\tilde{\theta}_1^{\mathrm{T}}(\gamma_1\varphi_1(\hat{x}_1)z_1 - \dot{\theta}_1). \tag{8.5.119}$$

设计虚拟控制器 α_1 和参数 θ_1 的自适应律如下：

$$\alpha_1 = -c_1z_1 - z_1 - \theta_1^{\mathrm{T}}\varphi_1(\hat{x}_1) - \varepsilon_{10}\tanh\left(\frac{\varepsilon_{10}z_1}{\kappa}\right). \tag{8.5.120}$$

$$\dot{\theta}_1 = \gamma_1\varphi_1(\hat{x}_1)z_1 - \sigma\theta_1. \tag{8.5.121}$$

式中，$c_1 > 0$，$\kappa > 0$ 和 $\sigma > 0$ 是设计参数。

在式(8.5.120)中，利用了如下函数 $\tanh(\cdot)$ 相关的性质，即

$$z_1\varepsilon_1 - z_1\varepsilon_{10}\tanh\left(\frac{\varepsilon_{10}z_1}{\kappa}\right) \leqslant 0.2785\kappa = \kappa'.\qquad(8.5.122)$$

将式(8.5.120)~式(8.5.122)代入式(8.5.119)，则 $\dot{V}_1$ 可表示为

$$\dot{V}_1 \leqslant -\left(\lambda_{\min}(Q) - \frac{5}{2}\right)|e|^2 - c_1z_1^2 + z_1z_2 + \frac{1}{2}|P|^2\sum_{i=1}^n\varepsilon_{i0}^2 +$$

$$\frac{\sigma}{\gamma_1}\tilde{\theta}_1^{\mathrm{T}}\theta_1 + \kappa' + \frac{1}{2}|P|^2\sum_{i=1}^n|\tilde{\theta}_i|^2 + \frac{1}{2}|P|^2\sum_{i=1}^n|\theta_i^*|^2 + |\theta_1^*|^2.$$

$$(8.5.123)$$

第 2 步：根据式(8.5.109)和式(8.5.111)，则 z_2 的导数为

$$\dot{z}_2 = \dot{\hat{x}}_2 - \dot{\alpha}_1 - \ddot{y}_m$$

$$= \hat{x}_3 + k_2e_1 + \theta_2^{\mathrm{T}}\varphi_2(\hat{X}_2) + \tilde{\theta}_2^{\mathrm{T}}\varphi_2(\hat{X}_2) - \tilde{\theta}_2^{\mathrm{T}}\varphi_2(\hat{X}_2) -$$

$$\frac{\partial\alpha_1}{\partial\hat{x}_1}\dot{\hat{x}}_1 - \frac{\partial\alpha_1}{\partial\theta_1}\dot{\theta}_1 - \frac{\partial\alpha_1}{\partial y_m}\dot{y}_m - \ddot{y}_m - \frac{\partial\alpha_1}{\partial y}\dot{y}$$

$$= z_3 + \alpha_2 + H_2(\hat{x}_1, \hat{x}_2, \theta_1, \theta_2, y, y_m, \dot{y}_m) -$$

$$\frac{\partial\alpha_1}{\partial y}e_2 - \frac{\partial\alpha_1}{\partial y}\tilde{\theta}_1^{\mathrm{T}}\varphi_1(x_1) - \frac{\partial\alpha_1}{\partial y}\varepsilon_1 + \tilde{\theta}_2^{\mathrm{T}}\varphi_2(\hat{X}_2) - \tilde{\theta}_2^{\mathrm{T}}\varphi_2(\hat{X}_2).\qquad(8.5.124)$$

式中：

$$H_2 = \theta_2^{\mathrm{T}}\varphi_2(\hat{X}_2) - \frac{\partial\alpha_1}{\partial\hat{x}_1}[\hat{x}_2 + \theta_1^{\mathrm{T}}\varphi_1(\hat{x}_1) + k_1e_1] - \frac{\partial\alpha_1}{\partial\theta_1}\dot{\theta}_1 - \frac{\partial\alpha_1}{\partial y_m}\dot{y}_m + k_2e_1 -$$

$$\frac{\partial\alpha_1}{\partial y}[\hat{x}_2 + \theta_1^{\mathrm{T}}\varphi_1(x_1)]$$

选择如下的李雅普诺夫函数：

$$V_2 = V_1 + \frac{1}{2}z_2^2 + \frac{1}{2\gamma_2}\tilde{\theta}_2^{\mathrm{T}}\tilde{\theta}_2.\qquad(8.5.125)$$

式中，$\gamma_2 > 0$ 是设计参数。θ_2 是 θ_2^* 的估计；$\tilde{\theta}_2 = \theta_2^* - \theta_2$，是参数估计误差。根据式(8.5.124)~式(8.5.125)，则 V_2 的导数为

$$\dot{V}_2 = \dot{V}_1 + z_2\dot{z}_2 + \frac{1}{\gamma_2}\tilde{\theta}_2^{\mathrm{T}}\dot{\tilde{\theta}}_2$$

$$\leqslant -\left(\lambda_{\min}(Q) - \frac{5}{2}\right)|e|^2 - c_1z_1^2 + z_1z_2 + \frac{1}{2}|P|^2\sum_{i=1}^n\varepsilon_{i0}^2 +$$

$$\frac{\sigma}{\gamma_1}\tilde{\theta}_1^{\mathrm{T}}\theta_1 + \kappa' + \frac{1}{2}|P|^2\sum_{i=1}^n|\tilde{\theta}_i|^2 + \frac{1}{2}|P|^2\sum_{i=1}^n|\theta_i^*|^2 + |\theta_1^*|^2 +$$

$$z_2\Big[z_3 + \alpha_2 + H_2 - \frac{\partial\alpha_1}{\partial y}e_2 - \tilde{\theta}_2^{\mathrm{T}}\varphi_2(\hat{X}_2) - \frac{\partial\alpha_1}{\partial y}\varepsilon_1 - \frac{\partial\alpha_1}{\partial y}\tilde{\theta}_1^{\mathrm{T}}\varphi_1(x_1)\Big] +$$

$$\frac{1}{\gamma_2} \tilde{\theta}_2^T (\gamma_2 z_2 \varphi_2 (\hat{X}_2) - \dot{\theta}_2). \tag{8.5.126}$$

根据 Young's 不等式，如下不等式成立：

$$-z_2 \frac{\partial \alpha_1}{\partial y} e_2 - z_2 \frac{\partial \alpha_1}{\partial y} \varepsilon_1 \leqslant \frac{1}{2} |e|^2 + \left(\frac{\partial \alpha_1}{\partial y}\right)^2 z_2^2 + \frac{1}{2} \varepsilon_{10}^2. \tag{8.5.127}$$

$$-z_2 \frac{\partial \alpha_1}{\partial y} \tilde{\theta}_1^T \varphi_1 (x_1) - z_2 \tilde{\theta}_2^T \varphi_2 (\hat{X}_2) \leqslant \frac{1}{2} z_2^2 + \frac{1}{2} \left(\frac{\partial \alpha_1}{\partial y}\right)^2 z_2^2 + \frac{1}{2} |\tilde{\theta}_1|^2 + \frac{1}{2} |\tilde{\theta}_2|^2. \tag{8.5.128}$$

将式(8.5.127)和式(8.5.128)代入式(8.5.126)，则 $\dot{V}_2$ 可表示为

$$\dot{V}_2 \leqslant -(\lambda_{\min}(Q) - 3) |e|^2 - c_1 z_1^2 + \frac{1}{2} |P|^2 \sum_{i=1}^{n} \varepsilon_{i0}^2 + \frac{1}{2} |P|^2 \sum_{i=1}^{n} |\tilde{\theta}_i|^2 +$$

$$\frac{1}{2} |P|^2 \sum_{i=1}^{n} |\theta_i^*|^2 + |\theta_1^*|^2 + \frac{\sigma}{\gamma_1} \tilde{\theta}_1^T \theta_1 + \kappa' + \frac{1}{2} |\tilde{\theta}_1|^2 + \frac{1}{2} |\tilde{\theta}_2|^2 +$$

$$\frac{1}{2} \varepsilon_{10}^2 + z_2 \left[z_3 + \alpha_2 + H_2 + z_1 + \frac{1}{2} z_2 + \frac{3}{2} \left(\frac{\partial \alpha_1}{\partial y}\right)^2 z_2 \right] +$$

$$\frac{1}{\gamma_2} \tilde{\theta}_2^T (\gamma_2 z_2 \varphi_2 (\hat{X}_2) - \dot{\theta}_2). \tag{8.5.129}$$

设计虚拟控制器 α_2 和参数 θ_2 的自适应律如下：

$$\alpha_2 = -z_1 - c_2 z_2 - \frac{1}{2} z_2 - \frac{3}{2} \left(\frac{\partial \alpha_1}{\partial y}\right)^2 z_2 - H_2. \tag{8.5.130}$$

$$\dot{\theta}_2 = \gamma_2 z_2 \varphi_2 (\hat{X}_2) - \sigma \theta_2. \tag{8.5.131}$$

式中，$c_2 > 0$ 是设计参数.

将式(8.5.130)和式(8.5.131)代入式(8.5.129)，则 $\dot{V}_2$ 可表示为

$$\dot{V}_2 \leqslant -(\lambda_{\min}(Q) - 3) |e|^2 - \sum_{k=1}^{2} c_k z_k^2 + z_2 z_3 +$$

$$\frac{1}{2} |\tilde{\theta}_1|^2 + \frac{1}{2} |\tilde{\theta}_2|^2 + \frac{1}{2} |P|^2 \sum_{i=1}^{n} \varepsilon_{i0}^2 + \kappa' + |\theta_1^*|^2 +$$

$$\sum_{k=1}^{2} \frac{\sigma}{\gamma_i} \tilde{\theta}_k^T \theta_k + \frac{1}{2} |P|^2 \sum_{i=1}^{n} |\tilde{\theta}_i|^2 + \frac{1}{2} |P|^2 \sum_{i=1}^{n} |\theta_i^*|^2. \tag{8.5.132}$$

第 i 步 $(3 \leqslant i \leqslant n-1)$：根据式(8.5.109)和式(8.5.111)，则 z_i 的导数为

$$\dot{z}_i = \dot{\hat{x}}_i - \dot{\alpha}_{i-1} - y_m^{(i)}$$

$$= z_{i+1} + \alpha_i + H_i(\hat{x}_1, \hat{x}_2, \cdots, \hat{x}_{i-1}, \theta_1, \theta_2, \cdots, \theta_{i-1}, y, y_m, \cdots, y_m^{(i-1)}) +$$

$$\tilde{\theta}_i^T \varphi_i (\hat{X}_i) - \tilde{\theta}_i^T \varphi_i (\hat{X}_i) - \frac{\partial \alpha_{i-1}}{\partial y} e_2 - \frac{\partial \alpha_{i-1}}{\partial y} \varepsilon_1 - \frac{\partial \alpha_{i-1}}{\partial y} \tilde{\theta}_1^T \varphi_1 (x_1). \tag{8.5.133}$$

式中，

$$H_i = k_i e_1 + \theta_i^T \varphi_i(\hat{X}_i) - \sum_{k=1}^{i-1} \frac{\partial \alpha_{i-1}}{\partial \hat{x}_k} [\hat{x}_{k+1} + \theta_k^T \varphi_k(\hat{X}_k)] - \sum_{j=1}^{i-1} k_j \frac{\partial \alpha_{i-1}}{\partial \hat{x}_j} e_1 -$$

$$\sum_{k=1}^{i-1} \frac{\partial \alpha_{i-1}}{\partial \theta_k} \dot{\theta}_k - \sum_{k=1}^{i-1} \frac{\partial \alpha_{i-1}}{\partial y_m^{(k-1)}} y_m^{(k)} - \frac{\partial \alpha_1}{\partial y} [\hat{x}_2 + \theta_1^T \varphi_1(x_1)]$$

选择如下的李雅普诺夫函数:

$$V_i = V_{i-1} + \frac{1}{2} z_i^2 + \frac{1}{2\gamma_i} \tilde{\theta}_i^T \tilde{\theta}_i . \tag{8.5.134}$$

式中, $\gamma_i > 0$ 是设计参数, θ_i 是 θ_i^* 的估计, $\tilde{\theta}_i = \theta_i^* - \theta_i$ 是参数估计误差. 根据式 (8.5.133) 和式 (8.5.134), 则 V_i 的导数为

$$\dot{V}_i = \dot{V}_{i-1} + z_i \dot{z}_i + \frac{1}{\gamma_i} \tilde{\theta}_i^T \dot{\tilde{\theta}}_i$$

$$\leqslant \dot{V}_{i-1} + z_i \left[z_{i+1} + \alpha_i + H_i - \tilde{\theta}_i^T \varphi_i(\hat{X}_i) - \frac{\partial \alpha_{i-1}}{\partial y} e_2 - \frac{\partial \alpha_{i-1}}{\partial y} \varepsilon_1 - \frac{\partial \alpha_{i-1}}{\partial y} \tilde{\theta}_1^T \varphi_1(x_1) \right] +$$

$$\frac{1}{\gamma_i} \tilde{\theta}_i^T (\gamma_i z_i \varphi_i(\hat{X}_i) - \dot{\theta}_i) . \tag{8.5.135}$$

根据 Young's 不等式, 如下不等式成立:

$$-z_i \frac{\partial \alpha_{i-1}}{\partial y} e_2 - z_i \frac{\partial \alpha_{i-1}}{\partial y} \varepsilon_1 \leqslant \frac{1}{2} |e|^2 + \left(\frac{\partial \alpha_{i-1}}{\partial y} \right)^2 z_i^2 + \frac{1}{2} \varepsilon_{10}^2 . \tag{8.5.136}$$

$$-z_i \tilde{\theta}_i^T \varphi_i(\hat{X}_i) - z_i \frac{\partial \alpha_{i-1}}{\partial y} \tilde{\theta}_1^T \varphi_1(x_1) \leqslant \frac{1}{2} z_i^2 + \frac{1}{2} \left(\frac{\partial \alpha_{i-1}}{\partial y} \right)^2 z_i^2 + \frac{1}{2} |\tilde{\theta}_1|^2 + \frac{1}{2} |\tilde{\theta}_i|^2 . \tag{8.5.137}$$

将式 (8.5.136) 和式 (8.5.137) 代入式 (8.5.135), 则 $\dot{V}_i$ 可表示为

$$\dot{V}_i \leqslant - (\lambda_{\min}(Q) - 2 - i/2) |e|^2 - \sum_{k=1}^{i-1} c_k z_k^2 + z_{i-1} z_i +$$

$$z_i \left[z_{i+1} + \alpha_i + \frac{1}{2} z_i + \frac{3}{2} \left(\frac{\partial \alpha_{i-1}}{\partial y} \right)^2 z_i + H_i \right] + \sum_{k=1}^{i-1} \frac{\sigma}{\gamma_k} \tilde{\theta}_k^T \theta_k + \frac{i-1}{2} |\tilde{\theta}_1|^2 +$$

$$\frac{1}{2} |P|^2 \sum_{i=1}^{n} |\tilde{\theta}_i|^2 + \frac{1}{2} |P|^2 \sum_{i=1}^{n} |\theta_i^*|^2 + |\theta_1^*|^2 + \frac{1}{2} \sum_{k=2}^{i} |\tilde{\theta}_k|^2 +$$

$$\frac{(i-1)}{2} \varepsilon_{10}^2 + \frac{1}{2} |P|^2 \sum_{i=1}^{n} \varepsilon_{i0}^2 + \kappa' + \frac{1}{\gamma_i} \tilde{\theta}_i^T (\gamma_i z_i \varphi_i(\hat{X}_i) - \dot{\theta}_i) . \tag{8.5.138}$$

设计虚拟控制器 α_i 和参数 θ_i 的自适应律如下:

$$\alpha_i = -z_{i-1} - c_i z_i - H_i - \frac{1}{2} z_i - \frac{3}{2} \left(\frac{\partial \alpha_{i-1}}{\partial y} \right)^2 z_i . \tag{8.5.139}$$

$$\dot{\theta}_i = \gamma_i \varphi_i(\hat{X}_i) z_i - \sigma \theta_i . \tag{8.5.140}$$

式中, $c_i > 0$ 是设计参数. 将式 (8.5.139) ~ 式 (8.5.140) 代入式 (8.5.138), $\dot{V}_i$ 可表示为

$$\dot{V}_i \leqslant -\left(\lambda_{\min}(Q) - 2 - i/2\right)|e|^2 - \sum_{k=1}^{i} c_k z_k^2 + z_i z_{i+1} + \sum_{k=1}^{i} \frac{\sigma}{\gamma_k}\tilde{\theta}_k^{\mathrm{T}}\theta_k +$$

$$\frac{i-1}{2}|\tilde{\theta}_1|^2 + \frac{1}{2}\sum_{k-2}^{i}|\tilde{\theta}_k|^2 + \frac{(i-1)}{2}\varepsilon_{10}^2 + \kappa' + \frac{1}{2}|P|^2\sum_{i=1}^{n}\varepsilon_{i0}^2 +$$

$$\frac{1}{2}|P|^2\sum_{i=1}^{n}|\tilde{\theta}_i|^2 + \frac{1}{2}|P|^2\sum_{i=1}^{n}|\theta_i^*|^2 + |\theta_1^*|^2. \tag{8.5.141}$$

第 n 步：选择如下李雅普诺夫函数：

$$V_n = V_{n-1} + \frac{1}{2}z_n^2 + \frac{1}{2\gamma_n}\tilde{\theta}_n^{\mathrm{T}}\tilde{\theta}_n. \tag{8.5.142}$$

设计控制输入 u 和参数 θ_n 的自适应律如下：

$$u = -z_{n-1} - c_n z_n - H_n - \frac{1}{2}z_n - \frac{3}{2}\left(\frac{\partial \alpha_{n-1}}{\partial y}\right)^2 z_n + y_{\mathrm{m}}^{(n)}. \tag{8.5.143}$$

$$\dot{\theta}_n = \gamma_n \varphi_n(\hat{X}_n)z_n - \sigma\theta_n. \tag{8.5.144}$$

式中，$c_n > 0$ 为设计参数. 则 V_n 的导数可表示为

$$\dot{V}_n \leqslant -\left(\lambda_{\min}(Q) - 2 - \frac{n}{2}\right)|e|^2 - \sum_{k=1}^{n} c_k z_k^2 + \frac{n-1}{2}|\tilde{\theta}_1|^2 +$$

$$\frac{1}{2}\sum_{k-2}^{n}|\tilde{\theta}_k|^2 + \sum_{k=1}^{n}\frac{\sigma}{\gamma_k}\tilde{\theta}_k^{\mathrm{T}}\theta_k + \kappa' + \frac{1}{2}|P|^2\sum_{i=1}^{n}\varepsilon_{i0}^2 + \frac{(n-1)}{2}\varepsilon_{10}^2 +$$

$$\frac{1}{2}|P|^2\sum_{i=1}^{n}|\tilde{\theta}_i|^2 + \frac{1}{2}|P|^2\sum_{i=1}^{n}|\theta_i^*|^2 + |\theta_1^*|^2. \tag{8.5.145}$$

4. 稳定性分析

上述控制设计和分析可以总结为如下定理。

定理 3　针对非线性系统式(8.5.103)，通过状态观测器式(8.5.108)，控制器式(8.5.143)，虚拟控制器式(8.5.120)，式(8.5.130)，式(8.5.139)和参数自适应律式(8.5.121)，式(8.5.130)，式(8.5.140)及式(8.5.144)，保证闭环系统是半全局稳定的，并且输出跟踪误差收敛到原点的一个小邻域内。

证明　选择李雅普诺夫函数 V 为

$$V = \frac{1}{2}e^{\mathrm{T}}Pe + \sum_{i=1}^{n}\left(\frac{1}{2}z_i^2 + \frac{1}{2\gamma_i}\tilde{\theta}_i^{\mathrm{T}}\tilde{\theta}_i\right). \tag{8.5.146}$$

根据式(8.5.145)和式(8.5.146)，则 $\dot{V}$ 可表示为

$$\dot{V} \leqslant -\left(\lambda_{\min}(Q) - 2 - \frac{n}{2}\right)|e|^2 - \sum_{k=1}^{n} c_k z_k^2 + \frac{n-1}{2}|\tilde{\theta}_1|^2 + \frac{1}{2}\sum_{k-2}^{n}|\tilde{\theta}_k|^2 +$$

$$\sum_{k=1}^{n}\frac{\sigma}{\gamma_k}\tilde{\theta}_i^{\mathrm{T}}\theta_k + \kappa' + \frac{1}{2}|P|^2\sum_{i=1}^{n}\varepsilon_{i0}^2 + \frac{(n-1)}{2}\varepsilon_{10}^2 +$$

$$\frac{1}{2}|P|^2\sum_{i=1}^{n}|\tilde{\theta}_i|^2 + \frac{1}{2}|P|^2\sum_{i=1}^{n}|\theta_i^*|^2 + |\theta_1^*|^2. \tag{8.5.147}$$

令　　　　$c = \min\{2(\lambda_{\min}(Q) - 2 - n/2)/\lambda_{\min}(P)\,;\ 2c_i\ (i=1,2,\cdots,n)\,;$

$$(n-1)\gamma_1 + 2\sigma,\ \gamma_i + 2\sigma\ (i=2,3,\cdots,n)\}. \tag{8.5.148}$$

$$\lambda \ = \ \frac{\sigma}{2} \sum_{k=1}^{n} \frac{1}{\gamma_k} |\theta_k^*|^2 \ + \ \frac{1}{2} |P|^2 \sum_{i=1}^{n} |\theta_i^*|^2 \ + \ \frac{(n-1)}{2} \varepsilon_{10}^2 \ +$$

$$\frac{1}{2} |P|^2 \sum_{i=1}^{n} \varepsilon_{i0}^2 \ + \ |\theta_1^*|^2 \ + \ \kappa'. \tag{8.5.149}$$

根据式(8.5.148)和式(8.5.149)，则 $\dot{V}$ 可表示为

$$\dot{V} \leqslant -cV + \lambda. \tag{8.5.150}$$

对式(8.5.150)两边同乘 e^{ct}，则式(8.5.148)可表示为

$$\dot{V} e^{ct} \leqslant -cV e^{ct} + \lambda e^{ct}. \tag{8.5.151}$$

对式(8.5.151)的两边在 $[0, t]$ 求积分，如下不等式成立：

$$0 \leqslant V(t) \leqslant V(0) e^{-ct} + \frac{\lambda}{c}. \tag{8.5.152}$$

当选择一个正定矩阵 Q，使得 $\lambda_{\min}(Q) - 2 - n/2 > 0$，则由式(8.5.152)可知，对于每个 $i = 1, 2, \cdots, n$，信号 $x_i(t)$，$\hat{x}_i(t)$，$z_i(t)$，θ_i 和 $u(t)$ 是半全局一致最终有界的，并且满足

$$|y(t) - y_m(t)| \leqslant \sqrt{2V(t_0)} \, e^{-\frac{c}{2}(t-t_0)} + \sqrt{\frac{2\lambda}{c}}.$$

为了保证跟踪误差收敛到零的一个小邻域，通过适当地选择参数 c_i，σ 和 Q，可使 $(2\lambda/c)^{1/2}$ 尽可能地小。令 $\mu > (2\lambda/c)^{1/2}$，当 $t \to \infty$ 时，$e^{-c(t-t_0)/2} \to 0$，因此，存在 T，使得当 $t \geqslant T$ 时，$|y(t) - y_m(t)| \leqslant \mu$。因此定理3成立.

本节所介绍的基于观测器的模糊自适应输出反馈控制方法的设计步骤如下.

步骤1，离线预处理.

(1)确定出一组参数 k_1，k_2，$\cdots$，k_n，使得矩阵 A 的特征根都在左半开平面内.

(2)确定出正定矩阵 Q，解 Lyapunov 方程式(8.5.105)，获得正定矩阵 P.

(3)选择设计参数 $c_i > 0$，$\gamma_i > 0$，$\sigma > 0$ 和 $\varepsilon_{i0} > 0$.

步骤2，构造模糊控制器.

(1)建立模糊规则基：它是由下面的 N 条模糊推理规则构成：

R^i：如果 x_1 是 F_1^l 且 x_2 是 $F_2^l \cdots$ 且 x_n 是 F_n^l，则 y 是 G^l $(l = 1, 2, \cdots, N)$.

(2)构造模糊基函数

$$\varphi_l = \frac{\prod_{i=1}^{n} \mu_{F_i^l}(x_i)}{\sum_{l=1}^{N} \left(\prod_{i=1}^{n} \mu_{F_i^l}(x_i) \right)}$$

做 N 维向量 $\theta^T = [\theta_1, \theta_2, \cdots, \theta_N]$ 和 $\varphi(x) = [\varphi_1(x), \varphi_2(x), \cdots, \varphi_N(x)]^T$，并构造成模糊逻辑系统 $\hat{f}(x|\theta) = \theta^T \varphi(x)$.

步骤3，在线自适应调节.

(1)根据所选择的设计参数，确定虚拟控制器，参数自适应律和实际控制器.

(2) 将实际控制器式(8.5.143)作用于控制对象式(8.5.103).

(3) 用式(8.5.144)自适应调节参数向量 θ_i.

5. 仿真

例3 考虑如下的非线性系统:

$$
\begin{aligned}
\dot{x}_1(t) &= x_2(t) + x_1 \mathrm{e}^{-0.5x_1} \\
\dot{x}_2(t) &= u(t) + x_1 \sin(x_2^2) \\
y(t) &= x_1(t).
\end{aligned}
\tag{8.5.153}
$$

式中, $f_1(x_1) = x_1 \mathrm{e}^{-0.5x_1}$ 和 $f_2(x_1, x_2) = x_1 \sin(x_2^2)$ 是未知函数. 假设状态 x_2 是不可测的. 给定的跟踪参考信号为 $y_m = \dfrac{1}{2}\sin(t)$.

选择隶属函数为

$$
\mu_{F_1^l}(x_1) = \exp\left(-\frac{(x_1 - 3 + l)^2}{16} \right) \quad (l = 1, 2, \cdots, 5).
$$

$$
\mu_{F_2^l}(\hat{x}_1, \hat{x}_2) = \exp\left(-\frac{(\hat{x}_1 - 3 + l)^2}{4} \right) \cdot \exp\left(-\frac{(\hat{x}_2 - 3 + l)^2}{16} \right) \quad (l = 1, 2, \cdots, 5).
$$

定义模糊基函数为

$$
\varphi_{1j}(\hat{x}_1) = \frac{\exp\left(-\dfrac{(\hat{x}_1 - 3 + j)^2}{16} \right)}{\displaystyle\sum_{n=1}^{5} \exp\left(-\dfrac{(\hat{x}_1 - 3 + n)^2}{16} \right)} \quad (j = 1, 2, \cdots, 5).
$$

$$
\varphi_{2j}(\hat{x}_1, \hat{x}_2) = \frac{\exp\left(-\dfrac{(\hat{x}_1 - 3 + j)^2}{4} \right)}{\displaystyle\sum_{n=1}^{5} \exp\left(-\dfrac{(\hat{x}_1 - 3 + l)^2}{4} \right) \cdot \exp\left(-\dfrac{(\hat{x}_2 - 3 + l)^2}{16} \right)} \quad (j = 1, 2, \cdots, 5).
$$

选择设计参数如下: $k_1 = 2$, $k_2 = 1$, $\gamma_1 = \gamma_2 = 0.1$, $\sigma = 0.2$, $\varepsilon_{10} = \varepsilon_{20} = 0.1$, $c_1 = 5$, $c_2 = 5$。可得 $K = [k_1, k_2]^{\mathrm{T}} = [2, 1]^{\mathrm{T}}$, 以及 $A = \begin{bmatrix} -k_1 & 1 \\ -k_2 & 0 \end{bmatrix} = \begin{bmatrix} -2 & 1 \\ -1 & 0 \end{bmatrix}$. 对于给定的对称正定矩阵 $Q = \mathrm{diag}[4, 4]$, 通过求解李雅普诺夫方程式(8.5.105), 对称正定矩阵 P 为

$$
P = \begin{bmatrix} 4 & -4 \\ -4 & 12 \end{bmatrix}.
$$

初始条件选择如下:

$x_1(0) = 0$, $x_2(0) = -0.2$, $\hat{x}_1(0) = 0$, $\hat{x}_2(0) = 0.3$;

$\theta_1(0) = [\theta_{11}(0), \theta_{12}(0), \theta_{13}(0), \theta_{14}(0), \theta_{15}(0)] = [-0.6, 0, 0.5, 0, 0.6]$,

$\theta_2(0) = [\theta_{21}(0), \theta_{22}(0), \theta_{23}(0), \theta_{24}(0), \theta_{25}(0)] = [0.4, 0, 0.1, -0.1, 0]$.

仿真结果如图 8-34 ~ 图 8-37 所示.

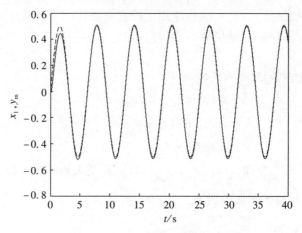

图 8-34　x_1（实线）和 y_m（虚线）的轨迹

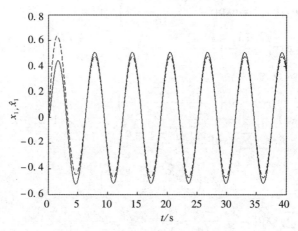

图 8-35　x_1（实线）和 $\hat{x}_1$（虚线）的轨迹

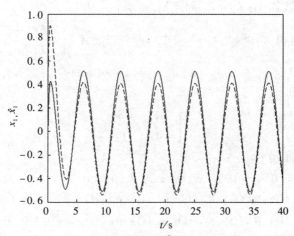

图 8-36　x_2（实线）和 $\hat{x}_2$（虚线）的轨迹

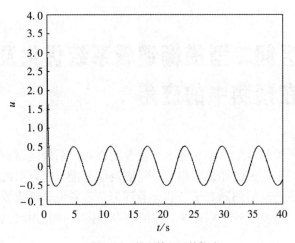

图 8-37　控制输入 u 的轨迹

第9章　区间二型模糊逻辑系统优化及其在预测中的应用

　　预测活动在人类日常生活中起着至关重要的作用. 系统运营商和决策者们需要通过精确的预测来完成诸如机组组合、经济负荷分配、电力系统安全以及备用电源测定等任务. 精准的预测对于公共事业和消费者来说非常重要. 公共事业需要通过预测来调整所制定的价格政策, 而消费者们则需要利用预测的手段来躲避高物价.

　　传统的时间序列预测方法被广泛地应用. 这些模型的特点是简单且计算量小. 一般而言, 并不能说哪种预测方法是最好的预测工具. 然而, 这些线性模型限制了它们在非线性和季节性模式上的应用. 为了更好地处理带有不确定性信息的预测问题, 开发新的方法是解决实际问题的关键. 近几年, 从人工智能领域获得的先进的非线性方法被广泛应用于预测. 这些模型包括神经网络和模糊逻辑系统等. 最近对负荷预测的研究报告说明: 区间二型模糊逻辑系统比如神经网络等传统的非参数方法具有更加优良的逼近能力. 最近的理论和实际研究也证明了区间二型模糊逻辑系统比相应的一型模糊逻辑系统更能恰当地处理不确定性.

9.1　Mamdani 型区间二型模糊逻辑系统优化及其 BP 算法

9.1.1　Mamdani 型一型模糊逻辑系统优化及其 BP 算法

　　由于区间二型模糊逻辑系统可看成传统的一型模糊逻辑系统的扩展, 在给出如何用 BP 算法优化设计 Mamdani 型区间二型模糊逻辑系统之前, 这里首先给出用 BP 算法优化设计 Mamdani 型一型模糊逻辑系统. 一般来说, 根据不同类型的分类, 一型模糊逻辑系统可分为 Mamdani 型和 TSK 型或单点一型和非单点一型. 一个一型模糊逻辑系统由模糊器、规则库、推理机和解模糊器四个模块组成, 图 9-1 是一个一型模糊逻辑系统的框架图.

　　介绍用 BP 算法优化设计非单点一型模糊逻辑系统. 不失一般性, 考虑一个有 p 个输入 $x_1 \in X_1$, $x_2 \in X_2$, $\cdots$, $x_p \in X_p$ 和一个输出 $y \in Y$ 的 Mamdani 型一型模糊逻辑系统, 它可由 N 条模糊规则来描述. 这里采用非单点模糊化, 高度解模糊化和如下的"如果—则"形式模糊规则. 系统的四个模块如下.

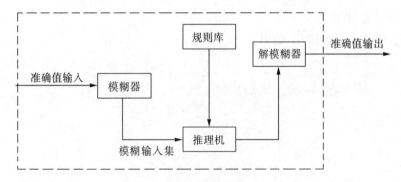

图 9-1　一个一型模糊逻辑系统

1. 规则

如果 x_1 是 F_1^s，且 x_2 是 F_2^s，且……，且 x_p 是 F_p^s，则 y 是 G^s（$s=1,2,\cdots,N$）.

2. 非单点模糊化

输入测量 $x_i = x_i'$ 被映射成一个模糊数（Kaufman 和 Gupta）. 进一步来说，一个非单点模糊化使隶属度 $\mu_{X_i}(x_i')=1$（$i=1,2,\cdots,p$），且当 x_i 离 x_i' 越远，$\mu_{X_i}(x_i)$ 越小.

3. 推理过程

对于一型输入集 A_x，其隶属函数为
$$\mu_{A_x}(x) = \mu_{X_1}(x_1) * \mu_{X_2}(x_2) * \cdots * \mu_{X_p}(x_p).$$
其中" $*$ "表示一型 T 范运算.

模糊关系 R^s：$F_1^s \times F_2^s \times \cdots \times F_p^s \to G^s = A^s \to G^s$（$s=1,2,\cdots,N$），其隶属函数为
$$\begin{aligned}
\mu_{R^s}(x,y) &= \mu_{A^s \to G^s}(x,y) = \mu_{F_1^s \times F_2^s \times \cdots \times F_p^s \to G^s}(x,y)\\
&= \mu_{F_1^s}(x_1) * \mu_{F_2^s}(x_2) * \cdots * \mu_{F_p^s}(x_p) * \mu_{G^s}(y)\\
&= \left[T_{i=1}^p \mu_{F_i^s}(x_i) \right] * \mu_{G^s}(y).
\end{aligned} \tag{9.1.1}$$
那么输出一型模糊集 $B^s = A_x \circ R^s$，其隶属函数为
$$\mu_{B^s}(y) = \mu_{A_x \circ R^s}(y) = \sup_{x \in X} \left[\mu_{A_x}(x) * \mu_{A^s \to G^s}(x,y) \right]$$
$$(y \in Y;\ s=1,2,\cdots,N). \tag{9.1.2}$$
式中，符号" $\circ$ "表示一型合成运算.

考虑高斯隶属函数，即前件一型隶属函数 F_i^s 具有形式：
$$\mu_{F_i^s}(x_i) = \exp\left(-\frac{1}{2} \left(\frac{x_i - m_{F_i^s}}{\sigma_{F_i^s}} \right) B^2 \right) \quad (i=1,2,\cdots,p;\ s=1,2,\cdots,N).$$
其中，$m_{F_i^s}$ 为中心，$\sigma_{F_i^s}$ 为标准偏差. 输入测量一型隶属函数 X_i 有形式：
$$\mu_{X_i}(x_i) = \exp\left(-\frac{1}{2} \left(\frac{x_i - x_i'}{\sigma_{X_i}} \right)^2 \right) \quad (i=1,2,\cdots,p;\ s=1,2,\cdots,N).$$
式中，x_i' 为中心，σ_{X_i} 为标准偏差.

4. 解模糊化

这里取高度解模糊化. 输出:

$$y_h(x) = \frac{\sum_{s=1}^{N} \bar{y}^s \mu_{B^l}(\bar{y}^s)}{\sum_{s=1}^{N} \mu_{B^l}(\bar{y}^s)}$$

或

$$y(x) = f_{ns}(x) = \sum_{s=1}^{N} \bar{y}^s \varphi_s(x).$$

其中, $\bar{y}^s$ 是第 s 个输出集的最大隶属度. $\bar{y}^s$ 的隶属度为

$$\mu_{B^s}(\bar{y}^s) = \mu_{G^s}(\bar{y}^s) * [\mu_{F_1^s}(x_1') * \mu_{F_2^s}(x_2') * \cdots * \mu_{F_p^s}(x_p')],$$

而 $\varphi_s(x)$ 表示模糊基函数(FBF).

Mamdani 型非单点一型模糊逻辑系统的参数优化如下:

假设从一系列数据点中得出 $D-p$ 个输入-输出数据对 $(x^{(1)}:y^{(1)})$, $(x^{(2)}:y^{(2)})$, $\cdots$, $(x^{(D-p)}:y^{(D-p)})$, 其中 D 表示数据点个数, p 表示规则前件个数. 非单点一型模糊逻辑系统可完全由训练数据定义.

定义误差函数为

$$e^{(t)} = \frac{1}{2}[f_{ns1}(x^{(t)}) - y^{(t)}]^2 \quad (t = 1, 2, \cdots, n).$$

其中, $f_{ns}(x^{(t)})$ 为一型模糊逻辑系统预测输出, 且 $y^{(t)}$ 为期望输出. 选择 Mamdani 非单点一型模糊逻辑系统的前件、后件和输入测量均为高斯一型主隶属函数.

参数 $m_{F_k^s}(k=1, 2, \cdots, p; s=1, 2, \cdots, N)$ 为前件一型模糊集的中心, $\sigma_{F_k^s}(k=1, 2, \cdots, p; s=1, 2, \cdots, N)$ 为前件一型模糊集标准偏差, $\sigma_{X_i}(i=1, 2, \cdots, p)$ 为输入测量一型隶属函数的标准偏差(通常就为 σ_X). 根据乘积 T 范数, 系统上述参数可由 BP 算法以如下公式调整:

$$m_{F_k^s}(t+1) = m_{F_k^s}(t) - \alpha_m \frac{\partial e^{(t)}}{\partial m_{F_k^s}}\bigg|_t = m_{F_k^s}(t) - \alpha_m [f_{ns}(x^{(t)}) - y^{(t)}] \times$$

$$[\bar{y}^s(t) - f_{ns}(x^{(t)})] \times \left[\frac{x_k^{(t)} - m_{F_k^s}(t)}{\sigma_{X_k}^2(t) + \sigma_{F_k^s}^2(t)}\right] \varphi_s(x^{(t)}). \quad (9.1.3)$$

$$\bar{y}^s(t+1) = \bar{y}^s(t) - \alpha_{\bar{y}} \frac{\partial e^{(t)}}{\partial \bar{y}^s}\bigg|_t = \bar{y}^s(t) - \alpha_{\bar{y}} [f_{ns}(x^{(t)}) - y^{(t)}] \varphi_s(x^{(t)}).$$

$$(9.1.4)$$

$$\sigma_{F_k^s}(t+1) = \sigma_{F_k^s}(t) - \alpha_{\sigma} \frac{\partial e^{(t)}}{\partial \sigma_{F_k^s}}\bigg|_t = \sigma_{F_k^s}(t) - \alpha_{\sigma} [f_{ns}(x^{(t)}) - y^{(t)}] \times$$

$$[\bar{y}^s(t) - f_{ns}(x^{(t)})] \times \sigma_{F_k^s}(t) \times \left[\frac{x_k^{(t)} - m_{F_k^s}(t)}{\sigma_X^2(t) + \sigma_{F_k^s}^2(t)}\right]^2 \varphi_s(x^{(t)}).$$

$$(9.1.5)$$

$$\sigma_{X_k}(t+1) = \sigma_{X_k}(t) - \alpha_X \frac{\partial e^{(t)}}{\partial \sigma_X}\bigg|_t = \sigma_{X_k}(t) - \alpha_X [f_{ns}(x^{(t)} - y^{(t)}] \times$$

$$[\bar{y}^s(t) - f_{ns}(x^{(t)})] \times \sigma_X(t) \times \left[\frac{x_k^{(t)} - m_{F_k^s}(t)}{\sigma_X^2(t) + \sigma_{F_k^s}^2(t)}\right]^2 \varphi_s(x^{(t)}).$$

$$(9.1.6)$$

注意：这里"k"表示前件个数，"t"表示迭代个数，α_m，$\alpha_{\bar{y}}$，α_σ，α_X 为学习参数，迭代过程中一直调整这些参数以取得最小或相对最小误差．

9.1.2 Mamdani 型区间二型模糊逻辑系统优化及其 BP 算法

Mamdani 型区间二型模糊逻辑系统可分成 Mamdani 型区间二型模糊逻辑系统、Mamdani 型一型非单点二型模糊逻辑系统和 Mamdani 型区间二型非单点二型模糊逻辑系统．通过非单点模糊化，中心集降型和以下形式的模糊规则，本小节结合 KM 算法和 BP 算法来设计最复杂的 Mamdani 区间二型非单点二型模糊逻辑系统．系统的五个模块如下：

1. 规则

如果 x_1 是 $\tilde{F}_1^s$，x_2 是 $\tilde{F}_2^s$，且……，且 x_p 是 $\tilde{F}_p^s$，则 y 是 $\tilde{G}^s$（$s = 1, 2, \cdots, N$）.

2. 二型非单点模糊化

在二型非单点模糊化中，输入测量 $x_i = x_i'$ 被映射成一个二型模糊数，即与其相关的一个二型隶属函数．比如说，可能取的隶属函数为有不确定标准偏差的高斯型（图9-2），其中心位于 m 处；或者取有不确定平均数的高斯型（图9-3），其中心在 m_1 与 m_2 之间．

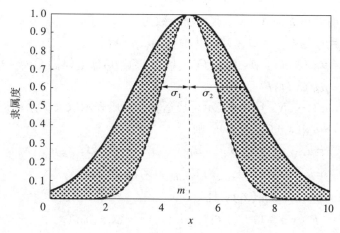

图 9-2 具有不确定标准偏差的高斯主隶属函数的足迹不确定性

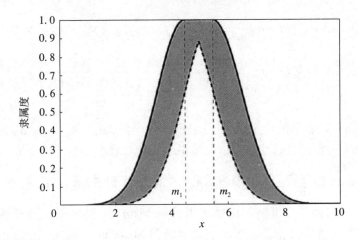

图9-3   有不确定平均数的高斯主隶属函数的足迹不确定性

3. 推理过程

对于区间二型输入集 $\tilde{A}_x$，其隶属函数为

$$\mu_{\tilde{A}_x}(x) = \bigcap_{i=1}^{p} \mu_{\tilde{X}_i}(x_i).$$

其中"$\cap$"表示 T 范数运算（取小或乘积 T 范）。

模糊关系 $\tilde{R}^s: \tilde{F}_1^s \times \tilde{F}_2^s \times \cdots \times \tilde{F}_p^s \to \tilde{G}^s = \tilde{A}^s \to \tilde{G}^s$ $(s=1,2,\cdots,N)$，其隶属函数为

$$\begin{aligned}
\mu_{\tilde{R}^s}(x,y) &= \mu_{\tilde{A}^s \to \tilde{G}^s}(x,y) = \mu_{\tilde{F}_1^s \cap \tilde{F}_2^s \cap \cdots \cap \tilde{F}_p^s \to \tilde{G}^s}(x,y) \\
&= \mu_{\tilde{F}_1^s}(x_1) \cap \mu_{\tilde{F}_2^s}(x_2) \cap \cdots \cap \mu_{\tilde{F}_p^s}(x_p) \cap \mu_{\tilde{G}^s}(y) \\
&= \left[\bigcap_{i=1}^{p} \mu_{\tilde{F}_i^s}(x_i) \right] \cap \mu_{\tilde{G}^s}(y).
\end{aligned} \tag{9.1.7}$$

那么输出二型模糊集 $\tilde{B}^s = \tilde{A}_x \circ \tilde{R}^s$，其隶属函数为

$$\begin{aligned}
\mu_{\tilde{B}^s}(y) &= \mu_{\tilde{A}_x \circ \tilde{R}^s}(y) = \bigcup_{x \in X} \left[\mu_{A_x}(x) \cap \mu_{\tilde{A}^s \to \tilde{G}^s}(x,y) \right] \\
&= \mu_{\tilde{G}^s}(y) \cap \left\{ \left[\mu_{\tilde{X}_1}(x_1') \cap \mu_{\tilde{F}_1^s}(x_1) \right] \cap \cdots \cap \left[\mu_{\tilde{X}_p}(x_p') \cap \mu_{\tilde{F}_p^s}(x_p) \right] \right\} \\
&= \mu_{\tilde{G}^s}(y) \cap F^s(x').
\end{aligned} \tag{9.1.8}$$

其中 $y \in Y$，$s=1,2,\cdots,N$，且"$\circ$"表示合成运算，"$\cup$"表示取大 T 余范运算.

设 $\mu_{\tilde{Q}_i^s}(x_i) \equiv \mu_{\tilde{X}_i}(x_i) \cap \mu_{\tilde{F}_i^s}(x_i)$，则

$$\begin{aligned}
\mu_{\tilde{B}^s}(y) &= \mu_{\tilde{G}^s}(y) \cap \left\{ \left[\bigcup_{x_1 \in X_1} \mu_{\tilde{Q}_1^s}(x_1) \right] \cap \cdots \cap \left[\bigcup_{x_p \in X_p} \mu_{\tilde{Q}_p^s}(x_p) \right] \right\} \\
&= \mu_{\tilde{G}^s}(y) \cap \left\{ \bigcup_{x \in X} \left[\bigcap_{i=1}^{p} \mu_{\tilde{Q}_i^s}(x_i) \right] \right\}.
\end{aligned} \tag{9.1.9}$$

定义 $\mu_{\tilde{Q}^s}(x) \equiv \bigcap_{i=1}^{p} \mu_{\tilde{Q}_i^s}(x_i)$，且

$$F^s(x') \equiv \bigcup_{x \in X} \left[\bigcap_{i=1}^{p} \mu_{\tilde{Q}_i^s}(x_i) \right] = \bigcup_{x \in X} \mu_{\tilde{Q}^s}(x),$$

那么 $\mu_{\tilde{B}^s}(y) = \mu_{\tilde{G}^s}(y) \cap F^s(x')$ $(y \in Y)$.

在 Mamdani 型区间二型非单点二型模糊逻辑系统中，激发集 $F^s(x')$ 是一个一型集，即 $F^s(x') = [\underline{f}^s(x'), \bar{f}^s(x')]$，其中满足：

$$\underline{f}^s(x') = \bigcap_{i=1}^{p} \bar{f}_i^s(x_i') = \bigcap_{i=1}^{p} \underline{\mu}_{\tilde{Q}_i^s}(x_{i,\max}^s), \tag{9.1.10}$$

$$\bar{f}^s(x') = \bigcap_{i=1}^{p} \bar{f}_i^s(x_i') = \bigcap_{i=1}^{p} \bar{\mu}_{\tilde{Q}_i^s}(\bar{x}_{i,\max}^s), \tag{9.1.11}$$

$$\underline{f}_i^s(x_i') = \sup_{x_i} \underline{\mu}_{\tilde{Q}_i^s}(x_i), \tag{9.1.12}$$

$$\bar{f}_i^s(x_i') = \sup_{x_i} \bar{\mu}_{\tilde{Q}_i^s}(x_i). \tag{9.1.13}$$

让 $\underline{x}_{i,\max}^s$ 和 $\bar{x}_{i,\max}^s$ 分别表示与 $\sup_x \underline{\mu}_{\tilde{Q}_i^s}(x_i)$ 和 $\sup_x \bar{\mu}_{\tilde{Q}_i^s}(x_i)$ 相关的 x_i 值.

规则 R^s 的激发输出后件集 $\mu_{\tilde{B}^s}(y)$ 是一个一型模糊集, 即

$$\mu_{\tilde{B}^s}(y) = \int_{b^s \in [\underline{f}^s \cap \underline{\mu}_{\tilde{G}^s}(y), \bar{f}^s \cap \bar{\mu}_{\tilde{G}^s}(y)]} \frac{1}{b^s}. \tag{9.1.14}$$

其中, $\underline{\mu}_{\tilde{G}^s}(y)$ 和 $\bar{\mu}_{\tilde{G}^s}(y)$ 分别表示 $\mu_{\tilde{G}^s}(y)$ 的下级和上级隶属度.

假设模糊逻辑系统的 N 条规则中有 M 条被激发, 在结合激发输出后件集后得出输出一型模糊集, 即 $\mu_{\tilde{B}}(y) = \cup_{s=1}^{M} \mu_{\tilde{B}^s}(y)$ $(y \in Y)$, 则

$$\mu_{\tilde{B}}(y) = \int_{b \in [\underline{f}^1 \cap \underline{\mu}_{\tilde{G}1}(y)] \wedge \cdots \wedge [\underline{f}^M \cap \underline{\mu}_{\tilde{G}M}(y)], [\bar{f}^1 \cap \bar{\mu}_{\tilde{G}1}(y)] \wedge \cdots \wedge [\bar{f}^M \cap \bar{\mu}_{\tilde{G}M}(y)]} \frac{1}{b^s} \quad (y \in Y). \tag{9.1.15}$$

选择前件主隶属函数为有不确定标准偏差的高斯型函数, 即

$$\mu_i^s(x_i) = \exp\left(-\frac{1}{2}\left(\frac{x_i - m_i^s}{\sigma_i^s}\right)^2\right) \quad (i=1,2,\cdots,p; s=1,2,\cdots,N; \sigma_i^s \in [\sigma_{i1}^s, \sigma_{i2}^s]). \tag{9.1.16}$$

取输入测量主隶属函数也为有不确定标准偏差的高斯型函数, 即

$$\mu_i(x_i) = \exp\left(-\frac{1}{2}\left(\frac{x_i - x_i'}{\sigma_i}\right)^2\right) \quad (i=1,2,\cdots,p; s=1,2,\cdots,N; \sigma_i \in [\sigma_{i1}, \sigma_{i2}]). \tag{9.1.17}$$

4. 降型过程(中心集降型)

KM 算法是当今最流行的计算区间二型模糊集质心的算法, 它们也可被扩展用来完成区间二型模糊逻辑系统降型. 由于 KM 算法计算密集, 它们可能并不适于快速实时应用, 尤其是当模糊规则和隶属函数数目很大的时候. 为解决这个问题, 提出了许多改进的算法. 这些算法减少了计算输出降型集左右端点的迭代次数. 尽管如此, 这些改进的 KM 类算法的计算量仍然比较大. 这节并不研究改进的 KM 类算法, 因为它们计算产生的左右端点几乎与原始 KM 算法相同. 所以, 预测表现也几乎与 KM 算法相同.

下面根据复杂的计算, 通过结合 BP 算法和 KM 算法设计 Mamdani 型区间二型非单点二型模糊逻辑系统. 由于输出两端点既可能由上级激发度又可能由下级激发度决定, 所以由 KM 算法主导的降型的难点是计算 Mamdani 型区间二型非单点二型模糊逻辑系统中的偏导数. 这里尝试通过矩阵变换, 利用一些具体特殊性

质的初等向量和分场矩阵来解决.

Mamdani 型区间二型非单点二型模糊逻辑系统的输出是通过合并 N 个规则的结果来获得. 假设第 s 个后件二型模糊集 $\widetilde{G}^s$ 的质心是 $C_{\widetilde{G}^s}$, 其中 $C_{\widetilde{G}^s} = [z_1^s, z_r^s]$, 输出集为

$$Y = [y_1, y_r] = \int_{z^1 \in [z_1^1, z_r^1]} \cdots \int_{z^N \in [z_1^N, z_r^N]} \times \int_{f^1 \in [\underline{f}^1, \bar{f}^1]} \cdots \int_{f^N \in [\underline{f}^N, \bar{f}^N]} \frac{1}{\sum_{s=1}^{N} f^s z^s / \sum_{s=1}^{N} f^s}$$

$$(9.1.18)$$

式中, z_1^s 是第 s 个质心区间的左端点, 而 z_r^s 是第 s 个质心区间的右端点.

此外, $\{z_r^s\}$ 和 $\{z_1^s\}$ $(s = 1, 2, \cdots, N)$ (规则排序) 可用 KM 算法按如下步骤计算.

对于 $\{z_r^s\}$ $(s = 1, 2, \cdots, N)$:

(1) 离散 $\widetilde{G}^s$ 的主隶属函数主变量成 n 个点 $(y_i, i = 1, 2, \cdots, n)$, 初始化 φ_i:

$$\varphi_i = \frac{\bar{\mu}_{\widetilde{G}^s}(y_i) + \underline{\mu}_{\widetilde{G}^s}(y_i)}{2}, \text{计算 } y = \sum_{i=1}^{n} y_i \phi_i / \sum_{i=1}^{n} \phi_i.$$

(2) 搜索 $r \in [1, n-1]$, 满足 $y_r \leqslant y \leqslant y_{r+1}$.

(3) 设置 $\phi_i = \begin{cases} \underline{\mu}_{\widetilde{G}^s}(y_i) & i \leqslant r \\ \bar{\mu}_{\widetilde{G}^s}(y_i) & i > r, \end{cases}$ 且计算 $y' = \sum_{i=1}^{n} y_i \phi_i / \sum_{i=1}^{n} \phi_i.$

(4) 若 $y' = y$, 停止且让 $z_r^s = y$ 和 $R = r$; 否则, 让 $y = y'$ 且返回第(2)步.

对于 $\{z_1^s\}$ $(s = 1, 2, \cdots, N)$:

(1) 离散 $\widetilde{G}^s$ 的主隶属函数主变量成 n 个点 $(y_i, i = 1, 2, \cdots, n)$, 初始化 ϕ_i:

$$\phi_i = \frac{\bar{\mu}_{\widetilde{G}^s}(y_i) + \underline{\mu}_{\widetilde{G}^s}(y_i)}{2}, \text{计算 } y = \sum_{i=1}^{n} y_i \phi_i / \sum_{i=1}^{n} \phi_i.$$

(2) 搜索 $l \in [1, n-1]$, 满足 $y_l \leqslant y \leqslant y_{l+1}$.

(3) 设置 $\phi_i = \begin{cases} \bar{\mu}_{\widetilde{G}^s}(y_i) & i \leqslant l \\ \underline{\mu}_{\widetilde{G}^s}(y_i) & i > l \end{cases}$ 且计算 $y' = \sum_{i=1}^{n} y_i \phi_i / \sum_{i=1}^{n} \phi_i.$

(4) 若 $y' = y$, 停止且让 $z_1^s = y$ 和 $L = l$; 否则, 让 $y = y'$ 且返回第(2)步.

这里 $z_1 = (z_1^1, z_1^2, \cdots, z_1^N)^T$ (规则排序), $z_r = (z_r^1, z_r^2, \cdots, z_r^N)^T$ (规则排序).

$\{z_1^s\}$ 和 $\{z_r^s\}$ $(s = 1, 2, \cdots, N)$ 分别被置换矩阵 ω_1 和 ω_r 分别以升序方式重新排序, 即 $y_1 = \omega_1 z_1 = (y_1^1, y_1^2, \cdots, y_1^N)^T$ (规则重排序), $y_r = \omega_r z_r = (y_r^1, y_r^2, \cdots, y_r^N)^T$ (规则重排序). 其中 ω_1 和 ω_r 都是 $N \times N$ 阶置换矩阵.

y_1 和 y_r 就可以用 KM 算法再次计算, 即

$$y_1 = \frac{\sum_{i=1}^{L} \bar{f}^i z_1^i + \sum_{j=L+1}^{N} f^j z_1^j}{\sum_{i=1}^{L} \bar{f}^i + \sum_{j=L+1}^{N} f^j}（规则排序），\quad y_1 = \frac{\sum_{i=1}^{L} \bar{g}^i z_1^i + \sum_{j=L+1}^{N} g^j z_1^j}{\sum_{i=1}^{L} \bar{g}^i + \sum_{j=L+1}^{N} g^j}（规则重排序）.$$

$$(9.1.19)$$

$$y_r = \frac{\sum_{i=1}^{R} f^i z_r^i + \sum_{j=R+1}^{N} \bar{f}^j z_r^j}{\sum_{i=1}^{R} f^i + \sum_{j=R+1}^{N} \bar{f}^j}（规则排序），\quad y_r = \frac{\sum_{i=1}^{R} g^i z_r^i + \sum_{j=R+1}^{N} \bar{g}^j z_r^j}{\sum_{i=1}^{R} g^i + \sum_{j=R+1}^{N} \bar{g}^j}（规则重排序）.$$

$$(9.1.20)$$

R 和 L 为转折点，它们可由 KM 算法计算得出．假如能准确地知道后件和前件隶属函数参数的位置，那么 y_r 和 y_1 对于隶属函数参数的导数就可以计算了．一般来说，y_r 和 y_1 不是在规则排序形式下很难确定．因此，需要重新把 i_α 和 y_1 以规则排序形式重新表述．在整节中，去掉 y_r 对 R 和 y_1 对 L 的显性依赖是一关键任务．

把规则排序激发区间表达为 $F^s(x')$．然后重新标注规则重排序激发区间为 $G^s(x')$，即

$$G^s(x') = [\underline{g}^s, \bar{g}^s], \quad F^s(x') = [\underline{f}^s, \bar{f}^s]. \tag{9.1.21}$$

假设 y_1^i 和 y_r^i 表示规则重排序值，而 z_1^i 和 z_r^i 表示相应的规则排序值．下面解决从规则重排序到规则排序这个问题．

表 9-1　用于以规则排序形式计算 y_1 和 y_r 的公式

y_1 计算	y_r 计算
$\underline{f} = (\underline{f}^1, \underline{f}^2, \cdots, \underline{f}^N)^{\mathrm{T}}, \quad \bar{f} = (\bar{f}^1, \bar{f}^2, \cdots, \bar{f}^N)^{\mathrm{T}}$	
$\underline{g} = (\underline{g}^1, \underline{g}^2, \cdots, \underline{g}^N)^{\mathrm{T}} \equiv \omega_r \underline{f}$	$\underline{g} = (\underline{g}^1, \underline{g}^2, \cdots, \underline{g}^N)^{\mathrm{T}} \equiv \omega_r \underline{f}$
$\bar{g} = (\bar{g}^1, \bar{g}^2, \cdots, \bar{g}^N)^{\mathrm{T}} \equiv \omega_r \bar{f}$	$\bar{g} = (\bar{g}^1, \bar{g}^2, \cdots, \bar{g}^N)^{\mathrm{T}} \equiv \omega_r \bar{f}$
$E_1 = (e_1 |\cdots| e_L |0| \cdots |0) \quad L \times N$	$e_i = L \times 1$(第 i 个初等向量)
$E_3 = (e_1 |\cdots| e_R |0| \cdots |0) \quad R \times N$	$e_i = R \times 1$(第 i 个初等向量)
$E_2 = (0 |\cdots| 0 | \varepsilon_1 |\cdots| \varepsilon_{N-L}) \quad (N-L) \times N$	$\varepsilon_i = (N-L) \times 1$(第 i 个初等向量)
$E_4 = (0 |\cdots| 0 | \varepsilon_1 |\cdots| \varepsilon_{N-R}) \quad (N-R) \times N$	$\varepsilon_i = (N-R) \times 1$(第 i 个初等向量)
$N_{l1} \equiv \omega_1^{\mathrm{T}} E_1^{\mathrm{T}} E_1 \omega_1 \quad N \times N$	$N_{r1} \equiv \omega_1^{\mathrm{T}} E_3^{\mathrm{T}} E_3 \omega_1 \quad N \times N$
$N_{l2} \equiv \omega_1^{\mathrm{T}} E_2^{\mathrm{T}} E_2 \omega_1 \quad N \times N$	$N_{r2} \equiv \omega_1^{\mathrm{T}} E_4^{\mathrm{T}} E_4 \omega_1 \quad N \times N$
$r_1 \equiv (1, \cdots, 1, 0, \cdots, 0)^{\mathrm{T}} \quad N \times 1$	$r_r \equiv (1, \cdots, 1, 0, \cdots, 0)^{\mathrm{T}} \quad N \times 1$
$s_1 \equiv (0, \cdots, 0, 1, \cdots, 1)^{\mathrm{T}} \quad N \times 1$	$s_r \equiv (0, \cdots, 0, 1, \cdots, 1)^{\mathrm{T}} \quad N \times 1$
$p_1 \equiv N_{l1} z_1, \; k_1 \equiv N_{l2} z_1, \; u_1^{\mathrm{T}} \equiv r_1^{\mathrm{T}} \omega_1, \; v_1^{\mathrm{T}} \equiv s_1^{\mathrm{T}} \omega_1$	$p_r \equiv N_{r1} z_r, \; k_r \equiv N_{r2} z_r, \; u_r^{\mathrm{T}} \equiv r_r^{\mathrm{T}} \omega_r, \; v_r^{\mathrm{T}} \equiv s_r^{\mathrm{T}} \omega_r$

y_l 的规则排序形式：

一个由诸多矩阵和向量组成的集合被定义和概括在表 9.1 中．下面用 $\bar{f}^i$, $\underline{f}^j$, z_1^i 和 z_1^j 重新表达 y_l.

事实 1　y_l 可用如下规则排序的形式重新表达为

$$y_l = \frac{\bar{f}^T N_{l1} z_l + \underline{f}^T N_{l2} z_l}{r_l^T \omega_l \bar{f} + s_l^T \omega_l \underline{f}} = \frac{\bar{f}^T p_l + \underline{f}^T k_l}{\bar{f}^T u_l + \underline{f}^T v_l} = \frac{\displaystyle\sum_{i=1}^N p_{l,i} \bar{f}^i + \sum_{j=1}^N k_{l,j} \underline{f}^j}{\displaystyle\sum_{i=1}^N u_{l,i} \bar{f}^i + \sum_{j=1}^N v_{l,j} \underline{f}^j}.$$

$$(9.1.22)$$

式 (9.1.19) 涉及 $\bar{f}$, $\underline{f}$ 和 z_l 的整个向量．这样就可以算 y_l 对于 $\bar{f}$ 和 $\underline{f}$ 中任何元素的导数而不必担心它们是否出现在 y_l 中了．所定义的矩阵 N_{l1} 和 N_{l2} 以及向量 r_l 和 s_l 会自动处理 $\bar{f}$ 和 $\underline{f}$ 中不需要的元素，因为它们取决于转折点 L.

y_r 的规则排序形式：

事实 2　y_r 可用如下规则排序的形式重新表达为

$$y_r = \frac{\underline{f}^T N_{r1} z_r + \bar{f}^T N_{r2} z_r}{r_r^T \omega_r \underline{f} + s_r^T \omega_r \bar{f}} = \frac{\underline{f}^T p_r + \bar{f}^T k_r}{\underline{f}^T u_r + \bar{f}^T v_r} = \frac{\displaystyle\sum_{i=1}^N p_{r,i} \underline{f}^i + \sum_{j=1}^N k_{r,j} \bar{f}^j}{\displaystyle\sum_{i=1}^N u_{r,i} \underline{f}^i + \sum_{j=1}^N v_{r,j} \bar{f}^j}.$$

$$(9.1.23)$$

Mamdani 型区间二型非单点二型模糊逻辑系统参数优化：

用 BP 算法调整所有隶属函数参数的一般结构为

$$\phi(i+1) = \phi(i) - \alpha_\phi \frac{\partial e^{(i)}}{\partial \phi}\bigg|_i.\qquad (9.1.24)$$

其中，ϕ 表示模糊逻辑系统的任一设计参数，且 α_ϕ 表示学习参数（这里取 $\alpha_\phi = 0.2$）．定义误差函数如下：

$$e^{(i)} = \frac{1}{2}[f_{ns2-2}(x^{(i)}) - y^{(i)}]^2 \quad (i = 1, 2, \cdots, n).\qquad (9.1.25)$$

在计算 $\dfrac{\partial e^{(i)}}{\partial \phi}$ 时，先列出如下的四条基本假设：

（1）对每条模糊规则、每个前件和后件，需要调整的参数都是不同的．即不同的隶属函数或规则有不同的参数．

（2）没有提前定义出前件和后件隶属函数的公式．

（3）根据数学公式，BP 算法所需的导数被计算出．

（4）采用中心集降型．

下面分几种情况给出误差 $e^{(i)}$ 对于各类参数的偏导数．

① 计算对前件参数的 $\dfrac{\partial e^{(i)}}{\partial \phi_{k,m}^s}$.

下标 m 表明可能会存在与每条规则 (s) 和前件 (k) 超出一个的相关参数. 链导法则被用来计算 $\dfrac{\partial e^{(i)}}{\partial \phi_{k,m}^s}$, 系统输出为 $f_{ns2-2}(x) = \dfrac{y_1(x) + y_r(x)}{2}$, 则

$$\frac{\partial e^s}{\partial \phi_{k,m}^s} = \frac{\partial e^{(i)}}{\partial f_{ns2-2}}\left(\frac{\partial f_{ns2-2}}{\partial y_1}\frac{\partial y_1}{\partial \phi_{k,m}^s} + \frac{\partial f_{ns2-2}}{\partial y_r}\frac{\partial y_r}{\partial \phi_{k,m}^s}\right)$$

$$= \frac{1}{2}\left[f_{ns2-2}(x^{(i)}) - y^{(i)}\right]\left(\frac{\partial y_1}{\partial \phi_{k,m}^s} + \frac{\partial y_r}{\partial \phi_{k,m}^s}\right). \tag{9.1.26}$$

其中 $\dfrac{\partial e^{(i)}}{\partial f_{ns2-2}} = [f_{ns2-2}(x^{(i)}) - y^{(i)}]$, 且 $\dfrac{\partial f_{ns2-2}}{\partial y_1} = \dfrac{\partial f_{ns2-2}}{\partial y_r} = \dfrac{1}{2}$. 此外, 还可得

$$\frac{\partial y_1}{\partial \phi_{k,m}^s} = \frac{\partial y_1}{\partial \bar{f}^s}\frac{\partial \bar{f}^s}{\partial \phi_{k,m}^s} + \frac{\partial y_1}{\partial \underline{f}^s}\frac{\partial \underline{f}^s}{\partial \phi_{k,m}^s}, \quad \frac{\partial y_r}{\partial \phi_{k,m}^s} = \frac{\partial y_r}{\partial \bar{f}^s}\frac{\partial \bar{f}^s}{\partial \phi_{k,m}^s} + \frac{\partial y_r}{\partial \underline{f}^s}\frac{\partial \underline{f}^s}{\partial \phi_{k,m}^s}. \tag{9.1.27}$$

$$\frac{\partial y_1}{\partial \phi_{k,m}^s} + \frac{\partial y_r}{\partial \phi_{k,m}^s} = \left(\frac{\partial y_1}{\partial \bar{f}^s} + \frac{\partial y_r}{\partial \bar{f}^s}\right)\frac{\partial \bar{f}^s}{\partial \phi_{k,m}^s} + \left(\frac{\partial y_1}{\partial \underline{f}^s} + \frac{\partial y_r}{\partial \underline{f}^s}\right)\frac{\partial \underline{f}^s}{\partial \phi_{k,m}^s}. \tag{9.1.28}$$

事实 3　参数 $\varphi_{k,m}^S$ 只会出现在 $\underline{\mu}_k^s$ 或 $\bar{\mu}_k^s$ 中而不会出现在 $j \neq k$ 的 $\underline{\mu}_j^s$ 和 $\bar{\mu}_j$ 中（其中 $\underline{\mu}_k^s$ 表示前件下级隶属函数, 而 $\bar{\mu}_k^s$ 表示前件上级隶属函数）.

证明　根据基本假设 (1), 上述结论直接成立.

事实 4　以下结论属实:

$$\frac{\partial y_1}{\partial \bar{f}^s} = \frac{p_{1,s} - y_1 u_{1,s}}{\bar{f}^{\mathrm{T}} u_1 + \underline{f}^{\mathrm{T}} v_1}, \quad \frac{\partial y_1}{\partial \underline{f}^s} = \frac{k_{1,s} - y_1 v_{1,s}}{\bar{f}^{\mathrm{T}} u_1 + \underline{f}^{\mathrm{T}} v_1}, \quad \frac{\partial y_r}{\partial \bar{f}^s} = \frac{k_{r,s} - y_r v_{r,s}}{\underline{f}^{\mathrm{T}} u_1 + \bar{f}^{\mathrm{T}} v_1}, \quad \frac{\partial y_r}{\partial \underline{f}^s} = \frac{p_{r,s} - y_r u_{r,s}}{\underline{f}^{\mathrm{T}} u_r + \bar{f}^{\mathrm{T}} v_r}. \tag{9.1.29}$$

证明　由于计算过程类似, 这里只给出 $\dfrac{\partial y_1}{\partial \underline{f}^s} = \dfrac{k_{1,s} - y_1 v_{1,s}}{\bar{f}^{\mathrm{T}} u_1 + \underline{f}^{\mathrm{T}} v_1}$ 导出过程. 从式 $(9.1.22)$ 中 y_1 的表达形式可知:

$$\frac{\partial y_1}{\partial \underline{f}^s} = \frac{(\bar{f}^{\mathrm{T}} u_1 + \underline{f}^{\mathrm{T}} v_1)k_{1,s} - (\bar{f}^{\mathrm{T}} p_1 + \underline{f}^{\mathrm{T}} k_1)v_{1,s}}{(\bar{f}^{\mathrm{T}} u_1 + \underline{f}^{\mathrm{T}} v_1)^2}. \tag{9.1.30}$$

继而可知

$$\frac{\partial y_1}{\partial \underline{f}^s} = \frac{k_{1,s}}{\bar{f}^{\mathrm{T}} u_1 + \underline{f}^{\mathrm{T}} v_1} - \frac{y_1 v_{1,s}}{\bar{f}^{\mathrm{T}} u_1 + \underline{f}^{\mathrm{T}} v_1} = \frac{k_{1,s} - y_1 v_{1,s}}{\bar{f}^{\mathrm{T}} u_1 + \underline{f}^{\mathrm{T}} v_1}. \tag{9.1.31}$$

把式 $(9.1.28)$ 和式 $(9.1.29)$ 代入式 $(9.1.26)$, 可得

$$\frac{\partial e^{(i)}}{\partial \varphi_{k,m}^s} = \frac{1}{2}\left[f_{ns2-2}(x^{(i)}) - y^{(i)}\right] \times \left[\left(\frac{p_{1,s} - y_1 u_{1,s}}{\bar{f}^{\mathrm{T}} u_1 + \underline{f}^{\mathrm{T}} v_1} + \frac{k_{r,s} - y_r v_{r,s}}{\underline{f}^{\mathrm{T}} u_1 + \bar{f}^{\mathrm{T}} v_1}\right)\frac{\partial \bar{f}}{\partial \varphi_k^s} + \right.$$

$$\left. \left(\frac{k_{1,s} - y_1 v_{1,s}}{\bar{f}^{\mathrm{T}} u_1 + \underline{f}^{\mathrm{T}} v_1} + \frac{p_{r,s} - y_r u_{r,s}}{\underline{f}^{\mathrm{T}} u_r + \bar{f}^{\mathrm{T}} v_r}\right)\frac{\partial \underline{f}^s}{\partial \varphi_{k,m}^s}\right]. \tag{9.1.32}$$

$$\frac{\partial \underline{f}^s}{\partial \phi^s_{k,m}} = \frac{\partial \bigcap\limits_{i=1}^{p} \underline{\mu}_{\tilde{Q}^s_i}(\bar{x}^s_{i,\max})}{\partial \phi^s_{k,m}}, \quad \frac{\partial \bar{f}^s}{\partial \phi^s_{k,m}} = \frac{\partial \bigcap\limits_{i=1}^{p} \bar{\mu}_{\tilde{Q}^s_i}(\bar{x}^s_{i,\max})}{\partial \phi^s_{k,m}}. \tag{9.1.33}$$

关于 $\dfrac{\partial \bigcap\limits_{i=1}^{p} \underline{\mu}_{\tilde{Q}^s_i}(\bar{x}^s_{i,\max})}{\partial \varphi^s_{k,m}}$ 和 $\dfrac{\partial \bigcap\limits_{i=1}^{p} \bar{\mu}_{\tilde{Q}^s_i}(\bar{x}^s_{i,\max})}{\partial \varphi^s_{k,m}}$ 计算，需要定义具体的前件隶属函数、输入测量隶属函数及相关的足迹不确定性(FOUs).

② 计算对后件参数的 $\dfrac{\partial e^{(i)}}{\partial \varphi^j}$.

这里后件参数不需要像在 $\phi^j_{k,m}$ 中的下角标"k"或"m"(k 和 m 被加到具体的前件里). 此外, $\varphi^j = z^j_l$ 或 $\varphi^j = z^j_r$.

可得

$$\frac{\partial e^{(i)}}{\partial z^j_l} = \frac{\partial e^{(i)}}{\partial f_{ns2-2}(x^{(i)})} \frac{\partial f_{ns2-2}(x^{(i)})}{\partial y_1} \frac{\partial y_1}{\partial z^j_l} = \frac{1}{2}\left[f_{ns2-2}(x^{(i)}) - y^{(i)}\right]\frac{\partial y_1}{\partial z^j_l}. \tag{9.1.34}$$

$$\frac{\partial e^{(i)}}{\partial z^j_r} = \frac{1}{2}\left[f_{ns2-2}(x^{(i)}) - y^{(i)}\right]\frac{\partial y_r}{\partial z^j_r}. \tag{9.1.35}$$

事实 5　以下结论属实:

$$\frac{\partial y_1}{\partial z^j_l} = e^{\mathrm{T}}_j\left(\frac{N^{\mathrm{T}}_{11}\bar{f} + N^{\mathrm{T}}_{12}\underline{f}}{r^{\mathrm{T}}_1\phi_1\bar{f} + s^{\mathrm{T}}_1\phi_1\underline{f}}\right), \quad \frac{\partial y_r}{\partial z^j_r} = e^{\mathrm{T}}_j\left(\frac{N^{\mathrm{T}}_{r1}\underline{f} + N^{\mathrm{T}}_{r2}\bar{f}}{r^{\mathrm{T}}_r\phi_r\underline{f} + s^{\mathrm{T}}_r\phi_r\bar{f}}\right). \tag{9.1.36}$$

其中 e_j 表示第 j 个 $N \times 1$ 阶单位向量.

证明　由向量的微积分原理可知梯度 $\mathrm{grad}_z \alpha^{\mathrm{T}} z = \alpha$, 结合式(9.1.24)和式(9.1.25), 可得出:

$$\mathrm{grad}_{z_1} y_1 = \left(\frac{\bar{f}^{\mathrm{T}} N_{11} + \underline{f}^{\mathrm{T}} N_{12}}{r^{\mathrm{T}}_1 \omega_1\bar{f} + s^{\mathrm{T}}_1 \omega_1\underline{f}}\right)^{\mathrm{T}} = \left(\frac{N^{\mathrm{T}}_{11}\bar{f} + N^{\mathrm{T}}_{12}\underline{f}}{r^{\mathrm{T}}_1\phi_1\bar{f} + s^{\mathrm{T}}_1\phi_1\underline{f}}\right). \tag{9.1.37}$$

$$\mathrm{grad}_{z_r} y_r = \left(\frac{\underline{f}^{\mathrm{T}} N_{r1} + \bar{f}^{\mathrm{T}} N_{r2}}{r^{\mathrm{T}}_r \omega_r\underline{f} + s^{\mathrm{T}}_r \omega_r\bar{f}}\right)^{\mathrm{T}} = \left(\frac{N^{\mathrm{T}}_{r1}\underline{f} + N^{\mathrm{T}}_{r2}\bar{f}}{r^{\mathrm{T}}_r\phi_r\underline{f} + s^{\mathrm{T}}_r\phi_r\bar{f}}\right). \tag{9.1.38}$$

把 e^{T}_j 分别应用到式(9.1.37)和式(9.1.38), 可得出式(9.1.36).

因为 $\mathrm{grad}_{z_1} y_1 = \left(\dfrac{\partial y_1}{\partial z^1_l}, \dfrac{\partial y_1}{\partial z^2_l}, \cdots, \dfrac{\partial y_1}{\partial z^N_l}\right)^{\mathrm{T}}$, 所以 $e^{\mathrm{T}}_j \mathrm{grad}_{z_1} y_1 = \dfrac{\partial y_1}{\partial z^j_l}$.

③ 计算对输入测量参数的 $\dfrac{\partial e^{(i)}}{\partial \varphi_{k,m}}$.

输入测量参数不需要像在 $\varphi^j_{k,m}$ 中的上角标"j"(j 与具体的某个模糊规则相关).

从式(9.1.26), 式(9.1.32)和式(9.1.33)可得出:

$$\frac{\partial e^{(i)}}{\partial \varphi_{k,m}} = \frac{1}{2}\left[f_{ns2-2}(x^{(i)}) - y^{(i)}\right] \times \left[\left(\frac{p_{1,s} - y_1 u_{1,s}}{\underline{f} u_1 + \underline{f}^{\mathrm{T}} v_1} + \frac{k_{r,s} - y_r v_{r,s}}{\underline{f}^{\mathrm{T}} u_1 + \bar{f}^{\mathrm{T}} v_1}\right)\frac{\partial \bigcap\limits_{i=1}^{p} \bar{\mu}_{\tilde{Q}^s_i}(\bar{x}^s_{i,\max})}{\partial \varphi_{k,m}} + \right.$$

$$\left(\frac{k_{1,s}-y_1 v_{1,s}}{f^{\mathrm{T}}u_1+f^{\mathrm{T}}v_1}+\frac{p_{\mathrm{r},s}-y_{\mathrm{r}}u_{\mathrm{r},s}}{\bar{f}^{\mathrm{T}}u_{\mathrm{r}}+\bar{f}^{\mathrm{T}}v_{\mathrm{r}}}\right)\frac{\partial \bigcap\limits_{i=1}^{p}\mu_{\tilde{Q}_i^s}(x_{i,\max}^s)}{\partial \varphi_{k,m}}\Biggr]. \tag{9.1.39}$$

这样推导出了总的求导公式. 为了进一步研究, 需要定义具体的隶属函数足迹不确定性. 取 Mamdani 型区间二型非单点二型模糊逻辑系统的前件、后件及输入测量为有不确定标准偏差的高斯二型隶属函数. 所介绍的 Mamdani 型区间二型模糊逻辑系统的主隶属函数参数就可以通过求导数来调整.

第 s 个模糊规则的下级和上级激发度为

$$\underline{f}^s=\bigcap_{i=1}^{p}\left(\exp\left(-\frac{1}{2}\frac{(x_i-m_i^s)^2}{\sigma_{i1}^2+\sigma_{i1}^{s2}}\right)\right),\quad \bar{f}^s=\bigcap_{i=1}^{p}\left(\exp\left(-\frac{1}{2}\frac{(x_i-m_i^s)^2}{\sigma_{i2}^2+\sigma_{i2}^{s2}}\right)\right) \tag{9.1.40}$$

其中 m_i^s ($i=1,2,\cdots,p$; $s=1,2,\cdots,N$) 为前件区间二型模糊集主隶属函数的平均数, σ_{i1}^s ($i=1,2,\cdots,p$; $s=1,2,\cdots,N$) 为前件区间二型模糊集下级隶属函数的标准偏差, σ_{i2}^s ($i=1,2,\cdots,p$; $s=1,2,\cdots,N$) 为前件区间二型模糊集上级隶属函数的标准偏差, σ_{i1} ($i=1,2,\cdots,p$) 为输入测量区间二型模糊集下级隶属函数的标准偏差, σ_{i2} ($i=1,2,\cdots,p$) 为输入测量区间二型模糊集上级隶属函数的标准偏差, z_1^s ($s=1,2,\cdots,N$) 为后件区间二型模糊集质心区间的左端点, 且 z_{r}^s ($s=1,2,\cdots,N$) 为后件区间二型模糊集质心区间的右端点.

所有的参数 m_i^s ($i=1,2,\cdots,p$; $s=1,2,\cdots,N$), σ_{i1}^s ($i=1,2,\cdots,p$; $s=1,2,\cdots,N$), σ_{i2}^s ($i=1,2,\cdots,p$; $s=1,2,\cdots,N$), σ_{i1} ($i=1,2,\cdots,p$), σ_{i2} ($i=1,2,\cdots,p$), z_1^s ($s=1,2,\cdots,N$), z_{r}^s ($s=1,2,\cdots,N$) 都过结合 KM 算法和 BP 算法以下列公式形式调整, 这个过程主要由数学公式来解释.

$$m_i^s(k+1)=m_i^s(k)-\alpha_{m_i^s}\frac{\partial e^{(i)}}{\partial m_i^s}\Bigg|_k$$

$$=m_i^s(k)-\frac{1}{2}\alpha_{m_i^s}[f_{ns2-2}(x^{(i)})-y^{(i)}]\times$$

$$\Bigg[\left(\frac{p_{1,s}-y_1 u_{1,s}}{\underline{f}^{\mathrm{T}}u_1+\bar{f}^{\mathrm{T}}v_1}+\frac{k_{\mathrm{r},s}-y_{\mathrm{r}}v_{\mathrm{r},s}}{\underline{f}^{\mathrm{T}}u_1+\bar{f}^{\mathrm{T}}v_1}v_1\times\bigcap_{i=1}^{p}\left(\exp\left(-\frac{1}{2}\frac{(x_i^{(k)}-m_i^s(k))^2}{(\sigma_{i2}(k))^2+(\sigma_{i2}^s(k))^2}\right)\right)\times\right.$$

$$\left(\frac{x_i^{(k)}-m_i^s(k)}{(\sigma_{i2}(k))^2+(\sigma_{i2}^s(k))^2}\right)+\left(\frac{k_{1,s}-y_1 v_{1,s}}{\underline{f}^{\mathrm{T}}u_1+\bar{f}^{\mathrm{T}}v_1}+\frac{p_{\mathrm{r},s}-y_{\mathrm{r}}u_{\mathrm{r},s}}{\underline{f}^{\mathrm{T}}u_{\mathrm{r}}+\bar{f}^{\mathrm{T}}v_{\mathrm{r}}}\right)\times$$

$$\bigcap_{i=1}^{p}\left(\exp\left(-\frac{1}{2}\frac{(x_i^{(k)}-m_i^s(k))^2}{(\sigma_{i1}(k))^2+(\sigma_{i1}^s(k))^2}\right)\right)\times\frac{x_i^{(k)}-m_i^s(k)}{(\sigma_{i1}(k))^2+(\sigma_{i1}^s(k))^2}\Bigg] \tag{9.1.41}$$

$$\sigma_{i1}^s(k+1)=\sigma_{i1}^s(k)-\alpha_{\sigma_{i1}^s}\frac{\partial e^{(i)}}{\partial \sigma_{i1}^s}\Bigg|_k$$

$$= \sigma_{i1}^s(k) - \frac{1}{2}\alpha_{\sigma_{i1}^s}[f_{ns2-2}(x^{(i)}) - y^{(i)}] \times$$

$$\left[\left(\frac{k_{1,s} - y_1 v_{1,s}}{\underline{f}^{\mathrm{T}} u_1 + \underline{f}^{\mathrm{T}} v_1} + \frac{p_{r,s} - y_r u_{r,s}}{\underline{f}^{\mathrm{T}} u_r + \bar{f}^{\mathrm{T}} v_r}\right) \times \bigcap_{i=1}^p \left(\exp\left(-\frac{1}{2}\frac{(x_i^{(k)} - m_i^s(k))^2}{(\sigma_{i1}(k))^2 + (\sigma_{i1}^s(k))^2}\right)\right) \times\right.$$

$$\left.\sigma_{i1}^l \times \frac{(x_i^{(k)} - m_i^s(k))^2}{((\sigma_{i1}(k))^2 + (\sigma_{i1}^s(k))^2)^2}\right]. \tag{9.1.42}$$

$$\sigma_{i2}^s(k+1) = \sigma_{i2}^s(k) - \alpha_{\sigma_{i2}^s}\left.\frac{\partial e^{(i)}}{\partial \sigma_{i2}^s}\right|_k$$

$$= \sigma_{i2}^s(k) - \frac{1}{2}\alpha_{\sigma_{i2}^s}[f_{ns2-2}(x^{(i)}) - y^{(i)}] \times$$

$$\left[\left(\frac{p_{1,s} - y_1 u_{1,s}}{\underline{f}^{\mathrm{T}} u_1 + \underline{f}^{\mathrm{T}} v_1} + \frac{k_{r,s} - y_r v_{r,s}}{\underline{f}^{\mathrm{T}} u_1 + \bar{f}^{\mathrm{T}} v_1}\right) \times \bigcap_{i=1}^p \left(\exp\left(-\frac{1}{2}\frac{(x_i^{(k)} - m_i^s(k))^2}{(\sigma_{i2}(k))^2 + (\sigma_{i2}^s(k))^2}\right)\right) \times\right.$$

$$\left.\sigma_{i2}^l \times \frac{(x_i^{(k)} - m_i^s(k))^2}{((\sigma_{i2}(k))^2 + (\sigma_{i2}^s(k))^2)^2}\right]. \tag{9.1.43}$$

$$z_1^s(k+1) = z_1^s(k) - \alpha_{z_1^s}\left.\frac{\partial e^{(i)}}{\partial z_1^s}\right|_k$$

$$= z_1^s(k) - \frac{1}{2}\alpha_{z_1^s}[f_{ns2-2}(x^{(i)}) - y^{(i)}] \times e_1^{\mathrm{T}}\left(\frac{N_{11}^{\mathrm{T}}\bar{f} + N_{12}^{\mathrm{T}}\underline{f}}{r_1^{\mathrm{T}}\phi_1\bar{f} + s_1^{\mathrm{T}}\phi_1\underline{f}}\right). \tag{9.1.44}$$

$$z_r^s(k+1) = z_r^s(k) - \alpha_{z_r^s}\left.\frac{\partial e^{(i)}}{\partial z_r^s}\right|_k$$

$$= z_r^s(k) - \frac{1}{2}\alpha_{z_r^s}[f_{ns2-2}(x^{(i)}) - y^{(i)}] \times e_1^{\mathrm{T}}\left(\frac{N_{r1}^{\mathrm{T}}\underline{f} + N_{r2}^{\mathrm{T}}\bar{f}}{r_r^{\mathrm{T}}\phi_r\underline{f} + s_r^{\mathrm{T}}\phi_r\bar{f}}\right). \tag{9.1.45}$$

$$\sigma_{i1}(k+1) = \sigma_{i1}(k) - \alpha_{\sigma_{i1}}\left.\frac{\partial e^{(i)}}{\partial \sigma_{i1}}\right|_k$$

$$= \sigma_{i1}(k) - \frac{1}{2}\alpha_{\sigma_{i1}}[f_{ns2-2}(x^{(i)}) - y^{(i)}] \times$$

$$\left[\left(\frac{k_{1,s} - y_1 v_{1,s}}{\underline{f}^{\mathrm{T}} u_1 + \underline{f}^{\mathrm{T}} v_1} + \frac{p_{r,s} - y_r u_{r,s}}{\underline{f}^{\mathrm{T}} u_r + \bar{f}^{\mathrm{T}} v_r}\right) \times \bigcap_{i=1}^p \left(\exp\left(-\frac{1}{2}\frac{(x_i^{(k)} - m_i^s(k))^2}{(\sigma_{i1}(k))^2 + (\sigma_{i1}^s(k))^2}\right)\right) \times\right.$$

$$\left.\sigma_{i1} \times \frac{(x_i^{(k)} - m_i^s(k))^2}{((\sigma_{i1}(k))^2 + (\sigma_{i1}^s(k))^2)^2}\right]. \tag{9.1.46}$$

$$\sigma_{i2}(k+1) = \sigma_{i2}(k) - \alpha_{\sigma_{i2}}\left.\frac{\partial e^{(i)}}{\partial \sigma_{i2}}\right|_k$$

$$= \sigma_{i2}(k) - \frac{1}{2}\alpha_{\sigma_{i2}}[f_{ns2-2}(x^{(i)}) - y^{(i)}] \times$$

$$\left[\left(\frac{p_{1,s} - y_1 u_{1,s}}{\underline{f}^{\mathrm{T}} u_1 + \underline{f}^{\mathrm{T}} v_1} + \frac{k_{r,s} - y_r v_{r,s}}{\underline{f}^{\mathrm{T}} u_1 + \bar{f}^{\mathrm{T}} v_1}\right) \times \bigcap_{i=1}^p \left(\exp\left(-\frac{1}{2}\frac{(x_i^{(k)} - m_i^s(k))^2}{(\sigma_{i2}(k))^2 + (\sigma_{i2}^s(k))^2}\right)\right) \times\right.$$

$$\sigma_{i2} \times \frac{(x_i^{(k)} - m_i^s(k))^2}{((\sigma_{i2}(k))^2 + (\sigma_{i2}^s(k))^2)^2}\bigg]. \tag{9.1.47}$$

其中, e_1^T 是第 s 个 $N \times 1$ 阶单位向量, 且 $\alpha_{m_i^s}$, $\alpha_{\sigma_{i1}^s}$, $\alpha_{\sigma_{i2}^s}$, $\alpha_{z_l^s}$, $\alpha_{z_r^s}$ 为学习参数. 表 9.1 所定义的向量和矩阵对于计算很重要. 调整这些参数来取得最小或相对最小误差.

5. 解模糊化

Mamdani 型区间二型非单点二型模糊逻辑系统的输出为

$$f_{ns2-2}(x) = \frac{y_1(x) + y_r(x)}{2}. \tag{9.1.48}$$

性能指标: 为了评估所设计的模糊逻辑系统的预测效果, 这里定义两个表现指标: 均方根误差(root mean square error, *RMSE*)和平均绝对百分比误差(mean absolute percentage error, *MAPE*), 即

$$RMSE = \sqrt{\frac{1}{n - D - p} \sum_{i=D-p+1}^{n-2p} [y^{(i)} - f(x^{(i)})]^2}. \tag{9.1.49}$$

$$MAPE = \frac{1}{n - D - p} \sum_{i=D-p+1}^{n-2p} \left| \frac{f(x^{(i)}) - y^{(i)}}{y^{(i)}} \right| \times 100\%. \tag{9.1.50}$$

其中, $y^{(i)}$ 是实际输出, $f(x^{(i)})$ 是模糊逻辑系统预测输出, n 表示数据点总数, p 为前件个数, D 表示用来训练设计的数据点数.

9.1.3　应用实例及仿真

1. 数据

在本节, 基于欧洲智能技术网络(EUNITE)负荷竞赛数据(从 1997 年 1 月 1 日 3 点到 1998 年 12 月 9 日 3 点)和美国西德克萨斯轻质(WTI)原油价格数据(从 2011 年 1 月 1 日到 2011 年 12 月 30 日)的两个例子用来阐述所介绍的 Mamdani 型区间二型模糊逻辑系统预测的有效性. 这里预测是基于历史数据值.

2. 仿真建立

首先考虑 EUNITE(欧洲智能技术网络)负荷历史竞赛数据(从 1997 年 1 月 1 日 3 点到 1998 年 12 月 9 日 3 点). 如图 9-4 所示, 坐标轴横轴单位是天, 纵轴单位是兆瓦. 所有的设计是基于 708 个噪声数据点 $x(1), x(2), \cdots, x(708)$. 其中前 504 个噪声数据, $x(1), x(2), \cdots, x(504)$ 用来训练, 即用来设计模糊逻辑系统预测器, 而剩下的 204 个噪声数据 $x(k+1) = f(x(k), x(k-1), x(k-2), x(k-3))$ 被用来测试设计. 二型模糊逻辑系统预测器是通过结合 BP 算法和 KM 算法设计的. 每四个输入被传入模糊逻辑系统预测器, 就会产生一个输出. 模糊逻辑系统从 $x(1), x(2), \cdots, x(504)$ 产生的 500 个输入-输出数据对(即第一个输入-输出数据对是 $\{[x(1), x(2), x(3), x(4)], x(5)\}$, 下一个是 $\{[x(2), x(3), x(4), x(5)], x(6)\}$,

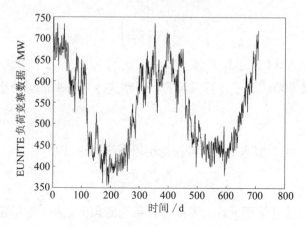

图 9-4　EUNITE 负荷历史竞赛数据

依次类推)完成训练．测试是从 $x(505),x(506),\cdots,x(708)$ 产生的 200 个输入–输出数据对完成．

　　开发模糊逻辑系统并检测相关表现的仿真过程如图 9-5 所示．四个前件用来预测，即 $x(t-3),x(t-2),x(t-1),x(t)$，来预测 $x(t+1)$．设计的一步预测器的数学模型可被视为 $x(t+1)=f(x(t),\ x(t-1),\ x(t-2),\ x(t-3))$．此外，因为每个前件使用两个模糊集，所以共有 16 条模糊规则．为两类一型模糊逻辑系统(单点一型模糊逻辑系统和非单点一型模糊逻辑系统)选择高斯型隶属函数，且为所介绍的区间二型模糊逻辑系统(区间二型非单点二型模糊逻辑系统)选择有确定标准偏差的高斯主隶属函数．单点一型模糊逻辑系统的每条规则由 8 个前件隶属函数参数和 1 个后件隶属函数参数来描述．非单点一型模糊逻辑系统的每条规则由 8 个前件隶属函数参数，4 个输入测量隶属函数参数 (4 个高斯隶属函数的标

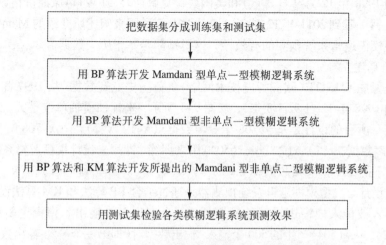

图 9-5　开发 Mamdani 型模糊逻辑系统仿真过程及检测它们的性能

准偏差)和 1 个后件参数来描述. 区间二型非单点二型模糊逻辑系统的每条规则由 12 个前件隶属函数参数 (4 个高斯二型隶属函数标准偏差的上级和下级边界以及平均数), 8 个输入测量隶属函数参数 (4 个高斯二型隶属函数标准偏差的上级和下级边界) 和 2 个后件隶属函数来描述. 本节采用乘积 T 范. 在运行 20 次蒙特卡洛仿真后(每次蒙特卡洛仿真采用 6 次 BP 迭代), 预测结果分别如图 9-6 ~ 图 9-8 所示.

从图 9-6 ~ 图 9-8 可得出, 所介绍的 Mamdani 型区间二型非单点二型模糊逻辑系统预测效果明显要好于相应的一型模糊逻辑系统方法.

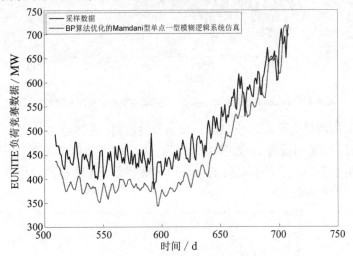

图 9-6　Mamdani 单点一型模糊逻辑系统预测 EUNITE

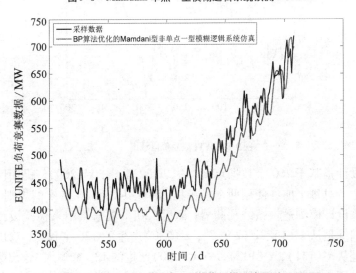

图 9-7　Mamdani 非单点一型模糊逻辑系统预测 EUNITE

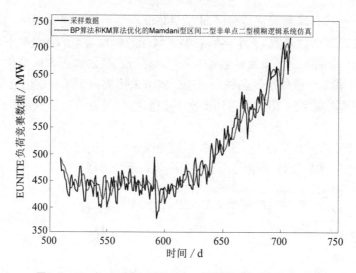

图9-8　Mamdani 区间二型非单点二型模糊逻辑系统预测 EUNITE

再考虑美国西德克萨斯轻质(WTI)原油价格数据(从2011年1月1日到2011年12月30日,节假日除外). 如图9-9所示,坐标轴横轴单位是天,纵轴单位是美元每桶. 由于美国在全球有超强的经济和军事能力,WTI 原油价格在当前已成为全球原油定价的基准.

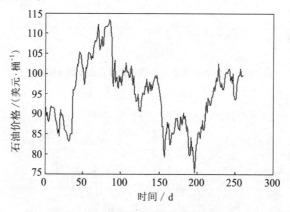

图9-9　WTI 原油价格数据

所有的设计是基于 260 个数据点 $x'(1)$, $x'(2)$, $\cdots$, $x'(260)$. 仍用四个前件来预测下一个. 对每个前件使用两个模糊集,因此共产生 16 条模糊规则. 前 130 个数据点用来设计模糊逻辑系统预测器,而后 130 个数据点用来检验设计. 模糊逻辑系统的训练是从 $x'(1)$, $x'(2)$, $\cdots$, $x'(130)$ 产生的 126 个输入-输出数据对完成. 测试是从 $x'(131)$, $x'(132)$, $\cdots$, $x'(260)$ 产生的 126 个输入-输出数据对完成. 图9-10 ~ 图9-12 给出了预测仿真图(在运行 20 次蒙特卡洛仿真后,每次蒙特卡洛仿真采用 6 次 BP 迭代).

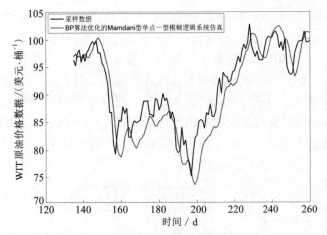

图 9-10 Mamdani 单点一型模糊逻辑系统预测 WTI 原油价格

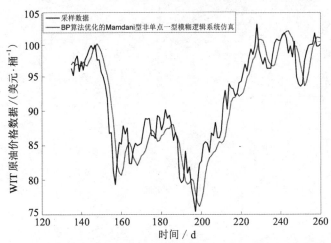

图 9-11 Mamdani 非单点一型模糊逻辑系统预测 WTI 原油价格

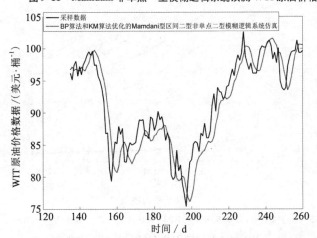

图 9-12 Mamdani 区间二型非单点二型模糊逻辑系统预测 WTI 原油价格

两个性能指标 $RMSE$ 和 $MAPE$（分别由式(9.1.49)和(9.1.50)所定义）被用来作为预测性能评价指标. 两类一型模糊逻辑系统参数由 BP 算法调整, 而区间二型模糊逻辑系统参数由 BP 算法结合 KM 算法调整. 在以上三类模糊逻辑系统中, 取学习参数 $\alpha = 0.2$. 训练和测试执行 6 次迭代. 在每次迭代后, 用测试数据计算 $RMSE_{s1}(BP)$, $RMSE_{ns1}(BP)$, $RMSE_{ns2-2}(BP)$, $MAPE_{s1}(BP)$, $MAPE_{ns1}(BP)$ 和 $MAPE_{ns2-2}(BP)$, 以检验每类模糊逻辑系统的表现. 以上取的第 20 次蒙特卡洛预测结果对于仿真研究并不全面. 为了较综合地研究仿真结果, 再次取预测误差指标的平均数进行研究, 仿真结果如图 9-13 和 9.14 所示.

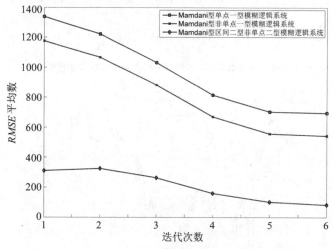

（a）$RMSE$ 平均数

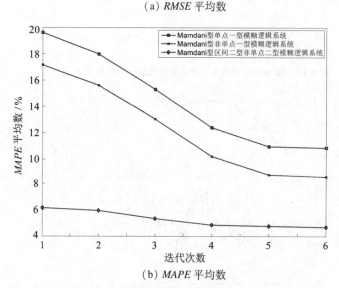

（b）$MAPE$ 平均数

图 9-13　例子 EUNITE 中 $RMSE_{s1}(BP)$, $RMSE_{ns1}(BP)$, $RMSE_{ns2-2}(BP)$;
$MAPE_{s1}(BP)$, $MAPE_{ns1}(BP)$ 和 $MAPE_{ns2-2}(BP)$ 的平均数

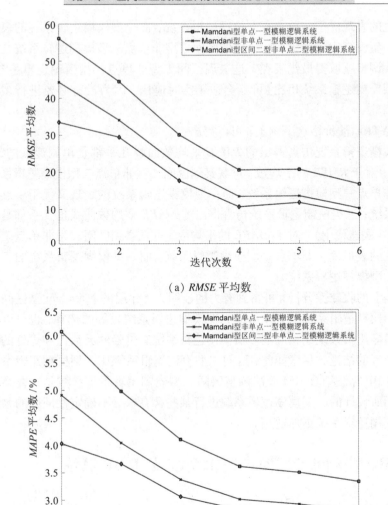

（a）*RMSE* 平均数

（b）*MAPE* 平均数

图9-14　例子 **WIT** 原油价格中 $RMSE_{s1}(\text{BP})$, $RMSE_{ns1}(\text{BP})$, $RMSE_{ns2-2}(\text{BP})$;
$MAPE_{s1}(\text{BP})$, $MAPE_{ns1}(\text{BP})$ 和 $MAPE_{ns2-2}(\text{BP})$ 的平均数

3. 结果与讨论

对于 EUNITE 这个例子，可以得出：

三类模糊逻辑系统仿真得出的 *RMSE* 的平均数曲线几乎都是单调递减的（在 6 次迭代中）；对于 *RMSE* 平均数，可观察到区间二型非单点二型模糊逻辑系统的表现优于非单点一型模糊逻辑系统，而一型模糊逻辑系统的表现又优于单点一型模糊逻辑系统；三类模糊逻辑系统仿真得出的 *MAPE* 平均数曲线也几乎都是单调递减的（在 6 次迭代中）；对于 *MAPE* 的平均数，可观察到区间二型非单点二型模糊逻辑系统的表现优于非单点一型模糊逻辑系统，而一型模糊逻辑系统的表现又优于单点一型模糊逻辑系统．所介绍的区间二型非单点二型模糊逻辑系统几乎在第一次迭代调整就取得最优表现．这表现区间二型非单点二型模糊逻辑系统（与相应的一型模糊逻辑系统相比）可能会适于实时应用，因为没有必要进行多于一次的迭代调整．

对于 WTI 原油价格这个例子，可以得出：

三类模糊逻辑系统仿真得出的 *RMSE* 平均数曲线几乎都是单调递减的（在 6 次迭代中）；对于 *RMSE* 的平均数，可观察到区间二型非单点二型模糊逻辑系统的表现优于非单点一型模糊逻辑系统，而一型模糊逻辑系统的表现又优于单点一型模糊逻辑系统；三类模糊逻辑系统仿真得出的 *MAPE* 平均数曲线也几乎都是单调递减的（在 6 次迭代中）；对于 *MAPE* 的平均数，可观察到区间二型非单点二型模糊逻辑系统的表现优于非单点一型模糊逻辑系统，而一型模糊逻辑系统的表现又优于单点一型模糊逻辑系统．

根据以上的收敛性分析，可得到有力的证明，所介绍的 Mamdani 型区间二型非单点二型模糊逻辑系统是开发可靠二型模糊逻辑系统较好的选择，也可以得出区间二型模糊逻辑系统比相应的一型模糊逻辑系统有更强的灵活性和更好的估计能力这个合理的结论．尽管如此，区间二型模糊逻辑系统比一型模糊逻辑系统设计复杂，用 BP 算法结合 KM 算法调整区间二型模糊逻辑系统参数是很复杂且困难的．利用所设计的二型模糊逻辑系统进行某些含有较强不确定性问题的预测研究比一型模糊逻辑系统更加适用．

9.2　TSK 型区间二型模糊逻辑系统及其 BP 算法

9.2.1　TSK 型一型模糊逻辑系统优化及其 BP 算法

TSK（Takagi Sugeno Kang）型一型模糊逻辑系统可分为 TSK 型单点一型模糊逻辑系统和 TSK 型非单点一型模糊逻辑系统．本小节介绍用 BP 算法优化设计 TSK 型非单点一型 A1-C0 模糊逻辑系统．其中 A1-C0 表示 TSK 一型模糊逻辑系统的前件为一型模糊集，而后件为明确数．这里采用非单点模糊化，高度解模糊化和如下的"如果 – 则"形式模糊规则．系统模块如下．

1. 规则

如果 x_1 是 A_1^s，且 x_2 是 A_2^s，且……，且 x_p 是 A_p^s，则

$$y^s = c_0^s + c_1^s x_1 + \cdots + c_p^s x_p \quad (s = 1, 2, \cdots, N). \tag{9.2.1}$$

其中 c_0^s，c_1^s，$\cdots$，c_p^s 为后件明确数，A_1^s，A_2^s，$\cdots$，A_p^s 为前件一型模糊集．

一型非单点模糊化：输入测量 $x_i = x_i'$ 被映射成一个模糊数．

2. 推理过程

TSK 型非单点一型模糊逻辑系统的输出 $y_{\mathrm{TSK},1}(x)$ 是通过合并 N 个模糊规则的结果而取得，即

$$
y_{\mathrm{TSK},1}(x) \equiv \frac{\sum\limits_{s=1}^{N} f^s(x) y^s(x)}{\sum\limits_{s=1}^{N} f^s(x)} = \frac{\sum\limits_{s=1}^{N} f^s(x)(c_0^s + c_1^s x_1 + \cdots + c_p^s x_p)}{\sum\limits_{s=1}^{N} f^s(x)}
$$

$$
= \sum_{s=1}^{N} y^s(x) \varphi_s(x). \tag{9.2.2}
$$

式中，$f^s(x)$ 为规则激发度，且定义为

$$
f^s(x) \equiv \cup_{x \in X} \mu_{Q^s}(x) = \cup_{x \in X}\Big[\bigcap_{i=1}^{p} \mu_{Q_i^s}(x_{i,\max}^s)\Big]. \tag{9.2.3}
$$

其中"$\cup$"表示取大 T 余范，而"$\cap$"表示取小或乘积 T 范.

系统的前件和输入测量隶属函数被取为高斯一型隶属函数. 其中前件一型模糊集 A_i^s 的隶属函数有形式：

$$
\mu_{A_i^s}(x_i) = \exp\left(-\frac{1}{2}\left(\frac{x_i - m_{A_i^s}}{\sigma_{A_i^s}}\right)^2\right) \quad (i=1,2,\cdots,p; \ s=1,2,\cdots,N),
$$

输入测量一型模糊集 X_i 的隶属函数有形式：

$$
\mu_{X_i}(x_i) = \exp\left(-\frac{1}{2}\left(\frac{x_i - x_i'}{\sigma_{X_i}}\right)^2\right) \quad (i=1,2,\cdots,p; \ s=1,2,\cdots,N).
$$

此外，后件参数形式为：$c_j^s \ (j=0,1,\cdots,p; \ s=1,2,\cdots,N)$.

3. TSK 型非单点一型模糊逻辑系统的优化:

假设从一系列数据点中得出 $D-p$ 个输入-输出数据对 $(x^{(1)}:y^{(1)})$，$(x^{(2)}:y^{(2)})$，$\cdots$，$(x^{(D-p)}:y^{(D-p)})$，其中 D 表示数据点个数，p 表示规则前件个数. 定义误差函数如下：

$$
e^{(t)} = \frac{1}{2}\big[f_{\mathrm{TSK}ns1}(x^{(t)}) - y^{(t)}\big]^2 \quad (t=1,2,\cdots,n). \tag{9.2.4}
$$

本节采用 $m_{A_k^s} \ (k=1,2,\cdots,p; \ s=1,2,\cdots,N)$ 表示前件高斯一型隶属函数平均数，$\sigma_{A_k^s} \ (k=1,2,\cdots,p; \ s=1,2,\cdots,N)$ 表示前件高斯一型隶属函数标准偏差，σ_{X_i} $(i=1,2,\cdots,p)$ 表示输入测量高斯一型隶属函数标准偏差（通常就被取为 σ_X），且 $c_0^s, c_1^s, \cdots, c_p^s \ (s=1,2,\cdots,N)$ 为后件参数. 由乘积 T 范数，系统参数可由 BP 算法以公式形式调整为

$$
m_{A_k^s}(t+1) = m_{A_k^s}(t) - \alpha_m \frac{\partial e^{(t)}}{\partial m_{A_k^s}}\bigg|_t = m_{A_k^s}(t) - \alpha_m\big[f_{\mathrm{TSK}ns1}(x^{(t)}) - y^{(t)}\big] \times
$$

$$
\big[y^s(t) - f_{\mathrm{TSK}ns1}(x^{(t)})\big] \times \left[\frac{x_k^{(t)} - m_{A_k^s}(t)}{\sigma_{X_k}^2(t) + \sigma_{A_k^s}^2(t)}\right]\varphi_s(x^{(t)}) \tag{9.2.5}
$$

$$c_j^s(t+1) = c_j^s(t) - \alpha_c \frac{\partial e^{(t)}}{\partial c_j^s}\bigg|_t = c_j^s(t) - \alpha_c [f_{\text{TSK}ns1}(x^{(t)}) - y^{(t)}] \varphi_s(x^{(t)}) \frac{\partial y^s}{\partial c_j^s}.$$

$$(9.2.6)$$

$$\sigma_{A_k^s}(t+1) = \sigma_{A_k^s}(t) - \alpha_\sigma \frac{\partial e^{(t)}}{\partial \sigma_{A_k^s}}\bigg|_t = \sigma_{A_k^s}(t) - \alpha_\sigma [f_{\text{TSK}ns1}(x^{(t)}) - y^{(t)}] \times$$

$$[y^s(t) - f_{\text{TSK}ns1}(x^{(t)})] \times \sigma_{A_k^s}(t) \times \left[\frac{x_k^{(t)} - m_{A_k^s}(t)}{\sigma_X^2(t) + \sigma_{A_k^s}^2(t)}\right]^2 \varphi_s(x^{(t)}).$$

$$(9.2.7)$$

$$\sigma_{X_k}(t+1) = \sigma_{X_k}(t) - \alpha_X \frac{\partial e^{(t)}}{\partial \sigma_X}\bigg|_t = \sigma_{X_k}(t) - \alpha_X [f_{\text{TSK}ns1}(x^{(t)}) - y^{(t)}] \times$$

$$[y^s(t) - f_{\text{TSK}ns1}(x^{(t)})] \times \sigma_X(t) \times \left[\frac{x_k^{(t)} - m_{A_k^s}(t)}{\sigma_X^2(t) + \sigma_{A_k^s}^2(t)}\right]^2 \varphi_s(x^{(t)}).$$

$$(9.2.8)$$

式中, j 为后件参数个数, k 为前件参数个数, t 为表示迭代个数. 此外, 取学习参数为 α_m, α_c, α_σ, α_X.

9.2.2 TSK 型区间二型模糊逻辑系统优化及其 BP 算法

从模糊化角度考虑, TSK 型区间二型模糊逻辑系统可分为 TSK 型区间二型模糊逻辑系统、TSK 型一型非单点二型模糊逻辑系统和 TSK 型区间二型非单点二型模糊逻辑系统. 本小节介绍复杂的 TSK 型区间二型 A2-C1 非单点二型模糊逻辑系统, 其中"A"表示前件, "C"表示后件, "A2-C1"表示前件为二型模糊集, 后件为一型模糊集, "A2-C0"表示前件为二型模糊集, 后件为明确集. 形如"A2-C1"或"A2-C0"在简化的表达方式中可以被省略, 即 TSK 型单点一型 A1-C0 模糊逻辑系统就被称为 TSK 型单点一型模糊逻辑系统, TSK 型非单点一型A1-C0 模糊逻辑系统就被称为 TSK 型非单点一型模糊逻辑系统, 而 TSK 型区间二型 A2-C1非单点二型模糊逻辑系统就被称为 TSK 型区间二型非单点二型模糊逻辑系统. 由于在 KM(Karnik-Mendel) 结构下的区间二型模糊逻辑系统能够更好的保存不确定性在系统中的流动, 本小节介绍用 BP 算法优化设计在 KM 结构下的 TSK 型区间二型非单点二型模糊逻辑系统. 系统的模块如下.

1. 规则

如果 x_1 是 $\tilde{A}_1^s$, 且 x_2 是 $\tilde{A}_2^s$, 且……, 且 x_p 是 $\tilde{A}_p^s$, 则

$$Y^s = C_0^s + C_1^s x_1 + \cdots + C_p^s x_p \quad (s = 1, 2, \cdots, N). \tag{9.2.9}$$

式中, C_0^s, C_1^s, $\cdots$, C_p^s 为后件一型模糊集, $\tilde{A}_1^s$, $\tilde{A}_2^s$, $\cdots$, $\tilde{A}_p^s$ 为前件二型模糊集, Y^s 为第 s 条规则的输出(也是一个一型模糊集). 这些规则可以同时解释前件隶属和

后件参数的不确定性. 与 Mamdani 型模糊逻辑系统不同的是, TSK 型模糊逻辑系统不能够解释语言后件的不确定性.

二型非单点模糊化: 输入测量 $x_i = x_i'$ 被建模成一个二型模糊数.

2. 推理过程

TSK 型区间二型非单点二型模糊逻辑系统第 s 条模糊规则的激发集为 $F^s(x)$, 即

$$F^s(x) = \bigcap_{i=1}^{p} \mu_{\tilde{A}_i^s}(x_i). \tag{9.2.10}$$

当 TSK 型二型模糊规则的前件和输入测量采用区间二型模糊集, 后件采用区间一型模糊集时, 则 $\mu_{\tilde{A}_i^s}(x_i)$ 和 C_j^s 均为区间集, 即

$$\mu_{\tilde{A}_i^s}(x_i) = [\underline{\mu}_{\tilde{A}_i^s}(x_i), \bar{\mu}_{\tilde{A}_i^s}(x_i)] \quad (i = 1, 2, \cdots, p). \tag{9.2.11}$$

$$C_j^s = [c_j^s - s_j^s, \ c_j^s + s_j^s]. \tag{9.2.12}$$

其中 c_j^s 为 C_j^s $(s = 1, 2, \cdots, N; j = 0, 1, \cdots, p)$ 的中心(或平均数), 而 s_j^s 为 C_j^s $(s = 1, 2, \cdots, N; j = 0, 1, \cdots, p)$ 的跨度. 那么可计算 TSK 型区间二型非单点二型模糊逻辑系统的规则后件和激发集, 式(9.2.10)可重新表达为

$$F^s(x) = [\underline{f}^s(x), \bar{f}^s(x)]. \tag{9.2.13}$$

$$\underline{f}^s(x) = \bigcap_{i=1}^{p} \underline{f}_i^s(x_i) = \bigcap_{i=1}^{p} \underline{\mu}_{\tilde{Q}_i^s}(\bar{x}_{i,\max}^s). \tag{9.2.14}$$

$$\bar{f}^s(x) = \bigcap_{i=1}^{p} \bar{f}_i^s(x_i) = \bigcap_{i=1}^{p} \bar{\mu}_{\tilde{Q}_i^s}(\bar{x}_{i,\max}^s). \tag{9.2.15}$$

其中

$$\underline{f}_i^s(x_i) = \sup_x \underline{\mu}_{\tilde{Q}_i^s}(x_i). \tag{9.2.16}$$

$$\bar{f}_i^s(x_i) = \sup_x \bar{\mu}_{\tilde{Q}_i^s}(x_i). \tag{9.2.17}$$

输入区间二型模糊集的隶属函数为: $\mu_{\tilde{A}_x}(x) = \bigcap_{i=1}^{p} \mu_{\tilde{X}_i}(x_i)$, 其中"$\bigcap$"表示 t-范运算(取小 t-范或乘积 t-范). 令 $\mu_{\tilde{Q}_i^s}(x_i) \equiv \mu_{\tilde{X}_i}(x_i) \cap \mu_{\tilde{F}_i^s}(x_i)$, $\bar{x}_{i,\max}^s$ 和 $\bar{x}_{i,\max}^s$ 分别表示与 $\sup_x \bar{\mu}_{\tilde{Q}_i^s}(x_i)$ 和 $\sup_x \underline{\mu}_{\tilde{Q}_i^s}(x_i)$ 相关的 x_i 值.

规则 R^s 的后件 Z^s 为一个区间集, 即 $Z^s = [z_l^s, z_r^s]$, 即

$$z_l^s = \sum_{i=1}^{p} c_i^s x_i + c_0^s - \sum_{i=1}^{p} |x_i| s_i^s - s_0^s. \tag{9.2.18}$$

$$z_r^s = \sum_{i=1}^{p} c_i^s x_i + c_0^s + \sum_{i=1}^{p} |x_i| s_i^s + s_0^s. \tag{9.2.19}$$

TSK 型区间二型非单点二型模糊逻辑系统的输出可通过扩展原理取得, 其中 $F^s(x)$ 和 Z^s $(s = 1, 2, \cdots, N)$ 现在都是区间一型模糊集, $\mu_{Z^s}(z^s) = 1$ 且 $\mu_{F^s}(f^s) = 1$, 即

$$Y_{\mathrm{TSK},\,IT2}(x)=[y_1,\,y_{\mathrm{r}}]=\int_{z^1\in[z_1^1,\,z_{\mathrm{r}}^1]}\cdots\int_{z^N\in[z_1^N,\,z_{\mathrm{r}}^N]}\int_{f^1\in[\underline{f}^1,\,\bar{f}^1]}\cdots\int_{f^N\in[\underline{f}^N,\,\bar{f}^N]}1\left|\frac{\sum\limits_{s=1}^{N}f^s z^s}{\sum\limits_{s=1}^{N}f^s}\right..$$

$$(9.2.20)$$

为计算 $Y_{\mathrm{TSK},\,IT2}(x)$，需找到两端点 y_1 和 y_{r}. 这些计算同上节 Mamdani 型区间二型非单点二型模糊逻辑系统的中心集降型计算是既相似又有不同的.

取前件和输入测量区间二型主隶属函数为有不确定标准偏差高斯型函数，即

$$\mu_{\tilde{A}_i^s}(x_i)=\exp\left(-\frac{1}{2}\left(\frac{x_i-m_i^s}{\sigma_i^s}\right)^2\right)\quad(i=1,2,\cdots,p;\ s=1,2,\cdots,N;\ \sigma_i^s\in[\sigma_{i1}^s,\ \sigma_{i2}^s])$$

$$(9.2.21)$$

$$\mu_{\tilde{X}_i}(x_i)=\exp\left(-\frac{1}{2}\left(\frac{x_i-x_i'}{\sigma_i}\right)^2\right)\quad(i=1,2,\cdots,p;\ s=1,2,\cdots,N;\ \sigma_i\in[\sigma_{i1},\ \sigma_{i2}]).$$

$$(9.2.22)$$

通过大量的计算，可用 BP 算法优化设计 KM 结构下的 TSK 型区间二型非单点二型模糊逻辑系统. 计算 TSK 型区间二型非单点二型模糊逻辑系统中的偏导数仍然很困难，这是因为取决于所有参数的两端点既可能由上级激发度又可能由下级激发度决定. 这里根据矩阵变换，再次利用初等向量和分块矩阵来解决这个艰巨任务.

把 A2-C1 规则的后件 $\{z_1^s\}$ 和 $\{z_{\mathrm{r}}^s\}$（$s=1,2,\cdots,N$）（规则排序）以升序顺序排序，称它们分别为 $\{y_1^s\}$ 和 $\{y_{\mathrm{r}}^s\}$（$s=1,2,\cdots,N$）（规则重排序），其中 $\{z_1^s\}$ 和 $\{z_{\mathrm{r}}^s\}$（$s=1,2,\cdots,N$）分别通过置换矩阵 ω_{r} 和 ω_1 以升序顺序排序.

$y_1=\omega_1 z_1=(y_1^1,\ y_1^2,\ \cdots,\ y_1^N)^{\mathrm{T}}$（规则重排序），其中 ω_1 为 $N\times N$ 阶置换矩阵，$y_{\mathrm{r}}=\omega_{\mathrm{r}} z_{\mathrm{r}}=(y_{\mathrm{r}}^1,\ y_{\mathrm{r}}^2,\ \cdots,\ y_{\mathrm{r}}^N)^{\mathrm{T}}$（规则重排序），其中 ω_{r} 也为 $N\times N$ 阶置换矩阵.

两端点可分别以规则排序和规则重排序形式表达为

$$y_1=\frac{\sum\limits_{i=1}^{L}\bar{f}^i z_1^i+\sum\limits_{j=L+1}^{N}\underline{f}^j z_1^j}{\sum\limits_{i=1}^{L}\bar{f}^i+\sum\limits_{j=L+1}^{N}\underline{f}^j}\text{（规则排序）},\quad y_{\mathrm{r}}=\frac{\sum\limits_{i=1}^{R}\underline{f}^i z_{\mathrm{r}}^i+\sum\limits_{j=R+1}^{N}\bar{f}^j z_{\mathrm{r}}^j}{\sum\limits_{i=1}^{R}\underline{f}^i+\sum\limits_{j=R+1}^{N}\bar{f}^j}\text{（规则排序）}.$$

$$(9.2.23)$$

$$y_1=\frac{\sum\limits_{i=1}^{L}\bar{g}^i z_1^i+\sum\limits_{j=L+1}^{N}\underline{g}^j z_1^j}{\sum\limits_{i=1}^{L}\bar{g}^i+\sum\limits_{j=L+1}^{N}\underline{g}^j}\text{（规则重排序）},\quad y_{\mathrm{r}}=\frac{\sum\limits_{i=1}^{R}\underline{g}^i z_{\mathrm{r}}^i+\sum\limits_{j=R+1}^{N}\bar{g}^j z_{\mathrm{r}}^j}{\sum\limits_{i=1}^{R}\underline{g}^i+\sum\limits_{j=R+1}^{N}\bar{g}^j}\text{（规则重排序）}.$$

$$(9.2.24)$$

式(9.2.23)和式(9.2.24)中，L 和 R 被称为转折点.

这里问题是并不知道前件、后件和输入测量隶属函数明确的位置，所以两端点对隶属函数参数的导数不能被计算出. 所以有必要把两端点以规则排序的形式重新表达出来. 最有挑战性的任务是在整节中去掉 y_1 对于 L 以及 y_r 对于 R 显式依赖.

在本节中，规则排序激发区间被表达为 $F^s(x)$. 此外，重新把规则重排序激发区间表达为 $G^s(x)$，即

$$G^s(x') = [\underline{g}^s, \bar{g}^s], \quad F^s(x') = [\underline{f}^s, \bar{f}^s] \tag{9.2.25}$$

下面分别以规则排序形式重新表达 y_1 和 y_r.

以规则排序形式重新表达 y_1：

首先，用表9-2 定义且概括了一系列向量和矩阵. 根据 $\bar{f}^i$、$\underline{f}^j$、z_1^i 和 z_1^j，用规则排序量来重新表达 y_1.

表 9-2　以规则排序形式用公式计算 y_1 和 y_r

y_1 计算	y_r 计算
$\underline{f} = (\underline{f}^1, \underline{f}^2, \cdots, \underline{f}^N)^T, \quad \bar{f} = (\bar{f}^1, \bar{f} = (\bar{f}^2, \cdots, \bar{f}^N)^T$	
$\underline{g} = (\underline{g}^1, \underline{g}^2, \cdots, \underline{g}^N)^T \equiv \omega_1 \underline{f}$	$\underline{g} = (\underline{g}^1, \underline{g}^2, \cdots, \underline{g}^N)^T \equiv \omega_r \underline{f}$
$\bar{g} = (\bar{g}^1, \bar{g}^2, \cdots, \bar{g}^N)^T \equiv \omega_1 \bar{f}$	$\bar{g} = (\bar{g}^1, \bar{g}^2, \cdots, \bar{g}^N)^T \equiv \omega_r \bar{f}$
$E_1 = (e_1 \mid \cdots \mid e_L \mid 0 \mid \cdots \mid 0) \quad L \times N$	$e_i = L \times 1$（第 i 个初等向量）
$E_3 = (e_1 \mid \cdots \mid e_R \mid 0 \mid \cdots \mid 0) \quad R \times N$	$e_i = R \times 1$（第 i 个初等向量）
$E_2 = (0 \mid \cdots \mid 0 \mid \varepsilon_1 \mid \cdots \mid \varepsilon_{N-L}) \quad (N-L) \times N$	$\varepsilon_i = (N-L) \times 1$（第 i 个初等向量）
$E_4 = (0 \mid \cdots \mid 0 \mid \varepsilon_1 \mid \cdots \mid \varepsilon_{N-R}) \quad (N-R) \times N$	$\varepsilon_i = (N-R) \times 1$（第 i 个初等向量）
$W_{11} \equiv \omega_1^T E_1^T E_1 \omega_1 \quad N \times N$	$W_{r1} \equiv \omega_1^T E_3^T E_3 \omega_1 \quad N \times N$
$W_{12} \equiv \omega_1^T E_2^T E_2 \omega_1 \quad N \times N$	$W_{r2} \equiv \omega_1^T E_4^T E_4 \omega_1 \quad N \times N$
$r_1 \equiv (1, \cdots, 1, 0, \cdots, 0)^T \quad N \times 1$	$r_r \equiv (1, \cdots, 1, 0, \cdots, 0)^T \quad N \times 1$
$s_1 \equiv (0, \cdots, 0, 1, \cdots, 1)^T \quad N \times 1$	$s_r \equiv (0, \cdots, 0, 1, \cdots, 1)^T \quad N \times 1$
$q_1 \equiv W_{11} z_1, \ p_1 \equiv W_{12} z_1, \ a_1^T \equiv r_1^T \omega_1, \ b_1^T \equiv s_1^T \omega_1$	$q_r \equiv W_{r1} z_r, \ p_r \equiv W_{r2} z_r, \ a_r^T \equiv r_r^T \omega_r, \ b_r^T \equiv s_r^T \omega_r$

事实 1　可重新表达 y_1 以规则排序形式为

$$y_1 = \frac{\bar{f}^T W_{11} z_1 + \underline{f}^T W_{12} z_1}{r_1^T \omega_1 \bar{f} + s_1^T \omega_1 \underline{f}} = \frac{\bar{f}^T q_1 + \underline{f}^T p_1}{\bar{f}^T a_1 + \underline{f}^T b_1} = \frac{\sum\limits_{i=1}^{N} q_{1,i} \bar{f}^i + \sum\limits_{j=1}^{N} p_{1,j} \underline{f}^j}{\sum\limits_{i=1}^{N} a_{1,i} \bar{f}^i + \sum\limits_{j=1}^{N} b_{1,j} \underline{f}^j} \tag{9.2.26}$$

注意到，式(9.2.26)中 y_1 涉及向量 $\bar{f}$，$\underline{f}$ 和 z_1. 这对于计算 y_1 对 $\bar{f}$ 和 $\underline{f}$ 中元素的

导数很有益, 因为不必担心这些元素是否会显现在 y_1 中. 因为 W_{l1}, W_{l2}, ω 和 θ 会自动处理 $\bar{f}$ 和 $\underline{f}$ 中不需要求导的元素.

以规则排序形式重新表达 y_r:

事实 2　可重新表达 y_r 以规则排序形式为

$$y_r = \frac{\underline{f}^T W_{r1} z_r + \bar{f}^T W_{r2} z_r}{r_r^T \omega_r \underline{f} + s_r^T \omega_r \bar{f}} = \frac{\underline{f}^T q_r + \bar{f}^T p_r}{\underline{f}^T a_r + \bar{f}^T b_r} = \frac{\sum_{i=1}^{N} q_{r,i} \underline{f}^i + \sum_{j=1}^{N} p_{r,j} \bar{f}^j}{\sum_{i=1}^{N} a_{r,i} \underline{f}^i + \sum_{j=1}^{N} b_{r,j} \bar{f}^j}.$$

(9. 2. 27)

TSK 型区间二型非单点二型模糊逻辑系统优化:

一般来说, 用 BP 算法来调整模糊逻辑系统的参数为

$$\theta(t+1) = \theta(t) - \alpha_\theta \frac{\partial e^{(t)}}{\partial \theta}\bigg|_t.$$

(9. 2. 28)

其中, "θ" 表示模糊逻辑系统的任意一设计参数, 且 "α_θ" 表示学习参数. 此外, 定义误差函数为

$$e^{(t)} = \frac{1}{2}[f_{\text{TSK}ns2}(x^{(t)}) - y^{(t)}]^2 \quad (t = 1, 2, \cdots, n).$$

(9. 2. 29)

在给出误差函数对于隶属函数参数的导数之前, 为防止造成混乱, 再次给出以下四点假设:

① 在每条规则, 每个前件和后件中的隶属函数参数是不同的. 这表明不同的规则不同的隶属函数有不同的参数.

② 前件和后件隶属函数具体公式没有提前给出.

③ 通过数学公式, 可计算需要完成 BP 算法的求导.

④ 计算过程与完成 Mamdani 型区间二型非单点二型模糊逻辑系统的中心集降型较相似.

如下分几种情况给出 $e^{(t)}$ 对于各类参数的偏导数.

① 计算对前件参数的 $\dfrac{\partial e^{(t)}}{\partial \theta_{k,n}^s}$.

这里下标 n 表示与每条规则 (s) 和前件 (k) 有关联的隶属函数参数多于一个. 用链导法则来计算 $\dfrac{\partial e^{(t)}}{\partial \theta_{k,n}^s}$, 且系统输出为

$$f_{\text{TSK}ns2}(x) = \frac{y_1(x) + y_r(x)}{2}.$$

(9. 2. 30)

计算 $\dfrac{\partial e^{(t)}}{\partial \theta_{k,n}^s}$:

$$\frac{\partial e^{(t)}}{\partial \theta_{k,n}^s} = \frac{\partial e^{(t)}}{\partial f_{\text{TSK}ns2}} \left(\frac{\partial f_{\text{TSK}ns2}}{\partial y_1} \frac{\partial y_1}{\partial \theta_{k,n}^s} + \frac{\partial f_{\text{TSK}ns2}}{\partial y_r} \frac{\partial y_r}{\partial \theta_{k,n}^s} \right)$$

$$= \frac{1}{2} \left[f_{\text{TSK}ns2} (x^{(t)} - y^{(t)}) \right] \left(\frac{\partial y_1}{\partial \theta_{k,n}^s} + \frac{\partial y_r}{\partial \theta_{k,n}^s} \right) \tag{9.2.31}$$

其中，$\dfrac{\partial e^{(t)}}{\partial f_{\text{TSK}ns2}} = \left[f_{\text{TSK}ns2} (x^{(t)} - y^{(t)}) \right]$，$\dfrac{\partial f_{\text{TSK}ns2}}{\partial y_1} = \dfrac{\partial f_{\text{TSK}ns2}}{\partial y_r} = \dfrac{1}{2}$.

还可得

$$\frac{\partial y_1}{\partial \theta_{k,n}^s} = \frac{\partial y_1}{\partial \bar{f}^s} \frac{\partial \bar{f}^s}{\partial \theta_{k,n}^s} + \frac{\partial y_1}{\partial \underline{f}^s} \frac{\partial \underline{f}^s}{\partial \theta_{k,n}^s}, \quad \frac{\partial y_r}{\partial \theta_{k,n}^s} = \frac{\partial y_r}{\partial \bar{f}^s} \frac{\partial \bar{f}^s}{\partial \theta_{k,n}^s} + \frac{\partial y_r}{\partial \underline{f}^s} \frac{\partial \underline{f}^s}{\partial \theta_{k,n}^s}, \tag{9.2.32}$$

$$\frac{\partial y_1}{\partial \theta_{k,n}^s} + \frac{\partial y_r}{\partial \theta_{k,n}^s} = \left(\frac{\partial y_1}{\partial \bar{f}^s} + \frac{\partial y_r}{\partial \bar{f}^s} \right) \frac{\partial \bar{f}^s}{\partial \theta_{k,n}^s} + \left(\frac{\partial y_1}{\partial \underline{f}^s} + \frac{\partial y_r}{\partial \underline{f}^s} \right) \frac{\partial \underline{f}^s}{\partial \theta_{k,n}^s}. \tag{9.2.33}$$

事实 3 当 $j \neq k$，参数 $\theta_{k,n}^s$ 只会出现在 $\bar{\mu}_k^s$ 或 $\underline{\mu}_k^s$ 而不会出现在 $\bar{\mu}_j^s$ 和 $\underline{\mu}_j^s$.

证明 由假设(1)，以上结论可直接得出.

事实 4 以下结论是正确的：

$$\frac{\partial y_1}{\partial \bar{f}^s} = \frac{q_{1,s} - y_1 u_{1,s}}{\bar{f}^T a_1 + \underline{f}^T b_1}, \quad \frac{\partial y_1}{\partial \underline{f}^s} = \frac{p_{1,s} - y_1 v_{1,s}}{\bar{f}^T a_1 + \underline{f}^T b_1}, \quad \frac{\partial y_r}{\partial \bar{f}^s} = \frac{q_{r,s} - y_r u_{r,s}}{\bar{f}^T a_r + \underline{f}^T b_r}. \tag{9.2.34}$$

证明 这里只推导出 $\dfrac{\partial y_1}{\partial \underline{f}^s} = \dfrac{p_{1,s} - y_1 b_{1,s}}{\bar{f}^T a_1 + \underline{f}^T b_1}$，因为其他三个结论的证明过程很类似. 由式(9.2.31)可得出

$$\frac{\partial y_1}{\partial \underline{f}^s} = \frac{(\bar{f}^T a_1 + \underline{f}^T b_1) p_{1,s} - (\bar{f}^T q_1 + \underline{f}^T p_1) b_{1,s}}{(\bar{f}^T a_1 + \underline{f}^T b_1)^2}. \tag{9.2.35}$$

经过简单变换可得

$$\frac{\partial y_1}{\partial \underline{f}^s} = \frac{p_{1,s}}{\bar{f}^T a_1 + \underline{f}^T b_1} - \frac{y_1 b_{1,s}}{\bar{f}^T a_1 + \underline{f}^T b_1} = \frac{p_{1,s} - y_1 b_{1,s}}{\bar{f}^T a_1 + \underline{f}^T b_1}. \tag{9.2.36}$$

把式(9.2.33)和式(9.2.34)代入式(9.2.31)，可得

$$\frac{\partial e^{(t)}}{\partial \theta_{k,n}^s} = \frac{1}{2} \left[f_{ns2-2} (x^{(t)} - y^{(t)}) \times \left[\left(\frac{q_{1,s} - y_1 a_{1,s}}{\bar{f}^T a_1 + \underline{f}^T b_1} + \frac{p_{r,s} - y_r b_{r,s}}{\underline{f}^T a_1 + \bar{f}^T b_1} \right) \frac{\partial \bar{f}^s}{\partial \theta_{k,n}^s} + \right. \right.$$

$$\left. \left. \left(\frac{p_{1,s} - y_1 b_{1,s}}{\bar{f}^T a_1 + \underline{f}^T b_1} + \frac{q_{r,s} - y_r a_{r,s}}{\underline{f}^T a_r + \bar{f}^T b_r} \right) \frac{\partial \underline{f}^s}{\partial \theta_{k,n}^s} \right]. \tag{9.2.37}$$

$$\frac{\partial \bar{f}^s}{\partial \theta_{k,n}^s} = \frac{\partial \bigcap\limits_{i=1}^{p} \mu_{\tilde{Q}_i^s}(\bar{x}_{i,\max}^s)}{\partial \theta_{k,n}^s}, \quad \frac{\partial \underline{f}^s}{\partial \theta_{k,n}^s} = \frac{\partial \bigcap\limits_{i=1}^{p} \underline{\mu}_{\tilde{Q}_i^s}(\bar{x}_{i,\max}^s)}{\partial \theta_{k,n}^s}. \tag{9.2.38}$$

② 计算对后件参数的 $\dfrac{\partial e^{(t)}}{\partial \theta_j^s}$.

这里巧妙地选择 θ^s 作为中间变量，其中 $\theta^s = z_l^s$ 或 $\theta^s = z_r^s$. 此外，z_l^s 和 z_r^s 是由 c_j^s 和 s_j^s 如式(9.2.25)和式(9.2.26)那样组成的.

由式(9.2.30)和式(9.2.31)，可得

$$\frac{\partial e^{(t)}}{\partial z_l^s} = \frac{\partial e^{(t)}}{\partial f_{\text{TSK}ns2}(x^{(t)})} \frac{\partial f_{\text{TSK}ns2}(x^{(t)})}{\partial y_1} \frac{\partial y_1}{\partial z_l^s} = \frac{1}{2}\left[f_{\text{TSK}ns2}(x^{(t)}) - y^{(t)}\right]\frac{\partial y_1}{\partial z_l^s} \quad (9.2.39)$$

$$\frac{\partial e^{(t)}}{\partial z_r^s} = \frac{1}{2}\left[f_{\text{TSK}ns2}(x^{(t)}) - y^{(t)}\right]\frac{\partial y_r}{\partial z_r^s}. \quad (9.2.40)$$

由式(9.2.18)和式(9.2.19)，可得

$$\frac{\partial z_l^s}{\partial c_0^s} = 1, \quad \frac{\partial z_l^s}{\partial c_i^s} = x_i \;\; (i = 1, 2, \cdots, p), \quad \frac{\partial z_l^s}{\partial s_0^s} = -1, \quad \frac{\partial z_l^s}{\partial s_i^s} = -|x_i| \;\; (i = 1, 2, \cdots, p).$$

$$(9.2.41)$$

且

$$\frac{\partial z_r^s}{\partial c_0^s} = 1, \quad \frac{\partial z_r^s}{\partial c_i^s} = x_i \;\; (i = 1, 2, \cdots, p), \quad \frac{\partial z_r^s}{\partial s_0^s} = 1, \quad \frac{\partial z_r^s}{\partial s_i^s} = |x_i| \;\; (i = 1, 2, \cdots, p).$$

$$(9.2.42)$$

事实 5　以下结论为正确的：

$$\frac{\partial y_1}{\partial z_l^s} = e_s^{\text{T}}\left(\frac{W_{l1}^{\text{T}}\underline{f} + W_{l2}^{\text{T}}\bar{f}}{r_l^{\text{T}}\omega_l\underline{f} + s_l^{\text{T}}\omega_l\bar{f}}\right), \quad \frac{\partial y_r}{\partial z_r^s} = e_s^{\text{T}}\left(\frac{W_{r1}^{\text{T}}\underline{f} + W_{r2}^{\text{T}}\bar{f}}{r_r^{\text{T}}\omega_r\underline{f} + s_r^{\text{T}}\omega_r\bar{f}}\right) \quad (9.2.43)$$

③ 计算对输入测量参数的 $\dfrac{\partial e^{(t)}}{\partial \theta_{k,n}}$.

从式(9.2.31)，式(9.2.37)和式(9.2.38)可得

$$\frac{\partial e^{(t)}}{\partial \theta_{k,n}} = \frac{1}{2}\left[f_{\text{TSK}ns2}(x^{(t)} - y^{(t)}\right] \times \left[\left(\frac{q_{1,s} - y_1 a_{1,s}}{\underline{f}^{\text{T}} a_1 + \bar{f}^{\text{T}} b_1} + \frac{p_{r,s} - y_r b_{r,s}}{\underline{f}^{\text{T}} a_1 + \bar{f}^{\text{T}} b_1}\right)\frac{\partial \bigcap\limits_{i=1}^{p}\bar{\mu}_{\tilde{Q}_i^s}(\bar{x}_{i,\max}^s)}{\partial \theta_{k,n}} + \right.$$

$$\left.\left(\frac{p_{1,s} - y_1 b_{1,s}}{\underline{f}^{\text{T}} a_1 + \bar{f}^{\text{T}} b_1} + \frac{q_{r,s} - y_r a_{r,s}}{\underline{f}^{\text{T}} a_r + \bar{f}^{\text{T}} b_r}\right)\frac{\partial \bigcap\limits_{i=1}^{p}\underline{\mu}_{\tilde{Q}_i^s}(\bar{x}_{i,\max}^s)}{\partial \theta_{k,n}}\right]. \quad (9.2.44)$$

在定义了隶属函数具体的足迹不确定性(FOUs)后，就可以推导出总的求导公式. 在本节 TSK 型区间二型非单点二型模糊逻辑系统的前件和输入测量区间二型模糊集的主隶属函数被选择为有不确定标准偏差的高斯二型函数. 而后件参数被选择为区间一型模糊集. 所提出的 KM 结构下的 TSK 型区间二型非单点二型模糊逻辑系统的所有参数是由 BP 算法根据计算导数来优化调整.

对于第 s 条模糊规则，系统的下级和上级激发度为

$$\underline{f}^s = \bigcap\limits_{i=1}^{p}\left(\exp\left(-\frac{1}{2}\frac{(x_i - m_i^s)^2}{\sigma_{i1}^2 + \sigma_{i1}^{s2}}\right)\right), \quad \bar{f}^s = \bigcap\limits_{i=1}^{p}\left(\exp\left(-\frac{1}{2}\frac{(x_i - m_i^s)^2}{\sigma_{i2}^2 + \sigma_{i2}^{s2}}\right)\right) \quad (9.2.45)$$

其中 σ_{i1}^s（$i=1,2,\cdots,p$；$s=1,2,\cdots,N$）表示前件区间二型模糊集下级高斯隶属函数的标准偏差，σ_{i2}^s（$i=1,2,\cdots,p$；$s=1,2,\cdots,N$）表示前件区间二型模糊集上级高斯隶属函数的标准偏差，且 m_i^s（$i=1,2,\cdots,p$；$s=1,2,\cdots,N$）表示前件区间二型模糊集高斯主隶属函数的平均数．对于输入测量区间二型模糊集，σ_{i1}（$i=1,2,\cdots,p$）表示下级隶属函数的标准偏差，且 σ_{i2}（$i=1,2,\cdots,p$）表示下级隶属函数的标准偏差．

对于后件区间集，C_j^s（$j=0,1,\cdots,p$；$s=1,2,\cdots,N$），σ_{i1}^s（$i=1,2,\cdots,p$；$s=1,2,\cdots,N$）表示中心（平均数），而 σ_{i2}^s（$i=1,2,\cdots,p$；$s=1,2,\cdots,N$）表示跨度．

所有参数 σ_{i1}^s（$i=1,2,\cdots,p$；$s=1,2,\cdots,N$），σ_{i2}^s（$i=1,2,\cdots,p$；$s=1,2,\cdots,N$），m_i^s（$i=1,2,\cdots,p$；$s=1,2,\cdots,N$），σ_{i1}（$i=1,2,\cdots,p$），σ_{i2}（$i=1,2,\cdots,p$），c_j^s（$j=0,1,\cdots,p$；$s=1,\cdots,N$）和 s_j^s（$j=0,1,\cdots,p$；$s=1,\cdots,N$）都可通过梯度下降算法，根据式（9.2.46）～式（9.2.56）优化调整．

表9.2 定义了计算中必不可少的初等向量和分块矩阵．这里 $\alpha_{\sigma_{i1}^s}$，$\alpha_{\sigma_{i2}^s}$，$\alpha_{m_i^s}$，$\alpha_{\sigma_{i1}^s}$，$\alpha_{\sigma_{i2}^s}$，$\alpha_{\sigma_{i1}}$，$\alpha_{\sigma_{i2}}$，$\alpha_{c_0^s}$，$\alpha_{c_i^s}$，$\alpha_{s_0^s}$，α_{s_i} 都为学习参数．

$$\sigma_{i1}^s(t+1)=\sigma_{i1}^s(t)-\alpha_{\sigma_{i1}^s}\frac{\partial e^{(t)}}{\partial \sigma_{i1}^s}\bigg|_t$$

$$=\sigma_{i1}^s(t)-\frac{1}{2}\alpha_{\sigma_{i1}^s}[f_{\mathrm{TSK}ns2}(x^{(t)}-y^{(t)}]\times$$

$$\left[\left(\frac{p_{1,s}-y_1 b_{1,s}}{\underline{f}^{\mathrm{T}}a_1+\overline{f}^{\mathrm{T}}b_1}+\frac{q_{\mathrm{r},s}-y_{\mathrm{r}}a_{\mathrm{r},s}}{\underline{f}^{\mathrm{T}}a_{\mathrm{r}}+\overline{f}^{\mathrm{T}}b_{\mathrm{r}}}\right)\times\bigcap_{i=1}^{p}\left(\exp\left(-\frac{1}{2}\frac{(x_i^{(t)}-m_i^s(t))^2}{(\sigma_{i1}(t))^2+(\sigma_{i1}^s(t))^2}\right)\right)\times\right.$$

$$\left.\sigma_{i1}^l\times\frac{(x_i^{(t)}-m_i^s(t))^2}{((\sigma_{i1}(t))^2+(\sigma_{i1}^s(t))^2)^2}\right]. \qquad (9.2.46)$$

$$\sigma_{i2}^s(t+1)=\sigma_{i2}^s(t)-\alpha_{\sigma_{i2}^s}\frac{\partial e^{(t)}}{\partial \sigma_{i2}^s}\bigg|_t$$

$$=\sigma_{i2}^s(t)-\frac{1}{2}\alpha_{\sigma_{i2}^s}[_{\mathrm{TSK}ns2}(x^{(t)}-y^{(t)}]\times$$

$$\left[\left(\frac{q_{1,s}-y_1 a_{1,s}}{\overline{f}^{\mathrm{T}}a_1+\underline{f}^{\mathrm{T}}b_1}+\frac{p_{\mathrm{r},s}-y_{\mathrm{r}}b_{\mathrm{r},s}}{\underline{f}^{\mathrm{T}}a_1+\overline{f}^{\mathrm{T}}b_1}\right)\times\bigcap_{i=1}^{p}\left(\exp\left(-\frac{1}{2}\frac{(x_i^{(t)}-m_i^s(t))^2}{(\sigma_{i2}(t))^2+(\sigma_{i2}^s(t))^2}\right)\right)\times\right.$$

$$\left.\sigma_{i2}^l\times\frac{(x_i^{(t)}-m_i^s(t))^2}{((\sigma_{i2}(t))^2+(\sigma_{i2}^s(t))^2)^2}\right]. \qquad (9.2.47)$$

$$m_i^s(t+1)=m_i^s(t)-\alpha_{m_i^s}\frac{\partial e^{(t)}}{\partial m_i^s}\bigg|_t$$

$$=m_i^s(t)-\frac{1}{2}\alpha_{m_i^s}[f_{\mathrm{TSK}ns2}(x^{(t)}-y^{(t)}]\times$$

$$\left[\left(\frac{q_{1,s}-y_1 a_{1,s}}{\overline{f}^{\mathrm{T}}a_1+\underline{f}^{\mathrm{T}}b_1}+\frac{p_{\mathrm{r},s}-y_{\mathrm{r}}b_{\mathrm{r},s}}{\underline{f}^{\mathrm{T}}a_1+\overline{f}^{\mathrm{T}}b_1}\right)\times\bigcap_{i=1}^{p}\left(\exp\left(-\frac{1}{2}\frac{(x_i^{(t)}-m_i^s(t))^2}{(\sigma_{i2}(t))^2+(\sigma_{i2}^s(t))^2}\right)\right)\times\right.$$

$$\left(\frac{x_i^{(t)}-m_i^s(t)}{(\sigma_{i2}(t))^2+(\sigma_{i2}^s(t))^2}\right)+\left(\frac{p_{1,s}-y_1 b_{1,s}}{\overline{f}^{\mathrm{T}}a_1+\underline{f}^{\mathrm{T}}b_1}+\frac{q_{\mathrm{r},s}-y_{\mathrm{r}}a_{\mathrm{r},s}}{\underline{f}^{\mathrm{T}}a_{\mathrm{r}}+\overline{f}^{\mathrm{T}}b_{\mathrm{r}}}\right)\times$$

$$\bigcap_{i=1}^{p}\left(\exp\left(-\frac{1}{2}\frac{(x_i^{(t)}-m_i^s(t))^2}{(\sigma_{i1}(t))^2+(\sigma_{i1}^s(t))^2}\right)\right)\times\left(\frac{x_i^{(t)}-m_i^s(t)}{(\sigma_{i1}(t))^2+(\sigma_{i1}^s(t))^2}\right)\bigg].$$

$$(9.2.48)$$

$$\sigma_{i1}^s(t+1)=\sigma_{i1}^s(t)-\alpha_{\sigma_{i1}^s}\frac{\partial e^{(t)}}{\partial\sigma_{i1}^s}\bigg|_t$$

$$=\sigma_{i1}^s(t)-\frac{1}{2}\alpha_{\sigma_{i1}^s}[f_{\mathrm{TSK}ns2}(x^{(t)}-y^{(t)}]\times$$

$$\left[\left(\frac{p_{1,s}-y_1b_{1,s}}{\bar{f}^{\mathrm{T}}a_1+\underline{f}^{\mathrm{T}}b_1}+\frac{q_{r,s}-y_ra_{r,s}}{\underline{f}^{\mathrm{T}}a_r+\bar{f}^{\mathrm{T}}b_r}\right)\times\bigcap_{i=1}^{p}\left(\exp\left(-\frac{1}{2}\frac{(x_i^{(t)}-m_i^s(t))^2}{(\sigma_{i1}(t))^2+(\sigma_{i1}^s(t))^2}\right)\right)\times\right.$$

$$\left.\sigma_{i1}^l\times\frac{(x_i^{(t)}-m_i^s(t))^2}{((\sigma_{i1}(t))^2+(\sigma_{i1}^s(t))^2)^2}\right].$$

$$(9.2.49)$$

$$\sigma_{i2}^s(t+1)=\sigma_{i2}^s(t)-\alpha_{\sigma_{i2}^s}\frac{\partial e^{(t)}}{\partial\sigma_{i2}^s}\bigg|_t$$

$$=\sigma_{i2}^s(t)-\frac{1}{2}\alpha_{\sigma_{i2}^s}[f_{\mathrm{TSK}ns2}(x^{(t)}-y^{(t)}]\times$$

$$\left[\left(\frac{q_{1,s}-y_1a_{1,s}}{\bar{f}^{\mathrm{T}}a_1+\underline{f}^{\mathrm{T}}b_1}+\frac{p_{r,s}-y_rb_{r,s}}{\underline{f}^{\mathrm{T}}a_1+\bar{f}^{\mathrm{T}}b_1}\right)\times\bigcap_{i=1}^{p}\left(\exp\left(-\frac{1}{2}\frac{(x_i^{(t)}-m_i^s(t))^2}{(\sigma_{i2}(t))^2+(\sigma_{i2}^s(t))^2}\right)\right)\times\right.$$

$$\left.\sigma_{i2}^l\times\frac{(x_i^{(t)}-m_i^s(t))^2}{((\sigma_{i2}(t))^2+(\sigma_{i2}^s(t))^2)^2}\right].$$

$$(9.2.50)$$

$$\sigma_{i1}(t+1)=\sigma_{i1}(t)-\alpha_{\sigma_{i1}}\frac{\partial e^{(t)}}{\partial\sigma_{i1}}\bigg|_t$$

$$=\sigma_{i1}(t)-\frac{1}{2}\alpha_{\sigma_{i1}}[f_{\mathrm{TSK}ns2}(x^{(t)}-y^{(t)}]\times$$

$$\left[\left(\frac{p_{1,s}-y_1b_{1,s}}{\bar{f}^{\mathrm{T}}a_1+\underline{f}^{\mathrm{T}}b_1}+\frac{q_{r,s}-y_ra_{r,s}}{\underline{f}^{\mathrm{T}}a_r+\bar{f}^{\mathrm{T}}b_r}\right)\times\bigcap_{i=1}^{p}\left(\exp\left(-\frac{1}{2}\frac{(x_i^{(t)}-m_i^s(t))^2}{(\sigma_{i1}(t))^2+(\sigma_{i1}^s(t))^2}\right)\right)\times\right.$$

$$\left.\sigma_{i1}\times\frac{(x_i^{(t)}-m_i^s(t))^2}{((\sigma_{i1}(t))^2+(\sigma_{i1}^s(t))^2)^2}\right].$$

$$(9.2.51)$$

$$\sigma_{i2}(t+1)=\sigma_{i2}(t)-\alpha_{\sigma_{i2}}\frac{\partial e^{(t)}}{\partial\sigma_{i2}}\bigg|_t$$

$$=\sigma_{i2}(t)-\frac{1}{2}\alpha_{\sigma_{i2}}[f_{\mathrm{TSK}ns2}(x^{(t)}-y^{(t)}]\times$$

$$\left[\left(\frac{q_{1,s}-y_1a_{1,s}}{\bar{f}^{\mathrm{T}}a_1+\underline{f}^{\mathrm{T}}b_1}+\frac{p_{r,s}-y_rb_{r,s}}{\underline{f}^{\mathrm{T}}a_1+\bar{f}^{\mathrm{T}}b_1}\right)\times\bigcap_{i=1}^{p}\left(\exp\left(-\frac{1}{2}\frac{(x_i^{(t)}-m_i^s(t))^2}{(\sigma_{i2}(t))^2+(\sigma_{i2}^s(t))^2}\right)\right)\times\right.$$

$$\left.\sigma_{i2}\times\frac{(x_i^{(t)}-m_i^s(t))^2}{((\sigma_{i2}(t))^2+(\sigma_{i2}^s(t))^2)^2}\right].$$

$$(9.2.52)$$

$$c_0^s(t+1)=c_0^s(t)-\alpha_{c_0^s}\left(\frac{\partial e^{(t)}}{\partial z_1^s}\frac{\partial z_1^s}{\partial c_0^s}+\frac{\partial e^{(t)}}{\partial z_r^s}\frac{\partial z_r^s}{\partial c_0^s}\right)\bigg|_t$$

$$= c_0^s(t) - \frac{1}{2}\alpha_{c_0^s}\left\{\left[f_{\mathrm{TSK}ns2}(x^{(t)}) - y^{(t)}\right] \times e_s^{\mathrm{T}}\left(\frac{W_{l1}^{\mathrm{T}}\underline{f} + W_{l2}^{\mathrm{T}}\bar{f}}{r_l^{\mathrm{T}}\omega_l\underline{f} + s_l^{\mathrm{T}}\omega_l\underline{f}}\right) + \right.$$

$$\left.\left[f_{\mathrm{TSK}ns2}(x^{(t)}) - y^{(t)}\right] \times e_s^{\mathrm{T}}\left(\frac{W_{r1}^{\mathrm{T}}\underline{f} + W_{r2}^{\mathrm{T}}\bar{f}}{r_r^{\mathrm{T}}\omega_r\underline{f} + s_r^{\mathrm{T}}\omega_r\bar{f}}\right)\right\}. \tag{9.2.53}$$

$$c_i^s(t+1) = c_i^s(t) - \alpha_{c_i^s}\left(\frac{\partial e^{(t)}}{\partial z_l^s}\frac{\partial z_l^s}{\partial c_i^s} + \frac{\partial e^{(t)}}{\partial z_r^s}\frac{\partial z_r^s}{\partial c_i^s}\right)\Bigg|_t$$

$$= c_i^s(t) - \frac{1}{2}\alpha_{c_i^s}\left\{\left[f_{\mathrm{TSK}ns2}(x^{(t)}) - y^{(t)}\right] \times e_s^{\mathrm{T}}\left(\frac{W_{l1}^{\mathrm{T}}\underline{f} + W_{l2}^{\mathrm{T}}\bar{f}}{r_l^{\mathrm{T}}\omega_l\underline{f} + s_l^{\mathrm{T}}\omega_l\underline{f}}\right) \times x_i + \right.$$

$$\left.\left[f_{\mathrm{TSK}ns2}(x^{(t)}) - y^{(t)}\right] \times e_s^{\mathrm{T}}\left(\frac{W_{r1}^{\mathrm{T}}\underline{f} + W_{r2}^{\mathrm{T}}\bar{f}}{r_r^{\mathrm{T}}\omega_r\underline{f} + s_r^{\mathrm{T}}\omega_r\bar{f}}\right) \times x_i\right\}. \tag{9.2.54}$$

$$s_0^s(t+1) = s_0^s(t) - \alpha_{s_0^s}\left(\frac{\partial e^{(t)}}{\partial z_l^s}\frac{\partial z_l^s}{\partial s_0^s} + \frac{\partial e^{(t)}}{\partial z_r^s}\frac{\partial z_r^s}{\partial s_0^s}\right)\Bigg|_t$$

$$= s_0^s(t) - \frac{1}{2}\alpha_{s_0^s}\left\{\left[f_{\mathrm{TSK}ns2}(x^{(t)}) - y^{(t)}\right] \times e_s^{\mathrm{T}}\left(\frac{W_{l1}^{\mathrm{T}}\underline{f} + W_{l2}^{\mathrm{T}}\bar{f}}{r_l^{\mathrm{T}}\omega_l\underline{f} + s_l^{\mathrm{T}}\omega_l\underline{f}}\right) \times \right.$$

$$\left.(-1) + \left[f_{\mathrm{TSK}ns2}(x^{(t)}) - y^{(t)}\right] \times e_s^{\mathrm{T}}\left(\frac{W_{r1}^{\mathrm{T}}\underline{f} + W_{r2}^{\mathrm{T}}\bar{f}}{r_r^{\mathrm{T}}\omega_r\underline{f} + s_r^{\mathrm{T}}\omega_r\bar{f}}\right)\right\}. \tag{9.2.55}$$

$$s_i^s(t+1) = s_i^s(t) - \alpha_{s_i^s}\left(\frac{\partial e^{(t)}}{\partial z_l^s}\frac{\partial z_l^s}{\partial s_i^s} + \frac{\partial e^{(t)}}{\partial z_r^s}\frac{\partial z_r^s}{\partial s_i^s}\right)\Bigg|_t$$

$$= s_i^s(t) - \frac{1}{2}\alpha_{s_i^s}\left\{\left[f_{\mathrm{TSK}ns2}(x^{(t)}) - y^{(t)}\right] \times e_s^{\mathrm{T}}\left(\frac{W_{l1}^{\mathrm{T}}\underline{f} + W_{l2}^{\mathrm{T}}\bar{f}}{r_l^{\mathrm{T}}\omega_l\underline{f} + s_l^{\mathrm{T}}\omega_l\underline{f}}\right) \times \right.$$

$$\left.(-|x_i|) + \left[f_{\mathrm{TSK}ns2}(x^{(t)}) - y^{(t)}\right] \times e_s^{\mathrm{T}}\left(\frac{W_{r1}^{\mathrm{T}}\underline{f} + W_{r2}^{\mathrm{T}}\bar{f}}{r_r^{\mathrm{T}}\omega_r\underline{f} + s_r^{\mathrm{T}}\omega_r\bar{f}}\right) \times |x_i|\right\}. $$

$$\tag{9.2.56}$$

最终 TSK 型区间二型非单点二型模糊逻辑系统的解模糊化输出为

$$f_{\mathrm{TSK}ns2}(x) = [y_l(x) + y_r(x)]/2.$$

性能标准: 为了衡量所提出的模糊逻辑系统方法的预测效果, 定义两个性能指标, 分别为均方根误差(root mean square error, *RMSE*)和综合评价误差和(comprehensive evaluation error sum, *CEES*), 它们的公式如下:

$$RMSE = \sqrt{\frac{1}{n-D-p}\sum_{t=D-p+1}^{n-2p}[y^{(t)} - f(x^{(t)})]^2}. \tag{9.2.57}$$

$$CEES = \frac{1}{2}\sum_{t=D-p+1}^{n-2p}[y^{(t)} - f(x^{(t)})]^2. \tag{9.2.58}$$

其中, $f(x^{(t)})$ 表示模糊逻辑系统预测输出, $y^{(i)}$ 表示实际期望输出, n 表示数据点总数, p 表示前件个数, D 表示用来训练模糊逻辑系统所用数据点个数.

9.2.3 应用实例及仿真

1. 数据

本节采用复杂工况中受不确定性影响较大的永磁驱动转矩和转速数据来阐述所提出的 TSK 型模糊逻辑系统预测的有效性. 图 9-15 给出了永磁驱动(permanent magnetic drive, PMD)示意图. 为了在模糊逻辑系统方法的表现中模拟不确定性的影响, 加入噪声使仿真中的数据呈现出较大的不确定性.

直流电动机 交流电动机 扭矩/转速仪 基座板 永磁驱动器 交流电动机

图 9-15   永磁驱动示意图

2. 仿真建立

首先考虑永磁驱动转矩数据, 如图 9-16(a)所示. 其中坐标轴纵轴为转矩 (N·m), 而坐标轴横轴为时间(ms). 所有的设计是基于 1000 个噪声数据点 $x(1)$, $x(2)$, …, $x(1000)$. 前 504 个数据用来训练, 而后 496 个数据用来测试.

观察图 9-16(a), 可发现永磁驱动转矩数据变化范围相对较大. 本节尝试用非线性模糊逻辑系统方法进行一步预测. 前 504 个噪声数据用来训练, 即设计模糊逻辑系统预测器. 剩下的 496 个噪声数据用来测试设计. 用 BP 算法优化设计 TSK 型一型模糊逻辑系统和在 KM 结构下的 TSK 型区间二型模糊逻辑系统预测器. 如果每四个输入被传入模糊逻辑系统预测器, 则产生一个输出. 就是说, 从 $x(1)$, $x(2)$, …, $x(504)$产生的 500 个输入-输出数据对用来训练模糊逻辑系统 (即第一个输入-输出数据对是 $\{[x(1), x(2), x(3), x(4)], x(5)\}$, 下一个是 $\{[x(2), x(3), x(4), x(5)], x(6)\}$, 依次类推). 测试由从 $x(505)$, $x(506)$, …, $x(1000)$产生的 492 个输入-输出训练对产生(即第一个输入-输出数据对是 $\{[x(505), x(506), x(507), x(508)], x(509)\}$, 依次类推, 直到最后为 $\{[x(996), x(997), x(998), x(999)], x(1000)\}$).

开发 TSK 型模糊逻辑系统仿真过程及检测它们的性能的过程如图 9-17 所示. 这里设计了一步预测器, 其数学模块可以认为: $x(n+1) = f(x(n), x(n-1), x(n-2), x(n-3))$. 即每四个前件 $x(n-3)$, $x(n-2)$, $x(n-1)$, $x(n)$用来预测

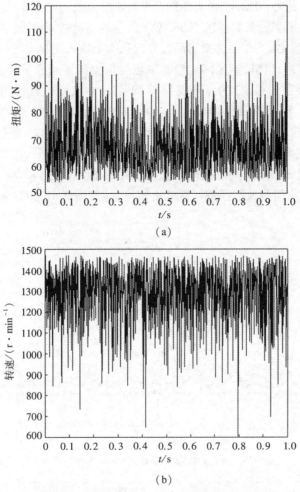

图 9-16 永磁驱动转速数据

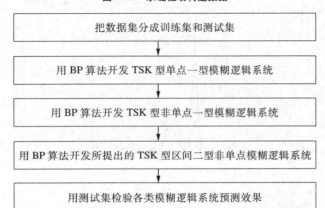

图 9-17 开发 TSK 型模糊逻辑系统仿真过程及检测它们的性能

下一个 $x(n+1)$. 此外, TSK 型单点模糊逻辑系统的每条规则由 8 个前件隶属函数参数和 5 个后件隶属函数参数描述. TSK 型非单点一型模糊逻辑系统的每条规则有 8 个前件隶属函数参数, 5 个后件隶属函数参数和 4 个输入测量参数 (4 个高斯二型隶属函数的标准偏差). TSK 型区间二型非单点二型模糊逻辑系统 (这里简称 TSK 型非单点二型模糊逻辑系统) 的每条规则有 12 个前件隶属函数 (4 个高斯二型隶属函数的平均数, 上级和下级标准偏差), 10 个后件隶属函数 (5 个后件区间集的中心和跨度) 和 8 个输入测量参数 (4 个高斯二型隶属函数的上级和下级标准偏差).

在仿真中采用乘积 T 范数. 经过 30 次蒙特卡洛仿真 (在每次蒙特卡洛仿真中, 采用 50 次 BP 迭代, 且同时执行训练和测试), 预测误差 ($RMSE$ 和 $MAPE$) 迭代仿真图 (每次迭代用测试数据进行性能指标检验) 如图 9-18 和图 9-19 所示.

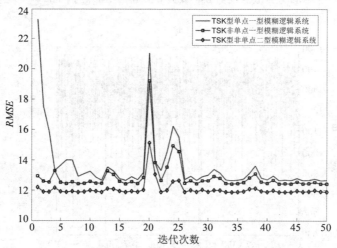

图 9-18　对于永磁驱动转矩数据的 RMSE 仿真图

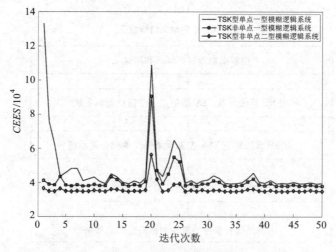

图 9-19　对于永磁驱动转矩数据的 CEES 仿真图

观察图 9-18 和图 9.19 可以发现, 所提出的 TSK 型非单点二型模糊逻辑系统的预测效果优于相应的一型模糊逻辑系统. 再考虑永磁驱动转速数据. 取采样时间为 1 秒. 永磁驱动转速数据如图 9-16(b) 所示. 其中, 坐标轴纵轴为转速 (r/min), 横轴为时间(s). 与永磁驱动转矩情况类似, 这里所有的设计是基于 1000 个噪声数据点 $x'(1)$, $x'(2)$, $\cdots$, $x'(1000)$, 这里的上标只是表示这些数据点不同于上个例子中的数据点 $x(1)$, $x(2)$, $\cdots$, $x(1000)$. 前 496 个数据用来训练, 而后 496 个数据用来测试. 这个例子中仍选乘积 T 范. 在经过 30 次蒙特卡洛仿真后, 预测误差($RMSE$ 和 $MAPE$)迭代仿真图如图 9-20 和图 9-21 所示.

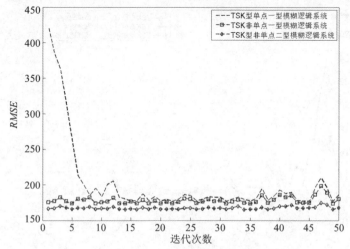

图 9-20 对于永磁驱动转速数据的 $RMSE$ 仿真图

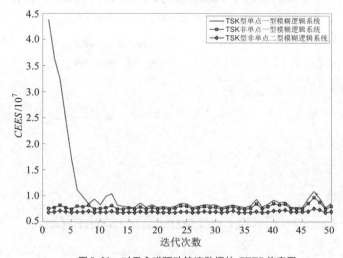

图 9-21 对于永磁驱动转速数据的 $CEES$ 仿真图

为了更加综合地研究预测表现, 选择蒙特卡洛仿真. 在蒙特卡洛仿真中, 取 $RMSE$ 和 $CEES$ 为预测评价性能指标. 两类 TSK 型一型模糊逻辑系统由 BP 算法优化调整, 而 KM 结构下的 TSK 型非单点二型模糊逻辑系统由 BP 算法巧妙地根据矩阵变换优化调整. 在以上三类 TSK 型模糊逻辑中, 统一取学习参数 $\alpha = 0.2$.

　　训练和测试在 50 次蒙特卡洛仿真中的每一次迭代中同时执行. 每次迭代, 用测试数据来检验三类 TSK 型模糊逻辑系统的表现, 取它们为: $RMSE_{\mathrm{TSK}sT1}(\mathrm{BP})$, $RMSE_{\mathrm{TSK}nsT1}(\mathrm{BP})$, $RMSE_{\mathrm{TSK}nsIT2}(\mathrm{BP})$, $CEES_{\mathrm{TSK}sT1}(\mathrm{BP})$, $CEES_{\mathrm{TSK}nsT1}(\mathrm{BP})$ 和 $CEES_{\mathrm{TSK}nsIT2}(\mathrm{BP})$.

　　在蒙特卡洛仿真下, 以上的 $RMSE$ 和 $MAPE$ 在 50 次 BP 迭代的平均值仿真图如图 9-22 ~ 图 9-25 所示.

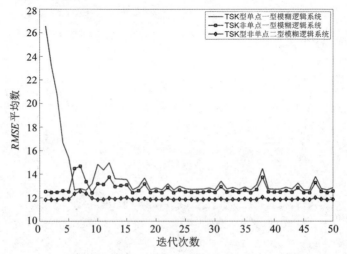

图 9-22　永磁驱动转矩例子中 $RMSE_{s1}(\mathrm{BP})$, $RMSE_{ns1}(\mathrm{BP})$, $RMSE_{ns2-2}(\mathrm{BP})$; $MAPE_{s1}(\mathrm{BP})$, $MAPE_{ns1}(\mathrm{BP})$ 和 $MAPE_{ns2-2}(\mathrm{BP})$ 的平均数

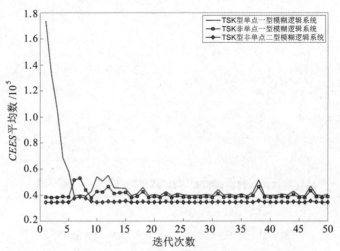

图 9-23　永磁驱动转矩例子中 $RMSE_{s1}(\mathrm{BP})$, $RMSE_{ns1}(\mathrm{BP})$, $RMSE_{ns2-2}(\mathrm{BP})$; $MAPE_{s1}(\mathrm{BP})$, $MAPE_{ns1}(\mathrm{BP})$ 和 $MAPE_{ns2-2}(\mathrm{BP})$ 的平均数

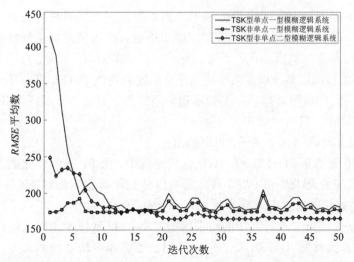

图9-24 永磁驱动转速例子中 $RMSE_{s1}(\mathbf{BP})$, $RMSE_{ns1}(\mathbf{BP})$, $RMSE_{ns2-2}(\mathbf{BP})$; $MAPE_{s1}(\mathbf{BP})$, $MAPE_{ns1}(\mathbf{BP})$ 和 $MAPE_{ns2-2}(\mathbf{BP})$ 的平均数

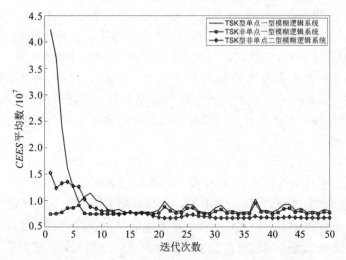

图9-25 永磁驱动转速例子中 $RMSE_{s1}(\mathbf{BP})$, $RMSE_{ns1}(\mathbf{BP})$, $RMSE_{ns2-2}(\mathbf{BP})$; $MAPE_{s1}(\mathbf{BP})$, $MAPE_{ns1}(\mathbf{BP})$ 和 $MAPE_{ns2-2}(\mathbf{BP})$ 的平均数

3. 结果与讨论

对于永磁驱动转矩这个例子, 可以得出:

由图 9-18 和图 9-19 可得, 在 50 次迭代过程中, 由 *BP* 算法优化的三类 TSK 型模糊逻辑系统的 *RMSE* 和 *CEES* 最后都可以达到相对稳定的状态(尽管 *RMSE* 和 *CEES* 在经过几次迭代后会有小幅振荡); 由图 9-22 和图9-23可得, 所提出的 TSK 型非单点二型模糊逻辑系统的稳定性是三类 TSK 型模糊逻辑系统中最好的 (有最小幅度的振荡), 且 TSK 型非单点二型模糊逻辑系统的误差收敛值是最小

的；由图 9-18 和图 9-19 可得，TSK 型非单点一型模糊逻辑系统的收敛速度快于 TSK 型单点一型模糊逻辑系统，而 TSK 型非单点二型模糊逻辑系统的收敛速度快于 TSK 型非单点一型模糊逻辑系统；由图 9-22 和图 9-23 可得，对于 *RMSE* 和 *CEES* 的平均值，TSK 型非单点二型模糊逻辑系统表现优于 TSK 型非单点一型模糊逻辑系统，而 TSK 型非单点一型模糊逻辑系统的表现基本上优于 TSK 型单点一型模糊逻辑系统（只有少数几个点除外）.

对于永磁驱动转速这个例子，可以得出：

由图 9-20 和图 9-21 可得，在 50 次迭代过程中，由 BP 算法优化的三类 TSK 型模糊逻辑系统的 *RMSE* 和 *CEES* 最后都可以达到相对稳定的状态（尽管 *RMSE* 和 *CEES* 在经过几次迭代后会有小幅振荡）；由图 9-24 和图 9-25 得，所提出的 TSK 型非单点二型模糊逻辑系统的稳定性是三类 TSK 型模糊逻辑系统中最好的（有最小幅度的振荡），且 TSK 型非单点区间二型模糊逻辑系统的误差收敛值是最小的；由图 9-20 和图 9-21 可得，TSK 型非单点一型模糊逻辑系统的收敛速度快于 TSK 型单点一型模糊逻辑系统，而 TSK 型非单点二型模糊逻辑系统的收敛速度快于 TSK 型非单点一型模糊逻辑系统（TSK 型非单点一型模糊逻辑系统和 TSK 型非单点二型模糊逻辑系统几乎在第一次 BP 迭代就达到收敛）；由图 9-24 和图 9-25 可得，对于 *RMSE* 和 *CEES* 的平均值，经过 14 次 BP 迭代后，TSK 型非单点二型模糊逻辑系统表现优于 TSK 型非单点一型模糊逻辑系统，而 TSK 型非单点一型模糊逻辑系统的表现基本上优于 TSK 型单点一型模糊逻辑系统（在最初的 14 次迭代中，TSK 型非单点一型模糊逻辑系统的表现基本上优于另两种 TSK 型模糊逻辑系统）.

以上的收敛性和稳定性分析充分表明，所提出的 BP 算法优化的 TSK 型非单点二型模糊逻辑系统与其他两种 TSK 型一型模糊逻辑系统相比是开发可靠二型模糊逻辑系统较好的选择. 尽管用 BP 算法优化调整 KM 结构下的 TSK 型区间二型模糊逻辑系统参数是非常困难的，可以得出区间二型模糊逻辑系统比相应的一型模糊逻辑系统在处理不确定性信息上有更强的灵活性和更好的估计能力这个结论. 与一型模糊逻辑系统相比，通过优化调整区间二型模糊逻辑系统参数进行预测问题研究是可行的.

参考文献

[1] 李安贵, 张志宏, 段凤英. 模糊数学及其应用[M]. 北京: 冶金工业出版社, 1994.

[2] 蒋泽军. 模糊数学教程[M]. 北京: 国防工业出版社, 2003.

[3] 陈贻源. 模糊数学[M]. 武汉: 华中工学院出版社, 1984.

[4] 李洪兴, 汪培庄. 模糊数学[M]. 北京: 国防工业出版社, 1996.

[5] 彭祖赠, 孙韫玉. 模糊数学及其应用[M]. 武汉: 武汉大学出版社, 2002.

[6] 杨和雄, 李崇文. 模糊数学和它的应用[M]. 天津: 天津科学技术出版社, 1993.

[7] 王涛, 张志文. 关于二型模糊集合的集合运算[J]. 辽宁工学院学报, 2002, 22(1): 58-59.

[8] 王涛, 赵殿品, 贾凤亭. 有界积与有界和下的二型模糊集[J]. 辽宁工程技术大学学报, 2004, 23(1): 127-129.

[9] 王涛. 反模糊子群格[J]. 模糊系统与数学, 1999, 13(增刊): 255-258.

[10] 王涛, 陈图云. 直觉模糊逻辑"与"、"或"算子的研究[J]. 辽宁师范大学学报, 2000, 23(1): 22-25.

[11] 才博. 模糊模式识别理论在洞库围岩分类中的应用[J]. 河北工业大学学报, 2000, 29(3): 99-101.

[12] 张澄茂, 方水美, 杨圣云. 台湾海峡南部中上层鱼类年间种类组成相似程度的模糊识别[J]. 海洋学报, 2003, 25(A2): 29-34.

[13] 唐莉, 唐军. 模糊聚类分析在企业分类上的应用[J]. 北京交通管理干部学院学报, 2001, 11(1): 25-29.

[14] 王伟志, 王涛. 模糊聚类分析在交通事故分析中的应用[J]. 辽宁工学院学报, 2007, 27(4): 266-268.

[15] 张秀梅, 王涛. 模糊聚类分析方法在学生成绩评价中的应用[J]. 渤海大学学报, 2007, 28(2): 169-172.

[16] 王涛. 模糊综合评判在高校排课系统评价中的应用[J]. 大学数学, 2006, 22(2): 5-10.

[17] 冯宝成. 模糊数学实用集粹[M]. 北京: 中国建筑工业出版社, 1987.

[18] 吴今培. 模糊诊断理论及其应用[M]. 北京: 科学出版社, 1995.

[19] 刘世元, 杜润生, 杨叔子. 利用模糊模式识别诊断内燃机失火故障的研究[J]. 振动工程学报, 2000, 13(1): 37-45.

[20] 刘俊耀.模糊数学在发动机故障诊断中的应用[J].工程机械,1986(10):11.

[21] 龙志强,吕治国.基于模糊综合评估的磁浮列车故障诊断系统[J].信息与控制,2004,33(2):227-230.

[22] 王庆,巴德纯,靳雨菲,等.真空精炼系统故障诊断的模糊聚类分析[J].冶金自动化,2004,6(4):41-51.

[23] 刘育航,王涛.模糊插值推理概述[J].辽宁工学院学报,2007,27(6):408-415.

[24] 钱皓,王涛.基于高斯型隶属函数新的模糊插值推理方法[J].辽宁工业大学学报,2009,29(2):136-140.

[25] 陈阳,王涛.二型模糊集下的推理模型及 Mamdani 推理算法[J].模糊系统与数学,2008,22(3):41-48.

[26] 佟绍成,王涛,等.模糊控制系统的设计及稳定性分析[M].北京:科学出版社,2004.

[27] 王立新.自适应模糊系统与控制:设计与稳定性分析[M].北京:国防工业出版社,1995.

[28] 张文修,梁广锡.模糊控制与系统[M].西安:西安交通大学出版社,1997.

[29] 王磊,王为民.模糊控制理论及应用[M].北京:国防工业出版社,1997.

[30] 李友善,李军.模糊控制理论及其在过程控制中的应用[M].北京:国防工业出版社,1996.

[31] 王强,周建萍.模糊控制在水厂混凝投药系统中的应用[J].自动化仪表,2004,25(1):46-48.

[32] 王涛,佟绍成.一类大系统的直接自适应分散模糊控制[J].信息与控制,1999,28(4):262-267.

[33] 王涛.一类非线性系统的间接自适应输出反馈模糊控制[J].控制与决策,2000,15(2):161-164.

[34] 王涛,贾宏.一类模糊非线性系统的直接鲁棒自适应输出反馈控制[J].控制与决策,2001,16(6):918-921.

[35] 王涛,佟绍成.非线性不确定系统的直接自适应模糊输出反馈控制[J].控制与决策,2003,18(4):445-448.

[36] 王涛,刘巍,佟绍成.多变量非线性系统的模糊自适应输出反馈 H^{∞} 控制[J].大连海事大学学报,2004,30(2):44-48.

[37] 王玉坤,高炜欣,汤楠,等.基于模糊模式识别的人体姿态识别[J].计算机工程与设计,2016,37(6):1121-1125.

[38] 荆强,罗剑,高永强,等.装甲车辆驾驶动作模糊模式识别研究[J].装甲兵工程学院学报,2012,26(3):35-38.

[39] 王晓君, 魏书华. 掌形识别的算法设计及系统实现[J]. 计算机工程与设计, 2007, 28(16): 4031-4034.

[40] 刘双跃, 陈丽娜, 王娟, 等. 基于模糊聚类分析和模糊模式识别的煤层底板突水区域预测[J]. 矿业安全与环保, 2013, 40(2): 85-88.

[41] 陈阳. 二型模糊逻辑系统优化及其算法研究[D]. 沈阳: 东北大学, 2020.

[42] WANG T, WANG Y P. A new algorithm for nonlinear mathematical programming based on fuzzy inference[C]//Proceedings of the First International Conference on Machine Learning and Cybernetics. Beijing, 2002:694-698.

[43] WANG T. The lattices of normal intutionistic fuzzy subgroups[C]//Proceedings of the First International Conference on Machine Learning and Cybernetics. Beijing, 2002: 426-429.

[44] JAMES J B, ESFANDIAR E. An introduction to fuzzy logic and fuzzy sets[M]//Advances in Soft Computing. Heidelberg: Physica-Verlag, 2002.

[45] JERRY M M. Uncertain rule-based fuzzy logic systems[M]. Upper Saddle River: Prentice Hall PTR, 2000.

[46] WANG T, CHEN Y. Fuzzy resoning models and algorithms on type-2 fuzzy sets[J]. International journal of innovative computing, information and control, 2008, 4(10):2451-2460.

[47] CHEN Y, WANG T. Interval type-2 fuzzy reasoning models and algorithms[C]//The Third International Conference on Innovative Computing, Information and Control. Dalian, 2008.

[48] WANG T, LIN Y H. A new method of fuzzy interpolative reasoning for the sparse fuzzy rule[C]//Chinese Control and Decision. Yantai, 2008: 2654-2658.

[49] WANG T, QIAN H. A new method of fuzzy interpolative reasoning based on Gaussian-type membership function[C]//The Fourth International Conference on Innovative Computing, Information and Control. Kaohsiung, 2009:966-969.

[50] WANG T, TIAN Y H. An improved fuzzy reasoning algorithm based on TSK model[C]//The Fourth International Conference on Innovative Computing, Information and Control. Kaohsiung, 2009: 962-965.

[51] MA X J, SUN Z Q, HE Y Y. Analysis and design of fuzzy controller and observer[J]. IEEE transactions on fuzzy systems, 1998, 6(1): 41-51.

[52] TOSHIRO T, KIYOJI A, MICHIO S. Applied fuzzy systems[M]. San Diego: Academic Press Limited, 1994.

[53] WANG T, ZHAO D P. Direct adaptive output feedback fuzzy decentralized control

for a class of large-scale nonlinear systems[C]//Proceedings of the Second Interna-
tional Conference on Machine Learning and Cybernetics. Xi' an, 2003:940-945.

[54] WANG T, WANG Y D. Design and analysis of a new neural-fuzzy control system
[J]. Advances in systems science and application, 2004, 4(2): 181-188.

[55] WANG T. Indirect adaptive fuzzy output feedback control for nonlinear MIMO sys-
tem[C]//World Congress on Intelligent Control and Automation. Shanghai, 2004:
502-505.

[56] WANG T, TONG S C. Fuzzy sliding mode control for nonlinear systems[C]//The
Third International Conference on Machine Learning and Cybernetics. Shanghai,
2004: 839-844.

[57] WANG T, TONG S C. Adaptive fuzzy output feedback control for SISO nonlinear
systems[C]//The Third International Conference on Machine Learning and Cybernet-
ics. Shanghai, 2004: 833-838.

[58] TONG S C, Li Y M. Direct adaptive fuzzy backstepping control for a class of nonlin-
ear systems[J]. International journal of innovative computing, iInformation and con-
trol, 2007, 3(40): 887-896.

[59] TONG S C, Li Y M. Observer-based fuzzy adaptive control for strict-feedback nonlin-
ear systems[J]. Fuzzy sets and systems, 2009, 160(12): 1749-1764.

[60] GE S Z, WANG C. Direct adaptive NN control of a class of nonlinear systems[J].
IEEE transactions on neural networks, 2002, 13(1): 214-221.

[61] TONG S C, Li Y M, SHI P. Fuzzy adaptive backstepping robust control for SISO
nonlinear system with dynamic uncertainties[J]. Information sciences, 2009, 179
(9): 1319-1332.

[62] CHEN Y, WANG D Z, TONG S C. Forecasting studies by designing Mamdani inter-
val type-2 fuzzy logic systems: with the combination of BP algorithms and KM algo-
rithms[J]. Neurocomputing, 2016, 174: 1133-1146.

[63] WANG D Z, CHEN Y. Study on permanent magnetic drive forecasting by designing
Takagi Sugeno Kang type interval type-2 fuzzy logic systems[J]. Transactions of the
institute of measurement and control, 2018, 40(6): 2011-2023.